GAO FU SHUI SHA LI CENG SHEN
JI KENG GONGCHENG
SHEJI YU SHIJIAN

高富水砂砾层
深基坑工程设计与实践

◎主编 周庆荣 许清根

江西科学技术出版社

图书在版编目（CIP）数据

高富水砂砾层深基坑工程设计与实践/周庆荣，许清根主编. -- 南昌：江西科学技术出版社，2017.12
ISBN 978-7-5390-6135-1

Ⅰ.①高… Ⅱ.①周… ②许… Ⅲ.①深基坑－结构设计 Ⅳ.①TU46

中国版本图书馆CIP数据核字（2017）第287232号

国际互联网(Internet)地址：
http://www.jxkjcbs.com
选题序号：ZK2017307
图书代码：B17113-101

高富水砂砾层深基坑工程设计与实践	周庆荣　许清根　主编

出版发行	江西科学技术出版社
社址	南昌市蓼洲街2号附1号
	邮编：330009　电话：(0791)86623491　86639342(传真)
印刷	江西省奥美实业有限责任公司
经销	各地新华书店
开本	880mm×1194mm　1/16
字数	450千
印张	19
版次	2007年12月第1版　2017年12月第1次印刷
书号	ISBN 978-7-5390-6135-1
定价	216.00元

赣版权登字-03-2017-400
版权所有，侵权必究
（赣科版图书凡属印装错误，可向承印厂调换）

《高富水砂砾层深基坑工程设计与实践》
编 委 会

主　　编	周庆荣	许清根					
副 主 编	贺　健	李永华					
编　　委	周庆荣	许清根	贺　健	李永华	张慧娥	贾贵毓	陈志军
	申绪兵	邓晓彬	龚　浩	黎　曦	罗江华	王建祖	郑有明
	戴征志	王惠宾	黄　涛	许思龙	马顺智	廖小建	余建华
	刘小文	涂　勋	胡小鹏	李花卉	张　赟	刘献刚	张敏杰
	胡　琦	王　涛	付豫盈	乐　平	胡宝山	刘都都	周春霞
主　　审	曾马荪	赵抚民					

参编单位　　江西省建筑设计研究总院　　江西省赣建施工图设计审查中心
　　　　　　中国瑞林工程技术有限公司　　江西瑞林工程咨询有限公司
　　　　　　南昌大学设计研究院　　　　　江西南大建筑施工图设计审查中心
　　　　　　南昌市建筑设计研究院有限公司　南昌市安厦施工图设计审查有限公司
　　　　　　江西省众博工程咨询有限公司
　　　　　　江西省康居勘察设计施工图审查中心（原江西省施工图审查机构）
　　　　　　江西省勘察设计研究院
　　　　　　江西省电力设计院
　　　　　　江西省华杰建筑设计院有限公司
　　　　　　江西省商业建筑设计院
　　　　　　深圳中海世纪建筑设计有限公司南昌分公司
　　　　　　江西省煤矿设计院
　　　　　　江西基业科技有限公司
　　　　　　东通岩土科技有限公司
　　　　　　上海智平基础工程有限公司

前　言

随着城市建设的快速发展，各种地下工程、地下空间开发利用的规模不断扩大，基坑工程的规模之大、深度之深、技术之难成为建设施工安全行业的重大危险源，给勘察设计界提出了许多亟待解决的重大技术难题，对设计理论与施工技术都提出了更高的要求。在城市的改造与开发过程中，因基坑四周往往紧贴各种重要的建构筑物，如轨道交通设施、地下管线、隧道、天然地基民宅、大型建筑物等，加上地质条件复杂的情况下，设计或施工不当，均会对基坑工程周边环境造成不利影响，从而影响周围建筑、构筑物、地下管线及道路等的正常使用，严重的甚至造成工程事故。

南昌市为了避免基坑工程安全事故的发生，在基坑工程管理上大胆地进行探索，针对南昌市地貌及地质构造中，由Ⅰ级堆积阶地和Ⅱ级堆积阶地基岩上覆土层中厚层状砂砾层在相互连通的赣江等河流地表水系及地下水的作用下，形成的一层从稍湿—湿—饱和到渗透系数较大—大的高富水砂砾层的特点，组织专家编写了《南昌市深基坑工程支护结构方案设计文件编制与审查要点》，自2012年开始对南昌市内的深基坑工程支护方案设计实行评审制度，建立了深基坑工程技术交流平台，并对深基坑工程进行施工图设计审查。此举得到江西省内外各勘察、设计单位的积极响应和大力支持，很多外省设计单位也纷纷参与到南昌市深基坑工程设计中，提供了很多很好的深基坑工程设计方案，使南昌市深基坑工程设计水平得到了显著的提高，从源头上消除了基坑工程的事故隐患，最大限度地降低了基坑工程的事故风险。到目前为止，经评审通过的深基坑支护方案，无一例基坑工程产生质量事故，取得了显著的社会效益和经济效益。

自《南昌市深基坑工程支护结构方案设计文件编制与审查要点》实施以来，南昌市深基坑工程的工作流程更加规范，基坑工程支护技术也不断提高，对外影响不断扩大，很多外省管理同行都踊跃来昌取经。为了全面总结南昌市在深基坑工程建设中取得的宝贵经验，南昌市审图机构对所审查的基坑项目进行了认真梳理，从2012—2017年间约300个基坑设计工程里进行筛选，经过几易其稿，一共精选了39个具有代表性和特点的深基坑设计工程，本书编委会在各审图机构工作的基础上又进一步优化，最后确定16例深基坑工程方案设计实例，经编委会专家整理并做适当修改后汇编成册，供广大读者参考借鉴。

本书一共分5个章节。第1章，总结南昌市在高富水砂砾层深基坑设计中的经验，统计归纳了南昌市2012—2017年各年度不同支护结构类型所占比例，用图形的形式直观地反映了各支护结构类型占比的变化；通过统计，根据基坑周围环境、地下水情况、基坑开挖深度、地质条件等因素，采用表格的形式推荐不同支护结构类型，供今后基坑工程设计参考；通过对比分析基坑工程设计质量的变化，阐述南昌市基坑工程审查的意义。第2章，通过分析近五年来南昌市深基坑设计工程实例，结合南昌市深基坑工程设计文件审查要点,摸索了适合南昌地区地质条件的深基坑工程设计理论,为南昌市深基坑工程设计提供适用的理论依据。第 3 章,按支护结构类型不同,分别介绍了深基坑工程方案设计实例并进行点评。第 4 章,总结了南昌市深基坑支护方案设计中存在的主要问题。对照《南昌市深基坑工程支护结构方案设计文件编制与审查要点》要求,归纳了南昌市实行基坑设计审查以来在深基坑支护方案设计过程中容易出现的失误和存在的问题,包括设计文件编制,岩土工程勘察成果,基坑周边环境资料收集,设计思路及关键点,计算书,支护结构选型和主要技术,图纸设计,基坑监测、安全、应急预案、检测等各方面。第 5 章,介绍了目前在南昌市进行深基坑工程施工的部分较先进且适合南昌市基坑工程的施工新工艺与技术特点,供基坑工程设计、施工和项目管理人员参考选用。

在本书编写过程中,编委会为了读者对本书的内容能快速掌握,按内容和支护结构类型不同分章节编排,同时对每个深基坑设计实例按以下几个方面进行了介绍:工程概况、基坑周边环境情况、工程环境地质条件、设计思路、方案设计、基坑围护平面图、基坑围护典型剖面图、监测要求及点评等。

编委会对遴选出的基坑工程实例原则上尽量保留原设计主要内容,仅进行部分篇幅的删减和适当的修正,使方案设计实例在文字和图面上更清晰和规范。由于时间仓促,加上水平有限,对入选本书的基坑工程设计实例的编辑肯定还有很多错误和不妥之处,恳请读者批评指正。

同时编委会诚挚地感谢在本书编制过程中给予帮助和支持的各勘察、设计、图审、建设、施工单位等参建方,正是有了你们的帮助才有本书的顺利完成。也希望本书能为今后的基坑工程建设提供有益的借鉴。

编 委 会
2017 年 10 月

目　录

1 南昌市深基坑工程技术发展与实践 1
 1.1 南昌市地质背景条件 1
  1.1.1 自然地理 1
  1.1.2 地形地貌 1
  1.1.3 气象条件 2
  1.1.4 水文条件 3
  1.1.5 地质条件 3
  1.1.6 水文地质条件 4
  1.1.7 工程地质条件 7
 1.2 南昌市深基坑工程技术的发展与探讨 10
  1.2.1 南昌市深基坑工程技术的发展 10
  1.2.2 南昌市深基坑工程技术探讨 10
 1.3 南昌市深基坑工程方案设计统计分析 15
 1.4 南昌市深基坑支护结构方案设计选型参考 17
 1.5 南昌市深基坑方案设计审查的意义 20

2 南昌市深基坑工程设计探讨 21
 2.1 描述深基坑工程概况 21
  2.1.1 基本情况 21
  2.1.2 设计等级 21
  2.1.3 使用期限 21
 2.2 列举深基坑工程主要设计依据 22
 2.3 收集深基坑工程周边环境条件 23
  2.3.1 环境概况 23
  2.3.2 工程地质、水文地质条件概况 23
 2.4 把握深基坑工程设计控制关键点 25
 2.5 优化深基坑工程支护结构设计选型 26
 2.6 阐述深基坑工程主要设计内容 27
  2.6.1 平面设计 27
  2.6.2 竖向设计 27
  2.6.3 大样设计 27

  2.6.4 内支撑设计 27
2.7 规范深基坑支护结构计算与分析内容 30
  2.7.1 计算内容 30
  2.7.2 支护结构计算重点要求 30
  2.7.3 计算分析 33
  2.7.4 计算结果 33
2.8 明确深基坑工程地下水设计控制要求 35
  2.8.1 地下水设计控制原则 35
  2.8.2 深基坑工程的降水、截水、止水设计 36
  2.8.3 深井降水设计要求 36
2.9 指出深基坑开挖的注意事项 37
  2.9.1 开挖原则 37
  2.9.2 开挖产生的变形控制 37
  2.9.3 开挖保护措施 38
2.10 强调深基坑工程监测内容 39
  2.10.1 监测目的 39
  2.10.2 监测内容 39
  2.10.3 监测报警 40
  2.10.4 监测实施要求 41
  2.10.5 监测方案 42
2.11 交代深基坑工程施工应急管理措施 43

3 南昌市各类型深基坑工程支护结构设计实例 45
3.1 地下连续墙（墙—撑）深基坑工程 45
  3.1.1 大型公共建筑下多层地下室深基坑工程 45
  3.1.2 地铁配套建设项目深基坑工程 59
  3.1.3 大型商业广场多层地下室深基坑工程 69
  3.1.4 超大型商业批发市场项目深基坑工程 79
  3.1.5 南昌绿地中央广场 A 区深基坑工程 98
3.2 桩—撑（锚）深基坑工程 111
  3.2.1 金融类营业大楼项目深基坑工程 111
  3.2.2 PRC 管桩+锚索支护在深基坑工程中的运用 120
  3.2.3 南昌市一超高层建筑深基坑工程 128
  3.2.4 南昌市万寿宫历史文化街区深基坑工程 143

  3.2.5 南昌市超大型商业城项目深基坑工程...154
 3.3 土钉支护或上部土钉、下部桩锚深基坑工程...166
  3.3.1 综合支护形式在同一深基坑工程中的运用..166
  3.3.2 土钉墙与放坡结合在深基坑工程中的成功运用....................................174
 3.4 联合支护（部分墙撑、部分桩撑、部分土钉支护、部分桩锚）深基坑工程.........181
  3.4.1 南昌市某超高层酒店及办公建筑深基坑工程..181
  3.4.2 南昌绿地朝阳中心2#地块深基坑工程..194
  3.4.3 南昌市政地下综合管沟深基坑工程..207
  3.4.4 南昌市高新区某商业广场深基坑工程..218

4 南昌市深基坑支护方案勘察设计中存在的主要问题...233
 4.1 设计文件审查报建及编制的规范性..233
  4.1.1 设计文件审查报建不规范..233
  4.1.2 设计文件编制不规范..233
  4.1.3 设计文件内容不完整或深度不满足要求..234
 4.2 岩土工程勘察成果..236
  4.2.1 岩土工程勘察报告本身的不足..236
  4.2.2 与岩土工程勘察成果相关的设计问题..237
 4.3 基坑周围环境资料的收集..238
 4.4 设计思路及关键点的把握..239
  4.4.1 设计思路..239
  4.4.2 设计关键点的分析研究..239
 4.5 计算书存在的不足..241
  4.5.1 软件使用..241
  4.5.2 参数取值..241
  4.5.3 计算模型选择..241
  4.5.4 计算结果分析..242
 4.6 支护结构选型和主要技术问题..243
  4.6.1 支护结构选型..243
  4.6.2 主要技术问题..243
 4.7 图纸的完整性及表达..245
 4.8 基坑的监测、安全、应急预案、检测..247

5 深基坑工程施工部分新工艺及其技术特点...248
 5.1 TRD 工法新技术..248

5.1.1 TRD 工法工艺简介 ... 248
5.1.2 TRD 工法技术特点 ... 250
5.1.3 南昌地区典型案例 ... 253
5.2 预应力型钢组合内支撑新技术 ... 256
5.2.1 预应力型钢组合内支撑工艺简介 ... 256
5.2.2 预应力型钢组合内支撑工艺特点 ... 257
5.2.3 典型工程案例——南昌某国际广场深基坑工程 ... 258
5.3 一种新型桩体——混凝土综合作用桩 ... 261
5.3.1 混凝土综合作用桩技术简介 ... 261
5.3.2 混凝土综合作用桩工艺特点 ... 262
5.3.3 典型基坑工程案例 ... 262
5.4 创新的 OQM-d 型可回收锚索技术 ... 266
5.4.1 OQM-d 型可回收锚索技术简介 ... 266
5.4.2 OQM-d 型可回收锚索技术特点 ... 267
5.4.3 实际案例中的应用 ... 268
5.5 CSM 双轮铣水泥土连续墙工法 ... 272
5.5.1 工艺简介 ... 272
5.5.2 工法工艺特点 ... 272
5.5.3 典型基坑工程案例 ... 277

参考文献 ... 294

1 南昌市深基坑工程技术发展与实践

1.1 南昌市地质背景条件

1.1.1 自然地理

南昌市是江西省省会，为全省政治、经济、文化、科技、信息中心，位于江西省中部偏北，赣江、抚河下游，濒临中国第一大淡水湖鄱阳湖西南岸。南昌地理位置优越，交通便利，是我国唯一一个毗邻长三角、珠三角和闽东南三角的省会城市，也是唯一经过京九铁路的省会城市。自古以来就被誉为"襟三江而带五湖，控蛮荆而引瓯越"之地。

1.1.2 地形地貌

南昌地势总体西北高、东南低。根据地貌成因、地形标高和形态特征大致可划分为构造剥蚀低山丘陵、侵蚀剥蚀岗埠和侵蚀堆积平原三种地貌类型，见图1.1-1。

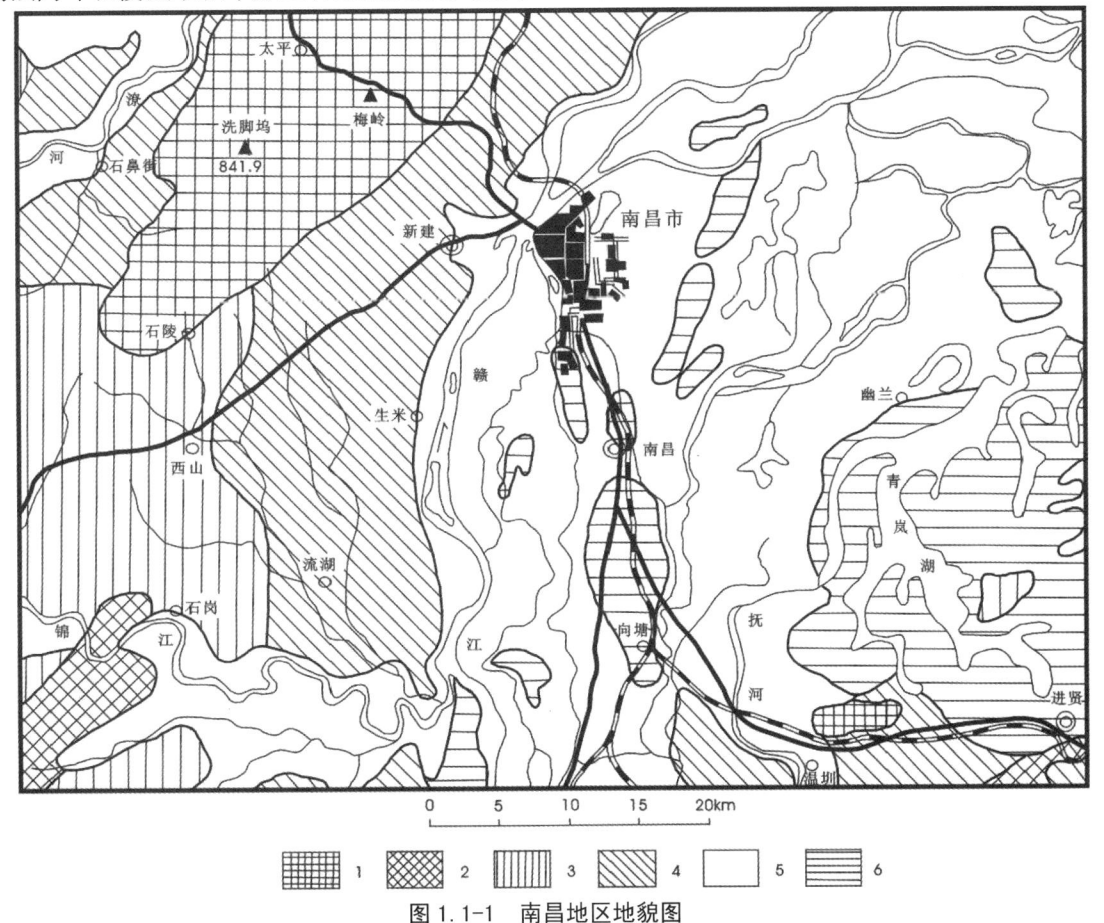

图 1.1-1 南昌地区地貌图

1.低山；2.低丘；3.高岗；4.低岗；5.平原；6.Ⅰ、Ⅱ级阶地

1.1.2.1 构造剥蚀低山丘陵

分布于西北部梅岭一带，呈北东向展布，海拔标高 300～500m。最高点为梅岭主峰，海拔标高 841.4m。

1.1.2.2 侵蚀剥蚀岗埠

分布于赣江西面的生米—新建—乐化一带，主要由残坡积红土、白垩系紫红色砂岩和前震旦系千枚岩、片岩等组成，岗顶标高 30～50m。

1.1.2.3 侵蚀堆积平原

主要分布于赣江以东的广大地区，地势平坦。区内发育有Ⅱ级阶地、Ⅰ级阶地和漫滩（分低漫滩和高漫滩）。

（1）Ⅱ级阶地：分布于莲塘、尤口等地。主要由中更新统冲积层组成，地面标高 30～50m，相对高差 5～10m。受后期剥蚀破坏，阶面起伏不平。

（2）Ⅰ级阶地：由上更新统冲积层组成，地势平坦，地面标高 20～25m，相对高差 3～5m。与Ⅱ级阶地呈内叠式接触。阶面水网密布，湖泊发育，如艾溪湖、青山湖及瑶湖等。

（3）漫滩：

①高漫滩：由全新统下段冲积层组成，与Ⅰ级阶地呈内叠接触。地势平坦，地面标高 18～20m，在特大洪水期间可被淹没。

②低漫滩：主要为边滩和心滩，由全新统上段冲积层组成，标高 16～18m，洪水期可被淹没。

1.1.3 气象条件

南昌属亚热带湿润季风型气候区，四季分明、气候温和、雨量充沛、日照充足。

1.1.3.1 气温

年均气温一般 16.6～19.0℃，多年平均气温 17.8℃。年内月均气温差异较大，8月最高，月均气温 29.28℃，极温 44.9℃；1月最低，月均气温 4.92℃，极温-18.9℃。

1.1.3.2 降雨量

年均降雨量 1076.8～1991.8mm。年内降雨分配不均，每年 4～6 月降雨量集中，为雨季，占全年降雨量的一半；12月至翌年1月为枯季，占全年降雨量的8%；其余为平水期（见图 1.1-2）。

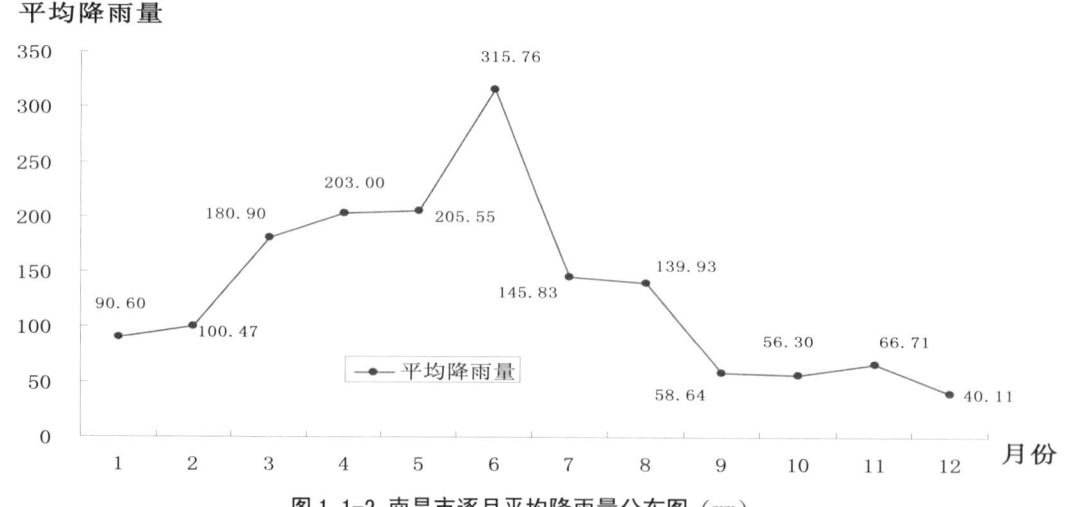

图 1.1-2 南昌市逐月平均降雨量分布图（mm）

1.1.4 水文条件

南昌地处鄱阳湖滨的赣江和抚河下游尾闾平原区，水系较发育。赣江和抚河流经南昌注入鄱阳湖。据外洲水文站资料，赣江年均流量 1555.3～3006.2m³/s，年均水位 17.75～19.63m，多年平均水位 18.51m，最高洪水位 25.56m，最低水位 14.50m。据钱溪闸水文站资料，抚河多年平均最高洪水位 20.07m，多年平均最低水位 15.38m。

另外，工作区还分布有青山湖、艾溪湖、瑶湖、东湖、前湖、黄家湖等多个较大湖泊。

1.1.5 地质条件

南昌地区属扬子板块与华夏板块结合带的萍乐坳陷带的九岭推覆带及鄱阳湖盆地，地质结构、地质构造复杂。区内地层种类不多，分布见图 1.1-3。各时代地层岩性简述如下。

1.1.5.1 第四系

第四系为南昌主要出露地层。

（1）中更新统冲积层：沿尤口—罗家集—谢埠、老福山—邓家埠—莲塘呈带状分布，组成垄岗状地形。二元结构，上部黏性土厚 5～7m，下部砂砾石层厚 20m 左右。

（2）上更新统冲积层：分布于南昌市老城区及东面瑶湖一带，构成平坦的一级内叠阶地。二元结构，上部黏性土层厚 3～10m，下部砂砾石层厚 12～20m。

（3）全新统冲积层：分布于赣江、抚河干流近岸地区，组成高漫滩阶地。二元结构，上部黏性土层厚 3～7m，下部砂砾石层厚 6～10m。

（4）残坡积层：主要分布于赣江西面的生米街、望城岗—乐化一带的岗地区，为残坡积堆积物，岩性为棕红色含碎石粉质黏土，具网纹结构，厚度 2.0～7.8m。

1.1.5.2 第三系新余组

广泛分布，但绝大部分被第四系土层覆盖，厚度大于 370m。岩性主要为紫红色含钙泥岩与灰绿色含钙泥岩互层、紫红色钙质粉砂岩、紫红色厚层至巨厚层状砂砾岩等。

1.1.5.3 白垩系

仅出露于赣江西岸的生米街、望城岗等地，在第四系覆盖层以下有广泛分布。岩性主要为紫红色含钙砂砾岩及砂岩。厚度大于 1062m。

1.1.5.4 前震旦系变质岩

（1）昌北千枚岩段：分布于西山—乐化一线。由凝灰质千枚岩、片状绢云千枚岩及千枚状板岩等组成。厚度约 509m。

（2）梅岭片麻岩段：为受梅岭花岗闪长岩体边缘交代混合作用和韧性剪切作用形成的糜棱混合片麻岩、条带状混合岩、绢云母、绿泥石千枚岩等。厚度大于 264m。

1.1.5.5 岩浆岩（γ）

区内岩浆岩主要为晋宁期花岗闪长岩，其次有辉长岩、辉长辉绿（玢）岩等。

1.1-3 南昌市地质略图

1.1.6 水文地质条件

南昌市地下水类型有松散岩类孔隙水、碎屑岩孔隙裂隙水和基岩裂隙水三种。其中松散岩类孔隙水为主要含水岩组。

1.1.6.1 含水岩组与富水性

（1）松散岩类孔隙水：主要含水层由全新统、上更新统和中更新统冲积的砂砾石层组成。分布于赣江、抚河冲积平原阶地区，呈内迭接触。由于各时代地层组成的含水层顶、底板高差不大，水力联系密切，构成统一的含水层（图 1.1-4）。

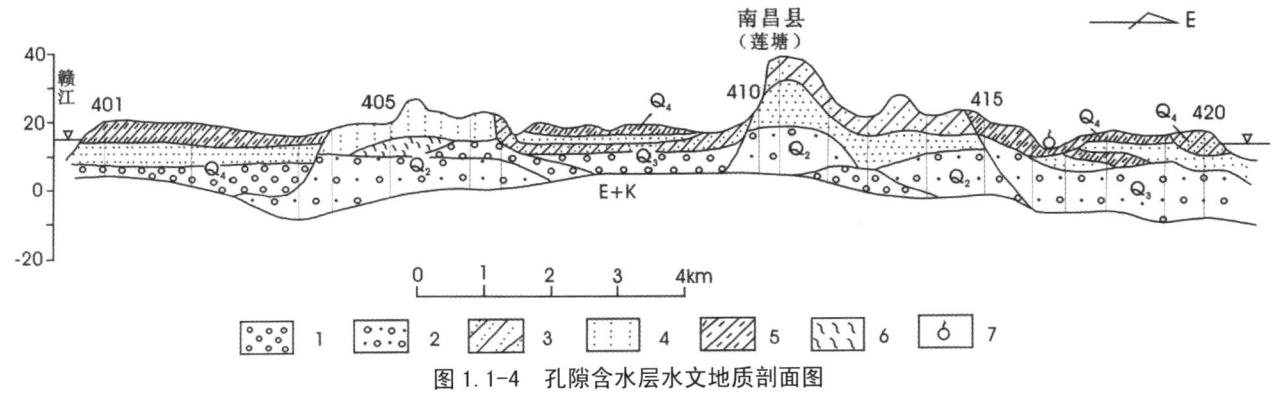

图 1.1-4 孔隙含水层水文地质剖面图

1.砾石；2.砂砾石；3.砂；4.粉砂；5.黏土；6.淤泥；7.上升泉

Q_4 全新统；Q_3 上更新统；Q_2 中全新统；$E+K_1$ 第三系+白垩统

砂砾石层顶板标高一般 9.0~18.0m，底板标高-8.0~10.0m，厚度一般 10~28m。含水层结构单一。上部为黏性土，厚度一般 5~10m，透水性微弱，为相对隔水层。下部为砂砾石层，是地下水主要贮存空间。含水层厚度自西向东和自南向北逐渐增厚。富水性受岩性条件影响具有差异性，见图 1.1-5。单井涌水量介于 1016~4916m^3/d，渗透系数 53~160.9m/d，漫滩、心滩渗透系数可达 260~360m/d。

赣江以西的岗地及残坡积层区的松散岩类孔隙含水层由黏性土和泥砾组成，渗透性差，富水性弱。

（2）碎屑岩孔隙裂隙水：第三系和白垩系红色碎屑岩中的孔隙裂隙含水岩组均伏于第四系孔隙水之下，普遍以贫弱富水为主。但部分含钙质岩层在地下水的溶蚀作用下，形成蜂窝状溶隙（孔），成为地下水良好的贮存场所及运移空间。据勘察资料，沿莲塘—老福山一带，溶蚀孔隙发育，形成局部地下水富水带，单井涌水量可达 1000m^3/d 以上。

1.1.6.2 地下水的补、迳、排条件及动态变化规律

赣抚冲积平原区，第四系含水层补给来源有赣江河水侧向补给、大气降水垂向补给和红层地下水越流补给三方面。赣江是南昌市地下水重要的补给边界和排泄边界，一般情况下起排泄地下水作用，汛期可反补地下水。赣江边岸和莲塘—小兰等地段砂层裸露，渗透性能好，大气降水可直接渗入补给地下水。

1.1.6.3 地下水动态变化特征

市区第四系地下水水位动态变化的影响因素可分三种类型。

（1）受赣江河水位变化影响区：主要指赣江沿岸区段。根据长期观测资料，赣江河水对沿岸地下水的影响带宽度为 2km 左右，地下水位与赣江河水位变化关系密切。

（2）受大气降水变化影响区：主要分布于莲塘和红谷滩新区等上部土层渗透性能较好的地区。反映地下水位变化与降雨量关系密切，表现为丰水期地下水位高，枯水期地下水位低。

（3）受人工开采影响区：分布于地下水集中开采区，包括老城区及东部。该区域地下水的主要排泄方式为人工开采，地下水水位变化主要受控于人工开采。表现为丰水期与枯水期水位差异不大，年内地下水位变化小。

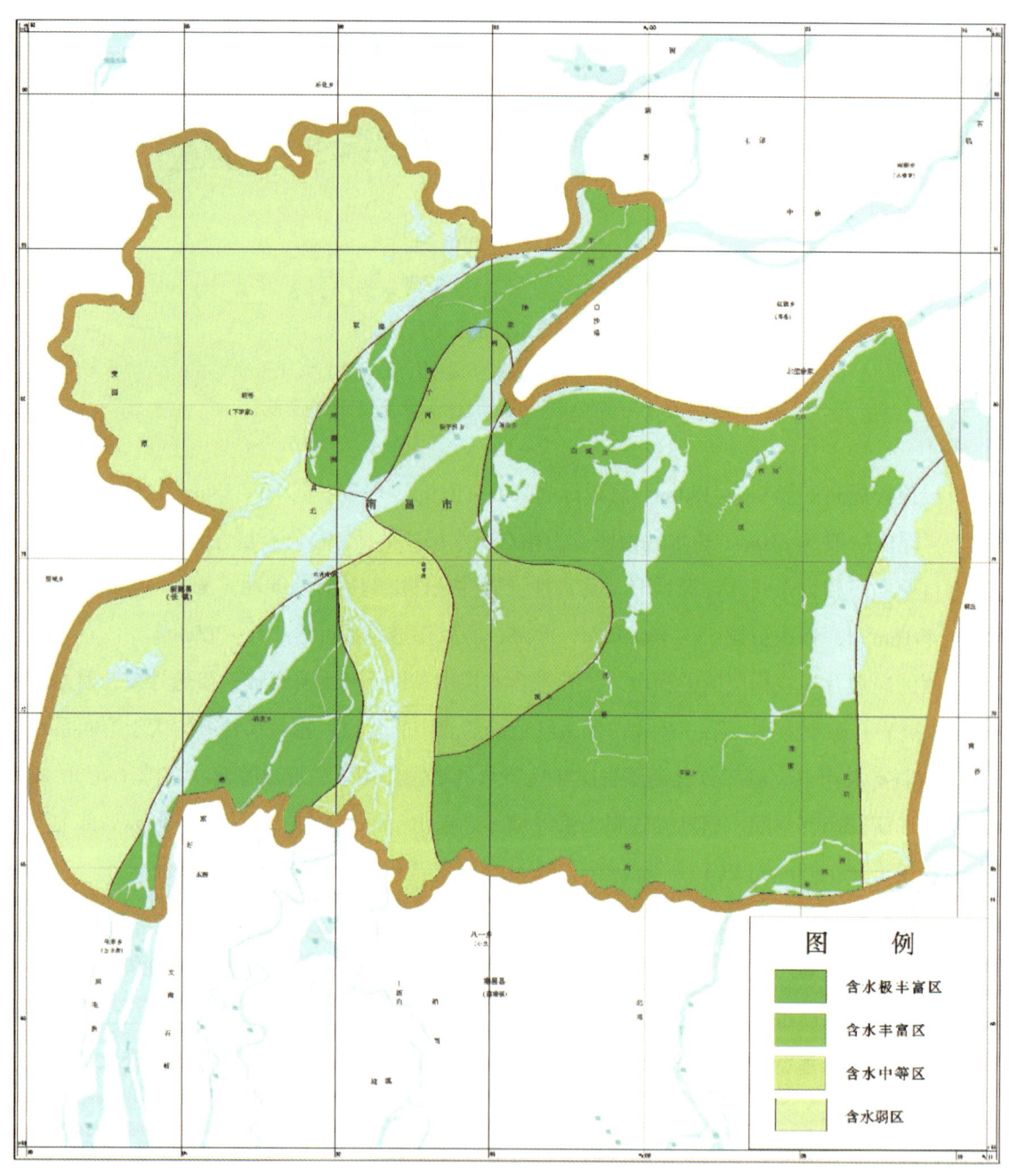

图 1.1-5 第四系含水层富水性分区图

值得注意的是，由于长期集中超量开采地下水，南昌市已形成以南钢为中心的区域地下水位降落漏斗，漏斗中心地下水水位埋深 23.5~24.32m，漏斗呈西北至东南方向不规则的椭圆状展布，遍布整个南昌市老城区，漏斗范围东自瑶湖，西至抚河故道，南起江西省农科院，北达赣江南支，面积为 277.70km^2，见图 1.1-6。

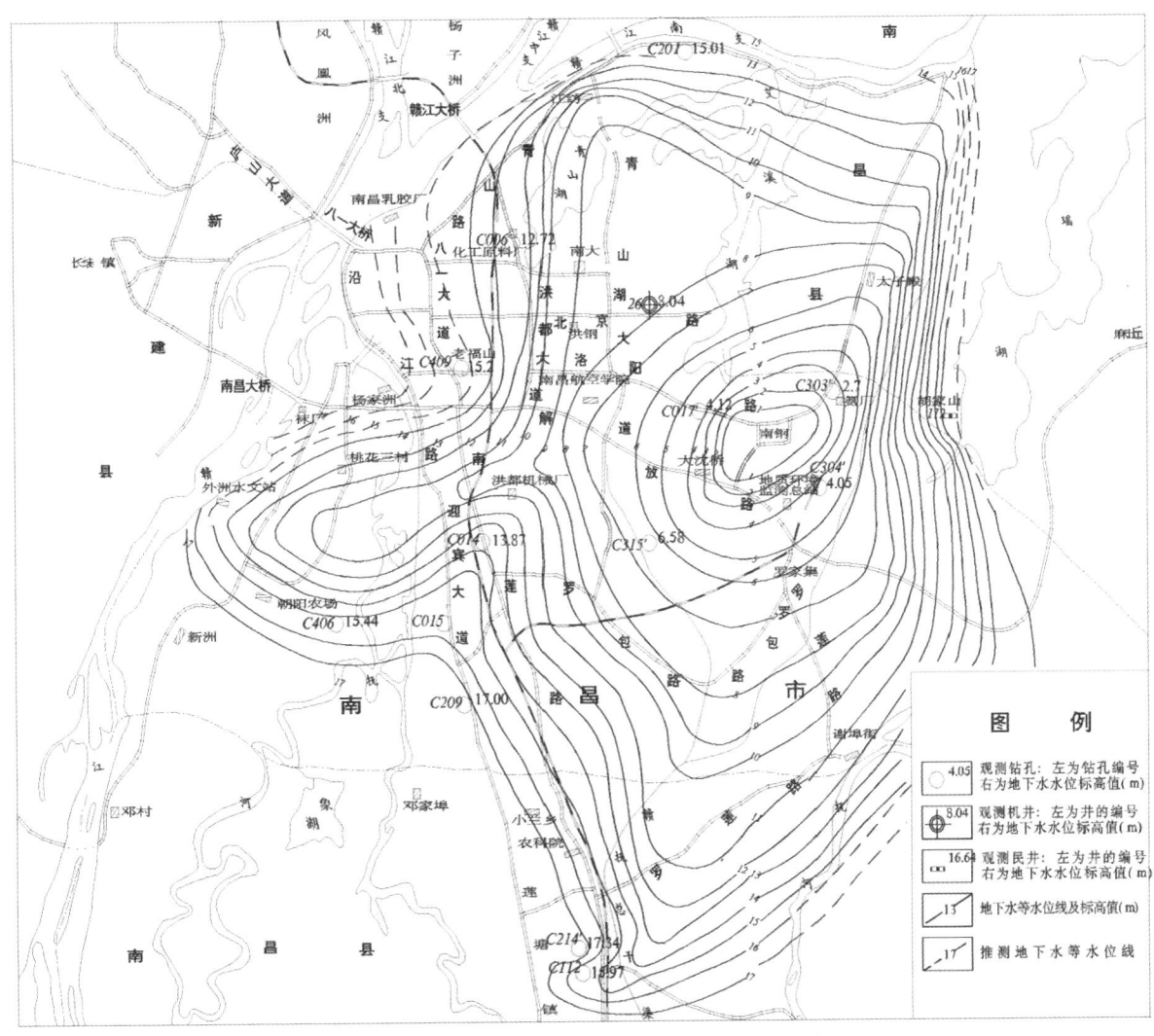

图 1.1-6　南昌市第四系孔隙水水位等值线图（2012 年 5 月）

1.1.7 工程地质条件

1.1.7.1 岩体工程地质特征

本区第四系地层广布，岩体仅零星出露于赣江以西，绝大部分均隐伏于第四系土层之下。

（1）岩浆岩与变质岩类：分布于梅岭和新建至乐化一带。岩浆岩岩性为黑云母花岗闪长岩和变质岩，以千枚岩、板岩等为主，岩浆岩呈坚硬块状，变质岩因风化作用呈较软至软岩组。

（2）沉积岩类：为第三系和白垩系弱固结的紫红色砂砾岩层等，均属较软至软质岩组。

1.1.7.2 土体工程地质特征

南昌市第四系土广布，按《岩土工程勘察规范》可划分为人工填土、一般黏性土、老黏性土和砂砾石层等，各土层空间分布见图 1.1-7，性质特征简介如下。

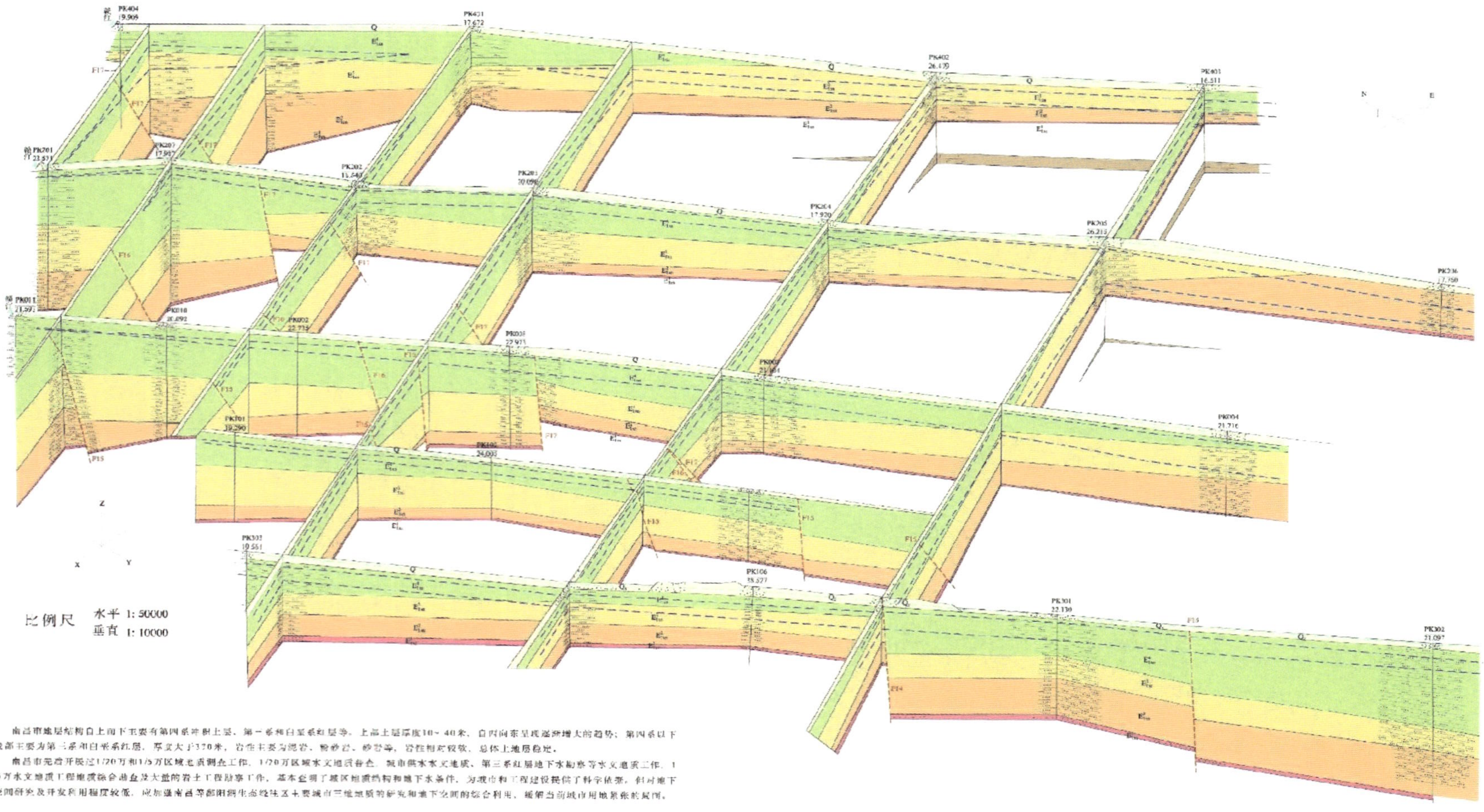

图 1.1-7 南昌市三维地质图

（1）人工填土：杂填土层在老城区分布最广，因物质组成复杂，多未经压密处理，属高压缩性的不良土体。冲填土分布赣江西岸的红谷滩新城区等，为 2000 年以后因开发建设而冲填，物质成分单一，为粉细砂、中细砂，厚度大于 5.0m，同属欠固结的不良土体。

（2）软土：区内全新统、上更新统冲积层的黏性土中，局部夹有软土透镜体。岩性为淤泥质土，厚度和埋深各地不一，变化较大。工程性质主要表现为流塑状，孔隙比 1.01～1.57，有机质含量 0.38%～2.12%，内摩擦角平均 9.38°，黏聚力平均 12.35kPa。具高压缩、低强度等特性，属不良土体。

（3）一般性黏土：分布于赣江、抚河沿岸，组成河谷平原漫滩的表层。表现为可塑状、中等压缩性，岩性包括黏土层、粉质黏土层，局部甚至呈粉土。厚度一般 2～6m。

（4）老黏性土：包括Ⅰ级阶地、Ⅱ级阶地和残坡积岗地区。土层颜色多呈红、砖红、黄褐色。冲积成因，老黏性土岩性以粉质黏土为主，其次为黏土和粉土。空间上表现为分布连续，层位稳定。厚度一般 5～10m。残坡积成因，以含不同母岩碎石粉质黏土为主，一般多具网纹或似网纹结构。整体表现为硬塑状、中等偏低压缩性。

（5）粉细砂层：包括全新统、上更新统冲积砂类土的上部层位，伏于黏性土之下。其中全新统冲积粉细砂层呈松散至稍密状，厚度 1.5～5.0m，分布连续，层位稳定，多处于地下水位以下，呈饱水状。上更新统冲积粉细砂层呈中密至密实状，厚度 2～8m，由于多位处漏斗区，多处于地下水位以上。

（6）中粗砂（Sm）：包括全新统、上更新统冲积层，主要伏于粉细砂或老黏性土层之下。其中全新统冲积中粗砂层呈中密状，厚度 2.0～4.0m，位于地下水位以下，呈饱水状。上更新统冲积中粗砂层呈中密至密实状，厚度差异较大，介于 2～15m 之间，埋深一般在 10m 以上，处于地下水位以下，呈饱水状。

（7）砾砂和砾石层：包括全新统、上更新统冲积层，主要伏于中粗砂层之下。其中全新统冲积中粗砂层呈中密状，厚度 2.0～10.0m，位于地下水位以下，呈饱水状。渗透系数一般大于 100m/d。上更新统冲积中粗砂层呈中密至密实状，厚度 5～15m，埋深一般在 15m 以上，处于地下水位以下，呈饱水状。渗透系数一般大于 120m/d。

1.2 南昌市深基坑工程技术的发展与探讨

1.2.1 南昌市深基坑工程技术的发展

随着城市建设的发展，南昌市地下空间的开发利用速度大大加快。基坑工程始由 2003 年八一广场北财富广场一层地下室的建设，到现在全市地铁车站，综合管廊，综合商业区二层、三层地下室的建设，基坑开挖深度也由以往的 5m 发展到现在的 15~20m，支护形式亦有了巨大的发展。

2005 年以前，南昌市建筑领域实施基坑工程的地下室多为一层，基坑开挖深度一般不大于 6m，所采用的基坑支护形式多为大面积放坡开挖；临近周边环境较复杂时（如有管线、道路等），则采用堆码砂袋、坡脚打入钢管内插模板的支挡方式；对于周边建筑物较近时，方会考虑采用悬臂式灌注桩支护。

10 余年间，随着地下空间深度的加大，基坑支护设计审图及基坑支护工程专项方案论证制度的建立与实施，以及大量大型设计、施工一体化单位的涌进，特别是 2014 年《南昌市深基坑工程支护结构方案设计文件编制与审查要点》的实施，南昌市基坑工程领域的工作操作更加规范，基坑支护技术也大为提高。

目前南昌市深基坑支护形式主要有：支护结构主要为土钉墙、钻孔灌注桩、双排桩、咬合桩、高强度预应力方桩或圆桩、钢板桩、SMW 工法桩、地下连续墙或几种结构联合支护等；撑锚形式主要有可回收（预应力）锚索、砼内支撑、钢管（鱼腹梁）支撑及几种支撑联合支护等。

1.2.2 南昌市深基坑工程技术探讨

1.2.2.1 高富水砂砾层在南昌市的分布与地下水埋深

当拟建建筑为一层地下室，基底开挖深度一般为 5~6m，此时基坑支护方案主要与地下水中的第一类即上层滞水有关，少数区域涉及第二层孔隙潜水。当拟建建筑为 2~3 层地下室时，基坑开挖深度为 9.0~16.0m，基坑支护结构安全等级为二级或一级。基于南昌市老城区及红谷滩区主要位于高漫滩、低漫滩、Ⅰ级堆积阶地和Ⅱ级堆积阶地，本地貌单元地层埋藏条件为素（杂）填土、粉质黏土（或粉土），以下直至普遍分布的红层顶面（即红色砂岩层）均为砂性土，该层含水层富水性等级为丰富至极丰富，含水层厚度一般为 8.0~13.0m，综合渗透系数为 60~100m/d。在南昌市深基坑工程中，绝大部分基坑地层分布着高富水砂砾层。

砂砾层在南昌市主要分布于赣江两岸的赣江Ⅰ级阶地，上覆第四系全新统填土和黏性土。南昌市区的地下水埋藏深度与高富水砂砾层密不可分。除新建区、昌东、九龙湖新区外，老城区及红谷滩地层中均分布有砂粒层，且含水量比较丰富，潜水层的埋深一般为 5~7m；昌东由于地势较高，地下水埋深一半超过 10m；九龙湖新区临赣江较近的地段也存在高富水的砂砾层。

1.2.2.2 地下水对深基坑工程的危害及处理措施

地下水往往是地下工程中最令参建方头疼的问题。纵观国内外媒体、网络公布的基坑事故工程，绝大部分系由于地下水的原因引起：有基坑支护设计时未考虑地下水影响的，有地下水位短时间骤然上升的，有坑外地下水通过支护结构的薄弱部位渗出带出砂土的，有坑外地下水通过止水帷幕的低端绕流的。上述现状不一而足，但最终结果都是因为地下水的问题导致基坑周边地面下沉、管线变形、建筑墙面开裂等。

《建筑基坑支护技术规范》（JGJ120—2012）第7章"地下水控制中明确提出"地下水控制应根据工程地质与水文地质条件，基坑周边环境要求及支护结构形式选用截水、降水、集水明排方法或其组合"。目前，南昌市基坑支护领域常见的地下水的处理方式主要有：浅基坑常采用坡顶及坡底的集水井、坡面泄水孔、坡顶砼硬化地面的明排方式，将地下水及时排至临近市政排水管网。对于深基坑工程，除上述方法外，尚需对地下水采取截、排、堵三者结合的形式联合处理。

"截"是指将地下水截止在基坑支护结构外围，常采用的方式有水泥搅拌桩、高压旋喷桩，或与支护结构合为一体的SMW工法桩、TRD工法桩、咬合桩、地下连续墙、柱锤置换挡墙等；"排"是指将坑内地下水或雨水及时采用集水井、降水井或疏干井等形式排至坑外；"堵"是指采用了止水帷幕措施后，由于帷幕桩施工质量问题，常有因垂直度问题导致的"裤衩式"渗水或止水桩桩径太小、搭接长度不够等问题导致的漏洞渗水，此时需采取棉絮、速干砼等方式将少量渗水封堵，对于渗水量的区域需及时将坑内土方先回填以平衡坑内外水头差形成的压力，然后再考虑采用水泥浆或双液注浆方式进行封堵。

根据深基坑工程地下水的控制方式可将其分为主动防水和被动防水。

所谓的主动防水是指通过降水、引流手段将基坑开挖区域的地下水转移、水位降低。主动防水手段中降水措施通过坑内外设置的降水井来实现。降水井的设计参数如渗透系数、降水影响半径可根据勘察报告和通过现场试验确定。设计降深应不少于基坑开挖面以下0.5m。南昌市高富水砂砾层中的地下水一般不具或具微承压性，基坑涌水量的计算可按照JGJ120—2012附录E中E.0.1及E.0.2公式，由单根管井出水量即可确定坑内及坑外拟布置的降水井间距、井深、数量。主动防水中的降水井往往与回灌井结合利用。由于城区建筑物密集，持续的降水导致土的有效应力增加，促使水位以上的土体加速固结，当基坑周边加速固结的土体上部有已建建筑、路面及管线时，可能出现地面下沉现象，此时坑外的回灌井（坑外的水位监测井亦可作为回灌井用）的设置就显得非常必要。

所谓的被动防水是指设置竖向的止水帷幕手段将坑外地下水止于支护结构以外，其作用主要是阻止或减缓地下水向基坑内渗透。根据与含水层的关系，止水帷幕可分为落地式止水帷幕和悬挂式止水帷幕两种。目前南昌市多数止水帷幕是采用高压旋喷或三轴搅拌桩机将帷幕桩深至红岩层顶面或进入红岩层不少于500mm。悬挂式止水帷幕通过局部延长地下水渗流路径降低水力坡度的方法控制地下水，但由于悬挂式止水帷幕植入含水层的深度在理论上计算比较困难，目前多采用数值计算法，其计算结果受水文地质参数及边界条件影响较大。实际工程中当采用悬挂式止水帷幕时，往往以与降水联合运用的方法来实施。

1.2.2.3 高富水砂砾层对南昌市深基坑工程的危害

砂砾层中具有高富水性，主要受赣江水位影响较大，亦受高阶地影响。在赣江丰水期赣江地表水向砂砾层补给，该地下水的类型属潜水，在丰水期并具有一定的承压性。

当基坑工程位于高富水的砂砾层地段时，因基坑围护体系降、排水措施不当，易造成基坑支护体系失稳，或出现流沙、管涌、坑底突涌等险情。

在南昌市主城区（老城区和红谷滩），深基坑工程均存在降水或者止水的情况，高富水砂砾层对深基坑工程的危害主要如下：

（1）主城区局部地区（临近赣江边）地下水位以上的砂土层虽然无地下潜水，但是上层滞水较为丰富，且对于抽水极为敏感，曾经出现过明排后周边房屋开裂的现象。

（2）由于地下潜水的原因，若对深基坑进行井点降水，由于上部土层及砂层压缩模量较小，抽水反应敏感，强行降水会引起基坑周围道路、原有建筑物、地下管线变形较大，轻则道路、建筑物开裂，重则建筑物倾斜、管线断裂，尤其是煤气管道开裂，风险巨大。

（3）由于高富水的砂砾层层厚较大，开挖较深、面积较大的基坑无法将水排干，无法保证地下室干燥作业。

（4）由于南昌主城区的砂砾层底部多为卵石层，粒径较大，即使施工止水帷幕，对施工工艺和施工质量要求非常高，而临近基坑底端仍存在较大概率的漏水现象。由于埋藏较深，均为承压水，一旦漏水，渗透速度非常快，往往难以及时修复，对深基坑本身和周围环境造成极大的风险和危害。

以某工程为例：

某基坑工程一期位于南昌市红角洲，原场地为沙滩洲，第四系覆盖层由淤泥质粉质黏土、粉土、细沙、中砂、粗砂、砾砂组成，是典型的赣江Ⅰ级阶地。在本工程中有一地下车库，基底处于细沙和粉土中，开挖深度4.7m，设计采用简易放坡开挖。据勘察报告，勘察期间（枯水季节）潜水埋深6~8m，地下水变幅2.0~3.0m。当基坑开挖至4m左右，处于细沙部位的坑底有明显冒水涌沙现象，经开沟引水至集水坑内抽排无效，不断流沙将集水坑和引沟填平。由于沙土流失造成基坑边的配电室地面开裂，施工道路下沉，一小段边坡垮塌，造成工程一度停工。分析原因：

一是基坑设计对地下水认识不足，没有考虑地下水的变幅，故在设计中缺少止水、降水措施以及应急预案。

二是施工应急处置不当，当基坑坑底出现泉眼冒水时，在泉眼周边的土体已处于失重状态，说明渗透破坏已经产生，不应采取抽水强排。

因此，南昌地区尤其是主城区的砂砾层对基坑工程危害是非常大的，设计和施工时务必引起重视和提防。

1.2.2.4 因地下水引起的基坑工程质量问题

（1）高富水条件下砂砾层地下水的处理在实施过程中易发生以下质量问题：

①降水井布置数量偏少，地下水难以降至设计要求标高；

②管井抽水时因滤管质量问题，导致粉砂、细砂随水流失，最终导致地面下沉；

③降水井影响半径过大，却未采取任何回灌措施，导致周边建筑物或道路等变形；

④悬挂式止水帷幕植入含水层深度不够，地下水沿帷幕底绕流进坑内，导致帷幕失效；

⑤落地式止水帷幕与底部红层未形成有效隔绝，仍有地下水绕流，导致帷幕失效；

⑥止水帷幕施工形成的"裤衩式"开口或止水帷幕的水泥土质量差问题导致渗水入坑；

⑦未考虑基坑附近的老式或废弃管涵内水系或周边地表水系，导致坑外水渗入坑内（图1.2-1）；

⑧止水帷幕平面上尚有开口，未形成有效封闭，难以起到帷幕效果（图 1.2-2）；
⑨支护设计时未考虑地下水位骤然上升的可能性，导致支护结构稳定性失效。

图 1.2-1 某基坑旁边污水管涵渗水，灌满基坑

图 1.2-2 某基坑帷幕未封闭，无法止水

（2）基坑工程的地下水处理常常会遇到上述问题，故基坑支护设计与施工前必须对工程区域周边环境、岩土层条件、地下水埋藏条件、基坑工程有效期、南方的雨水季节等要有一个清醒的认识，对坑外岩土层中地下水位特别是素填土中的上层滞水与砂砾层中孔隙潜水两种不同水系水位的选取、水土合算与分算认真分析，尽量符合岩土工程实际条件，以免选择错误的参数，虽经过"科学"的计算，最终得出的还是一个错误的结果。

1.2.2.5 对高富水砂砾层深基坑工程地下水的主要控制措施

（1）对于开挖较浅的基坑（坑底未进入潜水层，多为一层地下室），在上层滞水比较丰富的情况下，一般可在坑外设置一排止水帷幕，采用坑内明排方式即可，可采用单轴搅拌桩或在支护桩间插缝打入高压旋喷桩的形式，也可用拉森钢板桩，一般超过基坑开挖深度 1m 即可，具体可结合支护形式、工程实际情况综合考虑。

（2）对于新城区的深基坑，开挖一般深度（5~8m，多为一层较深地下室或二层较浅地下室）。周围无重要道路、管线及建筑物的情况下，若含水砂砾层较薄（不超过 2m），可以采用深层井点降水抽水并排入附近市政水管中。

（3）开挖较深的基坑（8~12m，多为二层较深地下室），由于已进入潜水层，故必须在坑外完成落地式止水帷幕，只可坑内抽水，禁止坑外抽水。高压旋喷桩、三轴水泥土搅拌桩等工艺在南昌均比较成熟，具体可结合支护形式、工程实际情况综合考虑。

（4）柱锤置换挡墙：柱锤置换挡墙全称为"柱锤强夯置换基坑支护工法"，是一种专门针对松填土区域场地、地下水位较高的条件下的基坑支护技术。该法通过在基坑四周采用柱锤强夯置换的方法，将坑壁松散状、渗透系数较大的土体，在夯击能的作用下使土体颗粒之间排列得更加密实，渗透系数减小，以阻止坑外地下水向坑内渗入。同时在经原土或场外置换料夯实后形成的墩体，其黏聚力 C 与内摩擦角 φ 值得以提高，坑壁土体抗剪强度增强，坑壁布置数排置换墩形成的重力式挡墙开挖后自稳性提高，从而起到支挡效果。一般可以解决二层以内的深基坑支护工程。设计采用时还应根据基坑范围内土质情况综合考虑。

（5）开挖很深的基坑（12~17m 甚至更深，多为三层地下室），由于开挖地层高富含水砂砾层厚度较大，往往超过 6m，且这种地下室往往建于市中心，周围情况非常复杂，基本要考虑采用两道以上止水帷幕或 TRD 工法桩甚至采用地下连续墙形成多道落地式止水帷幕（如实例中的南昌市超大型商业城项目、地铁配套建设项目基坑工程等），费用非常昂贵。即便如此，也要在后期施工过程中严格控制质量，避免出现较大的安全事故。

综上所述，在高富水地段应充分分析岩土工程地质勘察报告，注意勘察的时间节点与施工期间地下水的变化，同时应分析破坏的原因，不同的破坏原因应采取不同的应对措施。

针对南昌市高富水砂砾层条件下深基坑工程，除了要求支护设计方案与实际条件的吻合、缜密的分析计算和严谨的施工操作外，尚需注意对基坑周边环境的变形监测。监测项目必须满足《建筑基坑工程检测技术规范》（GB50497—2009）表 4.2.1 规定。只有通过及时、正确的监测数据，方能有效地对基坑工程提前预警，指导施工，确保基坑工程的正常施工及周边建（构）筑物的安全和人民的生命财产安全。

南昌市止水帷幕的主要类型和优缺点如表 1.2-1 所示。

表 1.2-1 南昌市止水帷幕主要类型及优缺点

编号	分项	简介	造价	止水效果对比
<1>	桩间插缝高压旋喷桩	即在两根支护桩间打入一根高压旋喷桩。	每延米约 300 元	施工质量控制主要依靠工人水平与企业管理，且由于南昌地区基坑底部卵砾石较大，很难喷开，效果较差。
<2>	连续搭接的高压旋喷桩	不与支护桩联合作用挡水，相互搭接形成止水帷幕。	造价是<1>的 2~2.5 倍	施工质量控制主要依靠工人水平与企业管理，且由于南昌地区基坑底部卵砾石较大，很难喷开，效果较差。
<3>	三轴水泥土搅拌桩	是长螺旋桩机的一种，同时有三个螺旋钻孔，利用搅拌桩机将水泥喷入土体并充分搅拌，使水泥与土发生一系列物理化学反应，形成不透水的止水帷幕。	造价与<1>相差不大	效果强于高压旋喷桩，但由于三轴水泥土搅拌桩通常在 13~14m 存在分叉，若施工单位质量控制不当，也会出现漏水的现象。
<4>	TRD 工法桩	其基本原理是利用链锯式刀具箱竖直插入地层中，然后做水平横向运动，同时由链条带动刀具做上下的回转运动，搅拌混合原土并灌入水泥浆，形成一定厚度的墙。其主要特点是成墙连续、表面平整、厚度一致、墙体均匀性好。	造价是<3>的 2~2.5 倍	对于整体比较规则的基坑，效果好于三轴水泥土搅拌桩，若基坑边线不规则，拐角较多，则效果反而差于三轴水泥土搅拌桩。
<5>	双轮铣（CSM 工法）	双轮铣深层搅拌工法与深层搅拌工法的相异之处在于使用两组铣轮以水平轴向旋转搅拌方式，形成矩形槽段的改良土体，而非以单轴或多轴搅拌钻具垂直旋转，形成圆形的改良柱体。	造价是<3>的 2~2.5 倍	其长处在于对于粒径较大的卵砾石地层能形成止水帷幕，效果较三轴水泥土搅拌桩为佳。且有一定的入岩能力，可配合插入工字钢形成支护。

1.3 南昌市深基坑工程方案设计统计分析

南昌市自 2012 年开始实行深基坑工程支护结构方案审查制度以来,从源头上规范和控制了深基坑工程勘察、设计质量和技术水平,对顺利实施深基坑工程和保证周边环境安全起到了积极的作用。

从 2012 年到 2016 年间,全市共计审查深基坑工程项目 317 个,其中 2012 年 29 个,2013 年 70 个,2014 年 64 个,2015 年 87 个,2016 年 67 个(具体数据详见图 1.3-1)。

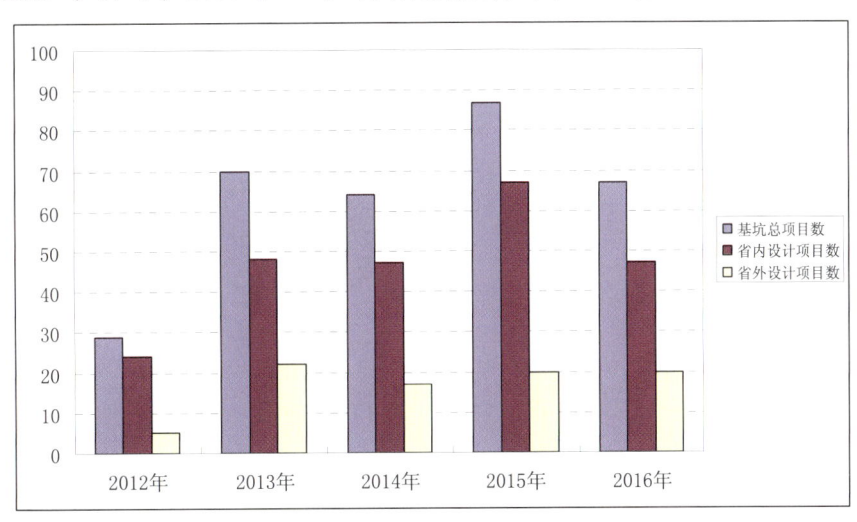

图 1.3-1 基坑审查总项目数

从图 1.3-1 可以看出,从 2012 年实行深基坑工程支护结构方案审查制度以来,2013 年基坑设计审查总项目数明显增多,后几年基本趋于稳定,2013—2016 年数据基本能反映南昌市基坑建设规模。从图 1.3-1 中还可以看出,从 2013 年开始,江西省外设计机构设计基坑项目数基本稳定在 20 个左右,省内设计单位设计的基坑项目数为省外设计单位设计的基坑项目数的 2~3 倍。

本地的设计单位主要有江西省建筑设计研究总院、江西省勘察设计研究院、南昌市建筑设计研究院有限公司及中国瑞林工程技术有限公司等;外地设计单位主要有华东建筑设计研究总院、上海岩土工程勘察设计研究院有限公司、上海市隧道工程轨道交通设计研究院等。

从支护结构形式上看,有土钉墙(复合土钉墙)支护、拉森钢板桩支护、混凝土排桩支护、双排桩支护、地连墙支护、型钢水泥土墙等支护形式;从支撑形式上看,主要有预应力锚索、内支撑及斜抛撑三种形式。另外,一些基坑支护新工艺也开始进入南昌基坑支护市场,如 SMW 工法新技术、TRD 工法新技术、CSM 工法新技术等。

图 1.3-2 对 317 个基坑项目的支护结构形式进行了分年分类统计。从图 1.3-2 可以看出,土钉墙、拉森钢板桩、悬臂式排桩支护仍是基坑支护的主要形式,主要用于深度不大、地质条件良好的地段。这几种支护形式每年所占比例均达到 50% 以上,尤其是土钉墙,由于造价较低,仍是浅基坑设计首选形式。

排桩+可回收锚索、双排桩支护比例约占 30%,这种传统的支护方式由于技术成熟、坑内土方开挖方便快捷、造价较低等优势,仍然占有较大的市场比例。该支护形式的缺点是由于锚索经常会超越用地红线,应用范围受到较大的限制。

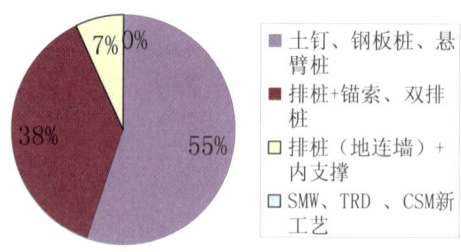
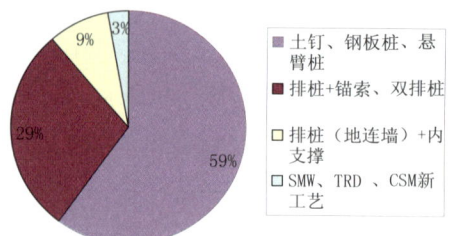
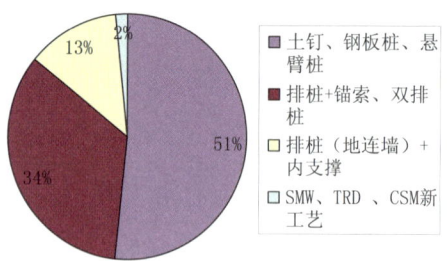
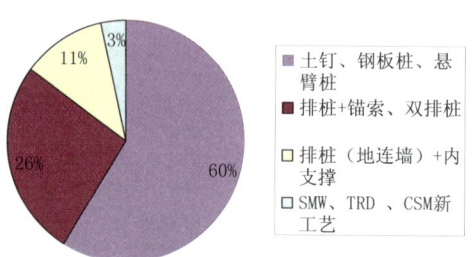
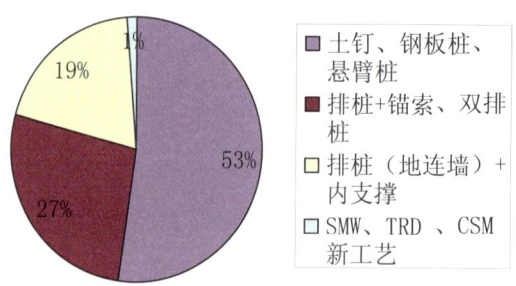

图1.3-2 2012—2016基坑支护结构类型分布

排桩（地连墙）+内撑支护形式安全可靠，不需要占用建筑红线外的空间，应是未来深基坑支护的发展方向。从图1.3-2可以看出，内支撑支护形式所占比例在7%～19%之间，但在2016年，内支撑支护形式所占比例接近20%。内支撑支护形式的缺点主要是造价高、基坑内部挖土施工麻烦、工期较长。

型钢水泥土搅拌墙支护形式由于低碳环保、型钢可回收、造价较低，具有较好的发展前途。现SMW、TRD、CSM新工法已开始应用于南昌基坑支护市场，为型钢水泥土搅拌墙支护结构形式的推广奠定了实践基础。

1.4 南昌市深基坑支护结构方案设计选型参考

基坑工程属于能耗高、风险大、污染大的行业，工程实施过程中会产生渣土、泥浆、噪声等污染；混凝土支撑拆除后将形成大量的建筑垃圾；基坑降水会消耗地下水资源并造成地面沉降等不良后果；基坑支护结构、加固体留在土体内部，将来可能形成难以清除的地下障碍物。因此，在基坑工程的方案设计中，应考虑到基坑工程的可持续发展，尽量采取措施节约社会资源，降低能耗。可采取的技术措施包括围护结构不得出红线、减小支护结构工程量、尽量采用可重复利用的材料（如钢支撑，SMW 工法围护等）、废泥浆的利用、在可能的情况下采用支护结构与主体结构相结合的方案等，以减少工程开发对社会的不利影响和对环境的破坏。表1.4-1结合南昌地区5年来的工程实践经验，并参考国家《建筑基坑支护技术规程》（JGJ120—2012）《深圳市基坑支护技术规范》（SJG05—2011）《上海市基坑支护技术规程》（DG/TJ08-61—2010）《基坑工程手册》（第二版）等相关文献，归纳了各种基坑支护结构形式及其适用条件，为后续南昌市基坑支护方案选型提供相关参考与帮助。

表 1.4-1 各种基坑支护结构形式及其适用条件

基坑支护结构形式	适用条件
土钉墙	土钉墙是一种经济、简单、施工快速、不需大型施工设备的基坑支护形式，应用广泛，但事故率也较多，土钉墙的设计理论还不完善，如面层受力问题没有得到解决，土钉墙位移计算问题也没有得到根本解决。 适用条件： 1.开挖深度小于12m、周边环境保护要求不高的基坑工程； 2.地下水位以上或经人工降水后的人工填土、黏性土和弱胶结砂土的基坑支护； 3.不适用于以下土层： （1）含水丰富的粉细砂、中细砂及含水丰富且较为松散的中粗砂、砾砂及卵石层等； （2）黏聚力很小、过于干燥的砂层； （3）有深厚新近填土、淤泥质土、淤泥等软弱土层的地层及膨胀土地层； （4）周边环境敏感，对基坑变形要求较为严格的工程，以及不允许支护结构超越红线或邻近地下建构筑物，在可实施范围内土钉长度无法满足要求的工程。
柱锤置换挡墙	柱锤置换挡墙全称为"柱锤强夯置换基坑支护工法"，是一种专门针对松填土区域场地、地下水位较高条件下的基坑支护技术。该法通过在基坑四周采用柱锤强夯置换的方法，将坑壁松散状、渗透系数较大的土体，在夯击能的作用下使土体颗粒之间排列的更加密实，渗透系数减小，以阻止坑外地下水向坑内渗入。同时在经原土或场外置换料夯实后形成的墩体，其黏聚力 C 与内摩擦角 φ 值得以提高，坑壁土体抗剪强度增强，坑壁布置数排置换墩形成的重力式挡墙开挖后自稳性提高，从而起到支挡效果。一般可以解决二层以内的深基坑支护工程。

续表

基坑支护结构形式	适用条件
水泥土重力式挡墙	水泥土墙是一种非主流的支护结构形式，适用的地质条件较窄，实际工程应用也不广泛。水泥土墙一般用在深度不大的软土基坑，因为在这种条件下，锚杆没有合适的锚固土层，不能提供足够的锚固力，内支撑又会增加主体地下结构施工的难度。 适用条件： 1.适用于软土地层中开挖深度不超过7.0m、周边环境保护要求不高的基坑工程。适用于基坑开挖深度不大于6m的淤泥和淤泥质土等土层，也可用于黏土、粉质黏料、粉土、砂土、素填土等。 2.不适用于以下情况： （1）不适用于泥炭土，对于有机质土和泥炭质土，宜通过试验确定其适用性； （2）周边环境保护有较高要求的工程。
钢板桩支护	拉森钢板桩具有轻型、施工快捷的特点，基坑施工结束后钢板桩可拔除，循环利用，经济性较好。在防水要求不高的工程中，可采用自身防水；在防水要求高的工程中，可另行设置隔水帷幕。 适用条件： 1.由于其刚度小，变形较大，一般适用于开挖深度不大于7m，周边环境保护要求不高的基坑工程，在市政管线中应用较多； 2.由于钢板桩打入和拔除对周边环境影响较大，对邻近变形敏感的建、构筑物的基坑工程不宜采用； 3.适用的地层为黏性土、粉土、砂土、素填土和薄弱的淤泥及淤泥质土层； 4.不适用于含有碎石、卵石及漂石、块石的地层，密实的圆砾、角砾、砾砂地层以及标准贯入试验锤击数大于25击的土层。
排桩+锚索	锚拉式支挡结构和支撑式支挡结构易于控制水平变形，挡土构件内力分布均匀，当基坑较深或基坑周边环境对支护结构位移要求严格时，常采用这种结构形式。仅从技术角度讲，支撑式支挡结构比锚拉式支挡结构适用范围更宽，但内支撑的设置给后期主体结构施工造成很大障碍，而锚拉式支挡结构可以给后期主体结构施工提供很大的便利。 适用条件： 1.软土地层中一般适用于开挖深度不大于20m的深基坑工程； 2.地层适用性广，对于从软黏土到粉砂性土、卵砾石、岩层中的基坑均适用； 3.锚杆锚固段不宜设置在未经处理的下列土层中： （1）淤泥和有机质土层，新近填的很松散的填土层； （2）设置了截水帷幕的高承压含水砂层； （3）软土层和高水位的碎石土、砂土层； （4）当锚杆施工会造成基坑周边建筑物的损害或违反城市地下空间规划等规定时，不应采用锚杆。
排桩（地连墙）+内支撑	内支撑系统由水平支撑和竖向支承两部分组成，深基坑开挖中采用内支撑系统的围护方式已得到广泛的应用，特别对于软土地区基坑面积大、开挖深度深的情况，内支撑系统由于具有无须占用基坑外侧地下空间资源、可提高整个围护体系的整体强度和刚度以及可有效控制基坑变形的特点而得到了大量的应用。 适用条件： 1.深度较大的基坑工程，一般开挖深度大于10m才有较好的经济性； 2.邻近存在保护要求较高的建、构筑物，对基坑本身的变形和防水要求较高的工程； 3.基地内空间有限，地下室外墙与红线距离极近，采用其他围护形式无法满足留设施工操作空间要求的工程； 4.围护结构亦作为主体结构的一部分，且对防水、抗渗有较严格要求的工程； 5.采用逆作法施工，地上和地下同步施工时，一般采用地下连续墙作为围护墙； 6.在超深基坑中，如30~50m的深基坑工程，采用其他围护体无法满足要求时，常采用地下连续墙作为围护体。

续表

基坑支护结构形式	适用条件
型钢水泥土搅拌墙+内支撑	型钢水泥土搅拌墙是基于深层搅拌桩施工工艺发展起来的，这种结构充分发挥了水泥土混合体和型钢的力学特性，具有经济、工期短、对周围环境影响小等特点。型钢水泥土搅拌墙围护结构在地下室施工完成后，可以将H型钢从水泥土搅拌桩中拔出，达到回收和再次利用的目的。因此该工法与常规的围护形式相比不仅工期短，施工过程无污染，场地整洁干净、噪音小，而且可以节约社会资源，避免围护体在地下室施工完毕后永久遗留于地下，成为地下障碍物。在提倡建设节约型社会，实现了可持续发展的今天，推广应用该工法更加具有现实意义。型钢水泥土搅拌墙施工方法有SMW、TRD、CSM等。 适用条件： 1.从黏性土到砂性土，从软弱的淤泥和淤泥质土到较硬、较密实的砂性土，甚至在含有砂卵石的地层中经过适当的处理都能够进行施工； 2.软土地区一般用于开挖深度不大于13.0m的基坑工程； 3.适用于施工场地狭小，或距离用地红线、建筑物等较近时，采用排桩结合隔水帷幕体系无法满足空间要求的基坑工程； 4.型钢水泥土搅拌墙的刚度相对较小，变形较大，在对周边环境保护要求较高的工程中，例如基坑紧邻运营中的地铁隧道、历史保护建筑、重要地下管线时，应慎重选用； 5.当基坑周边环境对地下水位变化较为敏感，搅拌桩桩身范围内大部分为砂（粉）性土等透水性较强的土层时，应慎重选用； 6.型钢水泥土搅拌墙设计计算理论还有待进一步完善，特别是在搅拌桩和型钢协同工作方面，仍有许多问题需要进一步深入研究； 7.对型钢水泥土搅拌墙的一些设计施工参数还没有统一的标准，如搅拌桩的水泥用量、水灰比等问题，因此施工单位经常凭经验施工，施工质量难于保证； 8.目前工程中对搅拌桩强度的争议比较大，各种规范和手册的要求也不统一，而工程实践中通过钻孔取芯试验得到的搅拌桩强度值普遍较低，特别是比一般规范、手册中要求的强度值要低，如何合理地确定搅拌桩28天强度值，需要结合试验深入分析研究。
双排桩	与单排悬臂桩相比，双排桩为刚架结构，其抗侧移刚度远大于单排悬臂桩结构，其内力分布明显优于悬臂结构，在相同的材料消耗条件下，双排桩刚架结构的桩顶位移明显小于单排悬臂桩，其安全可靠性、经济合理性优于单排悬臂桩。 适用条件： 1.与支撑式支挡结构相比，由于基坑内不设支撑，不影响基坑开挖、地下结构施工，同时省去设置、拆除内支撑的工序，大大缩短了工期。在基坑面积很大、基坑深度不很大的情况下，双排桩刚架支护结构的造价低于支撑式支挡结构； 2.与锚拉式支挡结构相比，在某些情况下，双排桩刚架结构可避免锚拉式支挡结构难以克服的缺点。如：①在拟设置锚杆的部位有已建地下结构、管线或障碍物，锚杆无法实施；②拟设置锚杆的土层为高水头的砂层（有隔水帷幕），锚杆无法实施； 3.双排桩结构工程应用较少，直至2012版国家《建筑基坑支护技术规程》才正式提出双排桩结构计算方法，计算理论还处于发展过程中，不是很成熟； 4.相对于锚拉式及内支撑式支护结构，结构刚度还是偏小，变形控制能力一般。
其他支护形式	本书第7章介绍的部分基坑工程施工新工艺与技术特点，供设计时参考： 1.TRD工法新技术； 2.预应力型钢组合内支撑新技术； 3.一种新型桩体——混凝土综合作用桩； 4.创新的OQM-d型可回收锚索技术； 5.CSM双轮铣水泥土连续墙工法。

注：在参考以上基坑工程方案设计选型过程中，要掌握每个支护结构支护形式的适用条件，结合设计基坑的具体环境条件，经计算分析比较后综合确定。

1.5 南昌市深基坑方案设计审查的意义

在实行深基坑方案设计审查制度前，深基坑的设计主要是施工单位，加盖设计单位出图章，建设方和施工方普遍认为深基坑设计属于临时性支护，思想上不予以重视，存在很大安全隐患。实行深基坑方案设计审查初始阶段，建设单位对深基坑设计审查的目的及意义不理解，以为审查是设卡、走过场、多花钱，有抵触情绪，尽量躲避方案设计审查。

实施深基坑方案设计审查制度后，经过一段时间的方案设计审查，方案设计的规范性、安全性、科学性及经济性得到了明显的提高，建设单位态度转变了，认识到了深基坑设计审查的积极意义，因为在审查过程中，专家不仅是对设计方案的安全性、可靠性进行审查，还对设计方案件的经济性和合理性也提出了较高的要求，对一级基坑设计，提出了需两个完整设计方案进行安全性和经济性综合对比的要求。

由于设计可靠性和经济性的普遍提高，进一步规范了设计市场，同时也规范了设计费的收费标准，设计收费的正常收取又促使设计水平的进一步提升，基坑工程设计已步入了良性发展轨道，取得了良好的社会效益和经济效益。

南昌市深基坑方案设计审查专家主要来自四个方面：一是勘察、设计单位；二是施工图审查机构；三是高等院校；四是施工单位。勘察、设计和审图机构的专家能熟练运用基坑设计规范，具有一定的理论水平，使选用的设计方案不违反相关规范；高等院校的专家对深基坑支护结构的受力机理和计算过程能比较好的掌握，使选用的设计方案更具有理论依据；施工单位的专家能很好地将合理的设计方案运用到具体的施工中去，使选用的设计方案更具有可操作性和实施性。因此，南昌市深基坑方案设计经过专家组的认真审查，选用的设计方案一定能实现安全适用、技术先进、经济合理、保护环境、保证质量和方便施工的总体目标。

2 南昌市深基坑工程设计探讨

依据上一章节对南昌市深基坑工程方案设计实例的统计与分析，全面总结了这五年来南昌市在深基坑工程设计中成功运用的设计理论和设计文件编制的规范模式，形成了具有较强地方特点的深基坑工程设计理论和编制内容，符合南昌市当地的工程地质条件，为南昌市今后的深基坑工程设计找到了适用的理论依据，相关单位也能更快地掌握和运用，使南昌市深基坑工程设计阶段走向更加成熟的发展道路。

经过认真分析和整理，以下就南昌市深基坑工程设计文件编制和相关的设计理论进行详细阐述，为基坑工程设计人员和施工等单位在理论上提供技术资料。

2.1 描述深基坑工程概况

2.1.1 基本情况

一般应包括：工程名称、业主单位名称、详细地址；拟建建（构）筑物层数、高度、结构特点、基础形式；地下室层数、地下室面积、室外地面标高、地下室顶板设计标高、地下室层高、地下室底板标高；基坑开挖深度、周长、面积；基坑周边环境情况；基坑支护结构拟采用的设计方案、基坑截水及降水措施；预计基坑施工时间等。

注：描述±0.00标高、绝对标高、自然地面起算标高的相互关系，并注明是否含垫层。

2.1.2 设计等级

根据基坑规模、基坑开挖深度、基坑周边环境、工程地质与水文地质条件、拟采用的支护结构方案，按照《建筑基坑支护技术规程》JGJ120—2012表3.1.3确定基坑支护结构的安全等级；要求按《南昌市深基坑工程支护结构方案设计文件编制与审查要点》文件中附录A的方法评判。

2.1.3 使用期限

深基坑工程使用期限是一个重要的技术参数，应根据项目规模合理确定，同时依据《建筑基坑支护技术规程》JGJ120—2012第3.1.1条，深基坑工程支护结构设计使用期限不应小于一年；其他有规定的除外。

2.2 列举深基坑工程主要设计依据

深基坑工程设计应注明设计所依据的有关管理文件、资料及现行规范、规程、标准等。

（1）设计依据的有关文件及资料：

①有关政府部门的批准文件；

②经审查合格的岩土工程详细勘察报告；

③深基坑邻近影响范围内建（构）筑物（结构类型、层数、基础类型、埋深、荷载大小、分布和建筑质量）以及道路、地下建筑设施等资料；

④深基坑拟建场地现状地形图、工程用地规划红线图；

⑤深基坑周围地下管廊管线图，包括：供水、污水、雨水、电缆、煤气、热力、通信、消防等管线或管道的分布和性状，地下人防及地铁资料（若存在）、隧道、防汛墙等；

⑥拟建建（构）筑物总平面图、平面图、立面图和剖面图，建（构）筑物基础平面布置图、基础大样图及地下室建筑和结构平面图等；

⑦深基坑附近附加荷载的情况；

⑧深基坑施工技术、设备性能和区域性施工经验。

2.设计依据的规范、规程、标准等：

①依据的规范、规程、标准等应现行有效，适用于所设计深基坑工程。

②依据的规范、规程、标准包括：一般性规范、标准、规定，相关勘察规范，相关设计与施工规范、规程，施工与验收规范、规程，检测与监测规范，图集；其他相关规范、标准等。

当设计需要时应不限于以上规范、标准，当规范、标准更新时，应及时更换为现行规范、标准。

3.计算采用的软件：明确计算采用软件的名称及版本。

2.3 收集深基坑工程周边环境条件

2.3.1 环境概况

深基坑工程设计时宜充分考虑下列条件，设计环境平面图。环境条件比较简单时，可在支护结构平面图中设计，通过图例方式加文字说明，反映环境基本概况。

2.3.1.1 基坑周边建（构）筑物

建（构）筑物名称、用途、层数、结构型式、基础形式和尺寸、基础埋深、基坑支护方案、建设及竣工时间、结构完好情况及使用状况、使用年限；与基坑边缘的直线距离；场地周围环境较复杂时宜配置场地现状照片。

2.3.1.2 基坑周边管线

地下管廊管线（既有供水、污水、雨水、电缆、煤气、热力、通信、消防等）的重要性、特征、埋置深度、走向、使用状况和渗漏状况；地下构筑物的类型、位置、尺寸、埋深等。

2.3.1.3 基坑周边水系

距地表水体（河流、池塘、湖泊、渠道边缘）的直线距离，河、湖、塘、渠水的枯水期、平水期、丰水期及历史最高水位，河、湖、塘、渠水与基坑地下水的水力联系等。

2.3.1.4 基坑周边道路

基坑周边道路的分布及地下管线与基坑的位置关系；道路的类型、位置、结构特征、宽度、行驶情况、最大车辆荷载等。

2.3.1.5 基坑周边设施

基坑周边地下人防设施、轨道交通设施、隧道、防汛墙的埋深、走向、截面尺寸、衬砌材料、材料强度、使用情况及保护要求等。

2.3.1.6 基坑周边荷载

基坑开挖与支护结构使用期内施工工棚、施工材料、施工设备等临时荷载的要求。

2.3.1.7 基坑周边其他条件

雨季时的场地周围地表水汇流和排泄条件。

2.3.2 工程地质、水文地质条件概况

深基坑工程设计时应分析、掌握下列基本条件：

2.3.2.1 工程地质条件

（1）场地地形地貌、场地整平标高、±0.00标高对应的绝对标高；

（2）当场地地层简单且分布稳定时，沿深基坑支护结构深度方向1~2倍基坑深度范围内岩土层及其变化情况；应绘制一个基坑地层概化剖面图，以有利于选择若干典型设计剖面。

（3）地层描述应包括：土层序号、岩土名称、颜色、湿度、状态或密实度、底板标高、底板高程、

层厚、夹层情况、岩土力学性质；基岩的坚硬程度和完整程度等级，有无洞穴、土洞、软弱岩体存在。

（4）根据岩土工程勘察报告，宜明确岩土层（至少至基坑底部以下一倍基坑深度）的有关参数，如：C_k、φ_k 及 γ、K 值等。

（5）当场地地层变化较大时，如一级场地、一级地基，或一级基坑支护结构工程，应沿基坑周边绘制地层展开剖面图；并在基坑内外水平方向 1～2 倍基坑深度范围内岩土层及其变化情况，绘制垂直基坑边坡的典型地质剖面图。

（6）对特殊性岩土应分析其对基坑工程的影响，并提供对设计施工的相应措施建议。

（7）室内试验数据宜根据其试验方法与设计分析工况的适用性选用；抗剪强度指标与试验方法密切相关，工程分析计算应结合相关规范选择与分析工况（或破坏模式）条件相近的试验结果；基坑变形计算参数：侧向基床系数 k_h 及其系数 m，以及坑底地基土的回弹模量 E_c 或回弹指数 C_c，应结合基坑开挖深度合理确定。

2.3.2.2 水文地质条件

（1）场地水文地质概况、雨季时段及其最大降水量；

（2）主要含水层及其与江、湖等地表水体的水力联系；历史最高水位、近三年最高水位。

（3）初见水位、稳定水位埋深及标高、地下水位年变化幅度；需说明勘察期间水位量测的时间（季节），判断是否是年内高水位。

（4）场地内地下水的类型（上层滞水、潜水、层间潜水、承压水），含水层的厚度及顶、底板标高，含水层的富水性、渗透性，场地地下水的补给与排泄条件，各地下水层之间的水力联系；及其对基坑支护、基坑开挖、周边环境的影响。

（5）各岩土层地下水的渗透系数、综合渗透系数，必要时应提出单位涌水量及影响半径、最大涌水量。

（6）地下水的腐蚀性。

水文地质条件复杂时应专门进行水文地质勘察，注意含水层和承压水对基坑工程的影响，提供地下水控制方法的建议；对施工过程中形成的流砂、流土、管涌及整体失稳等现象的可能性进行评价并提出预防措施建议。

必须遵守先勘察、再设计、后施工的法规要求，严禁在无岩土工程勘察报告的情况下进行基坑工程的设计；所依据的勘察报告内容不全或勘察资料不足时，设计单位应提出进行补勘的要求。

2.4 把握深基坑工程设计控制关键点

深基坑工程设计应综合考虑基坑周围环境条件、地面荷载、工程地质和水文地质条件、基坑开挖深度、基坑规模、地下水情况、上部结构的规模及重要性、工程进度等因素确定基坑支护结构的设计等级和使用期限，认真分析可能影响基坑设计的各种因素，以及可能存在的不确定因素和特殊之处，确定存在的主要矛盾问题，找到解决问题的关键点。

深基坑工程设计控制关键点可以出现在很多环节，在多种影响深基坑工程设计因素中，起制约或主导作用的因素，包括：复杂土层条件、基坑深度、周边环境、地下水控制、土方开挖、支护结构变形控制、周围建筑安全保护等，把握好深基坑工程设计控制关键点是深基坑工程设计成功的必要条件。

设计时在充分分析有利和不利因素的情况下，进行深基坑工程设计及其分析比较，在满足安全可靠的前提下使深基坑工程设计尽量优化，努力做到施工便捷、经济合理。

2.5 优化深基坑工程支护结构设计选型

深基坑工程设计选型应根据基坑开挖深度、相对开挖深度范围一定倍数的土的性状及地下水条件、基坑周边环境对基坑变形的承受能力及支护结构失效的后果、主体地下结构和基础形式及其施工方法、基坑平面尺寸及形状、支护结构施工工艺的可行性、施工条件和施工季节、经济指标、环保性能和施工工期等综合确定，并满足受力明确、结构可靠、经济合理、施工方便的原则（参考《南昌市深基坑工程支护结构方案设计文件编制与审查要点》文件中附录B）。

在支护形式的选用过程中应抓住该基坑支护中的控制性因素。如：该基坑支护的主要矛盾是支护体系的稳定问题，还是控制支护体系的变形问题；该基坑支护体系的不稳定因素主要来自土压力，还是来自地下水控制问题。

具体应注意和明确下列内容：

（1）通过分析工程地质特征，指明支护过程中应重点注意的地层。

（2）通过分析地下水特征，明确需进行降水或截水控制的含水层。

（3）通过分析基坑周边环境特征，预测边坡（基坑）工程对环境的影响，明确需保护的邻近建（构）筑物、道路、地下设施、地下管线等，提出相应的保护措施。

（4）综合考虑场地土质状况、地下水位情况、地基承载力以及可能的沉降量、水平位移等因素，选择经济合理的支护结构形式，以保证支撑的基坑边坡不致发生过量的沉降或水平变形，能确保周边建（构）筑物、道路的正常使用要求。

（5）综合确定基坑支护结构设计安全等级；基坑周边条件差异较大时，应分段划分其安全等级，各分段可采用不同的支护方式，提出可行的支护和地下水控制设计方案。

（6）应考虑基坑开挖施工条件、施工可行性；对于永久性基坑，应该考虑水、土对建筑材料和构件的腐蚀问题。

深基坑工程支护结构方案合理选用是深基坑支护结构优化设计的第一层面，深基坑工程支护结构优化设计的第二层面是指深基坑工程支护方案确定后，对具体设计方案进行优化。因此除应重视深基坑工程支护方案的合理选用外，还应重视具体设计方案的优化。

2.6 阐述深基坑工程主要设计内容

深基坑工程设计时要正确使用勘察报告所提供的岩土参数，正确分析和判断勘察报告对基坑形式、地基处理、防腐蚀措施（地下水有腐蚀性时）等提出的建议，并应从下列方面把握设计：

2.6.1 平面设计

（1）支护桩平面布置：应标明桩型、桩的编号、桩径、桩间距及平面位置，桩中心线与地下室边轴线及基础承台或底板外边线的位置关系；含环境条件时应有现状地形、建筑物、道路等信息。

（2）锚杆平面布置：标明锚杆编号、锚杆间距及平面位置。

（3）土钉墙平面布置：标明地下室边轴线、基础承台或底板边线、边坡（基坑）开挖上边线、下边线及其与建筑物边轴线的位置关系。

（4）其他。如环境条件平面图、内支撑平面布置图。

2.6.2 竖向设计

（1）支护结构剖面图：应标明自然地面标高、坑底标高、桩顶标高、桩底标高、周围建（构）筑物、道路、地下设施、地下管线及对应的地层剖面图等。支护桩的嵌固深度、竖向、横向截面配筋图，配筋图应标明混凝土强度、配筋数量、规格、级别、保护层厚度等。

（2）冠梁图：包括梁的截面尺寸、梁顶标高、混凝土强度及配筋图等。

（3）人工挖孔桩：应提交护壁设计图纸，当采用钢筋混凝土护壁时，应标明混凝土强度等级及配筋。

（4）锚杆支护剖面图应标明锚杆设置标高、锚杆自由段、锚固段长度及总长、受拉承载力设计值、锚杆直径、倾角、杆体材料、数量，注浆材料及其强度，锚杆与连梁或压板的连接等。

（5）土钉墙剖面图应标明自然地面标高、边坡开挖坡率、各层土钉设置标高、各层土钉直径、长度、倾角、土钉拉力设计值、杆体材质注浆材料及其强度，面层混凝土强度、厚度等。

（6）排桩立面图：标明排桩的布置、冠梁标高、冠梁与上部挡土结构的关系（如土钉墙、砖墙），桩间锚杆布置及其标高等。

（7）锚杆格构式挡墙立面图，标明锚杆布置的标高、锚杆的排距和水平距、砼肋梁的截面尺寸。

（8）土钉墙立面图：标明面层钢筋网、加强筋、土钉的间距及连接方式。

（9）其他。

2.6.3 大样设计

例如：腰梁与锚杆连接节点设计、面板中锚杆锚固设计大样图，锚杆设计大样，换撑设计大样，排桩配筋大样，冠梁大样等。

2.6.4 内支撑设计

2.6.4.1 概述

内支撑系统一般由围护体、内支撑以及竖向支承三部分组成，其中内支撑与竖向支承两部分合称为内支撑系统。

常用的内支撑按材料分有钢筋混凝土支撑、钢支撑以及钢筋混凝土与钢组合支撑等形式，按竖向布置可分为单层或多层平面布置形式和竖向斜撑形式。

2.6.4.2 选型及适用范围

内支撑结构选型包括支撑材料和体系的选择以及支撑结构布置等内容。选型从结构体系上可分为平面支撑体系和竖向斜撑体系；从材料上可分为钢支撑、钢筋混凝土支撑和钢和混凝土组合支撑的形式（表2.6-1）。

表 2.6-1 内支撑结构选型参考表

支撑体系	形式	特 点 及 适 用 范 围
钢支撑体系	十字正交支撑形式	1.节点简单、节点形式少可采用定型节点成品； 2.可反复利用，经济性较好； 3.支撑安装和拆除时间短； 4.传力体系清晰、受力直接； 5.挖土空间小，出土速度慢； 6.适用于形状规则、基坑面积较小、开挖深度一般的方形基坑。
钢支撑体系	对撑结合角撑形式	1.节点简单、节点形式少可采用定型节点成品； 2.可反复利用，经济性较好； 3.支撑安装和拆除时间短； 4.传力体系清晰、受力直接； 5.挖土空间小，出土速度慢； 6.适用于形状规则、基坑面积较小、开挖深度一般的狭长形基坑。
钢筋混凝土支撑体系	正交支撑形式	1.支撑系统传力直接以及受力明确； 2.支撑刚度大变形小的特点，在所有平面布置形式的支撑体系中最具控制变形的能力； 3.挖土空间小，出土速度慢； 4.适用于敏感环境下面积较小或适中的基坑工程中应用。
钢筋混凝土支撑体系	对撑结合角撑支撑形式	1.具有受力明确的特点； 2.各块支撑受力相对独立，可实现支撑和挖土流水化施工，缩短基坑工期； 3.无支撑面积大，出土空间大，可加快土方的出土速度； 4.适用于环境保护要求高、形状呈较规则方形的基坑。
钢筋混凝土支撑体系	对撑角撑结合边桁架形式	1.各块支撑受力相对独立，可实现支撑和挖土流水化施工，缩短基坑工期； 2.无支撑面积大，出土空间大，可加快土方的出土速度； 3.适用于各种复杂形状的深基坑，软土地区中应用最多的支撑平面布置形式。
钢筋混凝土支撑体系	圆环支撑形式	1.充分发挥混凝土抗压性能，受力合理，经济性较好； 2.无支撑面积最大，出土空间大，可大幅度加快土方的出土速度； 3.受力均匀性要求高，对基坑土方施工单位的管理与技术能力要求高； 4.下层土方的开挖必须在上层支撑全部形成并达到强度之后方可进行； 5.适用于面积大、基坑长宽两个方向尺寸相近的各种形状的深基坑。
钢筋混凝土支撑体系	双半圆环支撑形式	1.充分发挥混凝土抗压性能，受力合理，经济性较好； 2.无支撑面积大，出土空间大，可大幅度加快土方的出土速度； 3.受力均匀性要求高，对基坑土方施工单位的管理与技术能力要求高； 4.下层土方的开挖必须在上层支撑全部形成并达到强度之后方可进行； 5.适用于面积大、基坑长方向略大于宽方向的各种形状的深基坑。
钢筋混凝土支撑体系	多圆环支撑形式	1.充分发挥混凝土抗压性能，受力合理，经济性较好； 2.无支撑面积大，出土空间大，可大幅度加快土方的出土速度； 3.受力均匀性要求高，对基坑土方施工单位的管理与技术能力要求高； 4.适用于面积大、基坑长方向略大于宽方向的各种形状的深基坑； 5.适用于面积大、基坑长向是宽向 2 倍或以上、形状大致呈长方形的深基坑。

2.6.4.3 内支撑系统的设计

内支撑的设计原则和方法如下。

（1）平面布置原则：水平支撑系统中内支撑与围檩必须形成稳定的结构体系，有可靠的连接，满足承载力、变形和稳定性要求。

（2）竖向布置原则：基坑竖向需要布置的水平支撑的数量，主要根据工程场地水文、土层地质情况、周围环境保护要求、基坑围护墙的承载力和变形控制计算确定，同时应满足土方开挖的施工要求。

（3）设计计算要点：支撑结构上的主要作用力是由围护墙传来的水、土压力和坑外地表荷载所产生的侧压力。支撑体系的设计计算更倾向于支撑构件的强度、稳定性以及节点构造等方面内容，主要有如下几个方面的内容：

①支撑承受的竖向荷载，一般只考虑结构自重荷载和支撑顶面的施工活荷载。

②腰梁与支撑采用钢筋混凝土时，构件节点宜采用整浇刚接。

③对于温度变化和加在钢支撑上的预压力对支撑结构的影响，由于目前对这类超静定结构所做的试验研究较少，难以提出确切的设计计算方法。

④构造要求包括钢筋混凝土支撑的构造和钢支撑的构造要求。

⑤支撑节点要求见表 2.6-2。

表 2.6-2 内支撑结构体系设计具体要求

序号	内 容	具 体 要 求
1	方案选择	说明内支撑的结构体系及所采用的材料。
2	方案说明	说明内支撑结构的计算模式包括各层内支撑自上而下设置和自下而上拆除时的各种工况。
3	方案设计图	绘制内支撑结构计算简图，标明内支撑和换撑的平面布置及标高，各构件的截面尺寸及节点。
4	内支撑支护设计应提交以下计算成果	（1）支撑结构内力计算，包括各承力构件的轴向力、剪力及弯矩； （2）支撑结构截面承载力、变形及稳定性验算，包括节点强度验算； （3）围檩内力计算及截面强度验算； （4）立柱截面承载力、变形及稳定性验算； （5）拆除支撑时，换撑体系的设计计算。
5	内支撑支护设计应提交以下施工图	（1）支撑结构平面图； （2）支撑构件及节点详图； （3）围檩及节点详图； （4）立柱详图； （5）换撑构件详图； （6）工况说明图； （7）监测设计除按规定要求外应重点做好； （8）支撑轴力监测； （9）支撑主要构件的变形监测； （10）立柱的竖向位移、水平变形及倾斜监测。

2.7 规范深基坑支护结构计算与分析内容

2.7.1 计算内容

深基坑工程设计应注重计算依据、计算内容、计算模型、计算参数选用,合理确定计算方法和软件(有效版本);通过验算对计算结果进行分析、比较和判断,对照规范要求,得出安全结论。

(1)支护结构构件的强度、稳定和变形计算。

①土压力计算。

②结构构件受压、受拉、受弯、受剪承载力计算。

③构件位移计算。

④截面或节点承载力计算。

⑤锚杆(土钉)抗拉承载力计算。

(2)支护结构整体稳定性计算。

①支护结构抗倾覆计算;

②支护结构嵌固深度计算;

③止水帷幕抗渗透稳定性验算;

④基坑底抗渗透稳定性验算。

(3)支撑体系计算。

(4)排水系统措施、降(止)水计算。

(5)土方开挖计算等内容(如有必要)。

2.7.2 支护结构计算重点要求

2.7.2.1 计算模型

(1)支护结构内力计算沿基坑周边取单位长度按基坑开挖、回筑内部结构的施工过程进行内力计算。开挖阶段计算时必须计入结构的先期位移值以及支撑的变形,按"先变形,后支撑"的原则进行结构分析计算。

(2)计算简图与"方案设计"相符,计算模型应符合结构的实际工作状况,输入的荷载(面荷载、线荷载和集中荷载等)计算输入数据应准确、合理。

2.7.2.2 计算参数

(1)支护结构设计参数:基坑开挖深度、地下水位深度、结构类型及其尺寸、放坡角度、地面超载类型及超载值、边坡(基坑)侧壁重要性系数和安全系数等。

(2)支护结构相关土层名称及其参数值:如土层厚度 h、天然重度 γ、抗剪强度指标标准值 C_k、φ_k、渗透系数 K 等。

一般按岩土工程勘察报告取值,应分析其正确合理性,必要时应补充勘察核实,或采用压板荷载试验直接验证。岩土工程勘察报告没有的,应说明来源及其选用的合理性。侧向土压力荷载—黏性土按水土合算,砂性土按水土分算确定。土压力计算模式、公式应合理。

可通过表2.7-1至表2.7-3汇总相关信息,更有利于分析计算。

表2.7-1 支护结构设计基本参数表

开挖深度	局部开挖深度	各 开 挖 工 况 深 度							控制地下水深度
设计分段	支护深度	边长	坡度	支护结构类型	桩直径	桩长	桩嵌固深度	桩或锚间距	荷载
1									
2									
3									

表2.7-2 地层参数表

土层序号	土名	颜色、状态	厚度及其变化	γ	C、φ	E	土钉或锚杆锚固体与土摩阻力 qs	M或K值
地下水类型	含水层厚度	顶、底板标高	补给条件	水位变化	水质腐蚀性			

注：不能满足时应进行补充勘察

表2.7-3 地面荷载控制表

范围	距离基坑边1H以内	___~___m	施工材料场地	其他
控制状况	严禁堆载	允许___kPa地面荷载		
现在存在荷载				

（3）材料要求如表2.7-4所示。

表2.7-4 材料强度基本要求表

混凝土			钢 筋					注浆	
桩	冠梁	面层	主筋	箍筋	土钉	锚杆	锚索	强度	水灰比

2.7.2.3 计算依据

（1）按《建筑基坑支护技术规程》JGJ120—2012等其他有关规范标准的章节进行计算。

（2）应根据基坑支护结构安全等级确定安全系数、重要性系数。为一级时，重要性系数 γ_o=1.1。

2.7.2.4 计算方法

（1）维护体系侧压力计算根据规范确认的方法或合理经验方法，按土层分布进行分层计算；

（2）基坑整体稳定性验算可采用瑞典圆弧条分法等比较成熟有使用经验的验算方法。

（3）围护结构计算根据国家有关规程规范，可采用基坑设计软件等软件计算。

2.7.2.5 计算软件

（1）采用的计算软件应经过有关部门的鉴定。

（2）应在图纸说明及计算书中注明所采用的计算软件名称、代号、版本及编制单位。

2.7.2.6 计算深度

（1）应符合建设部现行版《建筑工程设计文件编制深度规定》的要求，包括手算计算书和电算计算书两部分。设计文件中应列出计算公式，注明各参数的计算数据及各分项系数取值，并给出计算结果；当采用电算时，应注明所采用的计算软件名称及代号，电算结果需经分析认可，计算模式、原始输入数据、计算成果及支护结构受力简图需打印并整理成册。

（2）采用结构标准图或重复利用图时，应根据图集的说明，结合工程实际进行必要的核算工作，且应作为结构计算书的内容。

（3）应有必要的手算，例如：对冠梁刚度进行计算；对锚杆刚度进行计算。

2.7.2.7 计算、验算内容

（1）稳定性：根据基坑支护形式及其受力特点进行基坑内外土体的整体稳定性验算，对地基承载力进行验算。

（2）对支护结构的强度、稳定、变形及受压、受拉、受弯和受剪承载力进行计算。

（3）排桩：应对排桩进行桩嵌固深度计算并符合嵌固稳定性的要求，最大弯矩及其位置，最大位移及其位置，对桩长、桩径及配筋进行计算。

（4）进行冠梁截面尺寸、配筋计算、截面承载力计算、支撑体系计算。

（5）锚杆：应对桩间锚杆的自由段及锚固段长度、倾角、锚杆孔直径、拉杆截面面积计算，锚杆抗拉承载力计算，挡土墙整体稳定性验算。

（6）土钉墙：应有土钉长度、土钉的水平及垂直向间距、强度验算，土钉抗拉承载力计算，土钉墙整体稳定性验算。

（7）止水帷幕设计以及围护墙的抗渗设计；抗渗透稳定性验算。

还应满足规范规定的结构构造基本技术要求，可参照《南昌市深基坑工程支护结构方案设计文件编制与审查要点》附录 D。

2.7.3 计算分析

2.7.3.1 支护结构计算分析

根据上述计算成果进行分析。

（1）对支护结构体系进行整体稳定性分析、局部稳定性分析。

（2）对支护结构的强度、稳定和变形计算结果进行分析，对支护结构受压、受弯、受剪承载力计算结果进行评判。

（3）对地面沉降及支护结构水平、竖向位移等进行分析。

（4）对安全等级为一级及对变形有限定要求的二级基坑支护结构，尚应对基坑周边环境及支护结构变形进行验算。

（5）应根据周边环境的重要性、对变形的适应能力及土的性质等因素确定支护结构的水平变形限值。

（6）对基坑支护结构施工、基坑开挖施工方法的可行性分析。

2.7.3.2 支撑结构计算分析

（1）绘制内支撑结构计算简图，标明内支撑和换撑的平面布置及标高，各构件的截面尺寸及节点。

（2）内支撑支护设计应提交以下计算成果：

① 支撑结构内力计算，包括各承力构件的轴向力、剪力及弯矩；

② 支撑结构截面承载力、变形及稳定性验算，包括节点强度验算；

③ 围檩内力计算及截面强度验算；

④ 立柱截面承载力、变形及稳定性验算；

⑤ 拆除支撑时，换撑体系的设计计算。

2.7.4 计算结果

相关的计算结果应满足表 2.7-5 至表 2.7-9 对安全系数的要求。列出计算结果比较表，可参考《南昌市深基坑工程支护结构方案设计文件编制与审查要点》文件中附录 C。

表 2.7-5 支挡式结构稳定性验算安全系数及嵌固深度

序号	验算内容	安全等级		
		一级	二级	三级
1	悬臂式支挡结构嵌固稳定性验算	1.25	1.2	1.15
2	单层锚杆和单层支撑的支挡式结构嵌固稳定性验算	1.25	1.2	1.15
3	双排桩嵌固稳定性验算	1.25	1.2	1.15
4	锚拉式、悬臂式支挡结构和双排桩整体滑动稳定性验算	1.35	1.3	1.25
5	锚拉式支挡结构和支撑式支挡结构抗隆起稳定性验算	1.8	1.6	1.4
6	锚拉式支挡结构和支撑式支挡结构抗滑动稳定性验算（当坑底以下为软土时，最下层支点为轴心）	2.2	1.9	1.7
7	嵌固深度：双排式对淤泥，不宜小于1.2h；对淤泥质土，不宜小于1.0h；对一般黏性土、砂土，不宜小于0.6h；对悬臂式结构，尚不宜小于0.8h；对单支点支挡式结构，尚不宜小于0.3h；对多支点支挡式结构，尚不宜小于0.2h。			

表 2.7-6 锚杆的极限抗拔承载力安全系数

计算内容	安全等级		
	一级	二级	三级
锚杆的极限抗拔承载力计算	1.8	1.6	1.4

表 2.7-7 土钉墙稳定验算安全系数

序号	内容	安全等级	
		二级	三级
1	整体滑动稳定性验算	1.3	1.25
2	坑底隆起稳定性验算	1.6	1.4

表 2.7-8 土钉承载力计算安全系数

内容	安全等级	
	二级	三级
单根土钉极限抗拔承载力计算	1.6	1.4

表 2.7-9 基坑渗透稳定性安全系数

序号	验算内容	安全等级		
		一级	二级	三级
1	流土	1.6	1.5	1.4
2	坑底突涌	不应小于1.1		

2.8 明确深基坑工程地下水设计控制要求

2.8.1 地下水设计控制原则

当深基坑工程影响范围内存在承压水层，或地基土体渗透性好且地下水位高的情况下，控制地下水往往是基坑支护设计中的主要矛盾。

止水和降水是控制地下水的主要手段。通过止水还是降水控制地下水需要综合分析，有条件降水的就尽量不用止水，一定要采用止水措施时也要尽量降低基坑内外的水头差。

特别当止水帷幕两侧水位差较大时，止水帷幕的止水效果往往难以保证。坑内外较高水头差可能造成止水帷幕局部渗水、漏水，处理不当往往会酿成大事故。止水帷幕两侧保持较低的水头差时，既可减小渗水、漏水发生的可能性，也有利于对发生局部渗水、漏水现象后的堵漏补救。

在降水设计时需要合理评估地下水位下降对周围环境的影响。场地条件不同，降水引起的地面沉降量可能有较大的差别。新填方区降水可能引起较大的地面沉降量，而在老城区降水引起的地面沉降量就要小得多。特别是降水深度在历史上大旱之年枯水位以上时，降水引起的地面沉降量较小。当基坑外降水可能产生不良环境效应时，也可通过回灌以减小其对周围环境的影响。

当基坑较深时，经常会遇到承压水，控制承压水有两种思路：止水帷幕隔断和抽水降压。

2.8.1.1 降水设计

应设计降水平面图。比较简单时可与监测平面图或支护结构平面图合并。提出必要的验收、检测要求。交代施工过程中对周边环境的影响分析与评价以及相应的保护措施。

应阐述降水方法、降水技术要求、降深要求、施工工艺要求。

2.8.1.2 截水设计

（1）根据水文地质条件，合理确定截水范围、方法、工艺参数及截水效果和检测要求。

（2）采取的基坑的截水、排水措施可有：

①在基坑顶部采取临时措施拦截地表水，以防下渗或直接流入基坑内；

②对地表裂缝，及时采用水泥砂浆封堵，以防地表水下渗；

③检查基坑顶部所有污水、雨水、给水管线，看是否断裂，防止水向下渗入基坑边坡，如污水、雨水、给水管有断裂，应将污水、雨水、给水管的水源切断或将污水、雨水、给水管改道；

④基坑底部用污水泵抽水，并做好坑底排水设施，使基坑底部尽量保持干燥，以防基坑底部土体泡水软化。

2.8.1.3 止水设计

应标明止水帷幕轴线位置、止水帷幕孔间距、工艺参数、设计要求及帷幕墙的渗透系数。

2.8.1.4 通过止水帷幕隔断还是抽水降压需要综合分析确定

在分析中应综合考虑承压水层的特性，如土层特性、承压水头、水量及周边水系、补给情况，还应考虑承压水层上覆不透水土层的厚度及特性，分析止水帷幕隔断的可能性和抽水降压可能产生的环境效应。

要注意基坑周围有无渗漏的水体，评估水体对基坑的影响，必要时应采取有效措施控制水体对基坑的渗漏作用。

另外，基坑周围地下水管的漏水也会酿成工程事故；需要详细了解地下管线分布，分析基坑变形对地下管线的影响，以及做好监测工作，避免事故发生。

2.8.2 深基坑工程的降水、截水、止水设计

根据支护结构设计要求进行地下水位控制设计应包括降水设计、截水设计、止水设计，并进行分析评价。

分析评价：对地下水变化引起的基坑底隆起、渗透管涌、临近建（构）筑物、道路的沉降与倾斜等，进行分析评价。

注意：需要降低地下水位的，应提醒在施工时应采取有效措施，避免因基坑降水而影响邻近建筑物、构筑物、地下设施、地下管线等正常使用和安全。同时还应注意降水的时间要求，以免停止降水后，水位过早上升，使建筑物发生上浮等问题。

2.8.3 深井降水设计要求

对于采用深井降水时，应标明降水井的类型、排水系统布设等要求，进行降水井间距、井径、井深的设计，及观测井的直径、深度及标高。

2.8.3.1 对降水的技术要求

（1）降水井出水含砂量的要求；

（2）降水井单井抽水量的要求；

（3）降水井所用过滤网、滤料的要求；

（4）设计降水维持期。

2.8.3.2 设计降深要求

（1）降水井数量的确定；

（2）观测井数量及深度的确定；

（3）地下水位监测计划；

（4）有关计算参数的确定；

（5）降水引起的地面沉降的估算、评估与环境影响的评价、保护。

2.8.3.3 降水工程的施工要求

（1）机械设备配置及施工管理要点；

（2）降水井与地下室底板的连接方式及防渗处理措施；

（3）降水结束后的封井要求。

2.9 指出深基坑开挖的注意事项

2.9.1 开挖原则

（1）土方开挖前施工单位应编制详细的土方开挖施工组织设计，并取得基坑围护设计单位和相关主管部门的认可方可实施。

（2）开挖前应核验基坑位置及开挖尺寸线，施工过程中应经常检查平面位置、坑底标高、坑壁坡度、排水及降水系统，并应随时观测周围的环境变化。

（3）施工顺序应遵循计算工况，基坑开挖需遵循先撑后挖的原则，垫层随挖随浇，即垫层必须在见底后24小时内浇筑完成；无垫层暴露面积不宜大于200m²，减少土体蠕变引起的变形。

（4）土方开挖必须遵循自上而下的开挖顺序，分层、分段按设计要求进行，严禁超挖；土方开挖要求分块、分层、分段，留土护壁，将基坑开挖造成的周围设施的变形控制在允许的范围内。

（5）机械开挖时，对坡体土层应预留10～20cm，由人工予以清除，修坡与检查工作应随时跟进，确保坑壁无超挖，坡面无虚土，坑壁坡度及坡面平整度应满足设计要求。

（6）挖土运土机械严禁直接压过支撑杆件，必须跨越支撑时应用走道板架空。

（7）除井点降水措施外，地面及坑内应设排水措施，将渗流进基坑的水及雨水及时抽排出基坑；坑内排水严禁在坑边挖沟；在基坑顶四周也应设置排水沟，防止四周雨水流入基坑；雨季施工应加强排水工作。

（8）一般地面超载应控制在20kN/m²以内，特别情况应说明并纳入计算荷载。

（9）机械进出口通道应铺设路基箱扩散压力，或局部加固地基。

（10）在基坑开挖过程中，施工单位应采取有效措施，确保边坡土及动态土坡的稳定性；施工单位应严格按照土方开挖的施工组织设计进行，基坑内部临时坡体应不大于1:1.5，且在土方开挖过程中挖土高差不得大于3m；慎防土体的局部坍塌造成主体工程桩移位破坏、现场人员损伤和机械的损坏等工程事故。

（11）在距离坑顶边线2.0m范围内及坡面上，严禁堆放弃土及建筑材料等；在2.0m以外临时堆土时，堆置高度不应大于1.5m；重型机械在坑边作业宜设置专门平台或深基础；土方运输车辆应在设计安全防护距离范围外行驶。

（12）基坑内所有的局部深坑开挖必须待普遍开挖深度的垫层形成并达到设计强度要求后，方可进行深坑的开挖。

（13）应明确基坑开挖后土方运输路线、运输出入口位置，基坑坡顶应考虑运输车辆的附加荷载。

（14）基坑支护设计及基坑施工开挖应结合土建施工组织设计，考虑施工塔吊的安装位置及附加荷载的影响。

2.9.2 开挖产生的变形控制

将基坑开挖阶段引起的变形分为围护桩（墙）水平位移、坑底隆起变形及由二者共同引起的坑内外土体变形，这三者之间是相互关联的。基坑开挖阶段可产生的变形、危害及治理措施可参考表 2.9-1。

表 2.9-1 基坑开挖阶段可产生的变形、危害及治理措施

产生阶段	产生原因	产生机理	变形形式及危害	治理措施
基坑开挖	桩、墙水平位移	坑内开挖卸荷，造成坑内外压力差； 坑内灌注桩桩孔不回填； 支撑安装不及时；或刚度不足； 土方开挖方案不合理； 坑外荷载过大水平支撑因温差膨胀、收缩。	地表下沉； 邻近建筑物沉降； 邻近地下隧道变形； 邻近管线变形； 邻近建筑物、桥梁桩基位移、产生附加弯矩。	合理选择桩、墙及支撑刚度； 及时设置支撑； 合理的开挖方案； 控制坑外荷载。
		基坑因开挖深度、坑外荷载、土质条件、土方开挖、坑外注浆等原因造成不对称，基坑发生整体位移。	地表下沉； 邻近建筑物沉降； 邻近地下隧道变形； 邻近管线变形； 邻近建筑物、桥梁桩基位移、产生附加弯矩。	进行考虑不对称的基坑整体计算； 采取减小不对称所产生变形自控制措施。
	坑底隆起	坑底开挖超深； 桩、墙插入深度小； 被动区支挡结构物向基坑前移(踢脚)； 坑底开挖减载土体回弹； 地下水自坑外向坑内渗流； 坑底下承压水的扬压力。	桩墙附加水平位移（引起的环境影响同上）； 水平支撑的支撑柱向上位移； 桩、墙向上位移； 逆作法（盖挖逆作法）施工时中间柱、墙出现差异变形并产生附加内力； 工程桩中产生拉应力，严重时工程桩断裂； 降低坑底工程桩竖向承载力与竖向刚度。	增大桩、墙插入深度； 被动区土体加固； 坑内隆起变形大的区域设置减小隆起的桩； 分块开挖土方、分块施工基础底板； 缩短基坑暴露时间； 减小地下水渗流的水力梯度； 降低承压水水头。

2.9.3 开挖保护措施

2.9.3.1 基坑安全防护措施

（1）因深基坑开挖深度较深，为保护施工人员的安全，在深基坑坡顶及围护桩顶部位设置钢管护栏；

（2）部分深基坑工程在人员密集的市区，应交代沿深基坑施工范围采用安全防护措施并挂警示牌，同时有专人负责安全，以免非施工人员误入；

（3）施工作业人员上下必须从设置的专用通道上下，不准攀爬模板、脚手架、确保施工安全。

2.9.3.2 环境保护措施

因深基坑土方开挖及运输会产生大量的扬尘，造成城市的空气污染；设计说明中应明确降尘要求和具体措施，体现设计方案的先进性，达到环境保护的目的。

2.10 强调深基坑工程监测内容

监测设计应明确监控的目的、监测的内容、监控的重点部位，并对监测预警、监测技术、监测方案等提出建议或要求。

2.10.1 监测目的

深基坑工程监测首先是为了确保在深基坑施工过程中支护结构和邻近建（构）筑物、地下管线的使用安全和稳定，其次指导深基坑支护及开挖施工，同时起到预警预报的作用。

通过对深基坑本身内部有关结构的位移、内力的监测，可及时了解支护体系的受力和变形状况，必要时对设计参数进行优化调整，指导下一步施工，遇到异常情况时可及时进行报警、采取措施，保证深基坑工程安全。

可以验证深基坑支护结构设计和深基坑开挖施工组织设计的正确性；对深基坑支护体系的稳定性、可靠性和安全性进行预测预报，并根据现场实际情况，科学、合理地调整施工步骤、施工方案或技术参数，从而实现信息化施工管理。

通过深基坑外的环境保护对象的变形参数的监测，获取工程基坑开挖施工对周围环境的影响信息，经分析后，对周边环境、安全做出预报，确保施工期间邻近已有建（构）筑物的安全使用与稳定。

此外，对深基坑工程进行全面的监测，获得大量的数据，为以后同类深基坑工程的设计和施工提供参考，验证深基坑工程受力机理的有关理论研究。

2.10.2 监测内容

根据深基坑工程周边环境的具体情况，依据《建筑基坑工程监测技术规范》GB 50497—2009 的规定，深基坑工程监测可分为基坑支护结构的监测和周边环境条件的监测，详见表 2.10-1。监测内容还应包括道路位移监测、坑外地下水位的波动情况监测。

表 2.10-1 监测项目一览表

序号	施工阶段 基坑等级 监测项目	开挖前 支护体系	开挖阶段					放坡开挖
			重力式支护体系		墙式支护体系			
			一级 二级	三级	一级	二级	三级	
1	支护体系观察		√	√	√	√	√	√
2	支护墙（边坡）顶部水平位移		√	√	√	√	√	√
3	支护墙（边坡）顶部垂直位移		√	√	√	√	√	√
4	支护体系裂缝		√	○	√	√	○	
5	支护墙侧向变形（测斜）		√	○	√	√	○	
6	支护墙侧向土压力				○	○		
7	支护墙内力				√	○		

续表

序号	施工阶段 监测项目	开挖前 支护体系	开挖阶段 重力式支护体系 一级二级	开挖阶段 重力式支护体系 三级	开挖阶段 墙式支护体系 一级	开挖阶段 墙式支护体系 二级	开挖阶段 墙式支护体系 三级	放坡开挖
8	冠梁及围檩内力				√	○		
9	支撑内力				√	√	○	
10	锚杆或土钉拉力		○		√	√	○	
11	立柱垂直位移				√	√	○	
12	立柱内力				○	○		
13	基坑外地下水水位	√	√	√	√	√	√	√
14	基坑内地下水水位		○	○	○	○	○	
15	孔隙水压力		○	○	○			
16	土体深层侧向变形（测斜）		○	○	√	○		
17	土体分层垂直位移		○		○			
18	坑底隆起（回弹）		○	○	○			
19	坑外垂直位移	○	√	√	√	○		○
20	邻近建（构）筑物垂直位移	√	√	√	√	√	√	√
21	邻近建（构）筑物水平位移	○	○	○	○	○	○	○
22	邻近建（构）筑物倾斜		○		○			
23	邻近建（构）筑物裂缝、地表裂缝	√	√	√	√	√	√	√
24	邻近地下管线水平及垂直位移	√	√	√	√	√	√	√

注：√应测项目；○选测项目（视监测工程具体情况和相关单位要求确定）。

2.10.3 监测报警

（1）报警值的确定原则为：

①满足设计计算原则；

②满足监测对象的安全要求，达到预警和保护的目的；

③满足各监测对象的各主管部门提出的要求；

④满足现行规范、规程的要求；

⑤在保证安全的前提下，综合考虑深基坑工程质量和经济等因素，减少不必要的资金投入。

（2）报警值可依据规范规定、支护结构等级、结合成熟经验做出规定，可根据基坑现场周边实际情况和相关单位要求综合确定各部位的日变化量和累计变化量警戒值。若周边无重要建筑物和管线、道路等时，报警值可适当放宽，否则必须适当减小预警值；若土质比较坚硬、密实，适当减小预警值、变形控制值、报警值。表2.10-2为监测控制表。

表 2.10-2 监测控制表

序号	监测项目	报警值		允许值
		速率	累计	

（3）若监测值达到报警值时须及时报警，启动应急管理程序，并将报警材料书面呈送建设单位、施工单位、监理单位、设计单位及其他相关单位，及时分析现象发生的原因，提出相应的治理对策及建议，供建设、设计和施工等相关单位参考；当超过变形控制值时应立即采取适当措施。

（4）特殊情况下监测：当监测出现下列情况之一时，应提高监测频率，并及时通知设计单位、施工单位以采取适当措施。

①监测数据达到报警值；
②监测数据变化较大或速率加快；
③施工中存在勘察未发现的不良地质；
④意外超深、超长开挖或未及时加撑等违反设计工况施工；
⑤基坑及周边大量积水、长时间连续降雨、市政管道出现泄漏；
⑥基坑附近地面荷载突然增大或超过设计值；
⑦支护结构出现开裂；
⑧周边地面突发较大沉降或出现严重开裂；
⑨邻近建筑突发较大沉降、不均匀沉降或出现严重开裂；
⑩基坑底部、侧壁出现管涌、渗漏或流沙现象；
⑪基坑工程发生事故后重新组织施工；
⑫出现其他影响基坑及周边环境安全的异常情况；
⑬当有危险事故征兆时，应实时跟踪监测。

2.10.4 监测实施要求

通过采用先进、可靠的仪器及有效的监测方法，对基坑围护体系受力变形和周围环境的变形情况进行监测，为工程实行动态化设计和信息化施工提供所需的数据，从而使工程处于受控状态，确保基坑及周边环境的安全。

2.10.4.1 监测布置设计

在监测平面布置图上标明基准点的位置，在支护结构及周边环境布置一定数量的监测点，明确监测项目、监测方法和监测频率监测周期及精度等级。表 2.10-3 为监测布点表。

表 2.10-3 监测布点表

序号	监测项目	监测点及其数量（个）	监测方法	监测精度	监测周期	监测频率

2.10.4.2 现场监测的要求

（1）所有测试点、测试设备需加强保护，以防损坏；

（2）量测周期从基坑土方开挖到地下室侧壁回填完成；

（3）监测方法、精度要求、监测频率、数据处理与信息反馈必须符合《建筑基坑工程监测技术规范》GB50497—2009中的相关规定；

（4）测试单位需及时向设计人员通报测试结果；

（5）基坑监测必须由具有相应资质的第三方监测单位严格按本设计要求制定详细的基坑监测方案，并报设计人员审定确认后方可执行；

（6）加强对支护结构本身和邻近既有设施、道路的安全监测：

①沿围护结构及基坑周边每15～20m设沉降、水平位移观测点，邻近建筑物布设不少于6个沉降监测点；

②采用在土体中预埋测斜管、通过测斜仪观测各深度处水平位移的方法，监测孔布置在基坑边坡顶外1m部位，监测点水平间距为20～50m；

③在基坑外侧布置地下水位监测井，监测点布置在基坑坡顶外侧约1m处，监测点间距为50m左右；

④监测点的数量可在施工中根据实际情况适当增设。

2.10.5 监测方案

施工组织设计应包括监测方案，在平面布置图上标明支护结构及周边环境一定数量的监测点、基准点的位置，明确监测方法和监测频率、变形控制值、报警值、监测周期及精度等级。

2.11 交代深基坑工程施工应急管理措施

基坑支护工程是一个风险性工程，影响基坑工程安全的不确定因素很多，在实际工程中需对可能发生的突发事件制定必要的应急措施。

（1）"方案设计"应提出应急管理要求。

要求在施工前施工单位应进行基坑工程施工组织设计，并考虑下列内容：

①应急处置程序：

建立应急指挥办公室，应急指挥办公室在接到事故报告后，立即报告应急指挥领导小组组长，领导小组组长接报后，立即赶赴事故现场勘察事故情况，通知相关部门及各抢险专业组，调动抢险人员、车辆、设备和物资实施快速抢险救援，向市建委、市安管局等上级主管部门报告，判定事故等级并建议上级主管部门启动相应级别的事故预案。

②应急保障措施：

a.通讯保障：

应急指挥办公室电话必须全天候通畅（自然灾害和不可抗力影响除外），责任部门的干部、职工无特殊情况，必须保证个人通讯时时畅通。

b.人员保障：

救援领导小组和各专业组成员应树立安全生产工作的责任感和使命感，作为基坑施工安全生产的一支快速反应队伍，随时听候调遣。

c.车辆、设备、物资保障：

在自有车辆、设备、物资不足的情况下，由应急救援办公室向市建委及时汇报，从相关建筑施工企业予以调配，保障及时到位。

d.医疗卫生保障：

事故发生后，市卫生局要迅速组织医疗人员对伤员进行现场救治；根据伤势情况，尽快转送伤员至相关医院开展专业救治。

e.治安保障：

市公安局、事故发生地县、区政府及有关部门和单位要明确应急状态下维持治安秩序的各项措施。

基坑工程事故发生后，属地警力、基层政府等要迅速组织现场治安警戒和治安管理，维持秩序，保护现场，必要时，及时疏散附近群众。

市公安局负责基坑建设工程事故处置中的治安保障；事故发生地县、区政府协助搞好属地治安保障；基层政府和社区组织负责发动和组织群众开展群防联防，协助公安部门实施治安保卫。

f.技术保障：

建立基坑工程事故指挥决策支持系统，配备先进技术装备。

必要时，由相关部门派出专家，指导、协助开展基坑工程事故调查。

③应急处置措施：

a.信息报告与通报：

建立健全基坑工程事故信息报告体系。有关部门、单位和个人一旦发现基坑工程事故，要及时通过有效途径报警，或通过其他方式向市建委、事故发生地县、区政府或其他有关机构报告。

市建委、事故发生地县、区政府或其他有关机构接到基坑工程事故报警后，要在第一时间做好应急准备，并迅速汇总和掌握相关事故信息。一旦发生较大基坑工程事故，有关部门和单位必须在接报后1小时内分别向市委、市政府值班室口头报告，在2小时内分别向市委、市政府值班室书面报告。发生重大建设工程事故或特殊情况，必须立即报告。

有关部门、单位要加强协作，建立建设工程事故信息通报、协调渠道，并根据应急救援的需要，及时通报、联系和协调。

b.先期处置：

一旦发生基坑工程事故，市建委及县、区政府接警后，要立即予以核实，通过组织、指挥、调度相关应急力量实施先期处置，迅速控制并消除危险状态。在处置过程中，市建委负责收集、汇总事故有关信息，根据现场实际或征询有关部门意见进行研判，确定建设工程事故等级，掌握现场动态并及时上报。

相关基坑工程施工单位要按照预案要求，迅速指挥、调度本单位应急救援队伍、专家队伍和资源，相互协同、密切配合，快速高效处置建设工程事故。

事故发生地县、区政府负责先期处置，要在保护好事发现场的同时，及时组织群众开展自救互救，上报现场动态信息。

c.分级响应：

本市建设工程事故响应等级分为四级：Ⅰ级、Ⅱ级、Ⅲ级和Ⅳ级，分别对应特别重大、重大、较大和一般建设工程事故。

实施Ⅰ、Ⅱ级响应行动时，市建设工程事故应急领导小组应迅速启动本预案，并在省应急领导机构的领导、组织、协调下开展应急救援工作。

实施Ⅲ级响应行动时，市建设工程事故应急领导小组应迅速启动本预案，在市建设工程事故应急领导小组的领导、组织下开展应急救援工作。

实施Ⅳ级响应行动时，各县、区应急机构启动相关预案并组织实施救援，超出应急救援能力时，报请启动市级应急预案实施救援。

响应等级调整：各类建设工程事故的实际级别与响应等级密切相关，但可能有所不同，根据实际情况确定，出现紧急情况和严重态势时，可直接提高响应等级。当建设工程事故发生在重要地段、重大节假日、重大活动和重要会议期间，其应急响应等级视情况相应提高。

d.应急结束：

特别重大、重大建设工程事故处置结束后，由省应急领导机构组织专家进行分析论证，经现场检测、评估和鉴定，确定事件已得到控制，报省政府批准后，终止应急响应，并向社会公布；较大、一般建设工程事故处置结束后，由市建设工程事故应急领导小组组织专家进行分析论证，经现场检测、评估和鉴定，确定事件已得到控制，报市政府批准后，终止应急响应，并向社会公布。

（2）深基坑工程设计提出基坑开挖施工时，应通过监测和现场观察，获得准确数据并及时分析处理，严密注视是否有险情发生及险情发展的动向。

（3）当出现边坡失稳或坍塌现象时，应立即疏散周边作业人员，对附近建筑物产生安全威胁时，同时应采取紧急措施疏散建筑物内人员到安全地带，并立即向建设单位、监理单位等相关部门报告。

（4）深基坑工程设计应根据施工经验、应急处理经验，提出具体应急处置措施。

3 南昌市各类型深基坑工程支护结构设计实例

3.1 地下连续墙（墙—撑）深基坑工程

3.1.1 大型公共建筑下多层地下室深基坑工程

设计单位：上海现代建筑设计集团申元岩土工程有限公司
审图单位：江西省赣建施工图设计审查中心

3.1.1.1 工程简介

该基坑工程位于南昌市丰和北大道东侧、珠江路南侧，由办公大楼和培训中心两栋高层（20F）及裙楼（4F）组成，下设3层地下室。办公大楼和培训中心为框架核心筒结构，裙房为框架结构。

基坑周长427m，面积11206m²。场地地形较平坦，起伏不大，场地标高为18.87~20.65m之间，本次设计中取19.45m。结构±0.000m对应绝对标高22.000m，故场地自然地面相对标高为-2.550m。基坑开挖深度14.9~15.7m。详见表3.1-1。支护结构安全等级为一级。

表 3.1-1 各单体地下室结构设计参数

	板面标高（m）	底板厚度（mm）	地基梁高度（mm）	垫层厚度（mm）	开挖面标高（m）	开挖深度（m）	集水井、电梯井深度（m）
塔楼	-16.300	1800	-	150（暂定）	-18.25	15.7	1.95~3.45
裙房	-16.300	600	1000	150（暂定）	-17.45	14.9	1.2
地下车库	-16.300	800	1000	150（暂定）	-17.45	14.9	1.95~3.45

3.1.1.2 环境条件

（1）基坑周边环境见图3.1-1。周边道路、建筑物见表3.1-2。

表 3.1-2 基坑周边道路、建筑物

基坑支护段	基坑边线距用地红线	其他情况
基坑北侧	约10.1m	红线以北为宽约16.0m的珠江路。
基坑东侧	约3.0m	红线以东为3F~5F的消防站房(框架结构，桩基础)，其与地下室外墙距离为9.3~11.0m；邻近在建地铁站，结构底板埋深约17.0m，其结构外墙与本工程地下室外墙距离为31.2~32.7m；其出入口与本工程西北角相接，结构外墙与本工程地下室外墙距离约8.4m。地铁盾构距离本工程地下室外墙约34.9m；本基坑拟在地铁车站回填后开挖。
基坑南侧	约13.8m	红线以南为商贸城，两者距离为28.3~29.4m
基坑西侧	10.2~17.0m	红线以西为宽约45.0m的丰和北大道

基坑周边管线情况见表 3.1-3。

表 3.1-3 基坑周边管线情况

道路	管线	与地下室外墙距离（m）	埋深（m）
珠江路	供电 DN150，10kV	3.0	0.78
	污水 DN500	10.7	2.81
	饮用水 DN500	12.3	1.44
	供电 600×300	13.6	1.38
	路灯 DN100	16.5	0.2
	雨水 DN1500	25.2	3.06
丰和北大道	饮用水 DN400	场地西北角，局部侵入地下室	1.6
	移动光纤 400×200		1.35
	雨水 DN800		3.12
	污水 DN800		3.58
	路灯 DN100，0.22kV		0.26

注：侵入地下室的管线应在施工前予以搬迁。

（2）地铁：基坑东侧为在建地铁站，其出入口与本工程西北角相接。本基坑拟在地铁车站回填后开挖。

地铁站结构底板埋深约 17.0m，其结构外墙与本工程地下室外墙距离为 31.2~32.7m；地铁盾构距离本工程地下室外墙约 34.9m；出入口结构外墙与本工程地下室外墙距离约 8.4m。

综上所述，本工程基坑周边环境比较复杂，保护要求较高，东侧的消防站房、市政管线以及西侧地铁出入口为重点保护对象。周边环境见图 3.1-1。

图 3.1-1 基坑周边环境图

3.1.1.3 工程水文地质条件

场地地层为第四系全新统素填土（Q_4^{ml}），中砂、淤泥质粉质黏土、粗砂（Q_4^{al}），砾砂层（Q_3^{al}），下部为第三系（E_{1-2}）紫红色泥质粉砂岩组成，岩层与覆盖层为不整合接触关系。场地土层自上而下分别为素填土、中砂、淤泥质粉质黏土、粗砂、砾砂、强风化泥质粉砂岩、中风化泥质粉砂岩。场地的工程地质条件及基坑围护设计参数见表3.1-4。

表3.1-4 各岩土层物理力学指标一览表

序号	岩土层名称	厚度（m）	天然重度 γ (kN/m³)	抗剪强度（固结快剪）		渗透系数 K (m/d)
				黏聚力 C（kPa）	内摩擦角 φ（°）	
①	杂填土	4.1	18.0	0.0	10.0	1.5
②	中砂	1.2	18.5	0	25	40
③	淤泥质粉质黏土	3.8	18.5	10.0	5	0.05
④	粗砂	3.3	19	0	28	60
⑤	砾砂	4.4	19	0	30	80
⑥	强风化泥质粉砂岩	2.0				
⑦	中风化泥质粉砂岩	10.8				

注：土的 C、φ 值均采用勘察报告提供的固结快剪峰值指标。

水文地质条件：

表层地下水补给来源主要为大气蒸发排泄、大气降水及地表水渗透，初见水位埋深4.0~7.6m，主要分布在②层中砂层，属上层滞水，水位及水量受季节性变化影响较大。在④粗砂中揭露潜水，水量较大，为第四系松散岩类孔隙水主要赋存于砂层中，受赣江水位的影响，水位随季节变化，枯水期地下水向赣江侧向排泄，水位下降，丰水期接受赣江水体的侧向补给，地下水位上升。勘察期间稳定水位埋深 9.2~10.5m 左右。稳定水位年升降变化幅度为 2.00~3.50m。

3.1.1.4 基坑支护方案

（1）本工程基坑特点：

①基坑面积较大，约11206m²；开挖深度较深，14.9~15.7m。

②环境要求较高：基坑东侧为3F至4F的消防站房，西侧丰和北大道下为在建地铁及车站，北侧珠江路下埋设有市政管线，南侧商贸城，有一定的保护要求。

③基坑开挖范围内存在②中砂、④粗砂以及⑤砾砂，且④粗砂中潜水水量丰富，容易产生流砂、管涌等不良地质现象，控制好地下水是本基坑围护的重点之一。

综上所述，本工程基坑周边环境比较复杂，保护要求较高，东侧的消防站房、珠江路下市政管线以及西侧地铁出入口为重点保护对象。

（2）总体支护结构方案：由于本工程基坑开挖和深度较大，周边环境状况较复杂，所以对环境保护要求较高。综合考虑基坑规模、周边环境、地质条件等因素，本方案确定采用板式围护结构+内支撑的围护形式。

①围护结构选型：

a.钻孔灌注桩：受力性能可靠、工艺成熟、土体位移较小；造价相对较低。缺点是：当钻孔灌注桩刚度与相应的地下连续墙刚度相当时，整体性却不如地下连续墙；止水帷幕的止水效果不大可靠。

b.地下连续墙：止水效果良好，可以大大减少地下水渗漏问题；工法成熟，成墙质量可靠，施工风险较小；刚度大，变形小，对周边环境影响较小。缺点是围护结构造价较钻孔灌注排桩方案要高。

综上分析，本基坑支护采用地下连续墙方案。平面布置详见附图1、附图2。

②关于地下连续墙成槽稳定性的分析：由于本工程场地土层以砂层为主，为保证地连墙成槽过程中的槽壁稳定，故采用夹心搅拌桩进行槽壁加固。图3.1-2为夹心搅拌桩布置示意图。夹心搅拌桩加固具有如下优点：提高槽壁稳定性；兼做止水帷幕；兼做隔离桩，减少地墙成槽对周边环境的影响。

图3.1-3、图3.1-4为地下连续墙施工效果图。

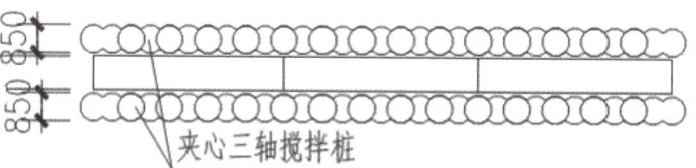

图3.1-2 夹心搅拌桩布置示意图

图3.1-3 地下连续墙（未进行槽壁加固）

图3.1-4 地下连续墙（局部扩径）

③围护结构剖面设计：本基坑普遍开挖深度14.9~15.7m，采用800厚地下连续墙，经计算，地下连续墙深度20.45m，插入比0.4~0.5，桩端进入中风化泥质粉砂岩3.5m以上，可以满足上述稳定性要求，槽壁加固采用850@600三轴水泥土搅拌桩，桩端进入强风化泥质粉砂岩1m。详见附图6、附图7。

暗墩加固：本基坑开挖面积较大，开挖面长，中部变形将较大，因此局部坑底采用三轴水泥土搅拌桩进行加固以控制变形，第二道支撑至坑底以上采用低掺量加固。

电梯井集水井等落深区：本基坑电梯井深度1.95~3.45m，位于强风化泥质粉砂岩和中风化泥质粉砂岩中，采用放坡开挖。

④支撑体系设计：考虑整体开挖，因此采用三道C30钢筋混凝土支撑。

a.采用"角撑+对撑"的形式。该形式受力稍逊于满布对撑，优于圆形支撑。结合本基坑形状，南北、东西向中部各设置一组至两组对撑，可较好的控制中部变形，且方便施工栈桥的设置；四个角部采用角撑的形式，可形成四个较大的挖土空间。支撑布置如图3.1-5所示，支撑系统截面规格见表3.1-5：

表3.1-5 支撑系统截面规格

	支撑中心标高（m）	围檩（mm×mm）	主撑（mm×mm）
第一道水平支撑	-4.150	1200×800	900×800
第二道水平支撑	-9.150	1300×850	1000×850
第三道水平支撑	-13.650	1300×800	1000×800

b.栈桥设置：根据总平面图，本方案考虑场地在珠江路和丰和北大道上设置出入口，并沿南北向对撑区域设置施工栈桥，则可满足施工出土、堆放钢筋等要求，且施工方便。

c.支撑立柱：支撑立柱采用4L160×14型钢格构立柱，栈桥下采用4L160×16型钢格构立柱，截面尺寸均为470×470。格构立柱下设置ϕ600钻孔灌注桩立柱桩，桩顶扩径至ϕ800。

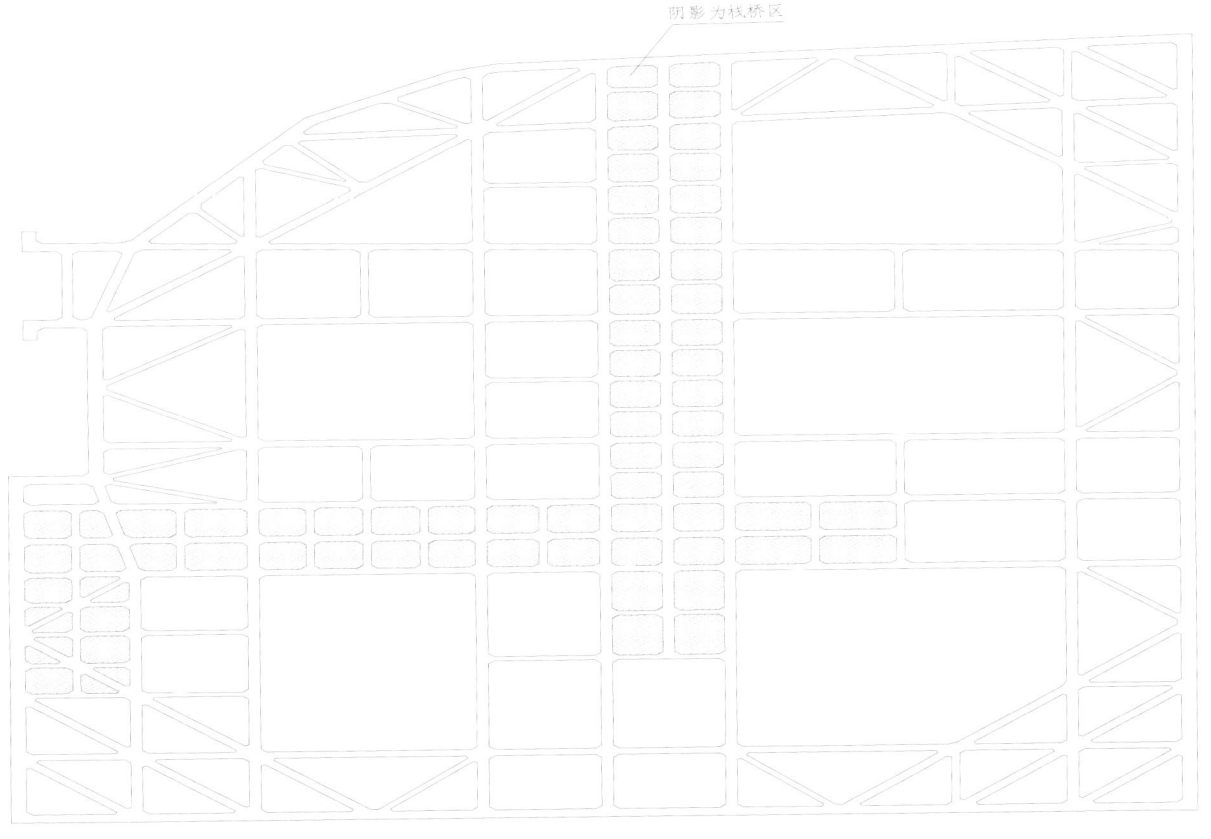

图3.1.5 支撑布置平面图

3.1.1.5 设计计算

（1）剖面计算：

①剖面计算条件：基坑围护体的计算采用规范推荐的竖向弹性地基梁法，土的 C、φ 值均采用勘察报告提供的固结快剪峰值指标，地面超载按实际情况考虑。

②挖土标准工况与地下室施工顺序（支撑）：

第一步：施工三轴搅拌桩、地连墙及立柱桩；

第二步：分层分块开挖至第一道支撑系统底标高；

第三步：施工第一道围檩及第一道支撑；

第四步：待第一道支撑系统达到设计强度的 80%后，分层分块开挖至第二道支撑系统底标高；

第五步：施工第二道围檩及第二道支撑；

第六步：待第二道支撑系统达到设计强度的 80%后，分层分块开挖至第三道支撑系统底标高；

第七步：施工第三道围檩及第三道支撑；

第八步：带第三道支撑系统达到设计强度的 80%后，分层分块开挖至坑底；

第九步：施工地下室大底板及砼传力带；

第十步：待传力带及底板达到设计强度后拆除第三道支撑；

第十一步：分块施工 B3 层主体结构及砼传力带；

第十二步：待 B3 层顶板及传力带达到设计强度要求后，拆除第二道支撑；

第十三步：施工 B2 层主体结构及砼传力带；

第十三步：待 B2 层顶板及传力带达到设计强度要求后，拆除第一道支撑；

第十四步：施工 B1 层及以上主体结构。

（2）支撑平面计算：支撑计算是对内支撑进行变形及内力验算。在支撑体系的计算中，将支撑与围檩作为整体，按平面杆系有限元进行分析。

（3）井点降水方案：土方开挖前要进行基坑预降水，建议采用管井的降水方式，井点平面布置详见相关图纸。

根据地质资料，本工程浅层设置疏干降水，井点打设安排在围护封闭后进行。每层土开挖前，坑内降水必须降至该层土底标高 500mm 以下。并注意：

①根据本工程基坑所处的地理位置及土层情况，疏干井拟定每 500~600m² 布置 1 口井；

②管井井位避开支撑布置。

3.1.1.6 监测

（1）监测内容：

①水平垂直位移的量测：主要用于观测围护墙顶水平与垂直位移、立柱顶端、坑边地面沉降，地下管线及邻近建筑物的水平位移及沉降。管线的测点、相邻建筑物布置测点应与有关管理部门和业主商定。

②测斜：主要目的是观测基坑开挖过程中围护墙身位移。在基坑四面围护墙内埋置测斜管。

③支撑内力的测试：本次工程共布置三道水平支撑，需选择一定的支撑杆件量测轴力，每个截面布置传感器不少于 4 个，用于量测基坑开挖期间支撑轴力的变化。

④围护墙内力的量测：主要用于观测地下连续墙的内力，监测点应设置在最大弯矩截面处的纵向受拉钢筋上。

⑤地下水位的观测：布置坑内外地下水位观测井，监测坑外地下水位的波动情况。

（2）观测要求：在围护结构施工前，须测得初读数。

在基坑降水及开挖期间，须做到一日一测。在基坑地下室施工期间的观测间隔，可视测得的位移及内力变化情况放长或减短。

（3）报警指标见表 3.1-6。

表 3.1-6 报警指标

监测项目		警戒值	
		日变化量（mm）	累计变化量（mm）
管线垂直、水平位移		2	10
围护顶垂直、水平位移	东侧靠近消防站房、西侧地铁出入口	3（连续三日）	30
	其余位置	3（连续三日）	40
围护墙体测斜	东侧靠近消防站房、西侧地铁出入口	3（连续三日）	30
	其余位置	3（连续三日）	40
立柱垂直位移		2	30
坑外水位		50	500
周边地表竖向位移	东侧靠近消防站房、西侧地铁出入口	3	25
	其余位置	3	35
支撑轴力	第一道	6000kN	
	第二道	10000kN	
	第三道	9000kN	

注：若测试值达到上述界限须及时报警，及时处理。

3.1.1.7 评述

本基坑面积较大，为 11206m²，设 3 层地下室，开挖深度 14.9~15.7m，比较深。基坑周边环境比较复杂，邻近城市繁忙道路，路下埋设有市政管线，周边建有消防站房、商贸城、在建地铁及车站，有一定的保护要求。基坑开挖范围内主要为地层②中砂、④粗砂以及⑤砾砂，且②层中砂层富含上层滞水，水位及水量受季节性变化影响较大；④粗砂中潜水水量丰富，勘察期间稳定水位埋深 9.2~10.5m，并受赣江水位的影响，水位随季节变化，幅度达到 2.00~3.50m，使得基坑降水高差要求仍然比较大，故容易产生流砂、管涌等不良地质现象，典型的高富水性地层基坑，控制好地下水是本基坑支护工程的重点之一。

针对上述基坑特点，提出了两个设计方案，比较了优缺点，推荐的基坑支护采用"地下连续墙+三道钢筋混凝土水平支撑"方案，并采用三轴水泥土搅拌桩进行地连墙槽壁加固，方案安全可靠。但另一方面，宜对二道内支撑的可能性进行充分研究。此外，选择代表性地段对地下连续墙的施工进行试验，对三轴水泥土搅拌桩进行槽壁加固的必要性进行进一步的论证。这样方案稳妥可行。

附图

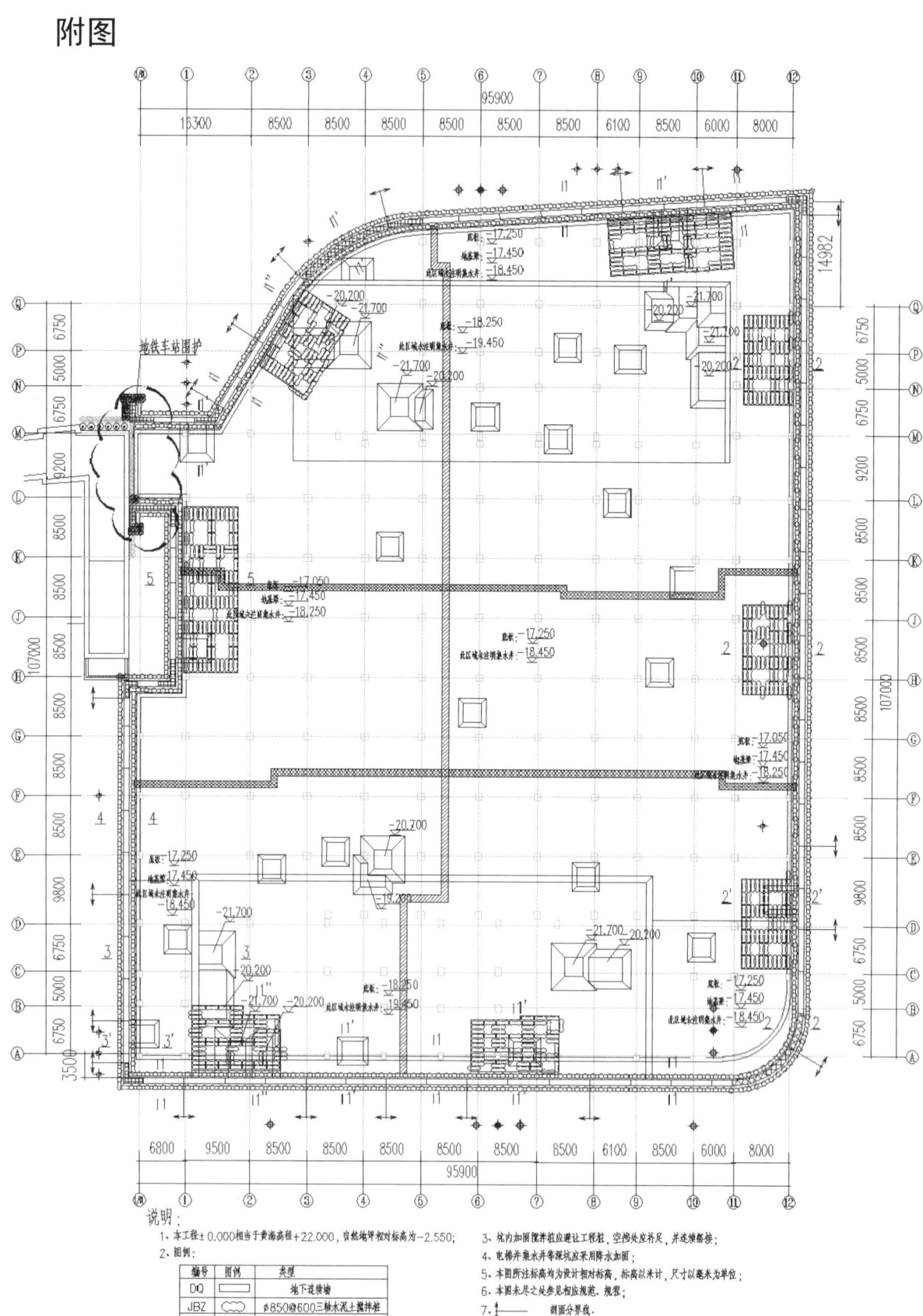

附图1 围护结构平图面

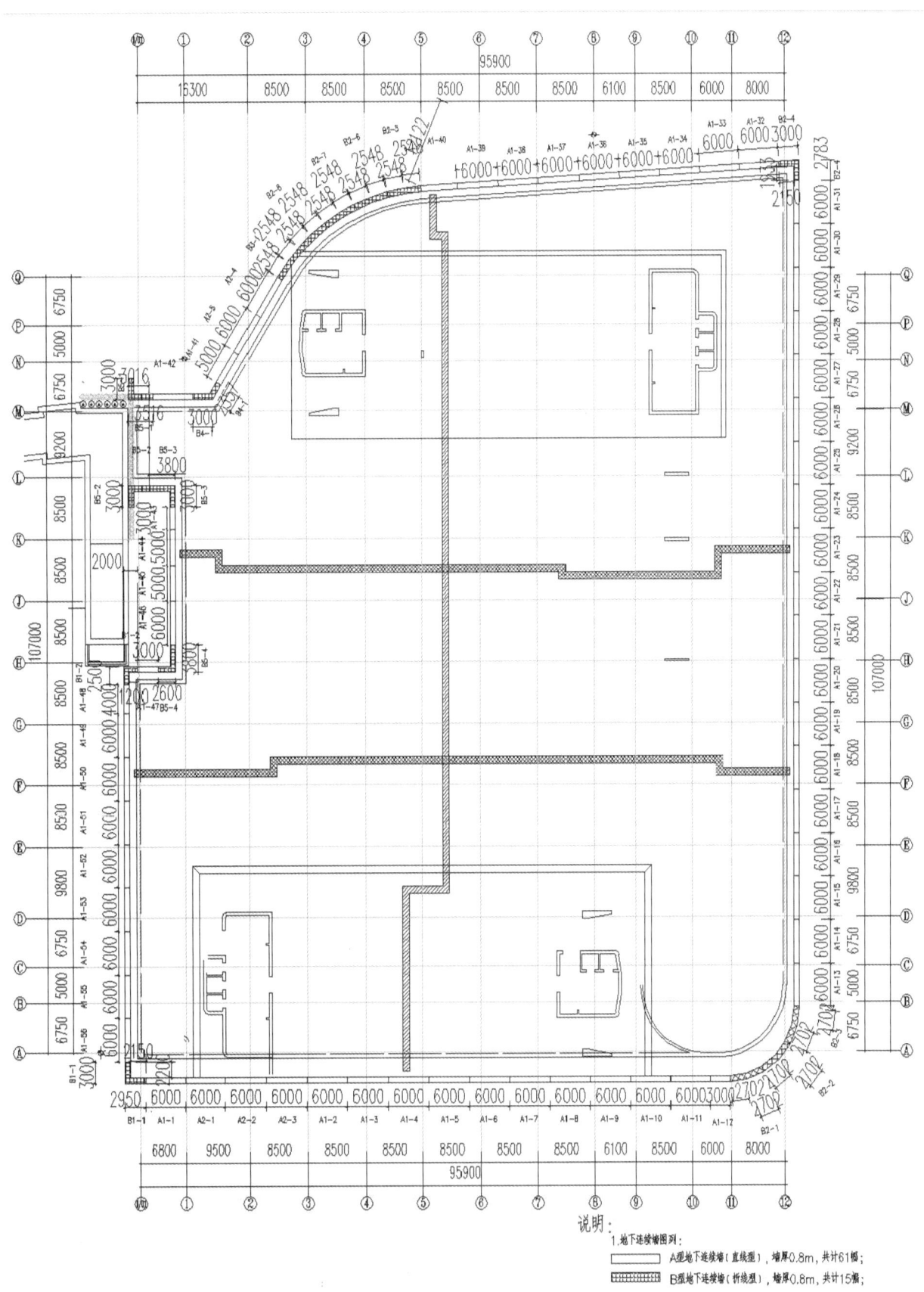

附图 2 地下连续墙槽段划分平面图

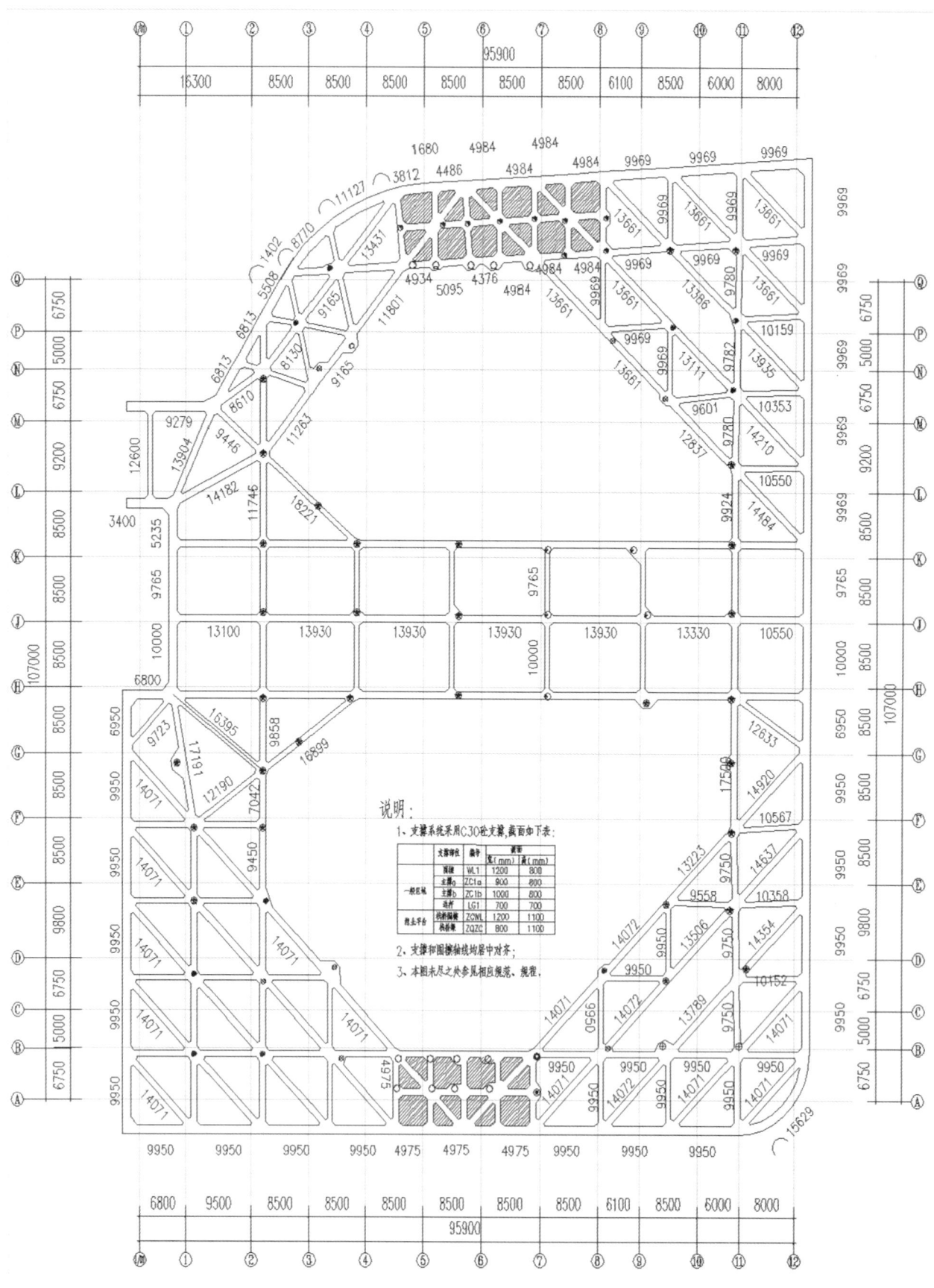

附图 3 第一道支撑布置平面图

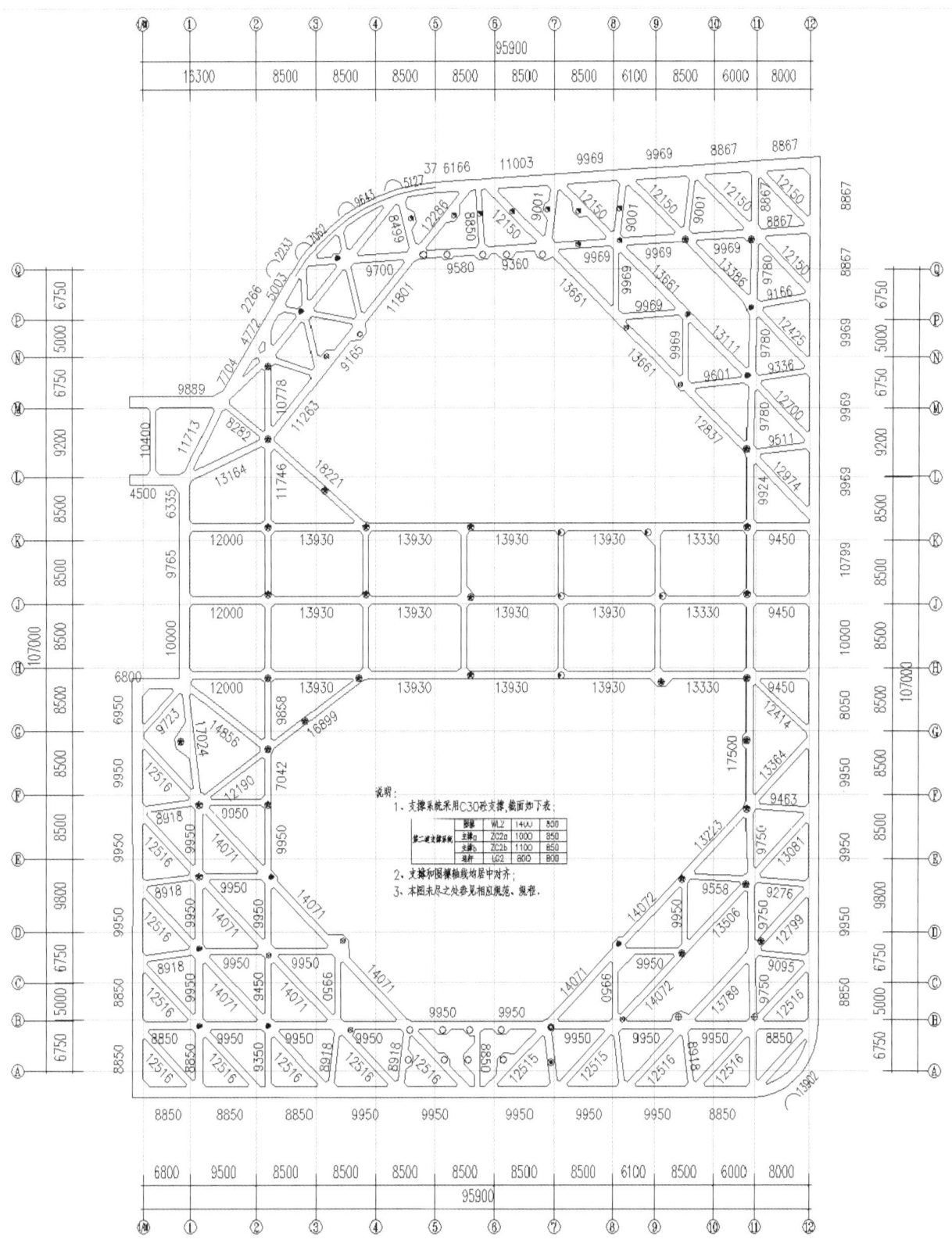

附图4 第二道支撑布置平面图

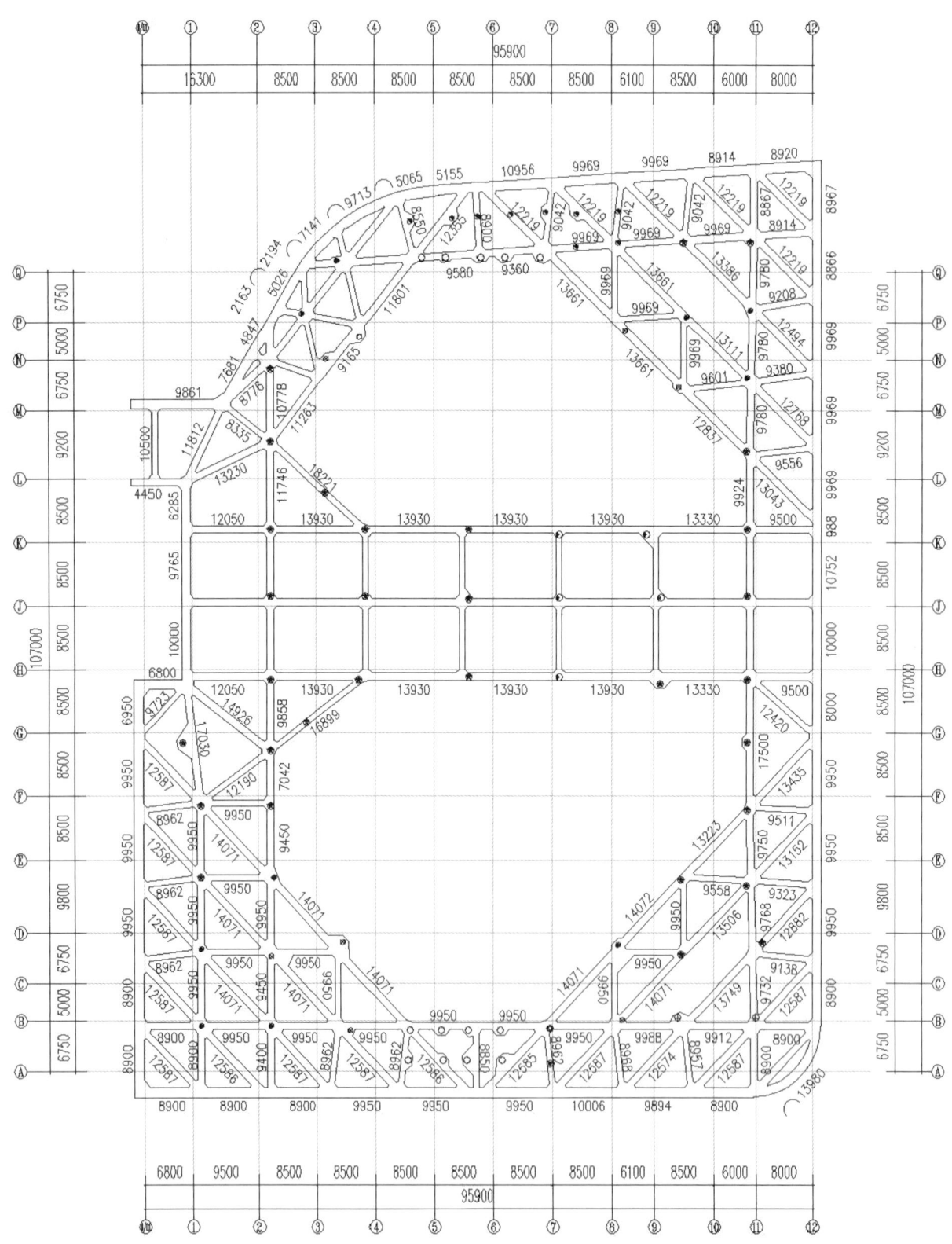

附图 5 第三道支撑平面图

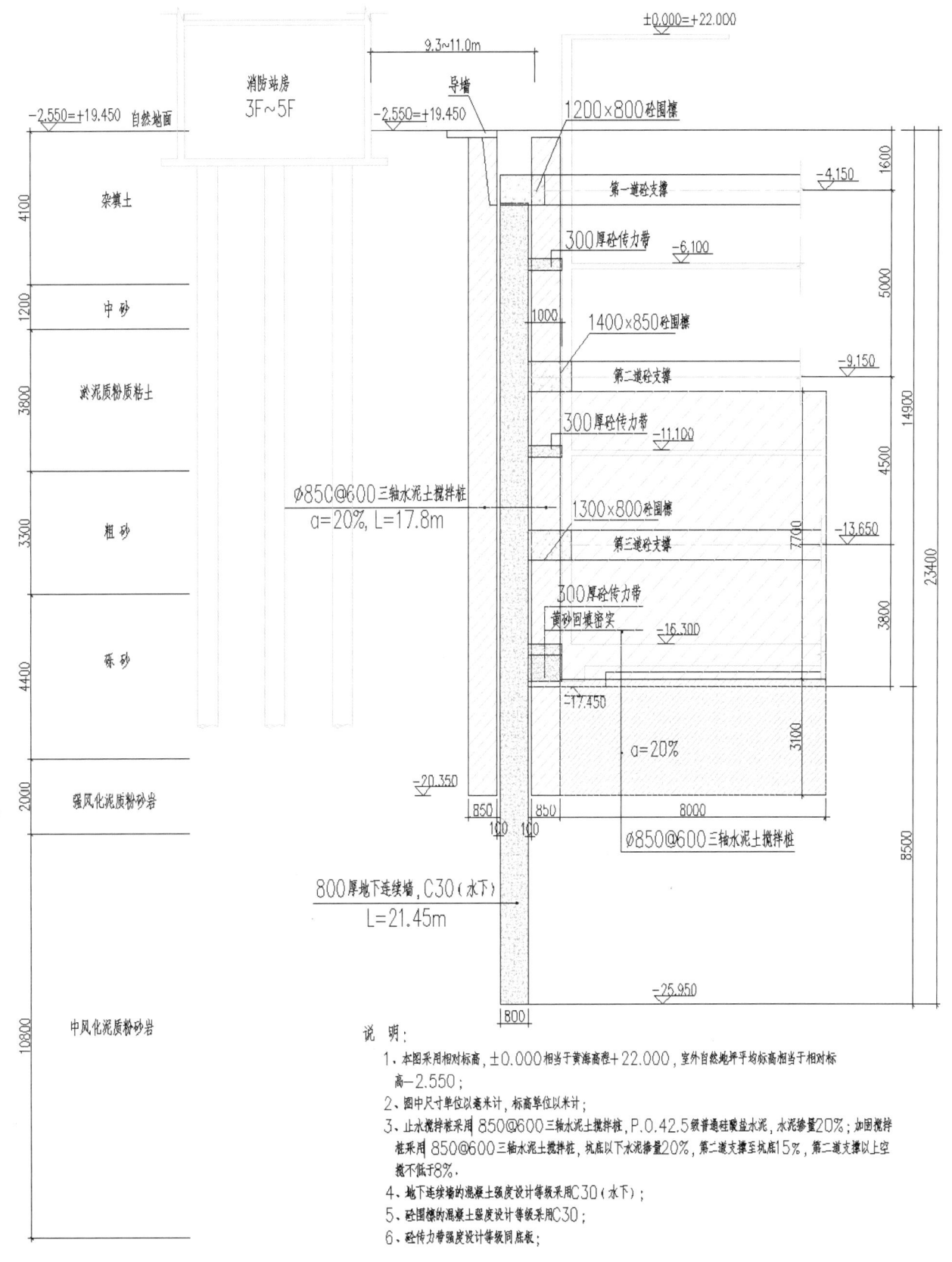

附图 6 典型剖面 1

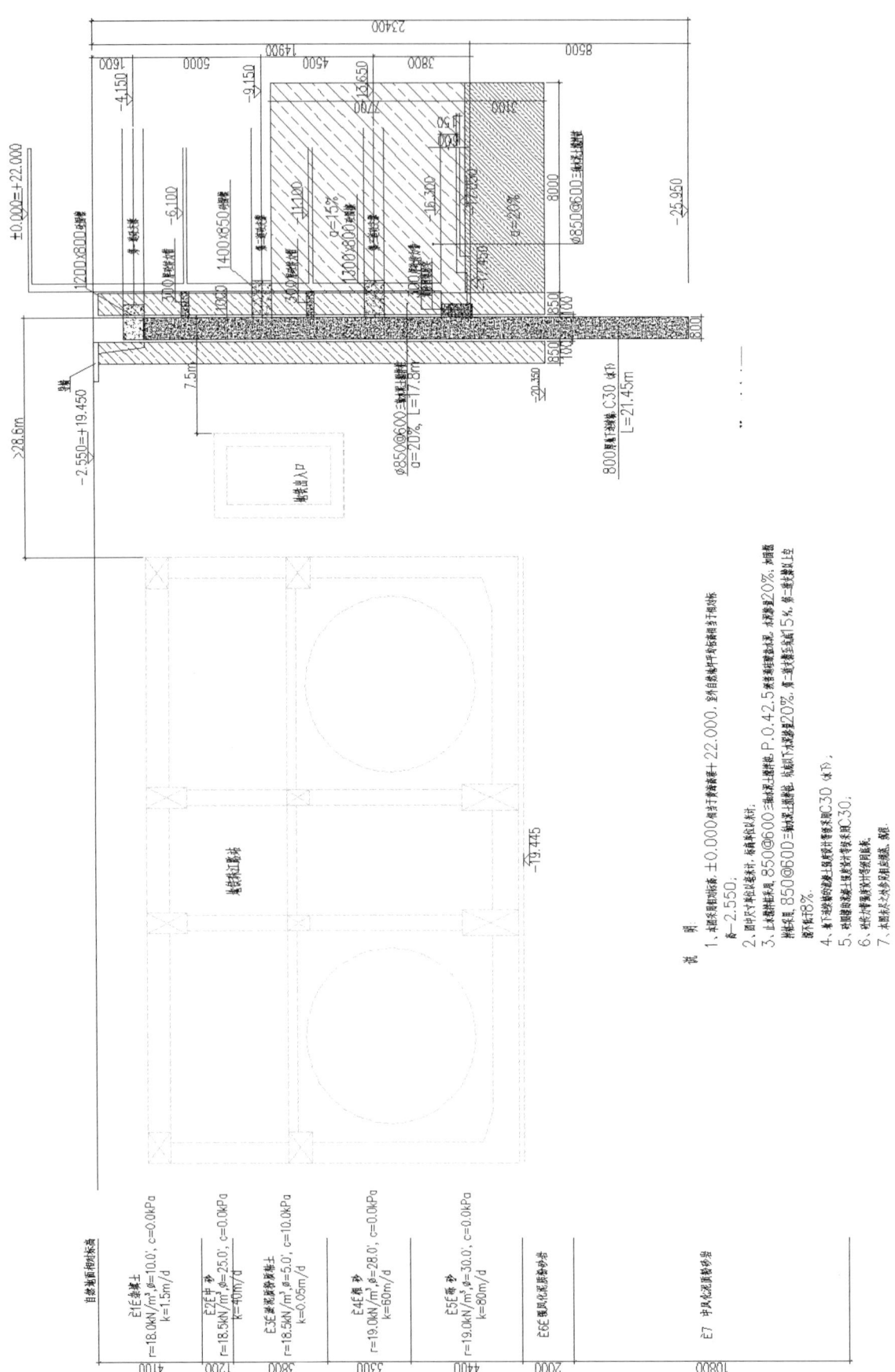

附图 7 典型剖面 2

3.1.2 地铁配套建设项目深基坑工程

设计单位：江西省建筑设计研究总院

审图单位：江西省康居勘察设计施工图审查中心

3.1.2.1 工程概况

该基坑工程项目位于南昌市中山路与象山北路交叉处。由1栋18层办公楼、6层商业裙楼组成。整体地下室三层，每层地下室层高约为5m，占地面积8720m²。基坑支护周长438m，开挖面积8720m²，开挖深度15.7~17.2m。本工程 ±0.000 的绝对标高为黄海标高 23.370 m。基坑支护等级为一级。

3.1.2.2 周边环境

周边环境情况见表 3.1-7 及附图 1。从中可知，地下室周边环境较复杂。

表 3.1-7 周边环境情况

基坑支护段	地下室边线距用地红线	其他情况
基坑西侧(A-B 段)	3.65~5.8m	红线外有一排3-7层不等的建筑物，均为80年代时期建造，浅基础，砖混结构
基坑北侧(B-C 段)	5.0m	红线外为明德路，路下有通信管网及市政管网等。
基坑东侧(C-D 段)	5.0m	地下室边线距用地红线，红线外为象山北路，路下有大量的通信管网及市政排水管网。
基坑南侧（D-A 段）		为已建地铁出入口，该处地下连续墙已施工完毕。

基坑周边无任何水系。

3.1.2.3 工程水文地质条件

工程场地为四周较为平整，起伏较小，AB 段（西侧）场地标高为 24.17m；BC 段（北侧）场地标高为 23.47m；CD 段（东侧）场地标高为 22.67m。

按其岩性及工程特性，土层自上而下依次划分为：

①杂填土：杂色，稍湿，松散，高压缩性，主要由混凝土路面及建筑生活垃圾组成，新近回填。场地内均有分布，层厚 3.00~10.00m，层顶标高 22.78~23.73m。

②粉质黏土：黄褐色，硬塑状态。无摇震反应，稍有光滑，干强度、韧性中等，中等压缩性。部分钻孔缺失，层厚 0.00~3.50m，层顶标高 16.44~19.94m，层顶埋深 3.00~7.20m。

③圆砾：黄色，中密状态，稍湿至饱和。黏粒含量约 7%，粒径大于 2cm 颗粒占 20%~40%。主要矿物成分由石英组成，磨圆度一般，颗粒形状为主要次圆形，级配一般。层厚 6.10~12.70m，层顶标高 13.21~19.93m，层顶埋深 3.80~10.00m。

④强风化泥质粉砂岩：紫红色，泥质胶结。风化作用强烈，裂隙发育。上部风化成土状，岩芯呈碎块状，少量短柱状。干时可折断或捏碎，泥质胶结。该层为极软岩，岩体破碎，岩体基本质量等级为Ⅴ类，岩芯采取率 65%~75%，层厚 0.70~1.30m，层顶标高 7.02~7.72m，层顶埋深 15.30~16.60m。

⑤中风化泥质粉砂岩：紫红色，泥质胶结。风化作用强烈，裂隙发育。岩芯为短柱状，少量柱状、碎块状。泥质胶结。饱和状态遇水不易软化、崩解，长时间失水暴露状态下易风化。局部为泥质胶结青灰色泥岩夹层。该层为极软岩至软岩，岩体较完整，岩体基本质量等级为Ⅳ~Ⅴ类，岩芯采取率80%~90%。该层未钻穿，揭露厚度不少于12m，层顶标高5.84~6.60m，层顶埋深16.30~17.60m。

该地区属滨江低洼地区。勘察期间（枯水期），在素填土中揭露上层滞水，初见水位埋深0.6~1.5m，水量一般，由大气降水及地表径流补给，其水位及水量受季节性变化影响大。

在圆砾层中见地下潜水，为第四系松散岩类孔隙水，主要赋存于砂层中。主要接受赣江的侧向补给，水位随季节变化，枯水及平水期地下水向赣江排泄，水位下降，丰水期接受赣江地表水体的补给，地下水位上升。勘察期间稳定水位埋深8.0~8.9m，年水位升降变化幅度1.0~2.0m。

根据勘察报告，基坑开挖影响范围内土层参数见表3.1-8。

表3.1-8 各岩土层物理力学指标一览表

序号	岩土层名称	状态	厚度（m）	天然重度 γ (kN/m³)	抗剪强度 黏聚力 C (kPa)	抗剪强度 内摩擦角 φ (°)	渗透系数 K (cm/s)
①	①杂填土	松散	3.00~10.00	18.5	5.0	10.0	
②	②粉质黏土	硬塑	0.00~3.50	19.0	26.0	16.0	
③	③圆砾	中密	6.10~12.70	19.0	0	38.0	
④	④强风化泥质粉砂岩	风化作用强烈，裂隙发育	0.70~1.30	（21.0）	（35.0）	（35.0）	
⑤	⑤中风化泥质粉砂岩	风化作用强烈，裂隙发育	揭露厚度不少于12m	（23.0）	（60.0）	（45.0）	

注：（ ）表示勘察报告中未提供，经验值。

3.1.2.4 基坑支护设计方案

（1）工程特点：

①开挖深度深，属于深基坑。

②基坑开挖深度土质一般，为南昌市比较典型地层之一。

③地下水位相对较高，基坑直接降水对周边环境影响很大。

④地下室周边环境较复杂，基坑开挖会产生比较大的影响。

综合本基坑周边环境较复杂、基坑开挖深度较深、地下水稳定水位埋深较浅等因素，本基坑的重点、难点为基坑侧壁安全及地下水的控制，周边建筑、地下管线的保护。

（2）设计方案：

通过对"钻孔灌注桩+内支撑+三轴搅拌桩"、"地下连续墙+内支撑"的比较，虽然两个方案均能满足本基坑支护要求，且两个方案经济成本相差不大。然而，地下连续墙止水效果明显优于三轴搅拌桩，故采用地下连续墙+内支撑支护方案。

基坑外围布置减压井、降水井，间距约 20m，共布置 18 口；基坑内侧布置疏干井、降水井，间距约 28m，共布置 16 口。降水井深约 16m，成孔直径 600mm，PVC 井管直径 300mm。

在基坑顶部离开坡顶线 1.00m 位置，人工砌筑排水沟，用以拦截地表水，基坑底部沿周边人工砌筑排水沟，底部各拐角点设置集水井。

支护结构平面设计布置和各段剖面图详见附图 2 至附图 5。设计分析简图如下：

①A-B 段：地下连续墙+二道混凝土内支撑。

基坑开挖深度 17.2m，杂填土厚 5.0m、粉质黏土厚 0.8m、圆砾厚 11.3m、强风化泥质粉砂岩厚 1.2m、中风化泥质粉砂岩厚 10m。 设计计算见图 3.1-6。

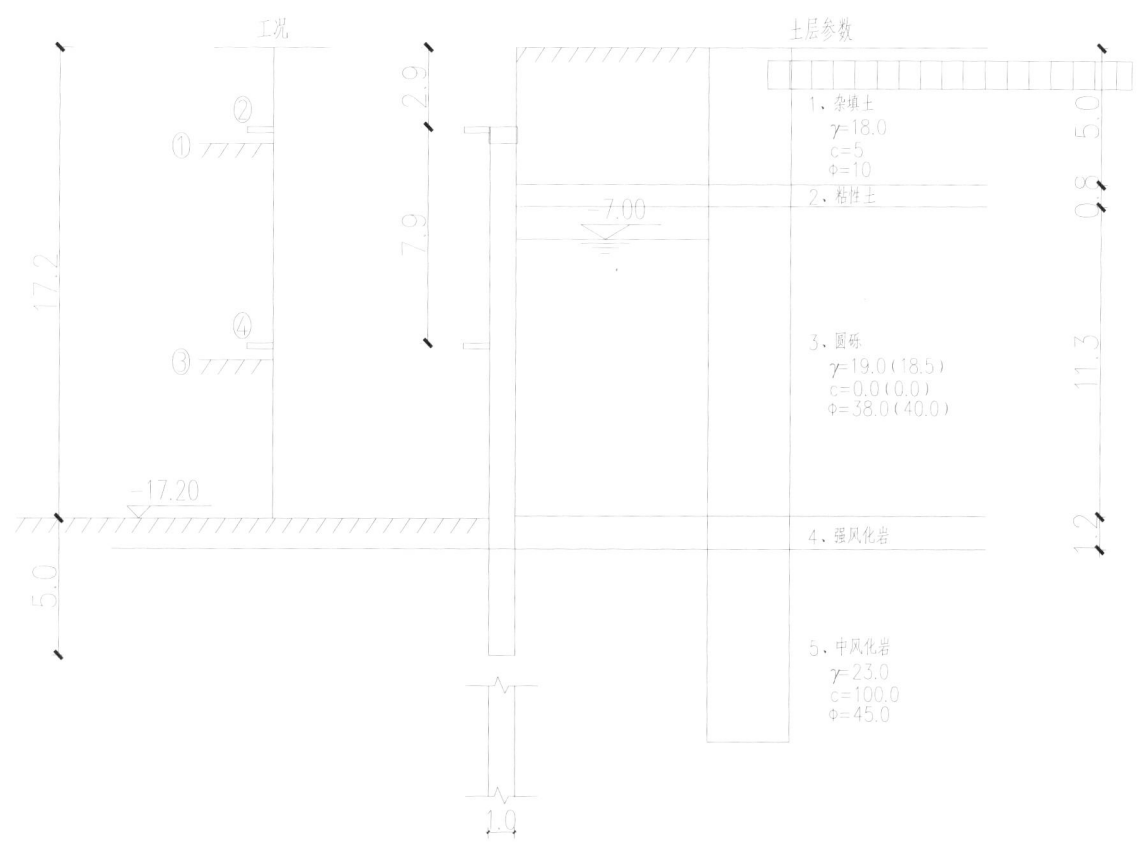

图 3.1-6 A-B 段设计计算

②B-C 段：地下连续墙+二道混凝土内支撑。

基坑开挖深度 16.5m，杂填土厚 4.2m、粉质黏土厚 0.8m、圆砾厚 11.3m、强风化泥质粉砂岩厚 1.2m、中风化泥质粉砂岩厚 10m。设计计算见图 3.1-7。

③C-D 段：地下连续墙+二道混凝土内支撑。

基坑开挖深度 15.7m，杂填土厚 4.2m、粉质黏土厚 0.8m、圆砾厚 11.3m、强风化泥质粉砂岩厚 1.2m、中风化泥质粉砂岩厚 10m。设计计算见图 3.1-8。

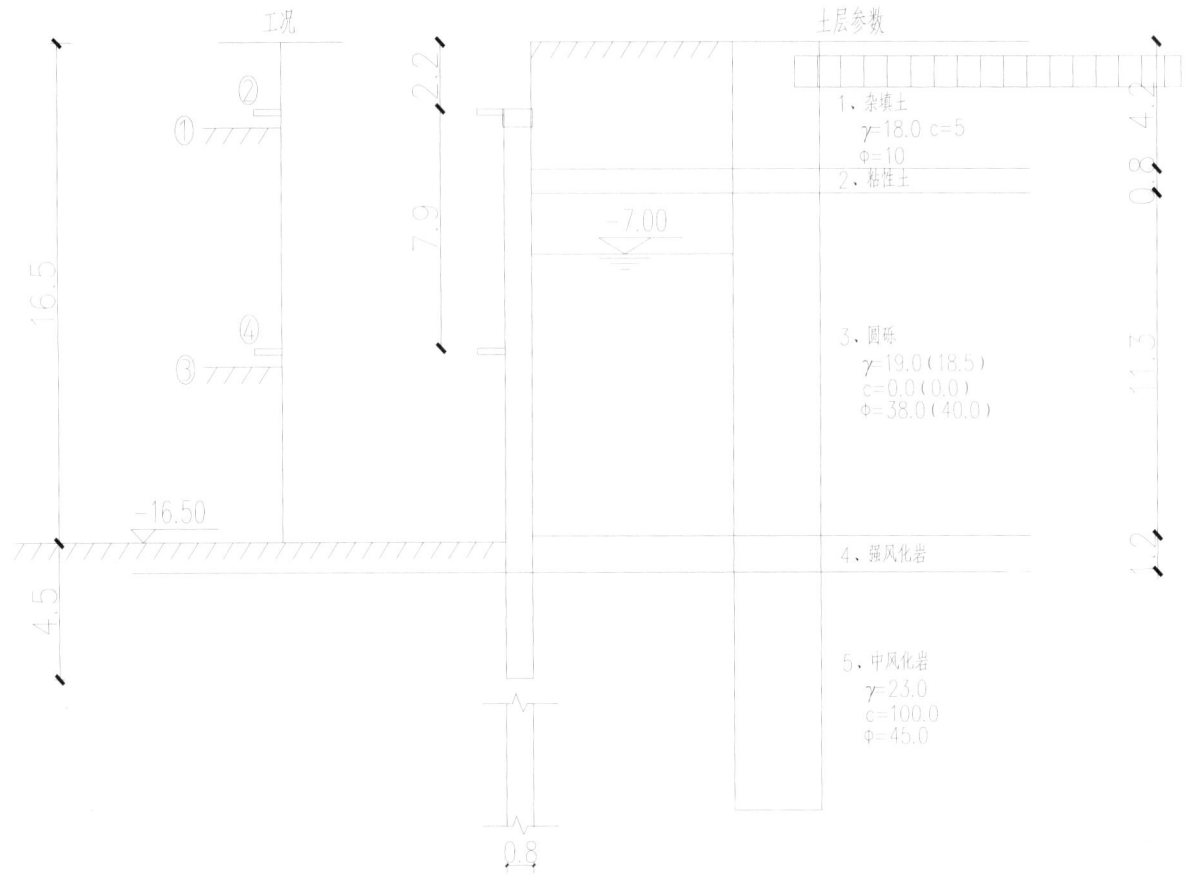

图 3.1-7 B-C 段设计计算

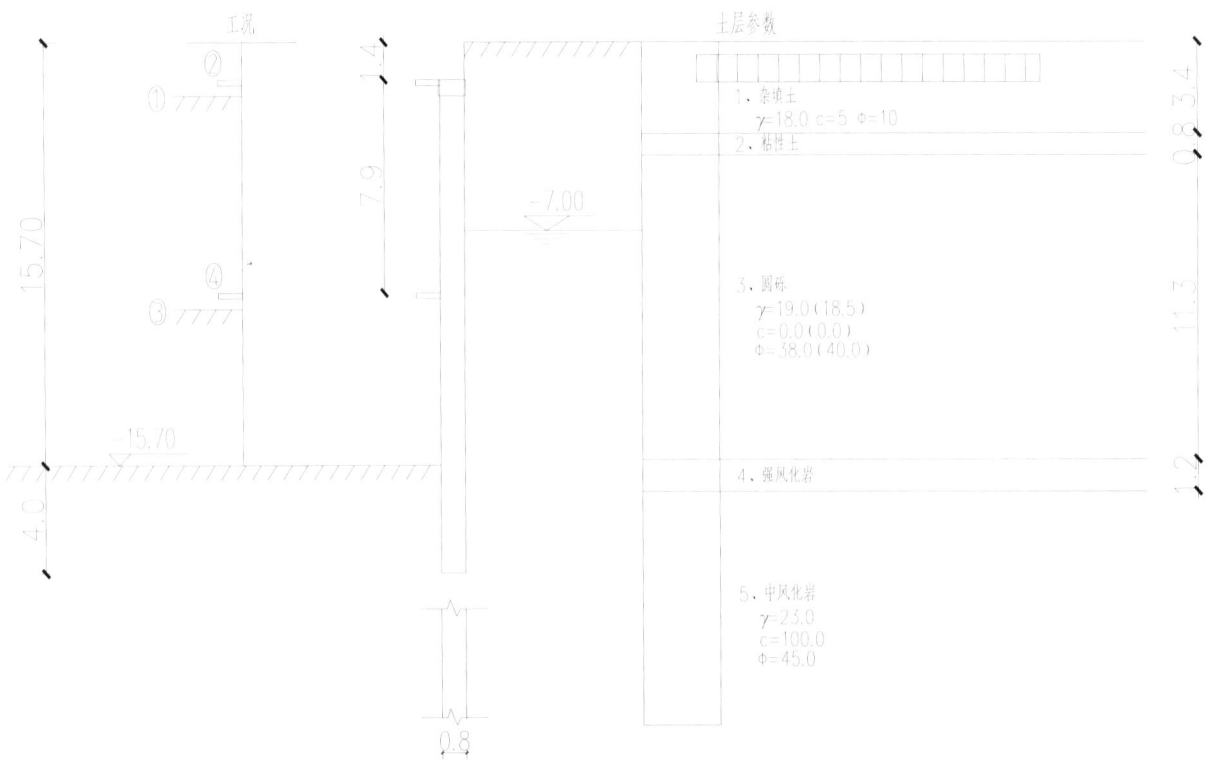

图 3.1-8 C-D 段设计计算

各段安全系数汇总见表3.1-9。

表3.1-9 各段安全系数

分段	抗倾覆稳定性安全系数	抗隆起安全系数	最大位移	最大沉降
A-B段	1.251≥（1.25）	3.394≥（2.20）	7.29≤（30.0）	11.0≤（30.0）
B-C段	1.317≥（1.25）	3.346≥（2.20）	7.64≤（30.0）	11.0≤（30.0）
C-D段	1.416≥（1.25）	3.272≥（2.20）	7.64≤（30.0）	12.0≤（30.0）

备注：（ ）为规范要求值。

3.1.2.5 基坑监测

（1）监测内容及监测点布置：

①水平位移监测部位：坡顶、坑边。布点间距15~25m。

②围护结构沿垂直方向的水平位移监测：采用测斜仪测量，以了解基坑开挖过程中基坑支护结构在各深度上水平位移情况，推算围护体变形。

③沉降观测点：在基坑边、路面设沉降观测点，监测开挖过程对道路的影响。在坡顶水平位移监测点旁布设围护结构的沉降监测点，布点间距15~25m。

④地下水位观测：观测点间距20~50m，水位观测管埋置深度应在最低允许地下水位之下3~5m。

⑤位移观测基准点：数量应不小于3个，且应设在施工现场影响范围之外。

⑥观测时间间隔：可根据施工进度确定，一般在基坑开挖期间每1~2天观测1次，在基坑开挖至底板期间每天观测2次，持续时间至基坑底板浇筑完毕且各项监测数据稳定；在地下室施工至正负零前，每1~2天观测1次，其余时间5~7天观测1次直至基坑回填；当变形超过有关标准，或变化速率较大时，应加密观测次数。

（2）监测报警值：

①水平位移：水平位移速率≥3.0mm/天，或连续3天≥2.0mm/天，或累计水平位移≥30mm；

②坡顶沉降：沉降速率≥2.0mm/天，或连续3天≥1.0mm/天，或累计沉降位移≥20mm；

③周边建筑、道路沉降位移：沉降位移速率≥1.0mm/天，或连续3天≥0.5mm/天，或累计沉降位移≥20mm；

④深层水平位移：水平位移速率≥3.0mm/天，或连续3天≥2.0mm/天，或累计水平位移≥45mm；

⑤地下水位：布置观测井，及时对地下水位进行观测。

监测报警指标一般以总变化量和变化速率两个量控制，累计变化量的报警指标一般不宜超过上述设计极限，若有监测项目的数据超过报警指标，应从累计变化与日变化量两个方面考虑。

基坑从开挖至回填前，需安排专职人员对基坑周边进行巡查，每天两次，雨天时增加巡查的频率，如发现异常情况，及时采取相应的措施确保基坑安全，必要时进行回填。

3.1.2.6 评述

本基坑开挖面积为 8720 m²，不算大。地下水为第四系松散岩类孔隙水，主要赋存于高富水性的圆砾砂层中，接受赣江的侧向补给，水位随季节变化。勘察期间稳定水位埋深8.0~8.9m，比较深。水位升降变化幅度较小，仅 1.0~2.0m。开挖深度内地层相对简单，土质一般。但地下室为三层，开挖深度达15.7~17.2m。在当时属于很深的基坑工程。同时，地下室周边环境较复杂，邻近繁忙城市道路，路下有通信管网及市政排水管网，已建地铁风亭等，还有一排20世纪80年代时期建造采用浅基础的3~7层不等的砖混建筑物。由于基坑开挖深度较大，使得作用于支护结构上的地下水位会较高。故本基坑设计的重点、难点为基坑周边建筑设施管线的安全防护及地下水的处理。经过多方案论证，所选择的地下连续墙+内支撑方案基本合理，安全可靠。然而，若能对内支撑的平面布置进行进一步的优化，减少对基坑开挖的影响，则会更好。

附图

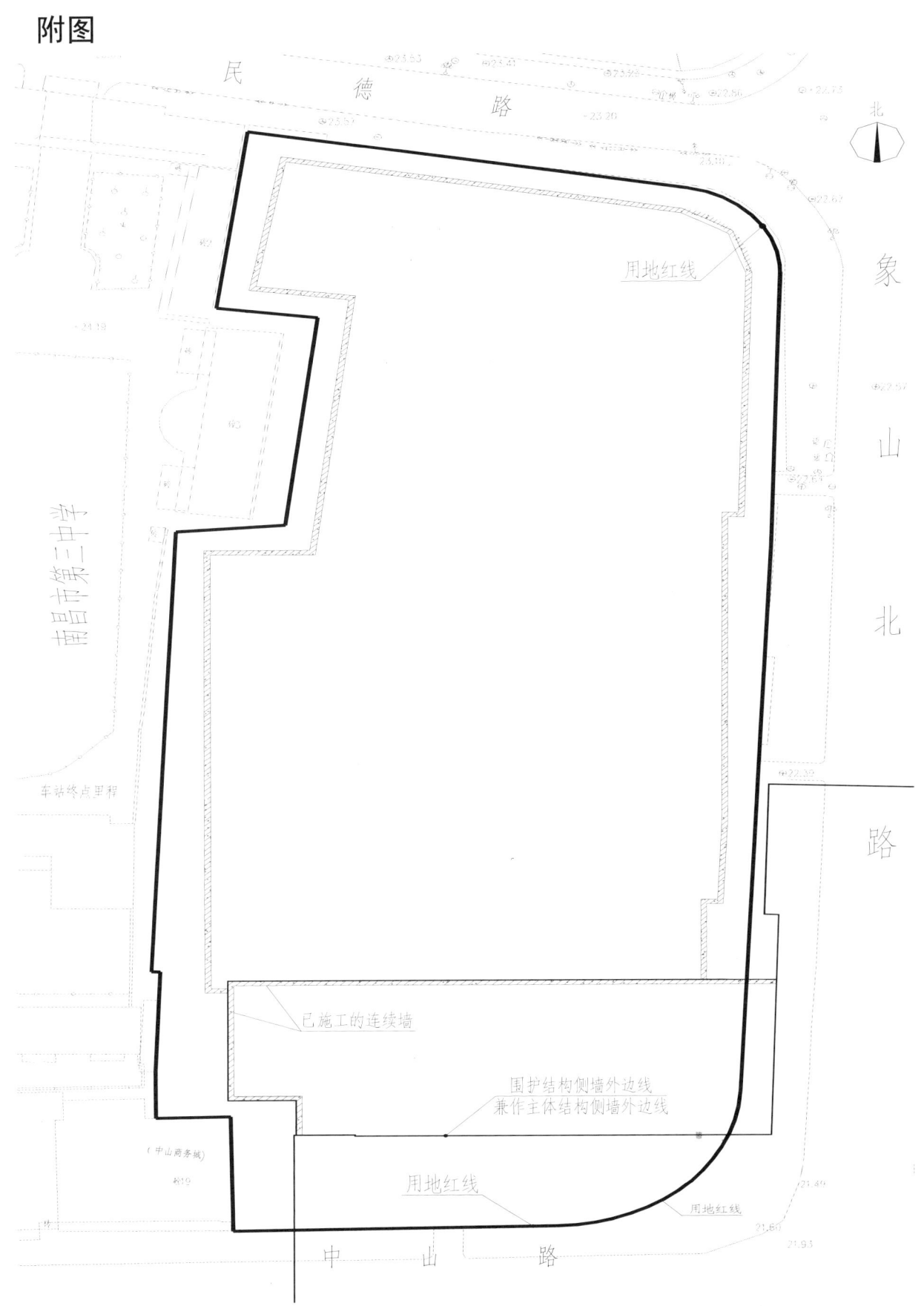

附图1 周边环境条件图

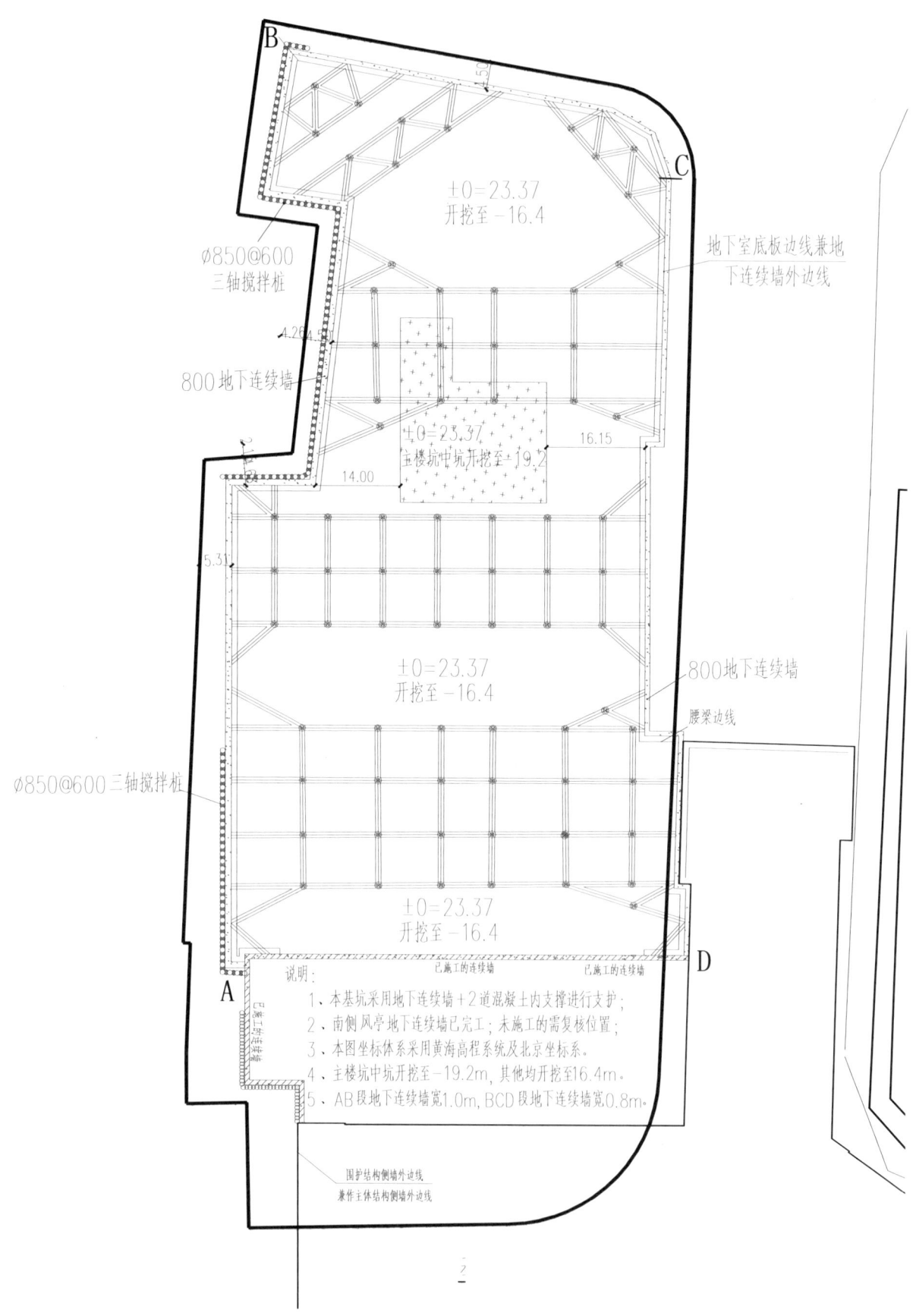

附图2 基坑平面布置图

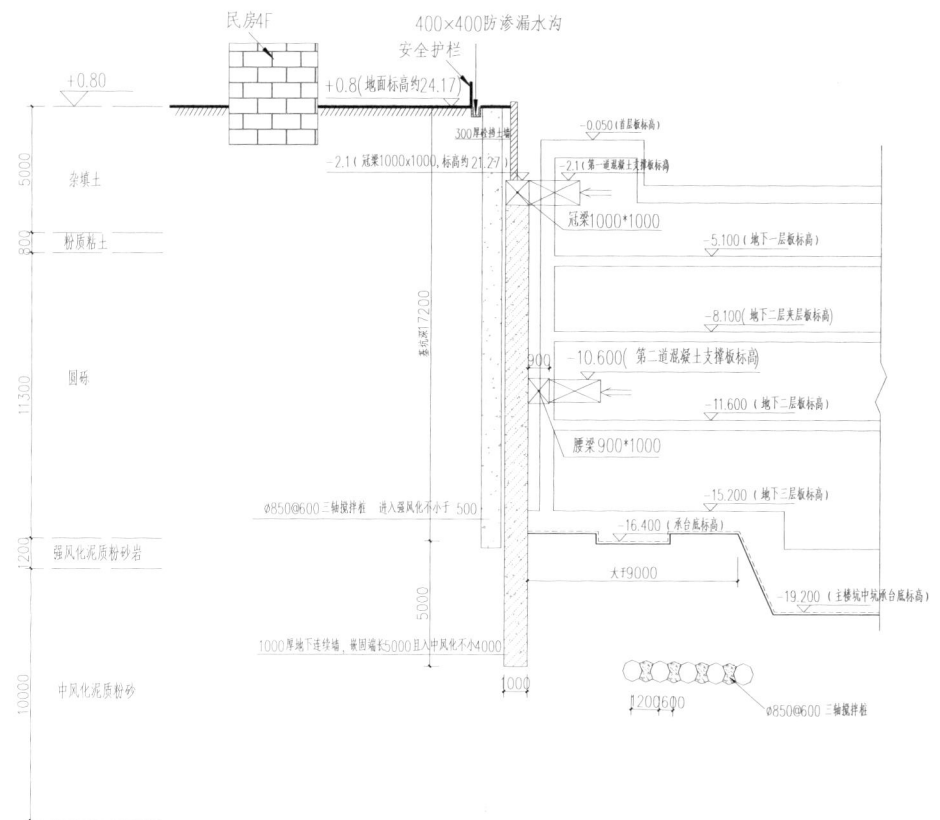

附图 3 A-B 段

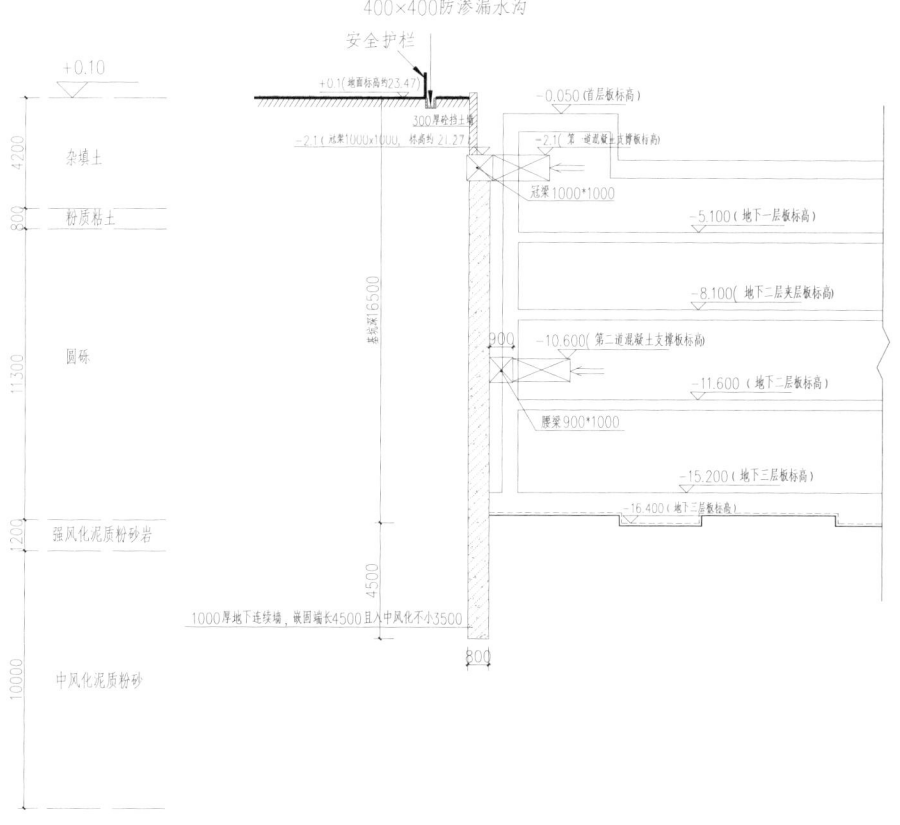

附图 4 B-C 段

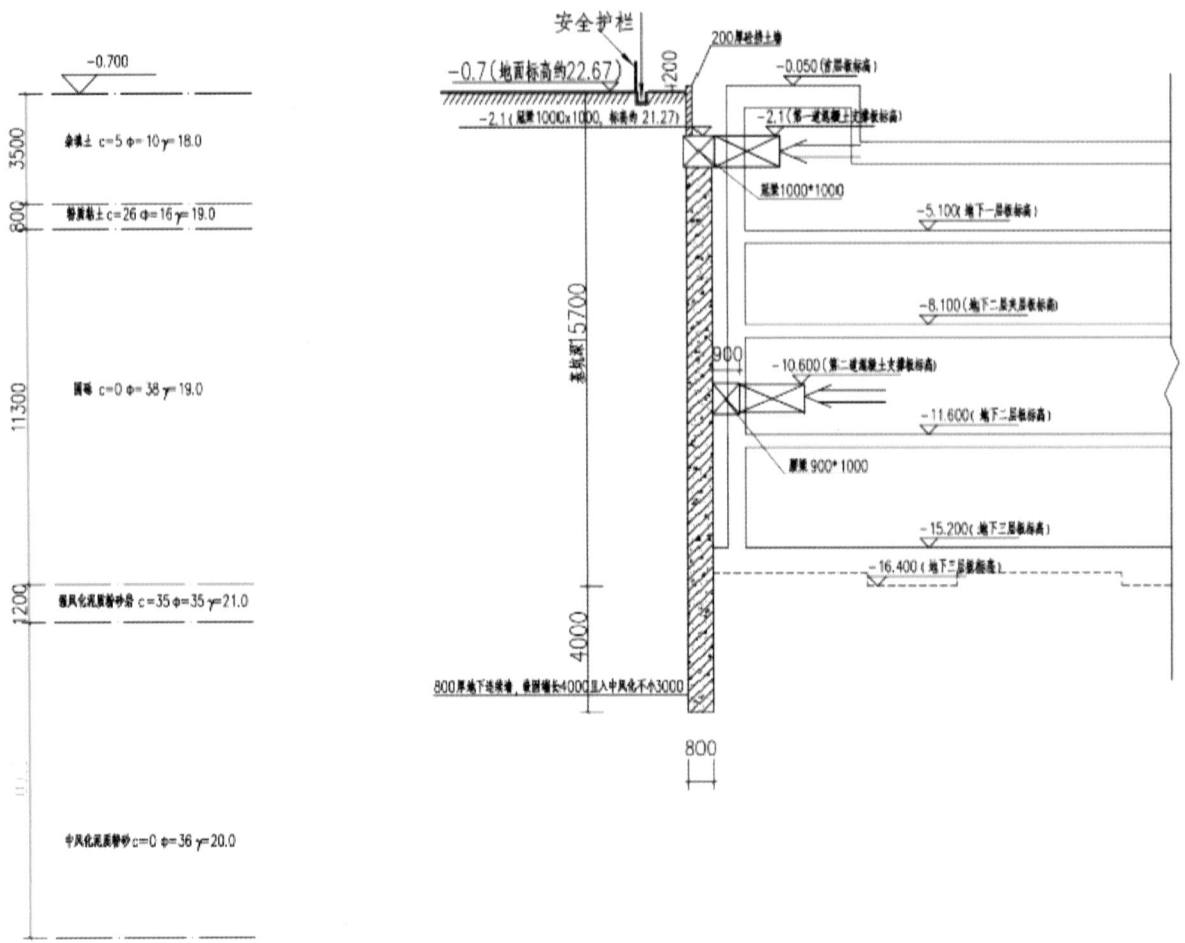

附图 5 C-D 段

3.1.3 大型商业广场多层地下室深基坑工程

设计单位：江西省华杰建筑设计院有限公司

审图单位：江西省众博工程咨询有限公司

3.1.3.1 工程概况

该商业广场为一栋大型购物中心，地上4层、局部5层，地下3层，总建筑面积77620.29 m^2，用地面积约16255m^2。位于南昌市红谷滩新区丰和大道与世贸路交汇处西南侧。

基坑规模：长约170m，宽65~120m，周长约580m，面积约为18600m^2。

开挖深度：建筑±0.000相当于绝对标高+23.75m，场地自然平面绝对标高23.75m；基础底板顶相对标高分别约为–14.10m（二层–10.50m），底板及梁厚度均为500mm，考虑到承台及地梁高度，基坑开挖深度15.1m（二层11.5m）。为一级基坑。

3.1.3.2 周边环境概况

周边环境情况见表3.1-10及附图1，从中可知，地下室周边环境较复杂。

表 3.1-10 周边环境情况

基坑支护段	地下室边线距用地红线	其他情况
基坑北侧	约2.0m	北侧为世贸路及地铁站等。地下室结构外边距离地铁隧道结构边线约11m，但西北角临近地铁四号出口直接相接，东北侧地下室结构外边临近地铁三号出口结构外墙最近约13m，具体距离位置图可见附图1。
基坑东侧	约16.0m	邻近丰和中大道及北东侧正在施工的地铁站、江信国际花园等，车站埋深大于本基坑。东侧地下室结构外边距离地铁隧道结构边线35~44m。
基坑西北侧及西南侧		邻近高层建筑群且分布较多暗埋的管线
基坑西侧	约2.0m	邻近世纪中央城

3.1.3.3 工程地质条件

场地呈四周平坦、中间凹陷的坑状地形，地面高程20.50~24.40m，属于赣抚冲积平原Ⅰ级阶地；场地内存在大量人工堆填的杂土、建筑垃圾、建筑材料，场地原地形较平坦，有一池塘经人工堆填后，地势起伏不平；场地各岩土层设计参数详见表3.1-11。

表 3.1-11 基坑支护设计参数建议值

项目		岩土名称	杂填土①1	淤泥质黏土①2	粉质黏土②1	淤泥质粉质黏土②2	中砂③1	粗砂③2	砾砂③3	强风化砂砾岩④1
天然重度	γ	kN/m^3	17.5*	16.9	19.1	17.5	19.0	19.0*	19.1*	20.0*
天然快剪	黏聚力 C		0*	8*	16*	8*	0*	0*	0*	38*
	摩擦角 φ		8*	9*	10*	9*	31*	32*	33*	20*
渗透系数	K	cm/s	5×10^{-3}	5×10^{-5}	4×10^{-6}	5×10^{-5}	5×10^{-2}	8×10^{-2}	1.2×10^{-1}	1.2×10^{-4}
抗拔系数	λ	--			0.70	0.60	0.50	0.50	0.50	0.70

3.1.3.4 基坑围护设计方案

（1）基坑特点：

①开挖深度大：本工程为3层（局部二层）地下室，开挖深度15.1m（局部二层11.5m）。

②土层土质较差：场地内土层均匀分布，基坑东、西两侧存在淤泥质粉质黏土，尤其东侧，几乎整侧均有，基坑南、北两侧虽然无淤泥质粉质黏土，但填土较厚，且黏性土物理力学性质较差。

③地下水丰富：场地潜水丰富，主要赋存于④层中砂中，基坑开挖基底位于地下水位以下3~4m，地下水位变幅大。

④周边环境较为复杂：拟建地下室15m范围内地下无构筑物影响，但南、西两侧有世纪中央城原一层地下室，东侧为未来地铁隧道结构边线，设计时需严格控制支护结构超越用地红线。北侧地下室结构外边距地铁隧道结构边线约11m,东北侧地下室结构外边距地铁三号出入口(三号风亭)结构边最小间距约13m。

（2）方案设计：基坑主体结构可供选择的支护结构型式有：①地下连续墙；②钻孔灌注桩+止水帷幕。

根据方案比选，决定采用TRD+型钢+两道预应力型钢支撑。考虑到本项目平面成长方形，长边大于220m，有利分块施工，并增加支撑体系的冗余度，在长边方向的三分点附近设置钢筋混凝土支撑。围护结构平面图详见附图2，支撑图详见附图3、附图4。

此外，本项目的东北角与地铁车站连通，应建设单位要求，与地铁车站的连通通道包含在本次支护设计范围内，考虑到通道开挖深度为11.5m，且平面面积较小，故该区域设置一道钢筋混凝土支撑。典型剖面图及连接大样图详见附图5。

各段结构设计思路如下：

①1-1剖面（适用于除北侧外的所有范围）：

开挖深度15.1m，采用内插H700×300×13×24@600型钢水泥土地下连续墙结合两道预应力H型钢支撑或钢筋砼支撑的支护形式，TRD厚850，要求进入4-2中风化砂岩0.5m，桩顶放坡2.7m。第二道预应力型钢支撑采用双拼的形式。为增加桩顶放坡的稳定性，打设一道2m长的钢管土钉，倾角30°。坑内坑外均设置管井降水，坑外的地下水位控制在地面以下8m。设计计算见图3.1-9。

②2-2剖面（适用于东北角地铁通道范围）：

开挖深度11.5m，采用内插H700×300×13×24@600型钢水泥土地下连续墙结合一道钢筋砼支撑的支护形式，TRD厚850，要求进入4-2中风化砂岩5cm，内插型钢的插入长度为8m，桩顶放坡1.5m。坑内坑外均设置管井降水，坑外的地下水位控制在地面以下8m。设计计算见图3.1-10。

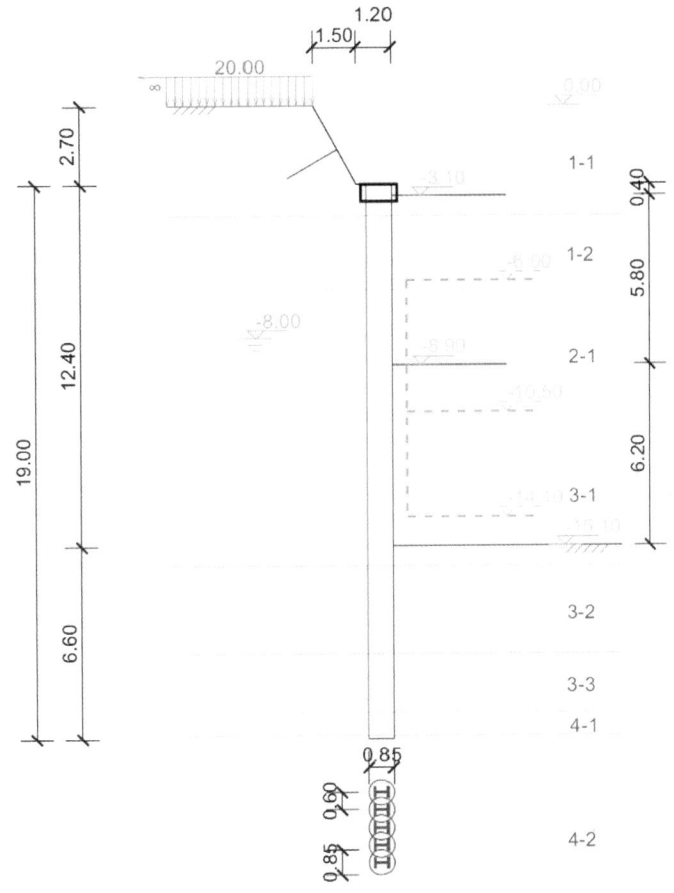

图 3.1-9 1-1 剖面设计图

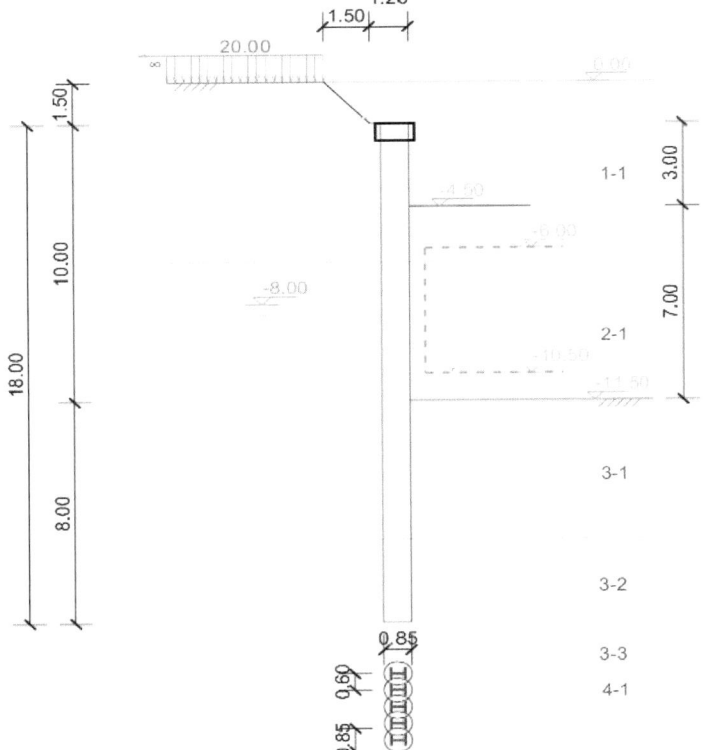

图 3.1-10 2-2 剖面设计图

③3-3剖面（适用于基坑北侧地下二层范围）：

开挖深度11.5m，采用内插H700×300×13×24@600型钢水泥土地下连续墙结合两道预应力H型钢支撑的支护形式，TRD厚850，要求进入4-2中风化砂岩0.5m，内插型钢的插入长度为8m，桩顶放坡2.7m。第二道预应力型钢支撑采用双拼的形式。为增加桩顶放坡的稳定性，打设一道2m长的钢管土钉，倾角30°。坑内坑外均设置管井降水，坑外的地下水位控制在地面以下8m。设计计算见图3.1-11。

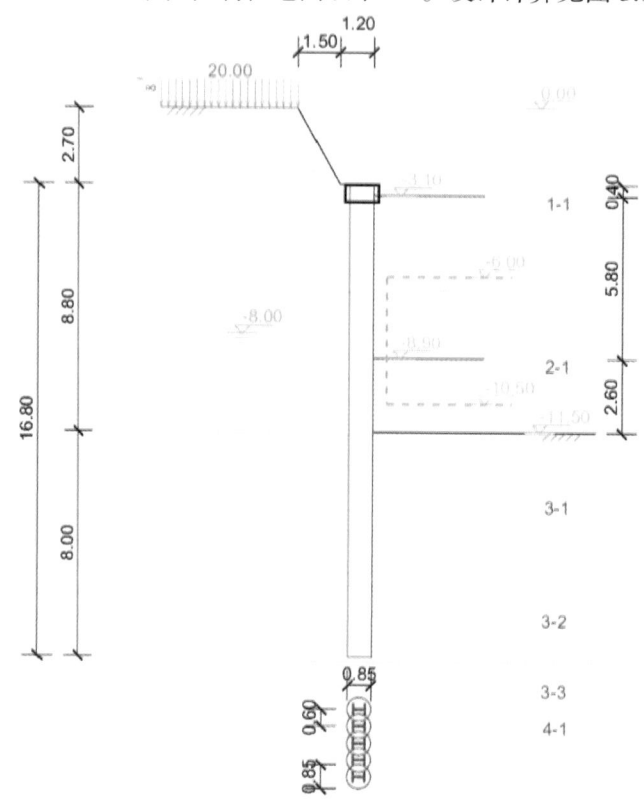

图3.1-11 3-3剖面设计图

各剖面计算结果见表3.1-12：

表3.1-12 支护剖面稳定性计算结果汇总

支护剖面	开挖深度(m)	整体稳定性	抗渗流稳定	坑底抗隆起
1-1	15.1	1.77	2.39	2.35
2-2	11.5	1.94	4.89	2.95
3-3	11.5	1.94	4.89	2.98

（3）基坑降排水及止水帷幕：

土中分布上层滞水，水量较小，采用集水井结合明沟排水的方法，用污水泵抽出排入附近管道。

根据勘察报告提供的稳定水位，基坑开挖至承台底有3~4m的潜水水头差，采用水泥地下连续墙（TRD）形成止水帷幕的方式。

在止水帷幕施工后，设置一定数量的疏干井，使内部潜水降至承台标高50cm以下，经计算及结合施工进度，采用19口井即可将场地内地下水抽干，另考虑到必要的安全保证，在基坑外设置34口减压井。

3.1.3.5 基坑监测

监测内容、监测报警值、监测周期与监测频率同类似工程，此略。

3.1.3.6 评述

本基坑属于南昌市区规模很大的高富水砂砾层深基坑。一是面积大，约为 18600m^2；二是开挖深度大，最深 15.1m，且周边环境较为复杂，位于重要交通岔口，地面道路下则为正在施工的地铁车站，车站埋深大于本基坑，场地周边高层建筑群及分布较多暗埋的管线，地铁隧道结构到地下室结构外边距离比较小，所以对变形要求严格。而基坑场地土层土质较差，基坑东、西两侧存在淤泥质粉质黏土，基坑南、北两侧新近年人工填土较厚。下伏中砂③1、粗砂③2、砾砂③3 为场地高富水砂砾层，潜水丰富，基坑开挖基底位于地下水位以下 3~4m，地下水位变幅大。这些对于基坑支护设计施工均会产生比较大的影响。止水设计和变形控制是本基坑支护设计的关键点。为此，采用 TRD+型钢作为围护结构，+两道预应力型钢支撑作为支撑结构，以保证周边高层建筑和地铁工程的安全。TRD 形成的地下连续墙作为基坑围护结构具有整体刚度尚可，但同时兼止水帷幕功能，占据空间少，尤其是在 TRD 墙内直接插入型钢，支护止水二者合一，并且支护型钢和内支撑型钢可以回收。本工程的缺点就是施工工艺较复杂，二道内支撑给基坑开挖出土产生某些影响。

附图

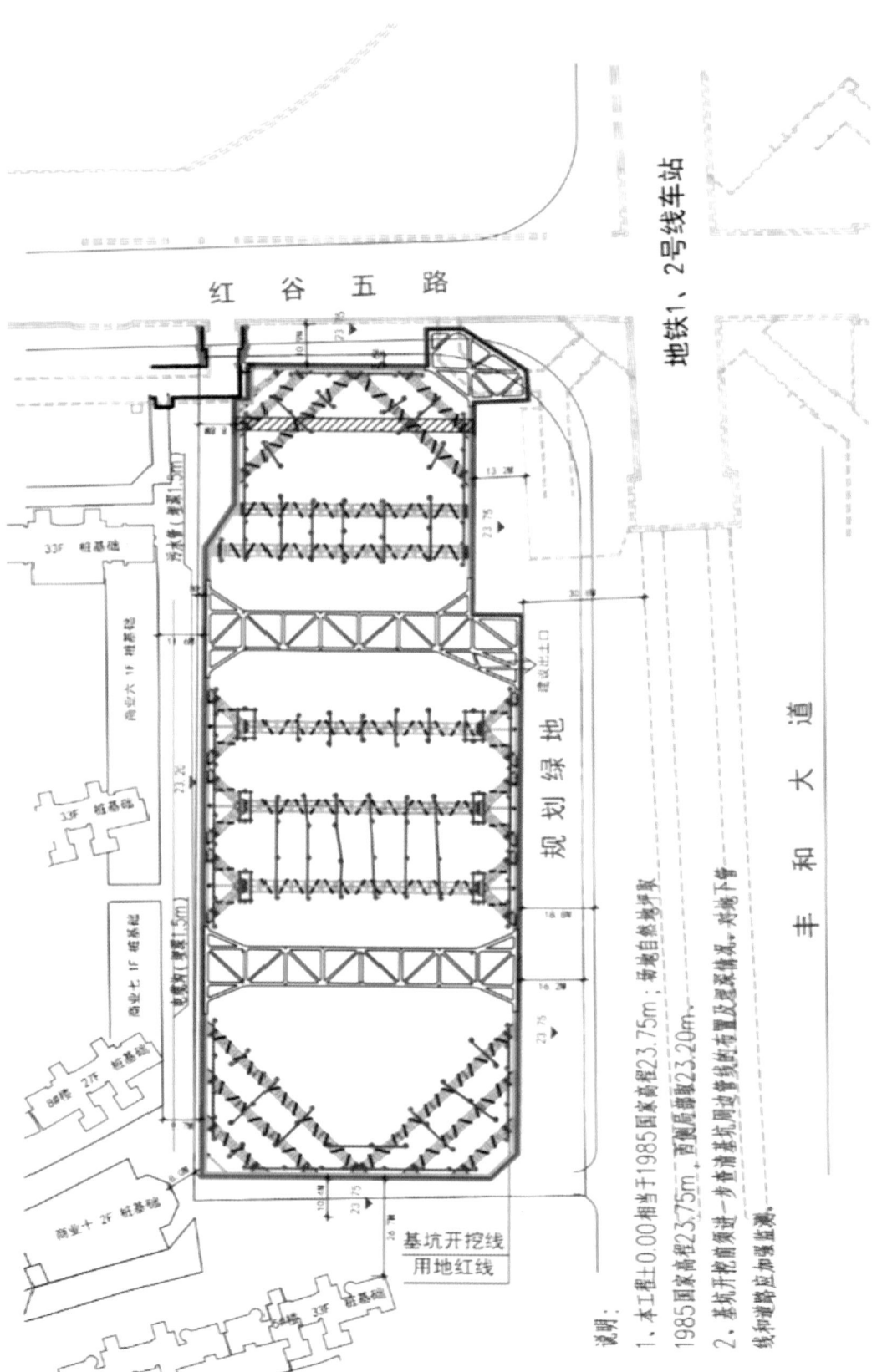

附图1 基坑周边环境条件图

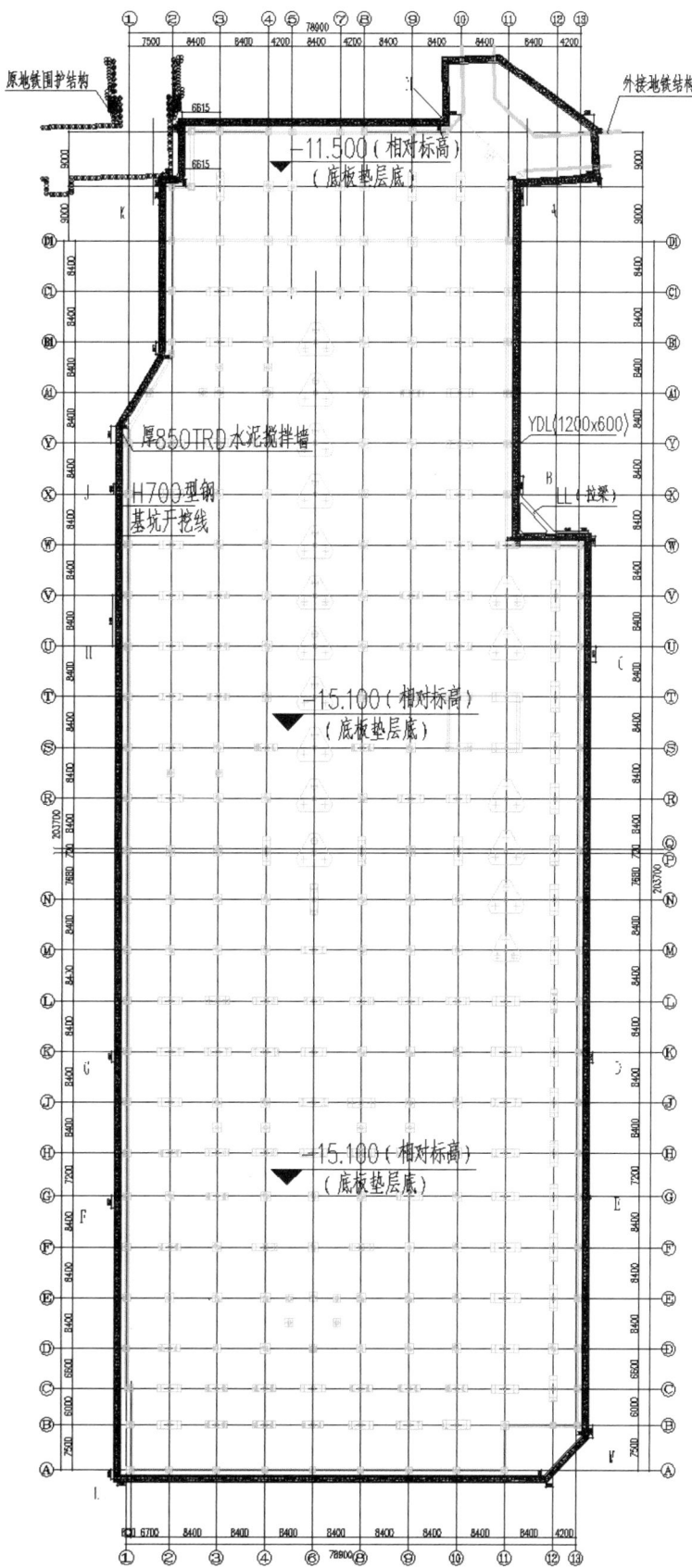

附图2 围护结构平面布置图

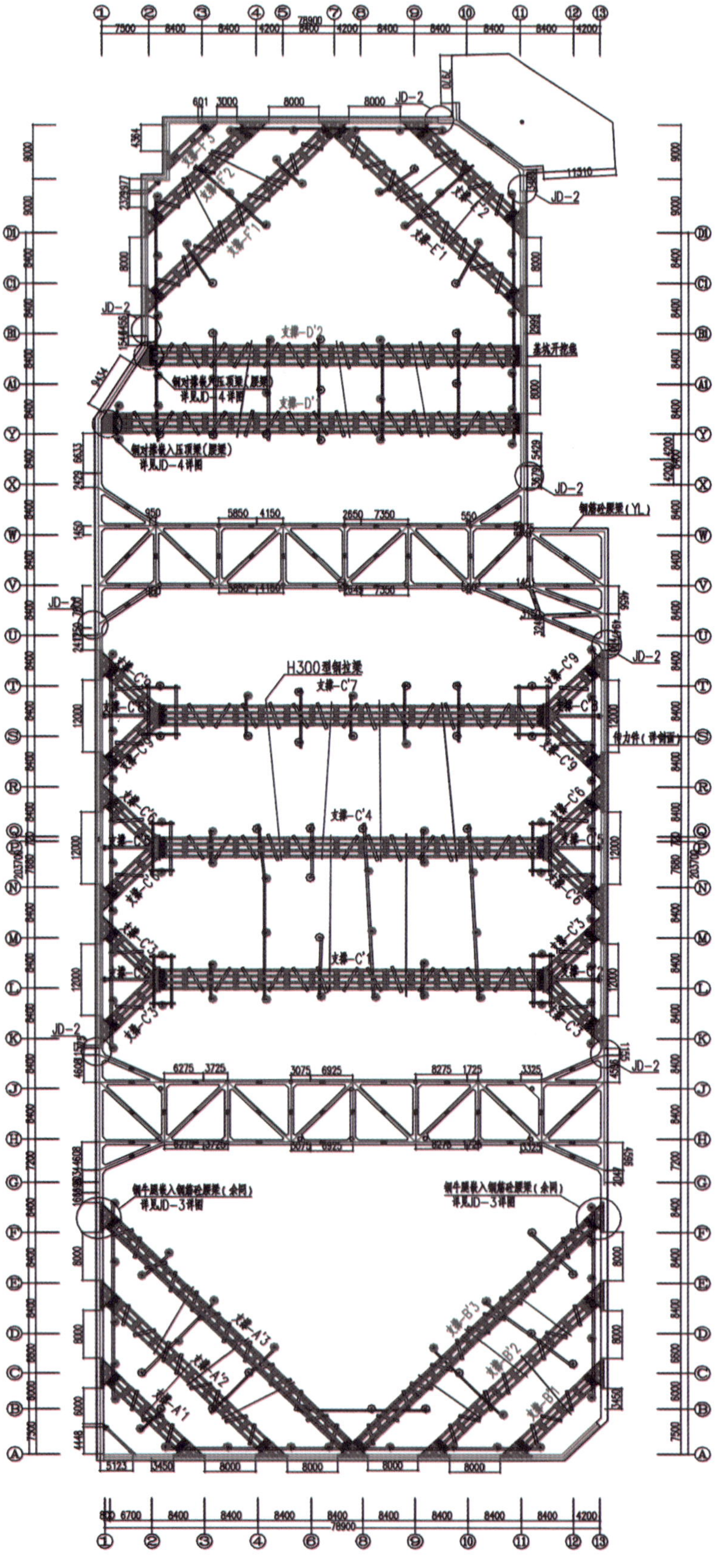

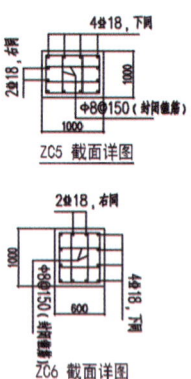

说明：

1、说明：

1、该支撑中心标高为-8.900（相对标高），支撑杆件（双拼）和型钢立柱采用H350×350×12×19型钢，型钢围檩采用双拼H400×400×13×21型钢，连接立柱的横梁及支撑间拉梁均为H300×300×10×15型钢；支撑表面设置槽钢盖板；所有钢构件均在定制，并且均以10.9M24×8.0高强螺栓连接，螺栓材料为20MnTiB，施工预拉力250kN；施工首须对钢构件的完整程度和力学性能进行检查和检测；

2、支撑拼装完成后，施加预应力总量的30%，后期根据基坑开挖变形情况逐步施加预应力，累计不得超过设计预应力的100%；

3、钢支撑应分（A'、B'、C'、D'、E'、F'）六组施工，每组支撑组合完成并且施工预应力后方可进行其下土方开挖；挖土必须先撑后挖，挖土到坑底后尽快完成垫层和基础的浇筑；支撑上严禁堆载，严禁挖土机械碰压支撑系统。

表：支撑施加的预应力值

组号	编号	长度(m)	型钢根数(根)	总加预应力值(KN)
A'组	支撑-A'1	15.3	6	1200
	支撑-A'2	34.6	6	1200
	支撑-A'3	52.1	8	1200
B'组	支撑-B'1	15.3	6	1200
	支撑-B'2	34.6	6	1200
	支撑-B'3	52.1	8	1200
C'组	支撑-C'1	60.2	8	1800
	支撑-C'2	6.9	2	400
	支撑-C'3	9.2	6	1000
	支撑-C'4	60.2	8	1800
	支撑-C'5	6.9	2	400
	支撑-C'6	9.2	6	1000
	支撑-C'7	60.2	8	1800
	支撑-C'8	6.9	2	400
	支撑-C'9	9.2	6	1000
D'组	支撑-D'1	66.5	8	1800
	支撑-D'2	59.7	8	1800
E'组	支撑-E'1	37.3	6	1200
	支撑-E'2	20.7	6	1200
F'组	支撑-F'1	38.4	6	1200
	支撑-F'2	18.4	6	1200
	支撑-F'3	7.4	4	800

附图3 第一道支撑平面布置图

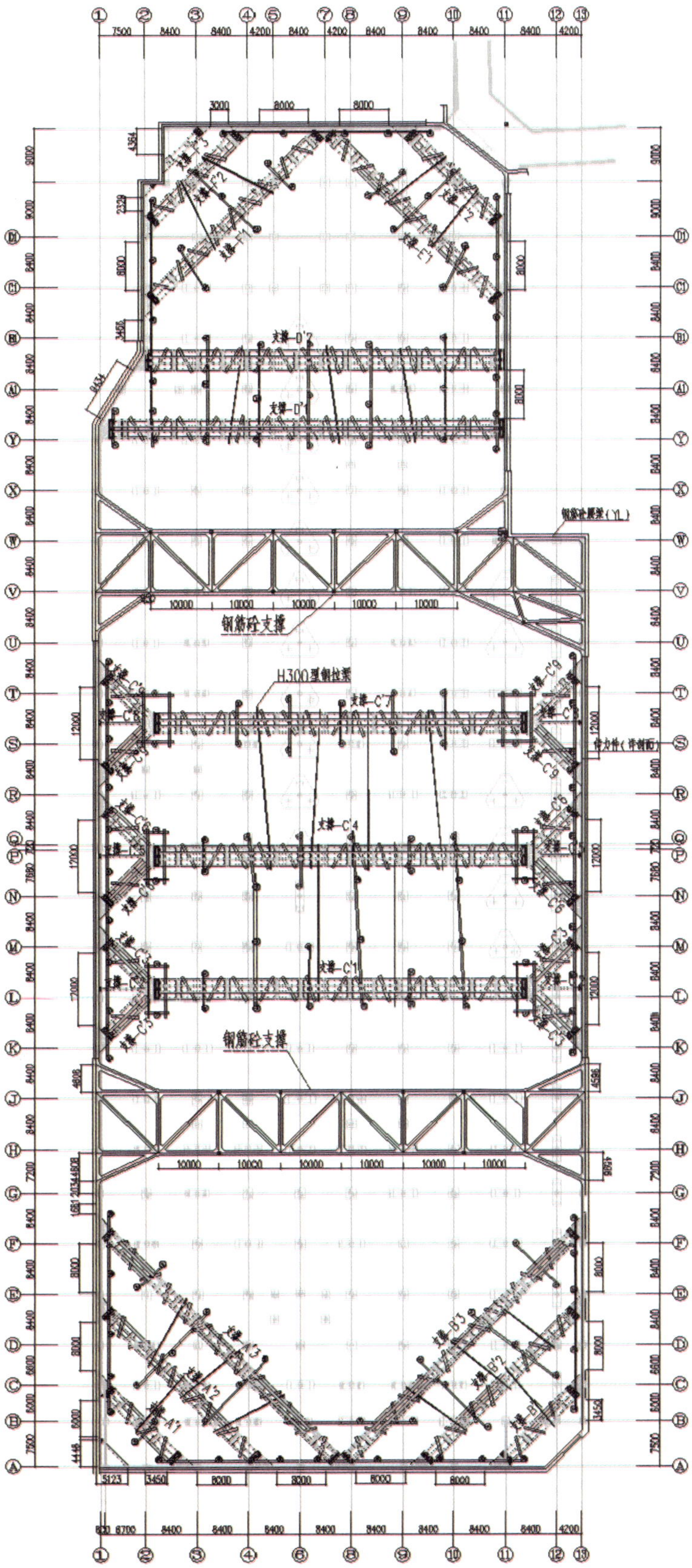

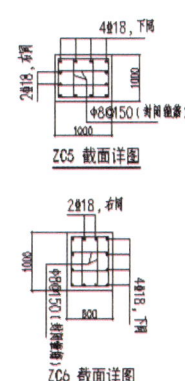

说明：

1、说明：
1、该支撑中心标高为-8.900(相对标高)，支撑杆件(双拼)和型钢立柱采用H350x350x12x19型钢，型钢围檩采用双拼H400x400x13x21型钢，连接立柱的横梁及支撑间拉梁均为H300x300x10x15型钢；支撑表面设置槽钢盖板；所有钢构件均在定制，并且均以10.9级M24x8.0高强螺栓连接，螺栓材料为20MnTiB，施工预拉力为250kN；施工前须对钢构件的完整程度和力学性能进行检查和检测；

2、支撑拼装完成后，施加预应力总量的30%，后期根据基坑开挖变形情况逐步施加预应力，累计不得超过设计预应力的100%；

3、钢支撑应分(A'、B'、C'、D'、E'、F')六组施工，每组支撑组合完成并且施工预应力后方可进行其下土方开挖；挖土必须先撑后挖，挖土到坑底后尽快完成垫层和基础的浇筑；支撑上严禁堆载，严禁挖土机械碰压支撑系统。

表：支撑施加的预应力值

编号		长度(m)	型钢根数(根)	总加预应力值(KN)
A'组	支撑-A'1	15.3	6	1200
	支撑-A'2	34.6	6	1200
	支撑-A'3	52.1	8	1200
B'组	支撑-B'1	15.3	6	1200
	支撑-B'2	34.6	6	1200
	支撑-B'3	52.1	8	1200
C'组	支撑-C'1	60.2	8	1800
	支撑-C'2	6.9	2	400
	支撑-C'3	9.2	6	1000
	支撑-C'4	60.2	8	1800
	支撑-C'5	6.9	2	400
	支撑-C'6	9.2	6	1000
	支撑-C'7	60.2	8	1800
	支撑-C'8	6.9	2	400
	支撑-C'9	9.2	6	1000
D'组	支撑-D'1	66.5	8	1800
	支撑-D'2	59.7	8	1800
E'组	支撑-E'1	37.3	6	1200
	支撑-E'2	20.7	6	1200
F'组	支撑-F'1	38.4	6	1200
	支撑-F'2	18.4	6	1200
	支撑-F'3	7.4	4	800

附图4 第二道支撑平面布置图

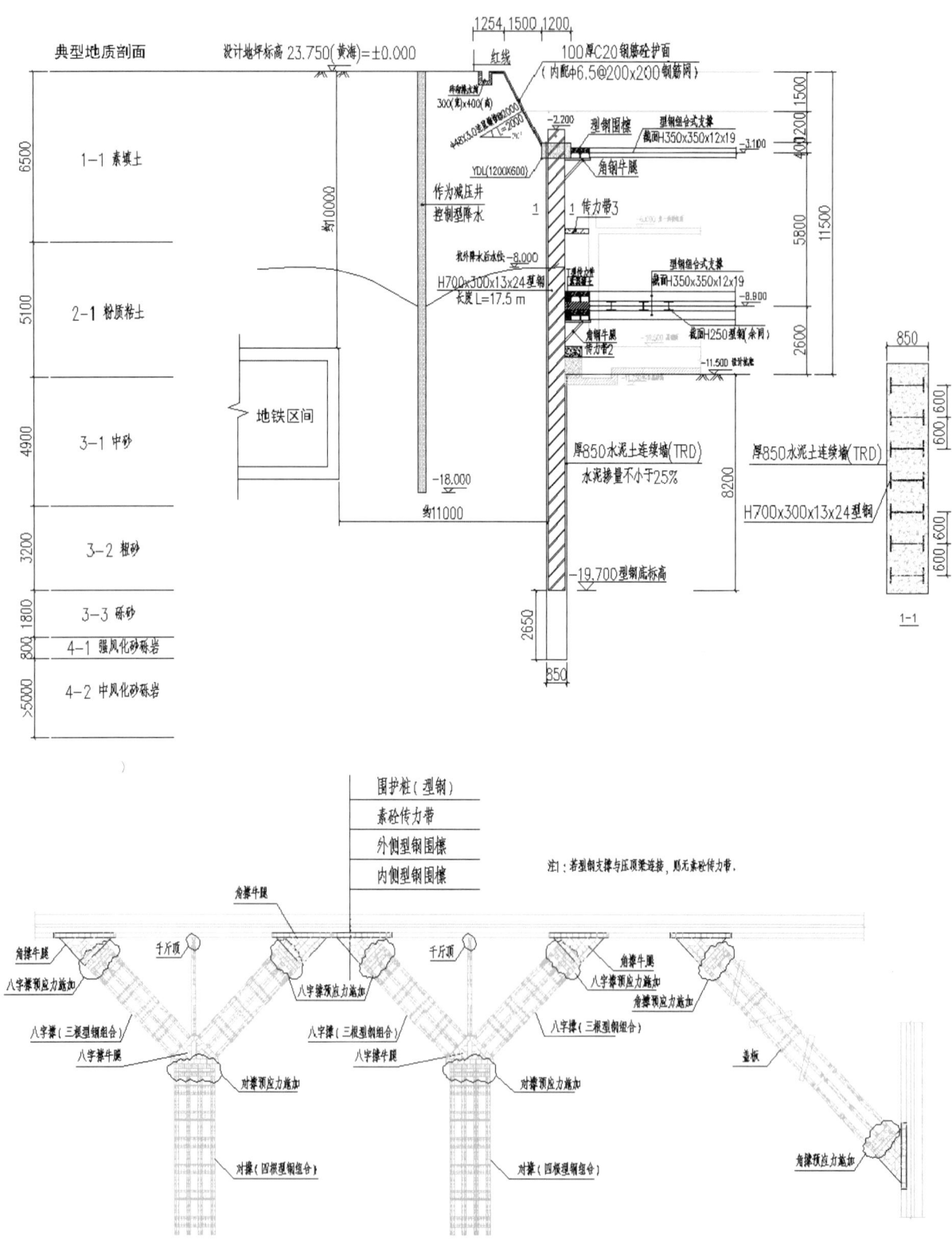

附图5 典型剖面图及支持节点大样图

3.1.4 超大型商业批发市场项目深基坑工程

设计单位：江西省勘察设计研究院

审图单位：江西瑞林工程咨询有限公司

3.1.4.1 工程概况

该商业批发市场基坑项目位于南昌市象湖新城八月湖路以北、抚生路以西、昌南大道以南、生米大桥东侧。拟建长薪河地下长河商业中心，沿桃抚路建造，近东西向类似"长管枪"展布，为一条地下三层商业街，层高约5.5m。街道中间设计下凹景观长河，呈阶梯错落型建造，地下室面积约为40542m²，总周长约1775m。室外地坪设计标高±0.00相当于绝对标高22.05m（黄海高程）。基坑支护设计使用年限为1年。根据商业分区，结合基坑工程支护设计需要，将基坑分成四个区域进行设计。圆盘区位于桃抚路与抚生西路交汇处，桃抚路与抚生西路均属于规划路。长薪河分区示意图如图3.1-12所示：

图3.1-12 长薪河分区示意图

（1）圆盘西侧：西方文化地下展厅，长度约155m，宽度约为44m。

（2）圆盘侧：呈圆盘状，直径约70米。

（3）圆盘东侧：长度约522m，宽度约为44m。

（4）圆盘东北段：东侧紧邻A地块北区，西侧、北侧紧邻抚生西路，面积约为5000m²，周长约为342m。

另外，设计沿圆盘西段、圆盘段、圆盘东段的地下三层商业街外墙7.5m处下挖深度3.3m的地下景观河，宽度为24m，距离地下室南北外墙7.5m。基坑开挖概况详见表3.1-13。

表3.1-13 基坑开挖概况

项目分区	开挖面标高（m）	开挖底标高（m）	开挖深度（m）	坑中坑深度（m）	总开挖深度（m）	局部贴边深坑深度（m）
圆盘西侧	16.45	2.100	14.35	3.30	16.90	17.65
圆盘侧	15.70	3.64	12.06	3.30	15.36	/
圆盘东侧	11.19	3.64	7.55	3.30	10.85	13.05
圆盘东北侧	20.00	3.64	16.36	无	16.36	/

3.1.4.2 周边环境条件

基坑项目周边环境条件见表3.1-14。

表3.1-14 周边环境条件

东侧	该侧无重要建筑，距离基坑边线约100m为抚生西路，路宽约为40.00m，据调查目前车流量不大。在道路两侧分布有雨水管线，一般管线埋深为1.5~2.0m。
南侧	圆盘西侧：5.8m处为业主单位已建B4地块一层地下室外墙，地上建筑为5#、6#两栋33层框剪建筑，采用桩基础，该区域规划有小区雨水、电力管线（暂未施工），根据业主要求管线可待本基坑完工后敷设。
	圆盘侧：距离B4地块约为9m，管线情况同圆盘西侧。
	圆盘东侧：该区域基坑南面3.87m处为业主单位正建A地块南区地下室后浇带（局部建筑已进入拟建基坑内部，基坑施工前将拆除，并应具有施工的空间），地上建筑为A1、A3两栋5层框剪建筑，采用桩基础。
	圆盘东北侧：为本基坑圆盘侧和圆盘东北侧搭接。
	圆盘西段南侧为已施工33层B4住宅，1层地下室，桩基础，距离红线≥100m，无重要管线。
西侧	西侧为业主拟建场地，现为空地，距离红线≥100m，该区域分布有施工临时用水、用电管线，根据业主要求本基坑施工前将移除。
北侧	圆盘西侧：北面4.2m处为正建的B2地块一层地下室外墙，地上建筑为5#、6#两栋33层框剪建筑，采用桩基础。
	圆盘侧：紧靠B2地块，B2地下室施工时将预留后浇带。
	圆盘东侧：北面4.2m处为A地块北区正建地下室后浇带，地上建筑为B3、B6两栋33层框剪建筑，采用桩基础。
	圆盘东北侧：为建筑空地及规划的抚生西路（未建），无管线，临时管线施工前均将移除。

（1）基坑周边道路及管线：

道路：拟建地下工程沿桃抚路建造，圆盘区位于桃抚路与抚生西路交汇处，桃抚路与抚生西路均属于规划路，目前均未修建且无行车通过。拟建基坑圆盘东段80m外为南北向抚生路，道路宽40m。

管线：无。

（2）基坑周边水系：

场地西侧约500m为赣江，据八一桥水文站观测资料，一般水位标高14.50~17.50m，有记录的最高水位黄海高程为23.18m（1982.6.20），历史最低水位为10.55m（2007.5.24）；据水文长观资料，赣江主流百年一遇水位24.01m，50年一遇水位23.76m，20年一遇水位23.25m，10年一遇水位22.68m，5年一遇水位22.12m，3年一遇水位21.57m。

（3）基坑周边设施：

基坑东侧约80m外为规划地铁线，地铁退让线沿着基坑东线穿境而过。另外，在圆盘区与圆盘东区搭接位置有一排A地块南区基坑支护桩，采用的是咬合桩+3道预应力锚索支护，长度约有90m，锚索均进入拟建基坑场地内部。

3.1.4.3 工程地质水文地质条件

场地地处赣抚冲积平原区，地貌单元为赣江Ⅰ级阶地。现场地均已进行了水泥硬化处理，圆盘侧、圆盘西侧及圆盘东北侧一般地面在19.0~20.0m之间；圆盘东侧临时道路标高约20.0m，A地块南、北区基坑开挖底面标高11.19m左右。

根据勘察报告，勘探深度内，场地地层结构由人工填土（Q4ml）、第四系全新统冲积层（Q4al）、第三系新余群（Exn）组成。按其岩性及工程特性，自上而下依次划分为①冲填土、②粉质黏土、③淤泥质粉质黏土、④细砂、⑤中砂、⑥砾砂、⑦强风化泥质粉砂岩、⑧中风化泥质粉砂岩。地基土层基本情况详见表3.1-15。

表3.1-15 各岩土层物理力学指标一览表

序号	土层序号	岩土层名称	状态	平均厚度及变化（m）	天然重度 γ(kN/m³)	抗剪强度 黏聚力 C（kPa）	抗剪强度 内摩擦角 φ（°）	土钉（锚杆）的极限粘结强度标准值 qsk（kPa）
1	①	冲填土	浅黄、灰褐色，松散	全场地分布，层厚0.75m，0.2~4.50m	17.5	8	10	15（20）
2	②	粉质黏土	灰褐、灰黄，可塑	分布广泛，局部地段缺失，层厚2.18m，0.80~4.90m	18.8	38.7	14.7	35（65）
3	③	淤泥质粉质黏土	青灰、灰黑，流塑	分布在基坑的西侧区域，层厚3.65m，0.70~6.40m	17.6	9.97	5.74	10（15）
4	④	细砂	灰黄、浅灰色，松散，饱和	全场分布，层厚4.62m，1.30~8.60m，层顶面及厚度变化较大	19.0	/	25	40（40）
5	⑤	中砂	灰黄、灰色，稍密，饱和	全场地分布，层厚4.62m，1.20~8.80m，层顶面起伏较大	19.5	/	28	50（90）
6	⑥	砾砂	灰黄、灰白色，饱和，稍密~中密	全场地分布，揭露层厚4.68m，2.60~7.40m	20.0	/	30	75（130）
7	⑦	强风化泥质粉砂岩	紫红色，岩心破碎	全场地分布，揭露层厚1.90m，0.70~3.90m	21.5	50	35	（150）
8	⑧	中风化泥质粉砂岩	紫红色	全场地分布，揭露层厚8.62m，7.10~10.20m	23.5	100	40	（200）
9	⑨	微风化泥质粉砂岩	紫红色	揭露最大厚度7.40m	24.0	100	45	（200）

勘察期间未见明显的上层滞水。

本地块区段内第四系含水层由全新统（Q4al）冲积层构成，赋存于下部第四系全新统砂砾层中，②粉质黏土（或③淤泥质粉质黏土）为含水层的相对隔水顶板，下伏基岩为相对隔水层底板，多属潜水，局部属承压水。另外，②粉质黏土及③淤泥质粉质黏土属弱透水层，勘察期间③层淤泥质粉质黏土层呈饱和流塑状，一般钻孔揭露该层停钻一段时间后即可见该层地下水。

勘察期间实测砂砾层稳定水位埋深 3.60～6.30m，砂砾层稳定水位标高 13.58～17.27m，局部承压水头高度为 0.2～1.9m。该含水层厚度较厚，一般为 10.0～12.0m，含水层渗透性较强，水量较丰富，年水位变幅 5～8m。拟建基坑圆盘东侧区域位于主市场 A 地块南、北两区中间，其主市场基坑外围设计采用封闭的三轴搅拌桩止水帷幕（均已施工）。目前，主市场基坑均已开挖至 11.19m 处，虽然该区域已施工封闭式整体止水帷幕，但因三轴搅拌桩与基岩面搭接不紧密，基坑内外存在一定的水力联系，外侧地下水从止水帷幕底部绕流补给内部地下水。根据坑内水井进行水位观测，地下水位于现状地面以下 0.5～1.0m，稳定水位标高为 10.10～9.50m。而圆盘侧、圆盘西侧、圆盘东北侧均位于 A 地块止水帷幕外部，地下水情况与勘察期间基本一致。

场区红色碎屑岩类裂隙、溶隙水主要赋存于第三系新余群泥质粉砂岩风化、构造裂隙，以及含钙质泥岩与钙质泥岩溶蚀裂隙中，且多未形成统一的地下水位，对本基坑设计影响不大。

含水层渗透性强，水量丰富，综合渗透系数为 120m/d（引用新洪城大市场周边其他地块的抽水试验数据）。东、西部块区地下水情况汇总详见表 3.1-16。

表 3.1-16 东、西部块区地下水情况汇总

水文	地下水类型	当前水位深度	补给情况	洪水期水位标高	枯水期水位标高	变化幅度	渗透半径
东部块区	潜水	0.80～1.00m	降雨入渗、地表	11.19m	约8.0m	1～2m	836.56m
西部块区	承压水	3.60～6.30m	水补给	20.00m	约12.0m	3～8m	2190.89m
地下水概况	含水层的类型	含水层厚度		顶、底板标高		补给条件	水位变化
东部块区	第四系松散孔隙水	约12.5m		11.19m、-0.17m		较好	变化不大
西部块区				20.00m、-1.70m		好	变化较大

3.1.4.4 基坑支护方案

（1）设计控制关键点：

圆盘东侧部位位于 A 地块主市场大基坑内部，大基坑均已开挖至地下 2 层底面（绝对标高 11.19m），只保留拟建基坑部位的桃抚路作为大基坑土方输送道路。鉴于目前情况，施工前可分层将现有保留的施工便道开挖至地下 2 层，开挖出工作面后进行下部基坑支护设计。该区段基坑主要难点是施工便道土方的开挖和运输，这是第一个关键点；其二，因现状主市场地上建筑已经施工完毕，拟建基坑外墙至地下 2 层后浇带距离只有 3.0～5.0m 的空间，且局部人防外挑部位已经入基坑内部需拆除，施工空间有限致使施工工艺具有局限性，且对变形要求高，这是第二个关键点；其三，主市场基坑整体止水帷幕底部存在渗流现象，导致主市场基坑内部水量较大，而基坑外侧无降水井施工空间，地下水控制成功与否是本段基坑支护的第三个关键点。

圆盘侧、圆盘西侧和圆盘东北侧位于主市场大基坑外部，普遍开挖深度 15.36～17.65m，贴边水处理机房部位最大开挖深度 19.66m。圆盘西侧基坑外墙南面 5.8m 为 B4 地块地下室外墙，北面 4.2m 为 B2 地块地下室外墙，施工空间有限致使施工工艺具有局限性，对变形要求高。且目前 B2 地块还处于基坑开挖过程

中，怎样从施工顺序上处理 B2 地块及拟建基坑工程关系，这是本基坑支护设计的第一个关键点；另外，因拟建基坑两侧均为已建或正建的地下室工程，设计过程中可考虑将 B2 和 B4 地块地下室以上土体挖除作为基坑支护顶面，减少支护工程的土压力，这可作为本基坑支护设计的第二个关键点；圆盘侧东南段 A 地块塔楼基坑支护采用的是咬合桩+3 道预应力锚索支护，且圆盘区与圆盘西侧搭接处有已施工的钻孔灌注桩+3 道预应力锚索，本基坑施工时将挖除原有基坑的锚索，因预应力锚索上覆土方卸载将有应力释放，不利用安全。且还需凿除已施工的桩体，这些外部条件是基坑支护的第三个关键点；根据众多基坑施工经验，基坑支护关键问题是对地下水的控制，尤其是拟建基坑地下水丰富，且与赣江地表水体水力联系密切，是该基坑设计的第四个控制关键点。

因此，本基坑设计控制关键点是在场地现有的施工条件下，既要保证支护工程安全最大程度限制周边地层变形，减少对周边环境的影响破坏，又要做到经济合理，统筹规划东、西两侧基坑施工顺序及搭接问题。

（2）方案设计比选及确定：

针对基坑周边环境复杂，对支护体系的稳定和变形要求高；存在丰富的地下水；施工场地狭小，应统筹优化红线内的土地使用和施工顺序。确定了基坑的两个支护方案。方案一："局部放坡挂网喷砼（坡体上部及坑中坑）+TRD 工法+预应力型钢（局部钢筋混凝土）支撑+预应力锚索锚索（可回收）"；方案二："局部放坡挂网喷砼（坡体上部及坑中坑）+钢筋混凝土钻孔灌注桩+三轴搅拌桩止水+预应力型钢（局部钢筋混凝土）支撑+预应力锚索锚索（可回收）"。详见表 3.1-17。

表 3.1-17 两个支护方案的比选

方案名称	分段编号	支护型式	优点	缺点
方案一	A区：圆盘段	上部4.0m放坡+TRD工法内插型钢+两道混凝土支撑	1.止水效果较好，根据施工经验，可进入中风化泥质粉砂岩，切断坑内、外水力联系，TRD工法在南昌已有成功经验，且施工需要作业面较小。 2.可通过控制插入型钢间距调整支护结构刚度，并通过型钢或钢筋混凝土内支撑控制变形，局部出现变形过大可临时增加内撑或外锚体系。 3.工程完工后可对型钢及支撑型钢进行回收，节省造价。 4.该方案利用周边空地对上部坡体进行放坡，以及坑中坑采取放坡支护措施，可进一步节约资金。	1.TRD工法施工机械较大，需较高的大型机械进出场费用；且施工专业性较强。 2.造价受时间控制，如若施工安排不当，延误工期超过租赁免租期，将会增加造价。
	B区：圆盘东段	TRD工法内插型钢+一道型钢内支撑（局部钢筋混凝土支撑），坑中坑采用放坡挂网喷砼支护		
	C区：圆盘东北段	上部4.0m放坡+TRD工法内插型钢+一道锚索+一道型钢内支撑（局部采用混凝土支撑）		
	D区：圆盘东段（贴边深坑）	TRD工法内插型钢+一道钢筋混凝土内支撑+一道或两道锚索		
	E区：圆盘西段	挖除与B4和B2地下室外墙间土体+TRD工法内插型钢+三道型钢内支撑		
	F区：圆盘西段（贴边深坑）	挖除与B地下室外墙间土体+TRD工法内插型钢+三道型钢内支撑		

续表

方案名称	分段编号	支护型式	优点	缺点
方案二	A区：圆盘段	上部4.0m放坡+双排桩+一道锚索+三轴搅拌桩止水，坑中坑放坡挂网喷砼支护	1.钻孔灌注桩可根据施工空间合理安排钻机，且可分段分期施工，施工周期易于控制，且灵活。 2.支护结构整体刚度大，通过锚索或内支撑可较好的控制位移。 3.围护体可一直保留在土体内，对地下结构挡土与止水有保护作用。 4.工艺成熟，施工经验丰富。	1.三轴搅拌桩止水帷幕进入基岩困难，存在漏水隐患。止水效果不如方案一。 2.基坑东侧已施工主体桩基础密集，采用方案二锚索设计需进行避桩，局部无锚索施工空间，对设计及施工要求高。 3.支护桩需进入基岩4.0~8.0m，成桩难度较大。
	B区：圆盘东段	钻孔灌注桩+一道锚索+三轴搅拌桩（或高压旋喷）止水，坑中坑放坡挂网喷砼支护		
	C区：圆盘东北段	上部4.0m放坡+双排桩+一道锚索+三轴搅拌桩止水，坑中坑放坡挂网喷砼支护		
	D区：圆盘东段（贴边深坑）	钻孔灌注桩+两道锚索+三轴搅拌桩止水		
	E区：圆盘西段	钻孔灌注桩+三道型钢内支撑+三轴搅拌桩止水，坑中坑放坡挂网喷砼支护		
	F区：圆盘西段（贴边深坑）	钻孔灌注桩+三道型钢内支撑+三轴搅拌桩止水		

工程投资：方案一5428（万元），方案二5116（万元）。

根据上表的综合分析，方案一和方案二从技术及施工难易程度上均适合该基坑的治理，虽然方案二在投资上较方案一少约312万余元，但其从止水效果、施工条件上不如方案一。推荐方案一。

3.1.4.5 基坑支护结构设计

根据基坑周边环境条件、岩土工程地质条件、施工空间条件，以及设计开挖面标高及开挖深度的不同，在平面上将基坑分成A、B、C、D、E和F六个区域进行设计。

各区域位置、支护措施在平面具体布置以及位置关系详见工程支护结构平面布置图，附图1至附图3。

（1）A系列剖面设计：

①A1-A1剖面：

位于圆盘侧北方向，代表段编号为AB，长度约为23.10m 设计最大开挖深度15.36m（包括下凹的景观河3.3m基坑，后同）。该段西侧紧邻B4地块，南侧为规划的抚生西路，考虑到南侧有放坡空间，代表剖面上部采用放坡，下部TRD水泥土地下连续墙（内插H700型钢）+两道水平内支撑支护。

②A2-A2剖面：

位于圆盘侧西南方向，代表段编号为AB，总长度约35m，设计最大开挖深度16.11m。该段紧邻B2地块地下室，考虑到B2地块采用桩基础，地下室底板标高16.45m，故设计时已16.45m为开挖地面标高。采用TRD水泥土地下连续墙（内插H700型钢）+两道水平内支撑支护。

③A3-A3剖面：

位于圆盘侧南方向，代表段编号为XY，总长度约47.6m，设计最大开挖深度19.66m。该段紧邻道路，标高20.00m。采用放坡+TRD水泥土地下连续墙（内插H700型钢）+两道水平内支撑支护。

（2）B 系列剖面设计：

①B1-B1 剖面：

位于圆盘东侧，代表段编号为 KL、MN、ST，总长度约 387.2m，设计最大开挖深度 10.85m。该段位于 A 地块基坑内部，现自然地面标高为 11.19m。采用 TRD 水泥土地下连续墙（内插 H700 型钢）+一道水平内支撑支护。

②B1'-B1' 剖面：

位于圆盘东侧，代表段编号为 GH、RS，总长度约 58.6m，设计最大开挖深度 10.85m。该段位于 A 地块基坑内部，现自然地面标高为 11.19m。采用 TRD 水泥土地下连续墙（内插 H700 型钢）+一道水平内支撑支护。

③B2-B2 剖面：

位于圆盘东侧，代表段编号为 HI、QR，总长度约 133.2m，设计最大开挖深度 10.85m。该段位于 A 地块基坑内部，现自然地面标高为 11.19m。采用 TRD 水泥土地下连续墙（内插 H700 型钢）+一道水平内支撑支护。

④B3-B3 剖面：

位于圆盘东侧，代表段编号为 IJ、PQ，总长度约 152.5m，设计最大开挖深度 10.85m。该段位于 A 地块基坑内部，现自然地面标高为 11.19m。采用 TRD 水泥土地下连续墙（内插 H700 型钢）+一道水平内支撑支护。

⑤B4-B4 剖面：

位于圆盘东侧，代表段编号为 IJ、PQ，总长度约 152.5m，设计最大开挖深度 10.85m。该段位于 A 地块基坑内部，现自然地面标高为 11.19m。采用 TRD 水泥土地下连续墙（内插 H700 型钢）+一道水平内支撑支护。

⑥B5-B5 剖面：

位于圆盘东侧，代表段编号为 FG，总长度约 65.5m，设计最大开挖深度 7.55m。该段位于 A 地块基坑内部，现自然地面标高为 11.19m。采用 TRD 水泥土地下连续墙（内插 H700 型钢）+一道水平内支撑支护。

⑦B5'-B5' 剖面：

位于圆盘东侧，代表段编号为 EF、TU、VW，总长度约 99.5m，设计最大开挖深度 7.55m。该段位于 A 地块基坑内部，现自然地面标高为 11.19m。采用 TRD 水泥土地下连续墙（内插 H700 型钢）+一道水平内支撑支护。

（3）C 系列剖面设计：

①C1-C1 剖面：

位于圆盘东北方向，代表段编号为 DE，总长度约 113.6m，设计最大开挖深度 16.36m。该段北侧为规划的抚生西路，存在放坡空间，本代表剖面上部采用放坡。考虑到 C1-C1 剖面对撑的 B5'-B5' 剖面开挖面标高不同，下部采用 TRD 水泥土地下连续墙（内插 H700 型钢）+一道预应力锚索+一道水平内支撑支护。

②C2-C2 剖面：

位于圆盘东北方向，代表段编号为 CD，总长度约 21.1m，设计最大开挖深度 16.36m。该段北侧为规划的抚生西路，存在放坡空间，本代表剖面上部采用放坡。考虑到 C2-C2 剖面对撑的 B5'-B5' 剖面开挖面标高不同，下部采用 TRD 水泥土地下连续墙（内插 H700 型钢）+一道预应力锚索+一道水平内支撑支护。

③C3-C3 剖面：

位于圆盘东北方向，代表段编号为 BC，总长度约 35.1m，设计最大开挖深度 19.66m（包括下凹的景观河 3.3m 基坑）。该段北侧为规划的抚生西路，存在放坡空间，本代表剖面上部采用放坡。考虑到 C3-C3 剖面对撑的 D1-D1 剖面开挖面标高不同，下部采用 TRD 水泥土地下连续墙（内插 H700 型钢）+一道预应力锚索+一道水平内支撑支护。

④C4-C4 剖面：

位于圆盘侧东南方向，代表段编号为 WX，总长度约 32.5m，设计最大开挖深度 16.36m。考虑到 C4-C4 剖面对撑的 B5'-B5' 剖面开挖面标高不同，采用 TRD 水泥土地下连续墙（内插 H700 型钢）+一道预应力锚索+一道水平内支撑支护。

（4）D 系列剖面设计：

该系列剖面包括 1 个代表面，均位于圆盘东侧 A 地块基坑内部，因沿着基坑外墙处设计贴边水处理机房，故该系列剖面开挖深度比 B 系列剖面相对较深，本次方案单独划分剖面进行设计。

D1-D1 剖面：

代表段编号为 LM、OP、UV，总长度约 52.5m，设计最大开挖深度 13.05m，现自然地面标高为 11.19m。采用 TRD 水泥土地下连续墙（内插 H700 型钢）+一道水平内支撑支护+两道预应力锚索支护。

（5）E 系列剖面设计：

①E1-E1 剖面：

位于圆盘侧西，代表段编号为 D'A，总长度约 150.2m，设计最大开挖深度 16.9m（包括下凹的景观河 3.3m 基坑）。该段位于 B2 与 B4 地块之间，考虑到 B2、B4 均具有一层整体地下室，可将长薪河与两地下室之间的土体统一挖至已有基坑底板标高 15.70m 处，以此标高作为支护结构顶面标高。采用 TRD 水泥土地下连续墙（内插 H700 型钢）+三道水平内支撑支护。

②E2-E2 剖面：

位于圆盘侧西，代表段编号为 A'C'、C'D'，总长度约 137.0m，设计最大开挖深度 17.65m（包括下凹的景观河 3.3m 基坑）。该段位于 B2 与 B4 地块之间，考虑到 B2、B4 均具有一层整体地下室，可将长薪河与两地下室之间的土体统一挖至已有基坑底板标高 16.45m 处，以此标高作为支护结构顶面标高。采用 TRD 水泥土地下连续墙（内插 H700 型钢）+三道水平内支撑支护。

（6）F 系列剖面设计：

该系列剖面只有 1 个代表面，位于圆盘西侧，因沿着基坑外墙处设计贴边水处理机房，故该系列剖面开挖深度比 E 系列剖面相对较深，本次方案单独划分剖面进行设计。

代表段编号为 ZA'、B'C'，总长度约 55.80m，设计最大开挖深度 18.35m，采用 TRD 水泥土地下连续墙（内插 H700 型钢）+三道水平内支撑支护。

代表钻孔选择勘察报告中的 JK28 孔，16.45m 标高以下采用 TRD 水泥土地下连续墙（内插 H700 型钢）兼作支护结构及止水帷幕，TRD 水泥土地下连续墙底标高-7.55m（或进入⑧层中风化泥质粉砂岩 4.0m 以上），墙体厚 850mm，设计水泥掺量不应小于 25%，另掺入 5%膨润土，水泥采用 42.5 级普通硅酸盐水泥。H700×300×13×24 型钢长 24.0m，桩顶地面以上预留 0.5m，进入坑底以下嵌固。

3.1.4.6 有限元分析校核

本工程周边环境复杂，虽无重要道路及管线，但圆盘东侧有 A 地块南北区 A1、A3、B3、B6 住宅，圆盘西侧有 B2 住宅；由于本地块模型南北对称，故选取代表剖面 B1-B1，E1-E1 剖面进行计算。

（1）有限元计算模型描述：

①几何模型及单元：

根据经验，影响宽度一般为开挖深度的 3~4 倍，本模型在水平方向基坑外取 150~200m 宽，深度至微风化层顶面。分析中土体采用四边形平面单元，内置 H 型钢水泥土搅拌围护桩、内支撑均采用梁单元；采用平面应变模型。模型左右侧均约束水平向位移，底部约束水平及竖向位移，对称边上施加对称约束边界条件。对邻近建筑考虑上部结构、邻近基础与土体共同作用。

内置 H 型钢水泥土搅拌围护桩、内支撑均采用弹性模型，土体关系采用摩尔—库伦（Mohr-Coulomb）模型，所需材料参数少、便于数值计算，且易于由试验取得。

地面施加荷载为 15kPa；建筑按每层 20kPa 施加在基础上，通过桩传递到地基中。

②模型参数：

本工程地层自上而下为素填土、粉质黏土、淤泥质粉质黏土、细砂、中砂、砾砂、强风化泥质粉砂岩及中风化泥质粉砂岩。粉质黏土及中砂层参数利用勘察报告中提供的值，其他土层参照《工程地质手册》并结合南昌地区经验综合选取。内置 H 型钢水泥土搅拌围护桩的密度、弹性模量等指标采用复合地基计算方法，材料参数取值见表 3.1-18，基坑开挖工况见表 3.1-19。

表 3.1-18 材料参数取值

粗砂	20.0	20	0.31	0	30
强风化砂砾岩	21.5	30	0.3	50	35
中风化砂砾岩	23.5	300	0.28	100	40
H 型钢水泥土搅拌桩	23.8	23162	0.28	—	—
钢筋混凝土结构	24	30000	0.2	—	—

表 3.1-19 基坑开挖工况

	B1-B1 剖面	E2-E2 剖面
工 况	施工阶段及施工内容	施工阶段及施工内容
工况一	模拟基坑开挖前的初始应力状态	模拟基坑开挖前的初始应力状态
工况二	支护桩施工	支护桩施工
工况三	开挖 7.55m 至标高 3.64	开挖至第一层支撑标高
工况四	开挖坑中坑，至坑底标高 0.340	施工第一道支撑
工况五	/	开挖至第二道支撑
工况六	/	施工第二道支撑
工况七	/	开挖至第三道支撑
工况八	/	施工第三道支撑
工况九	/	一直开挖坑中坑，至标高-1.20

（2）有限元计算结果：

根据计算分析结果可知洲海路下管线的沉降情况如表3.1-20所示。

表 3.1-20 管线沉降情况

剖面	建筑沉降（mm）	支护桩变形（mm）
B1-B1 剖面	0.5	18.1
E2-E2 剖面	0.5	23.7

综合上述分析，并结合类似工程经验，得出以下结论：

①采用TRD工法+钢支撑的围护形式，本工程基坑开挖对周边建筑的影响在可控制范围内，满足对周边环境的保护要求。

②本工程距离外墙7.50m，深度为3.30m坑中坑对大基坑影响作用有限，理正计算中采取将坑中坑底留土1.50m作为计算深度所得到的结果是偏于安全的。

3.1.4.7 地下水设计控制

（1）基坑止水：

基坑设计采用850mm厚TRD工法落底式止水帷幕。其中，TRD墙体在DE段与主市场原有三轴搅拌桩搭接，VW段与原有塔楼咬合桩进行搭接，通过各点的搭接形成整体的止水帷幕，截断A地块基坑坑外地下水补给坑内，使之圆盘东侧地下水水位低于地下2层底板以下。水泥土地下连续墙采用P.O.42.5级普通硅酸盐水泥，水泥掺量不小于25%，掺5%膨润土，水灰比1.0～2.0，桩长在满足支护设计需要的前提下应进入⑦强风化泥质粉砂岩不小于1.5m。

新设止水墙与A地块主市场基坑及塔楼基坑止水帷幕的搭接处采用双排高压旋喷桩，桩体直径ϕ650，桩间距400mm，桩间搭接250mm，桩长以进入强风化岩以下1.5米以下为准。高压旋喷桩：水灰比1:1，水泥用量暂定360kg/m，浆压不小于30MPa。

（2）基坑截水：

为防止雨水及施工用水流入基坑，。在圆盘东段（A地块基坑内部）、圆盘西段（A地块基坑外部）基坑坡顶分别修建排水沟尺寸为：400×400×300（顶宽×底宽×高）。。

（3）基坑降水

当地下水位高于基坑开挖面时宜采用井点降水的方式，在基坑内布置降水井进行疏干，管井外径600mm，内径300mm，要求进入强风化0.5m，井管高于地面0.5m。

根据工程经验，设计沿基坑内部30～40m布设一口疏干井，共计布设疏干井37口。

降水井数量：拟建基坑西侧剖面设计TRD止水墙顶标高一般低于自然地面（标高：20.0m），为保证地下水水位低于止水墙顶标高，且通过坑外降水减少支护结构的静水压力作用，拟建长薪河基坑西侧区域设计地下水水位标高12.7m，基坑东侧区域设计地下水水位标高7.63m。

根据《建筑基坑支护技术规程》（JGJ120—2012）规范附录E.0.3基坑降水采用群井按大井简化时，可求得基坑西侧管井数量$n=38$，圆盘东段$n=25$。

（4）坑外水位观测：

利用基坑外侧布设的28口减压井作为观测井。

3.1.4.8 基坑工程监测

监测技术要求、测点设置、监测周期与监测频率与同类工程类似，此略。

3.1.4.9 评述

该商业中心为一条地下三层商业街,近东西向类似"长管枪"展布,呈阶梯错落型建造,基坑平面形状不规则。周边环境复杂,施工空间很有限。面积很大,地下室面积约为 40542m²,总周长约 1775m。各部分开挖深度变化较大,为 7.55~19.66m。场地西侧临近赣江,距离约 500m,本地块区段内第四系含水层由全新统($Q4_{al}$)冲积层构成,赋存于下部第四系全新统砂砾层中,多属潜水,勘察期间实测砂砾层稳定水位埋深 3.60~6.30m,局部属承压水,水头高度为 0.2~1.9m,属于典型高富水砂砾层,该含水层厚度较厚,一般为 10.0~12.0m,含水层渗透性较强,水量很丰富,年水位变幅 5~8m。②粉质黏土(或③淤泥质粉质黏土)为含水层的相对隔水顶板,下伏基岩为相对隔水层底板。另外,②粉质黏土及③淤泥质粉质黏土属弱透水层,勘察期间③层淤泥质粉质黏土层呈饱和流塑状,一般钻孔揭露该层停钻一段时间后即可见该层地下水。这样给整体设计施工带来很大的困难。据此,方案中根据基坑周边环境条件、岩土工程地质条件、施工空间条件,以及设计开挖面标高及开挖深度的不同,在平面上将基坑分成 A、B、C、D、E 和 F 六个区域进行设计,有利于因地制宜,化繁为简。且设计抓住止水关键点,充分利用了宽台阶分段布置支护工程,对不同的支护措施进行了合理的多种组合方案,方案比较考虑全面,推荐方案符合工程实际。

附图

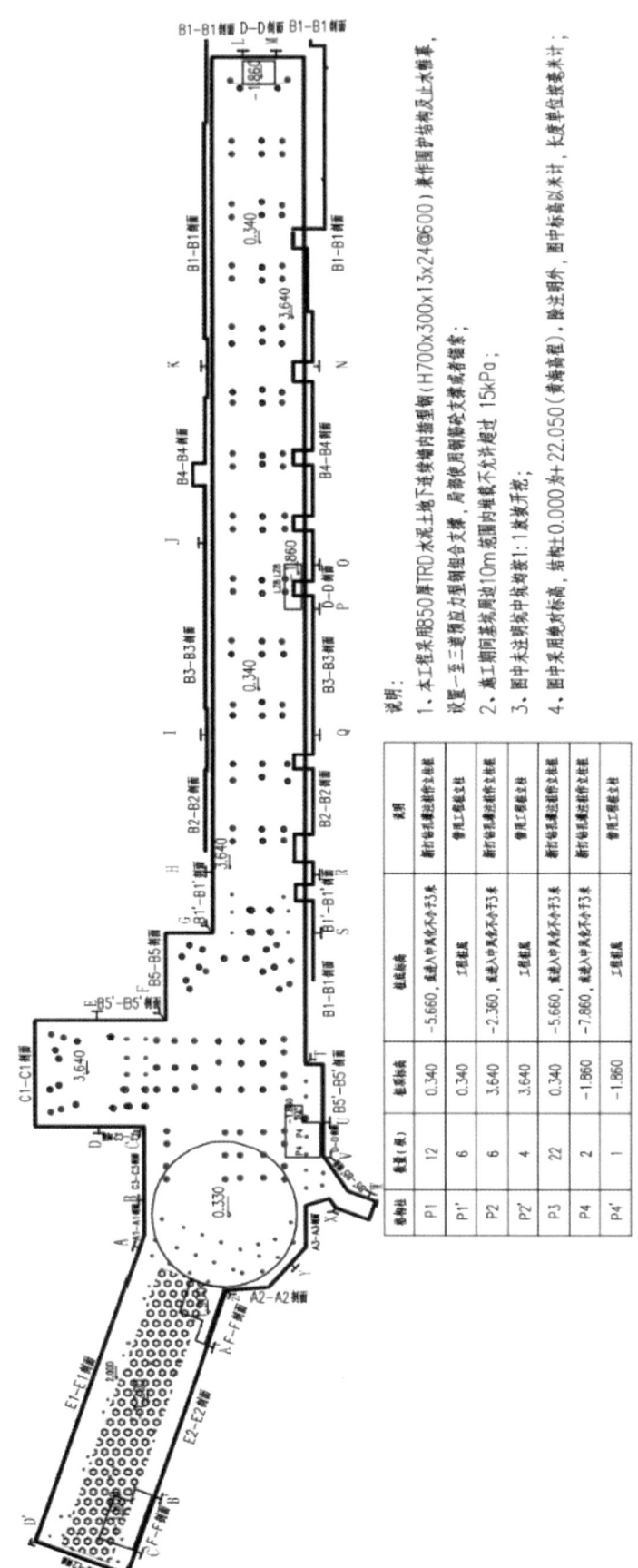

附图 1 支护桩平面布置图

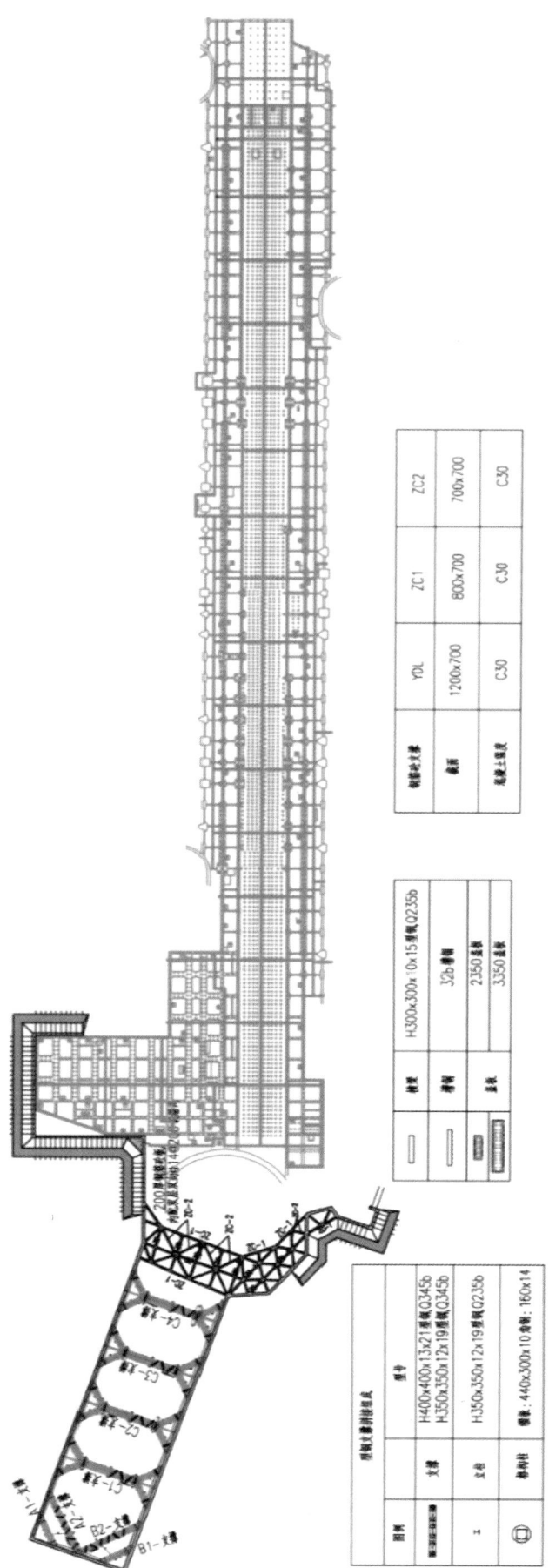

附图 2 第一道支撑平面布置图

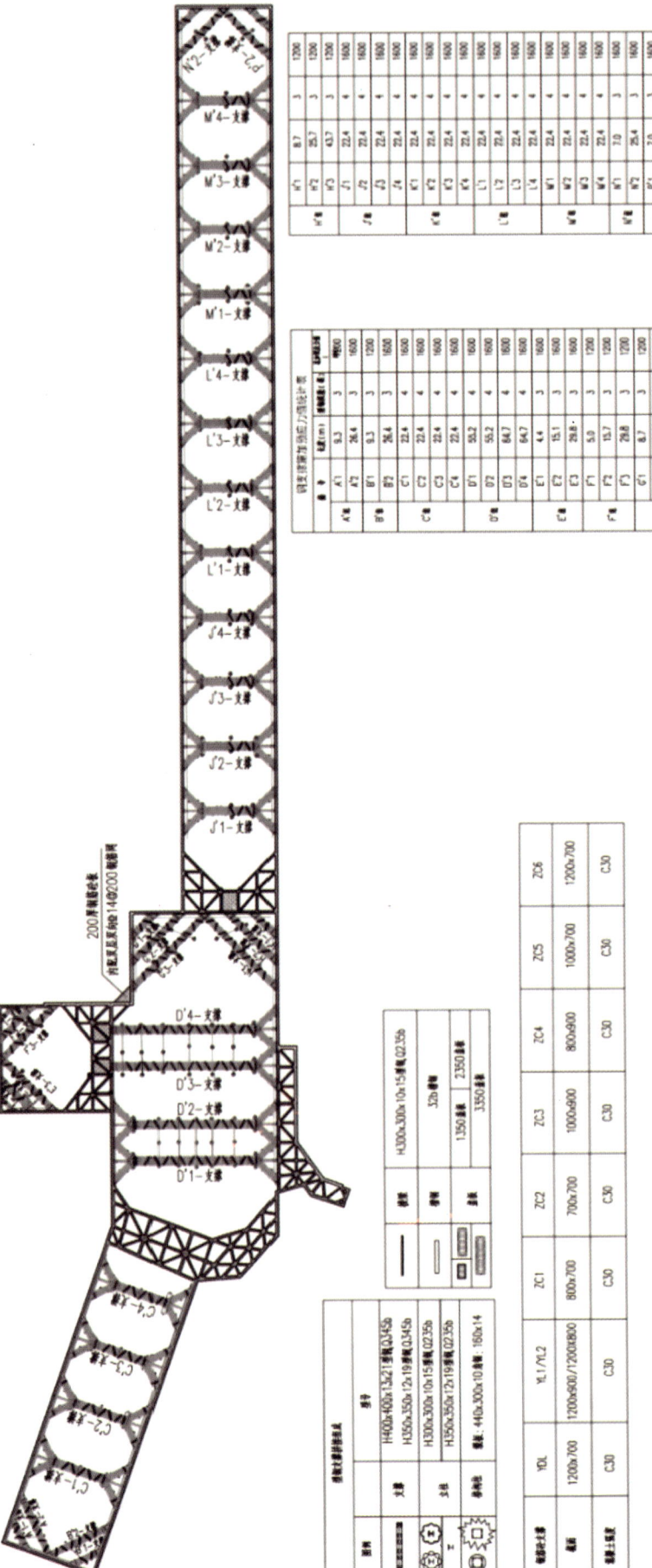

附图3 第二道支撑平面布置图

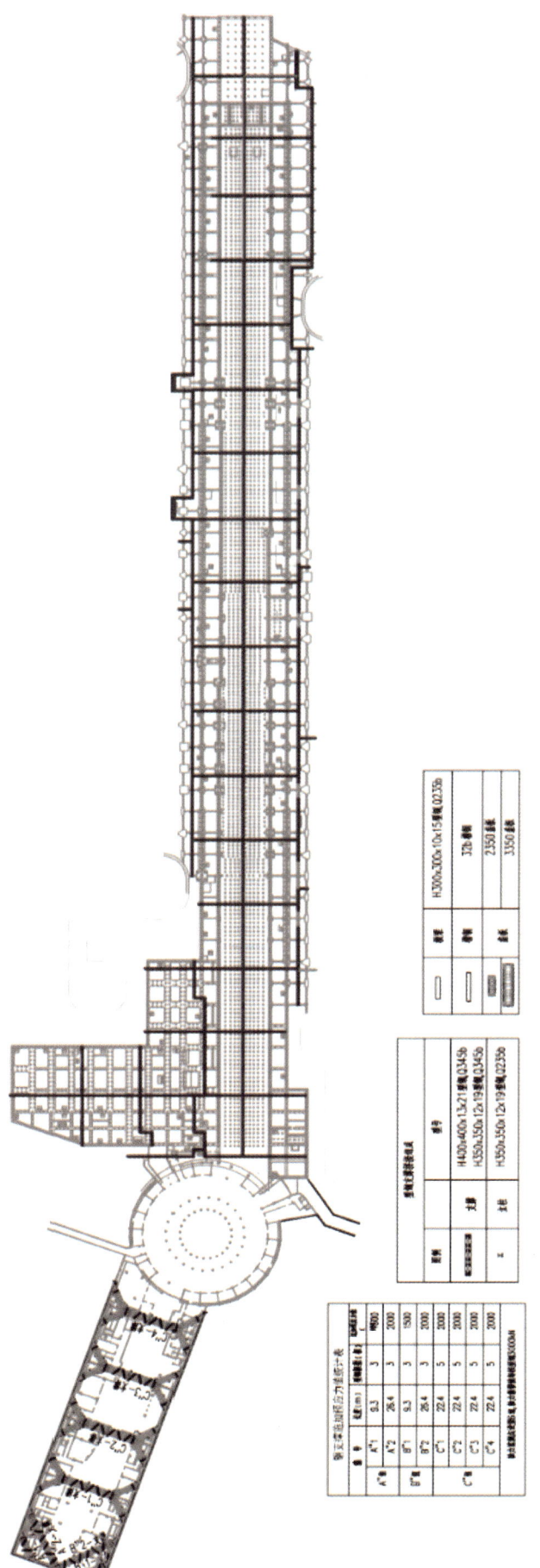

附图 4 第三道支撑平面布置图

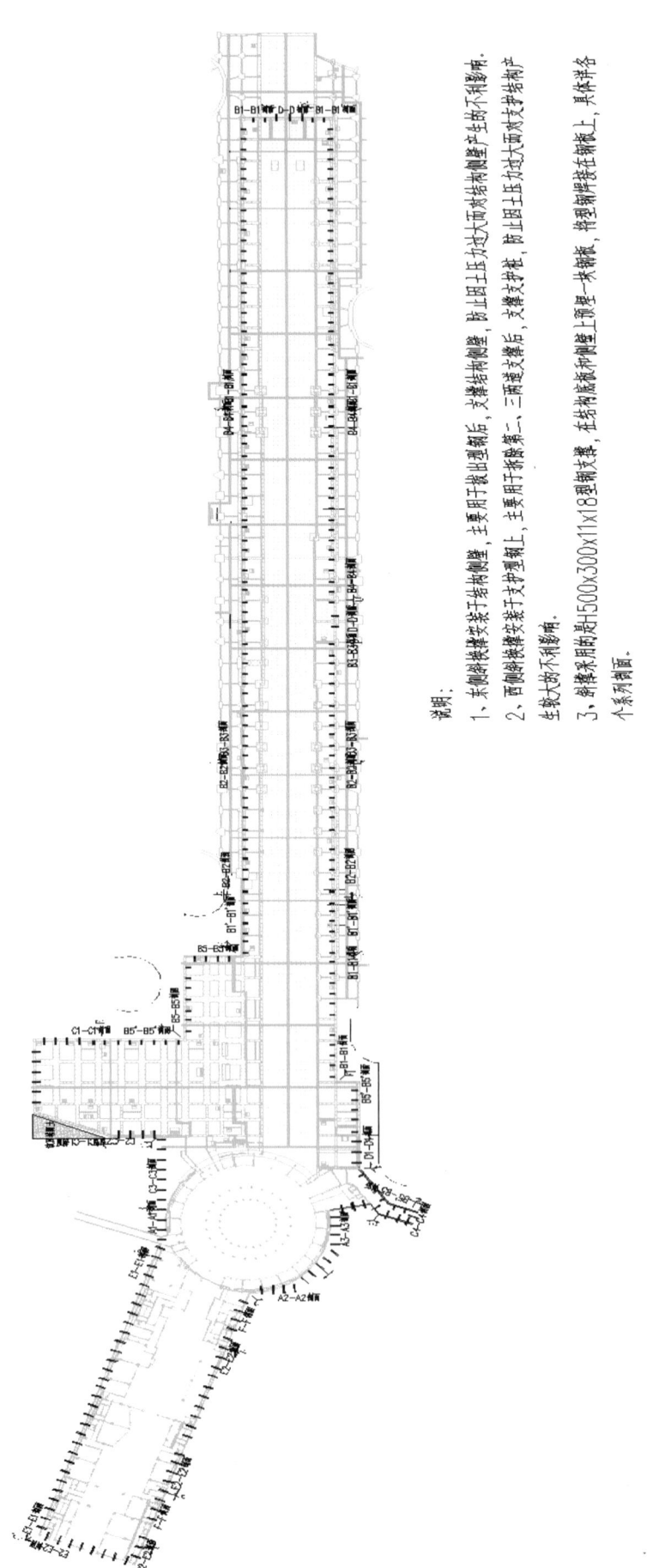

说明：

1、东侧斜撑安装于基于土体结构侧壁，主要用于卸载出现翘起后，支撑结构侧壁，防止因土压力过大而对结构侧壁产生的不利影响。

2、西侧斜撑安装于支护桩冠梁上，主要用于卸除第二、三道建支撑后，防止支护桩、支撑建支撑上面对大面积支护结构产生较大的不利影响。

3、斜撑采用的是H500x300x11x18型钢支撑，在结构底板和侧壁上预埋一块钢板，钢型钢焊接在钢板上，具体详各个系列剖面。

附图 5 第一道斜换撑平面布置图

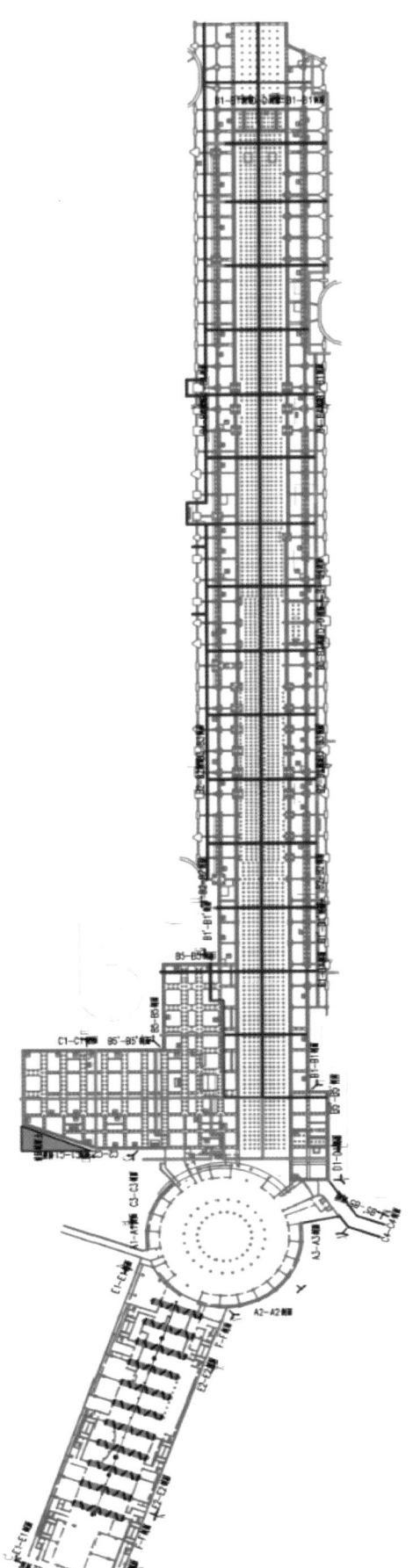

附图 6 西侧第二道换撑平面布置图

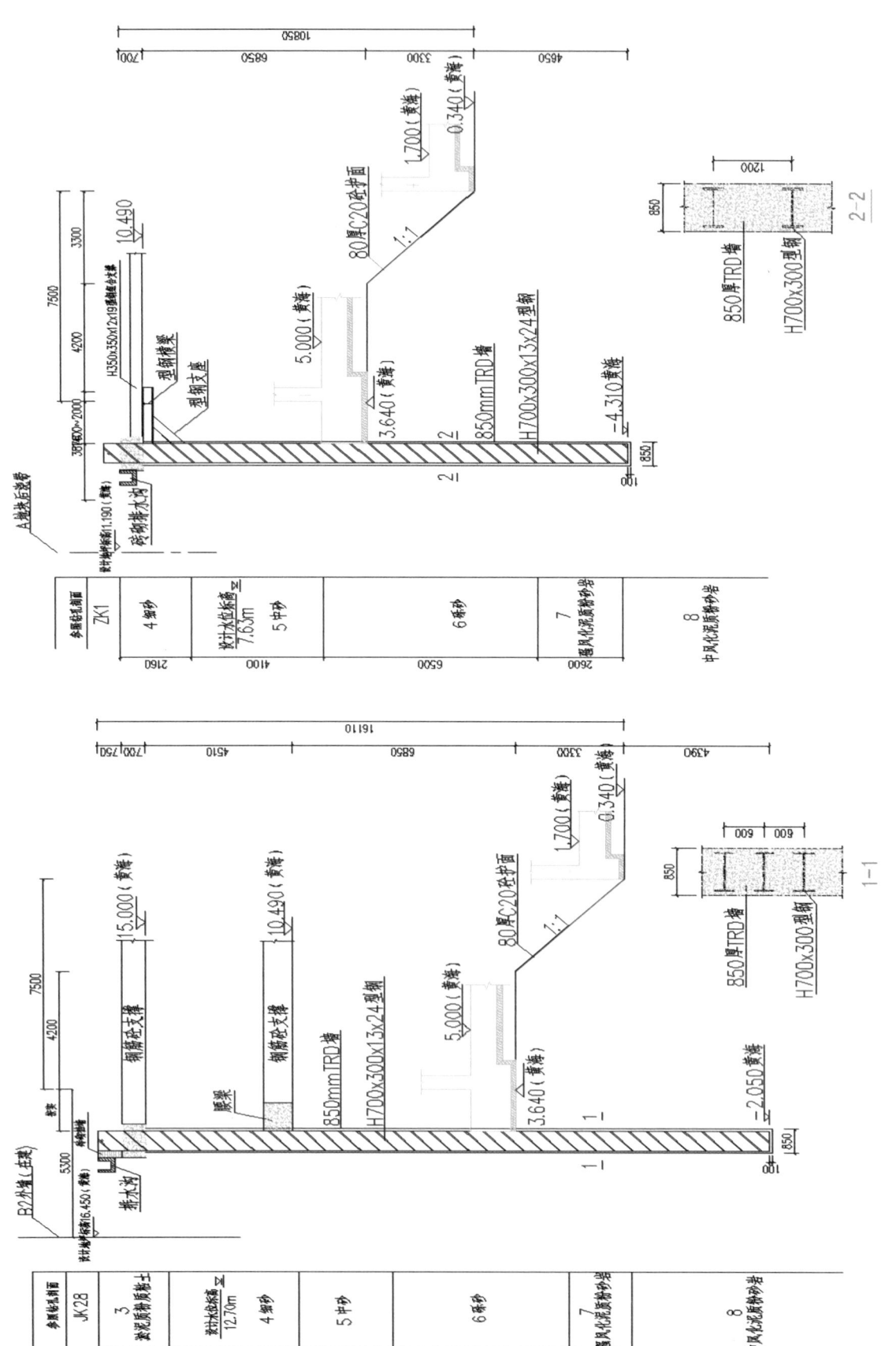

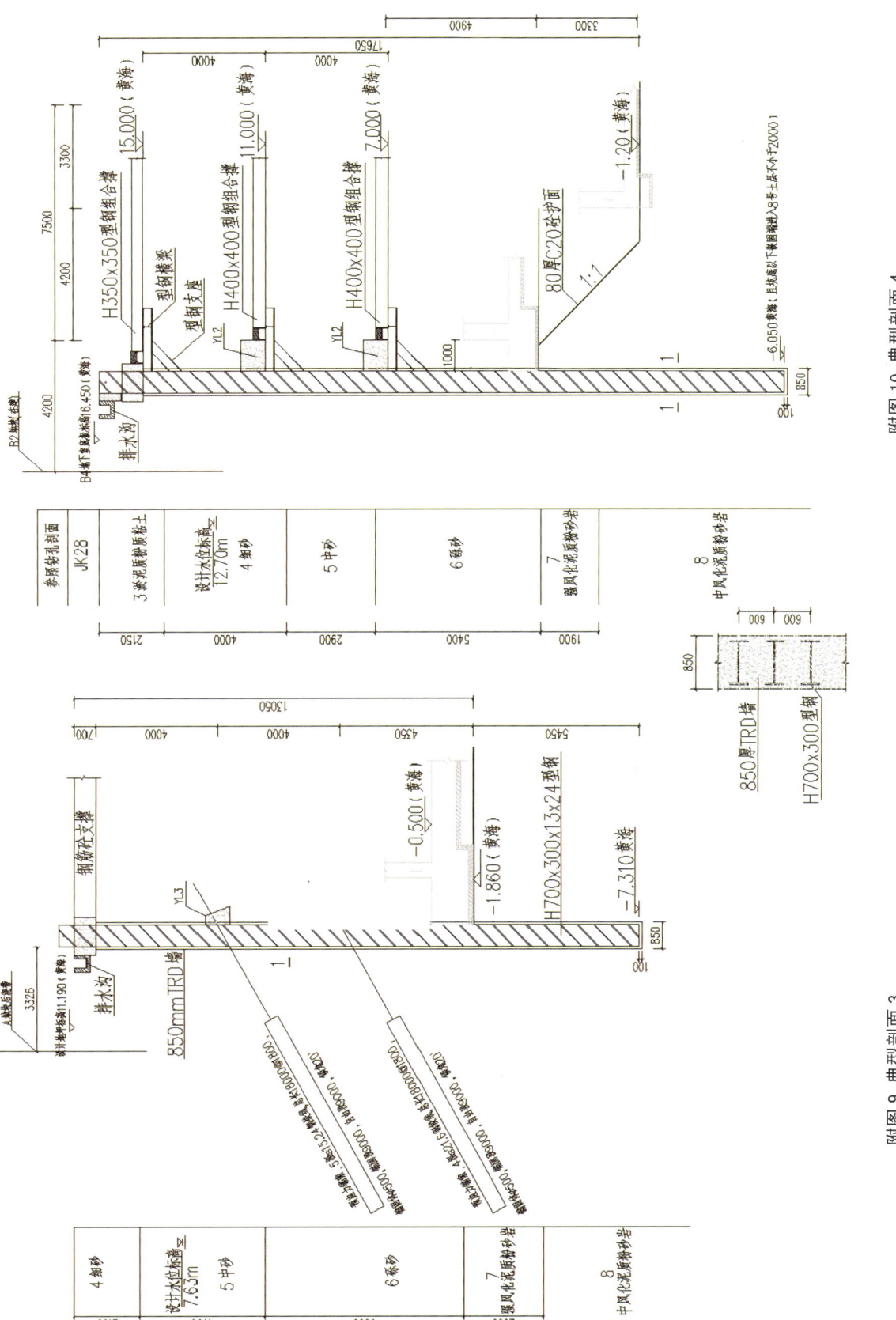

附图 10 典型剖面 4

附图 9 典型剖面 3

3.1.5 南昌绿地中央广场 A 区深基坑工程

设计单位：华东建筑设计研究院

审图单位：江西省众博工程咨询有限公司

3.1.5.1 工程概况

该中央广场是集商业、居住、办公、酒店等多重功能于一体的江西省内首个标志性"城市综合体"。从图 3.1-13 可知，该工程位于南昌市红谷滩中心区，西临丰和中大道，南距世贸路约 100m，北距会展路约 70m，东距红谷中大道约 50m，南侧距在建南昌市轨道交通一号线世贸路站约 100m。地理位置十分优越。整个项目主要由 A 区、B 区、C 区和 D 区四个紧邻地块相互组合而成。分区总平面详见附图 1。根据建设计划，B 区、C 区率先建设完成，而后进行 A1 区（A 区塔楼区域）及 D 区的建设，最后再进行 A2 区（A 区裙楼区域）的建设。

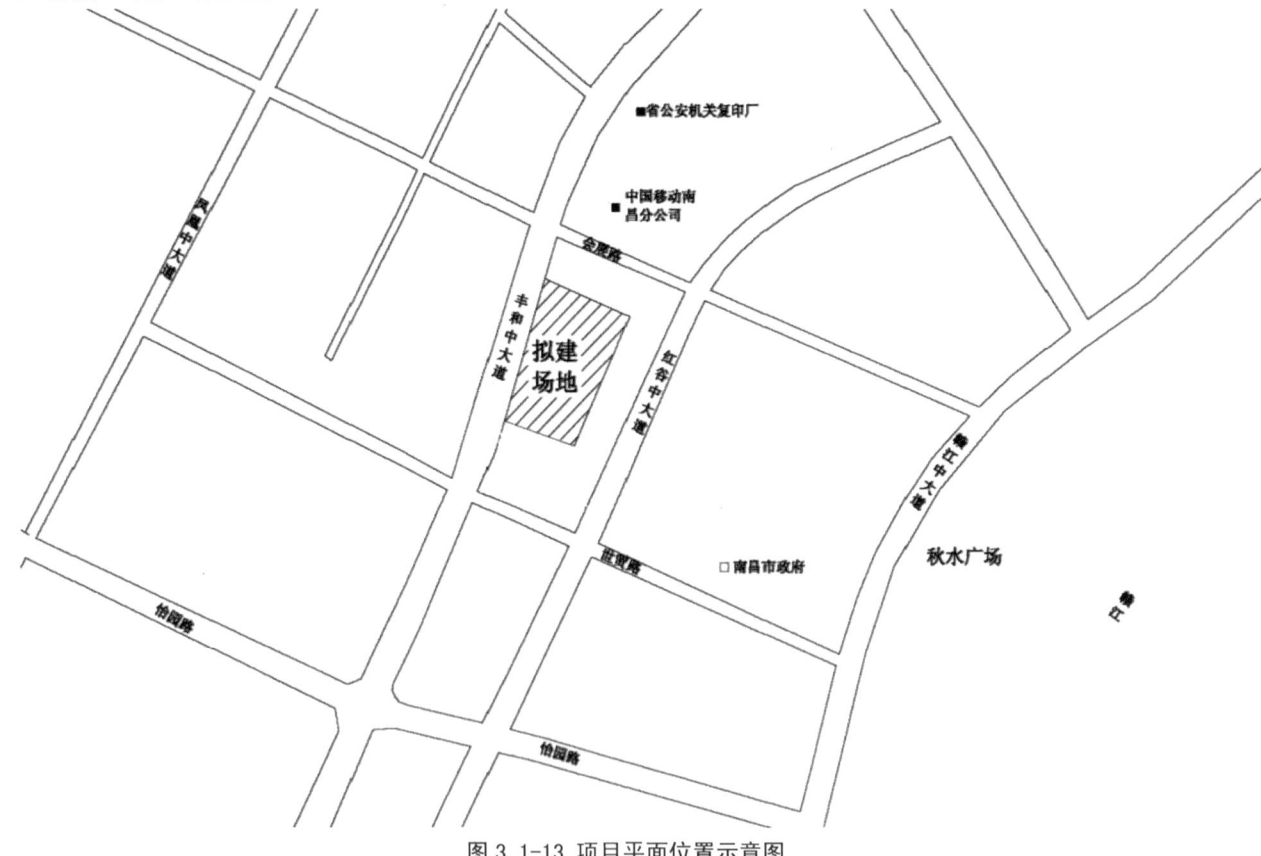

图 3.1-13 项目平面位置示意图

A1 区地块由两栋超高层塔楼及部分商业裙房组成，塔楼地上 60 层，裙楼地上 4 层，整体设置 3 层地下室，采用桩筏基础。基坑面积约 14000 m^2，周长约 440 m。裙楼区基坑开挖深度约 15.45 m，塔楼区域基坑开挖深度约 17.45 m。为一级基坑。

3.1.5.2 周边环境概况

A1 区基坑西侧紧邻丰和大道，为城市交通主干道，道路下有大量市政管线。南侧为已建 C 区工程，北侧为已建 B 区工程，东侧为待建的 A2 区场地。项目周边环境情况较为复杂，影响很大，环境保护要求相对较高。

3.1.5.3 工程水文地质条件

场地地貌类型属赣抚冲积平原，地处赣江Ⅰ级阶地与高漫滩交接地段。场地浅层约10m深度范围内主要为填土和黏性土，在10~22 m深度范围内分布有深厚的砂层，该层由浅到深依次为松散至稍密的细砂、中密的粗砂、中密的砾砂层，砾砂层下部卵砾石含量相对较高，卵石粒径一般为2~5cm。砂层以下为强、中、微风化砂砾岩层，强风化岩层岩体较破碎，中、微风化砂砾岩层岩体较完整，中风化岩饱和单轴抗压强度标准值 f_{rk} 达到8.8MPa，强度较高。场地范围内地层具有"上软下硬"的特点。场地土层物理力学参数见表3.1-21。

场地内的③细砂、④粗砂、⑤砾砂层为承压含水层，与赣江连通，水量丰富，渗透性强，渗透系数约为80m/d，水头埋深8.60~11.40 m。岩层下覆中风化砂砾岩层为相对隔水层。由于基坑开挖面已经进入承压含水层，不能满足承压水突涌稳定性要求，需采取处理措施。

表 3.1-21 各岩土层物理力学指标一览表

序号	岩土层名称	厚度（m）	天然重度γ (kN/m³)	抗剪强度		标贯击数（击）
				黏聚力 C（kPa）	内摩擦角 φ（°）	
1	①-1 素填土	2.40~10.30	18.5	12	10	
2	①-2 杂填土		19.0	8	15	
3	② 粉质黏土	0.60~9.80	19.0	27	15	10
4	③ 细砂	0.70~6.30	(21.0)	0	30	10
5	④ 粗砂	0.90~7.00	(23.0)	0	32	17
6	⑤ 砾砂	1.30~10.80		0	35	21
7	⑥-1 强风化砂砾岩	0.40~5.90		f_{rk}=1.2MPa		
8	⑥-2 中风化砂砾岩	3.60~19.50		f_{rk}=8.8MPa		
9	⑥-3 微风化砂砾岩	未揭穿		f_{rk}=11.2MPa		

场地内普遍区域典型地质剖面见图3.1-14。

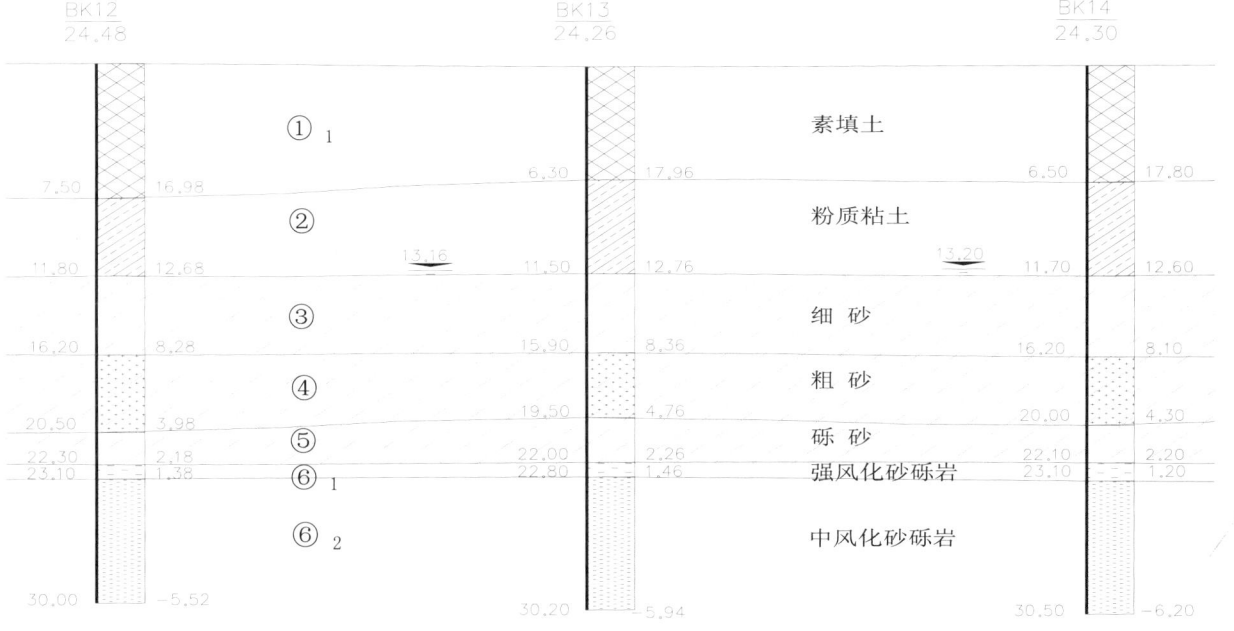

图 3.1-14 典型地质剖面图

3.1.5.4 基坑围护设计方案

由于基坑已经将承压含水层揭穿，基坑抗突涌稳定性无法满足规范要求，为了确保基坑安全，防止降压对周边环境产生不利影响，需采用隔水帷幕嵌入基岩，隔断基坑内外承压水的水力联系，在基坑采取疏干措施。

但第⑤层砾砂下部卵砾石含量相对较高，卵石粒径一般为 2~5 cm；且隔水帷幕底端需进入的⑥-1 强风化砂砾岩，其饱和单轴抗压强度标准值 f_{rk}=1.2 MPa，根据当地的工程经验，在类似地层中采用常规的三轴水泥土搅拌桩设备钻进困难，即使采用预钻孔工艺嵌入岩层，也很难满足隔水要求，且工程造价较高，功效较低。

为了确保嵌岩隔水效果，经过比选分析，采用 TRD 工法等厚度水泥土搅拌墙作为隔水帷幕，并内插型钢，利用等厚度型钢水泥土搅拌墙作为围护墙。围护结构平面图详见附图2。

根据基坑内力、变形和整体稳定性计算，等厚度型钢水泥土搅拌墙内插 H700×300×13×24 型钢，型钢中心距 600 mm，见图 3.1-15。型钢底部需嵌入到⑥-2 层中风化砂砾岩约 0.5m 方可满足稳定性要求。水泥土搅拌墙厚度为 850 mm。考虑到第⑥-2 层中风化砂砾岩单轴饱和抗压强度达到 8.8 MPa，等厚度水泥土搅拌墙在该层中施工功效较低，而水泥土搅拌墙嵌入中风化岩层 0.5 m 已经可以满足隔水要求，因此等厚度水泥土搅拌墙深度并未深于型钢，而是与其同深，以提高功效。

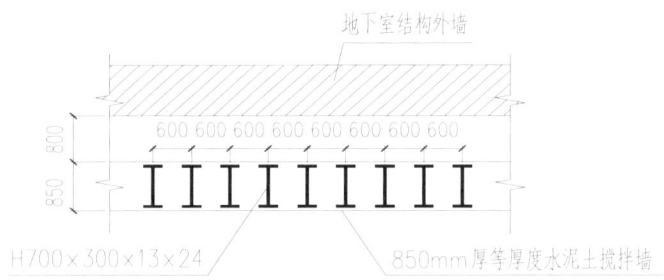

图 3.1-15 等厚型钢水泥土搅拌墙平面节点示意图

竖向上设置两道钢筋混凝土水平支撑体系。水平支撑采用"对撑、角撑结合边桁架"的布置形式。支撑杆件完全避开两幢塔楼的核心筒剪力墙和框架柱布置，以确保在基础底板施工完成后，无须等待拆撑，塔楼结构可直接向上施工，大大加快了两幢塔楼的施工进度。水平支撑的竖向支承结构采用立柱桩内插角钢格构柱，立柱桩采用灌注桩，主要利用主体结构工程桩。围护结构支撑平面图详见附图 3、附图 4，典型剖面图见附图 5。

3.1.5.5 试成墙试验

由于 TRD 工法等厚度型钢水泥土搅拌墙在南昌地区乃至全国范围尚属首次应用，在正式施工之前进行了现场试成墙试验，以确定以下施工参数：①等厚度水泥土搅拌墙采用三工序（即先行挖掘、回撤挖掘、成墙搅拌）挖掘成墙的推进速度、成墙时间；②挖掘液膨润土掺量、固化液水泥掺量、水泥浆液水灰比等施工参数；③检验等厚度水泥土搅拌墙成墙质量、水泥搅拌均匀性、胶结情况以及强度；④切割箱导向垂直度、搅拌墙成墙的垂直度、插入型钢的垂直度；⑤等厚度水泥土搅拌墙内插入型钢的难易程度，以及水泥土达到 28d 强度后型钢拔出的效果。

现场根据设计要求进行了非原位试验墙试验，试验段墙幅长度为 6.5 m，墙厚 850 mm，墙身有效长度 22.75 m。在试验墙段施工过程中插入两根试验型钢，检验型钢插拔的可行性。TRD 设备掘进过程中每立方米被搅土体掺入 100 kg 的膨润土作为挖掘液。为确保喷浆量与 TRD 设备成墙速度相匹配，试验墙段实际水泥掺量调整为 27%，水灰比为 1.5。在试验墙段施工过程中顺利插入了两个试验型钢。在试验墙段养护 28 d 后，对试验墙段进行了钻孔取芯检测，并将试验型钢顺利拔出。取芯检测点见图 3.1-16。取芯检测结果表明，芯样均匀性较好，强度较高，与中风化岩层结合紧密，可以满足隔水要求。

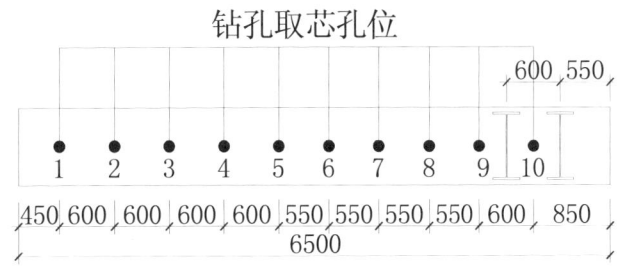

图 3.1-16 试验墙段及取芯检测点平面布置图

试成墙试验的顺利实施及检测结果充分验证了在该地质条件下采用 TRD 工法构建的等厚度型钢水泥土搅拌墙在技术上是完全可行的，并通过试验得到了水泥掺量、水灰比等施工参数，以及切割箱在竖向各土层中的切割速度、水平向成墙速度和嵌岩判定标准，为后续深化设计和施工参数的选取提供了可靠的依据。

3.1.5.6 实施概况

根据试成墙试验成果，在正式进行墙体施工过程中对切割箱底部进入岩层面的评定标准如下：

（1）切割箱下沉速度 0.012~0.015m/min，到达强风化岩层顶面；

（2）切割箱下沉速度 0.003~0.006m/min，到达中风华岩层顶面；

（3）TRD 设备切割箱下沉过程中，油泵下压压力为 15~25t；

（4）TRD 设备水平挖掘前进速度为 90min/m。

本工程挖掘液混合泥浆流动度控制在 160~170 mm；固化液混合泥浆流动度控制值在 180~210 mm。在砂砾、软岩中先行挖掘时效 1.5 h/m，施工中需严格控制挖掘液水灰比，浆液流量控制在 20~30 l/min×2，使挖掘液混合泥浆始终有一个合适的流动度，达到提高黏度，控制失水，减少固相分离，悬浮粗颗粒，确保挖掘、搅拌顺利，降低切削具磨耗的综合目的。在砂砾、软岩中先行挖掘时，链锯式切割箱的磨耗较为严重的。先行挖掘效率 0.4~0.7 m/h，成墙搅拌效率 3.5 m/h，日成墙 7.0~10 m，置换土发生率约 60%。

本工程 TRD 工法型钢等厚度水泥土搅拌墙穿过深厚的砂层，嵌入强、中风化岩层，且由于项目距离赣江约 1km，地下存在较多不明障碍物，施工前采用三轴搅拌桩机沿 TRD 施工轴线范围预先进行探障，同时对上部密实砂层进行松动，降低了施工风险并且一定程度上减小了 TRD 切割箱体推进阻力，对施工工效有着较为明显的促进作用。

今后在类似地质条件下进行 TRD 等厚度水泥土搅拌墙施工，采用膨润土泥浆护壁的同时，宜添加适量的黏性土（本工程掺入约 200kg/m³ 黏土）促进槽壁稳定及加快工效。

成墙搅拌及型钢插入见图 3.1-17、图 3.1-18。

图 3.1-17 成墙搅拌过程

图 3.1-18 型钢插入实景

3.1.5.7 实施效果

TRD 工法施工设备在本工程地层中施工功效较好，沿基坑周长方向每天可成墙 5~8 m。通过调整挖掘液的流动度等措施可有效防止切削的岩屑和卵石在底部沉积，型钢均顺利安放到位。型钢水泥土搅拌墙施工完毕且养护 28 d 后对水泥土搅拌墙进行了取芯检测。芯样照片见图 3.1-19。试块 28 天强度相对稳定，满足设计要求，根据取芯检测结果见图 3.1-20，墙体在深度方向水泥搅拌均匀，芯样成形良好，胶结度较好，不同地层墙体强度差异较小，墙体透孔取芯试块抗压强度在 1.21~1.41MPa 之间，可以满足隔水要求。

基坑开挖阶段从开挖暴露面观察见图 3.1-21，型钢水泥土搅拌墙侧壁干燥，无渗漏水现象，且墙面平整、水泥土强度较高。基坑内疏干降水效果明显，坑外承压水位观测井无明显水位下降现象。说明等厚度水泥土搅拌墙墙身隔水效果良好，其与中风化岩层交界面结合较好，未出现渗漏现象。保证了整个基坑开挖后地下结构如期建设完成，详见图 3.1-22、图 3.1-23。

 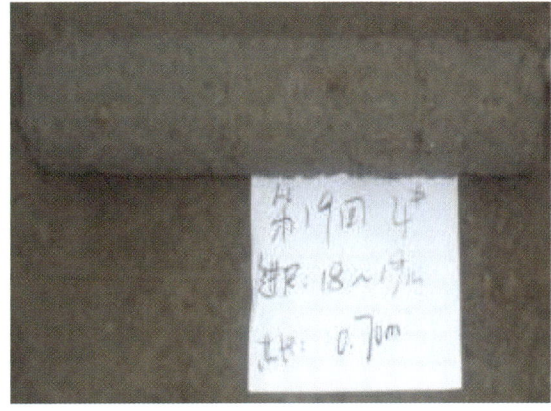

图 3.1-19 等厚度水泥土搅拌墙取芯芯样照片

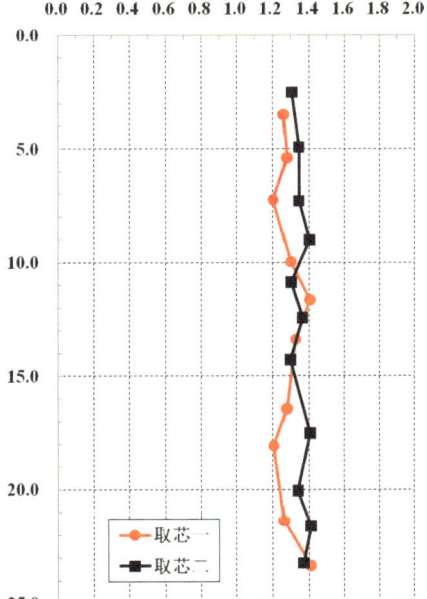

图 3.1-20 等厚度水泥土搅拌墙 28 天无侧限抗压强度

图 3.1-21 A1 区基坑开挖现场照片

图 3.1-22 A1 区基坑开挖现场照片

图 3.1-23 基坑开挖墙体实景

从基坑变形情况来看，从基坑开挖至基础底板施工结束，等厚度型钢水泥土搅拌墙墙身测斜最大水平位移约为 5 mm，坑外土体测斜最大水平位移约为 6 mm。见图 3.1-24、3.1-25。西侧丰和大道路面沉降监测点最大累积沉降量为18.1 mm（部分沉降是由施工车辆频繁通行引起的），基坑周边市政管线最大沉降量约为3.7 mm。基坑本身及周边环境各项监测数据均在合理、可控范围之内。

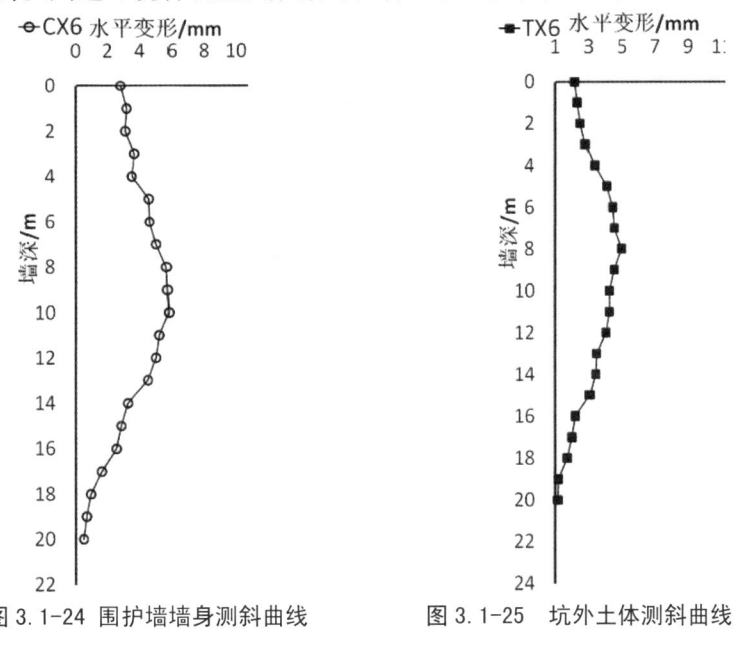

图3.1-24 围护墙墙身测斜曲线　　图3.1-25 坑外土体测斜曲线

3.1.5.8 评述

A1区地块基坑开挖面积大，约14000 m²，周长约440 m。整体设置3层地下室，开挖深度大，达到17.45 m。西侧紧邻城市交通主干道，道路下有大量市政管线，环境保护要求相对较高，不容许大幅降低地下水水位。场地浅层约10m深度范围内主要为填土和黏性土，在10~22 m深度范围内分布有深厚的砂层，基坑底面上下土层为细砂、粗砂、中密的砾砂层等构成的高富水砂砾承压含水地层。地下水与赣江连通，水量丰富。所以设计关键点是开挖实施面临承压水控制问题。因此首次设计采用TRD工法等厚度水泥土搅拌墙内插型钢作为隔水挡土复合围护结构，并结合两道钢筋混凝土支撑的支护体系。项目结合场地层条件，通过成墙试验，获得了一系列在高富水砂砾层中施工的关键技术，克服了砾砂下部卵砾石含量相对较高，卵石粒径比较大及强风化砂砾岩强度比较大，常规的三轴水泥土搅拌桩施工成型困难问题，成功将隔水帷幕嵌入基岩，隔断基坑内外承压水的水力联系，解决基坑开挖抗突涌稳定性问题，防止降压对周边环境产生不利影响。本工程对南昌市类似基坑工程的修建提供了相关的设计施工技术参考，具有较好的借鉴意义。

附图

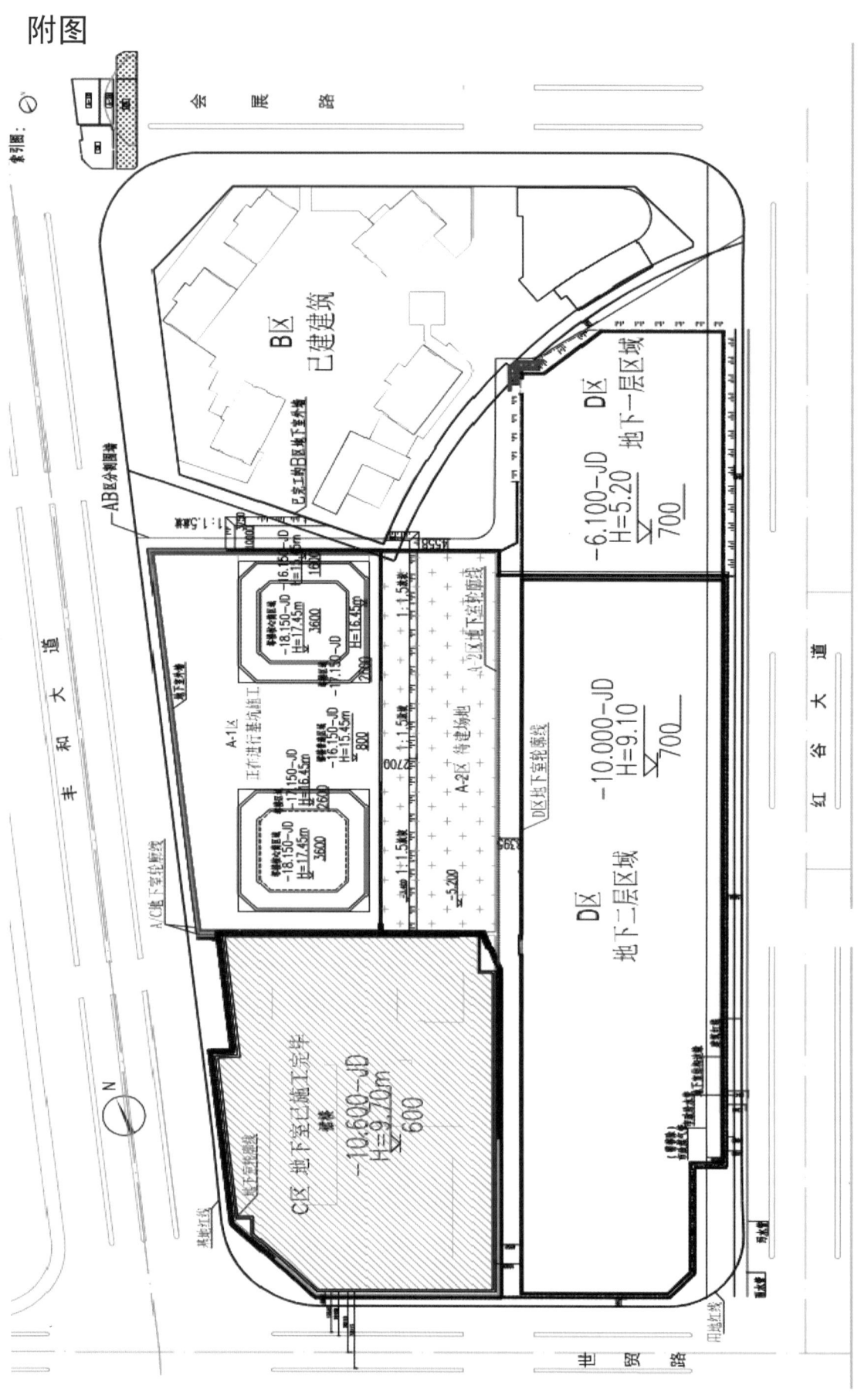

附图1 总平面图

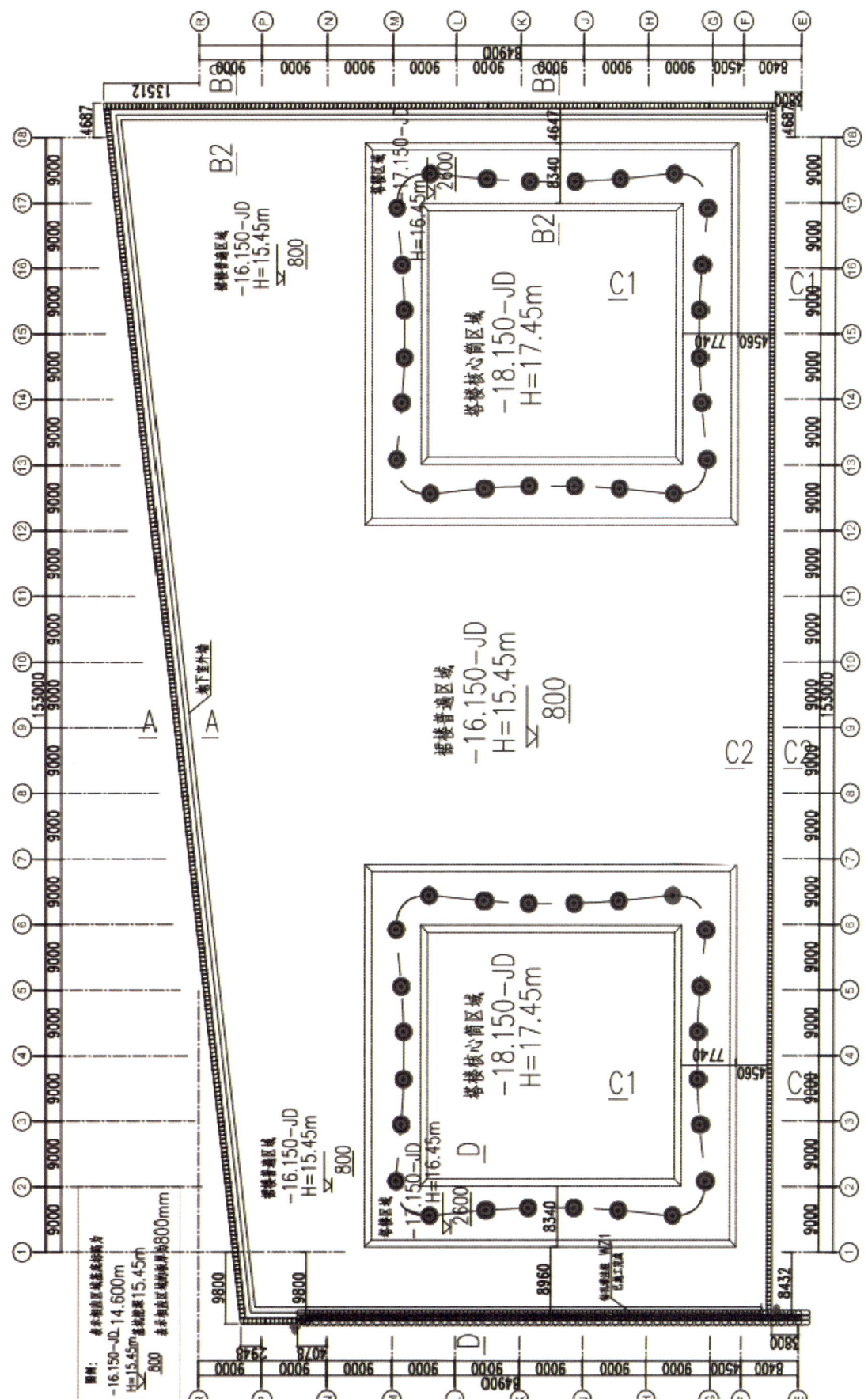

附图 2 A-1 区围护体平面布置图

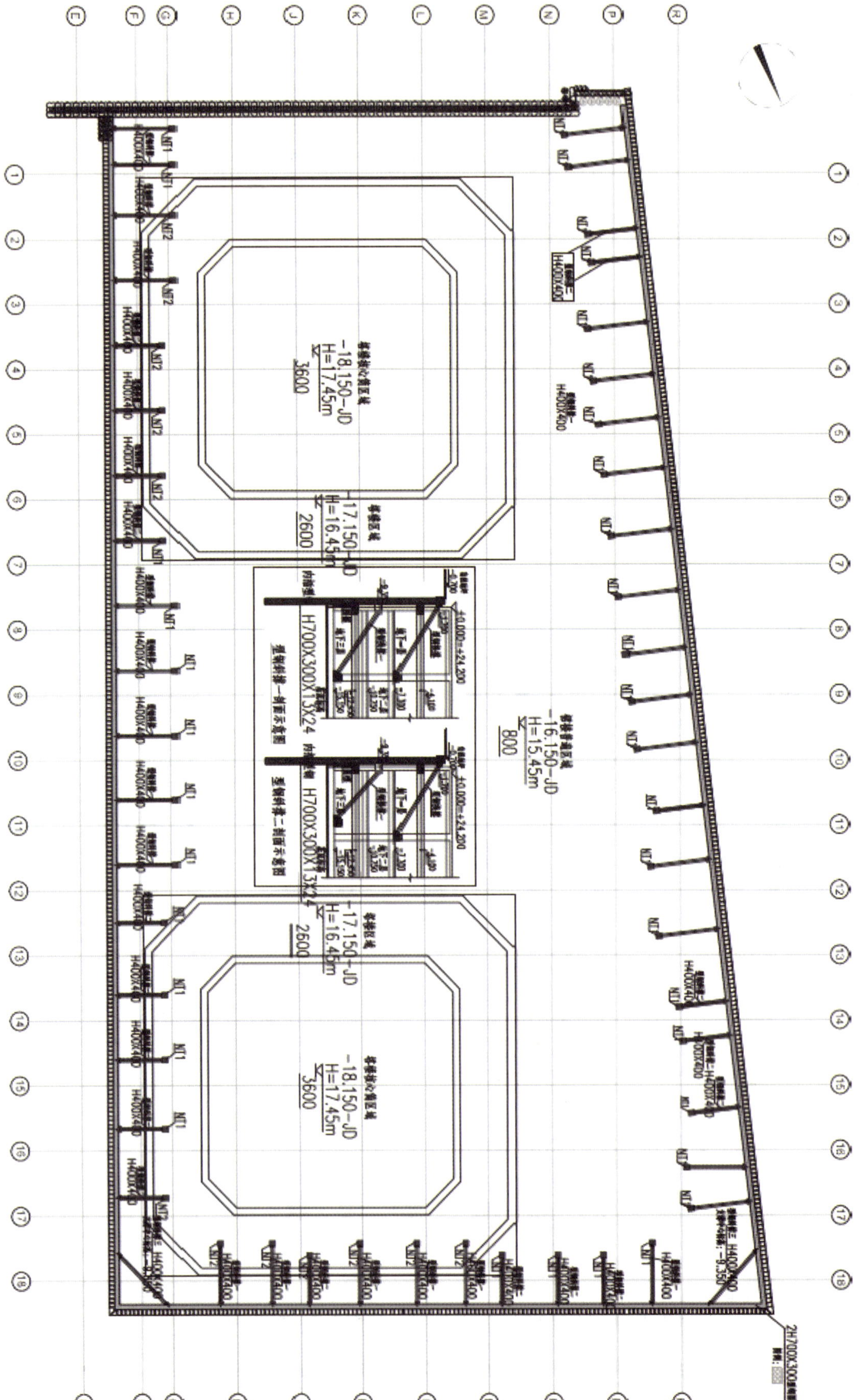

附图 3 第一道型钢斜换撑平面布置图

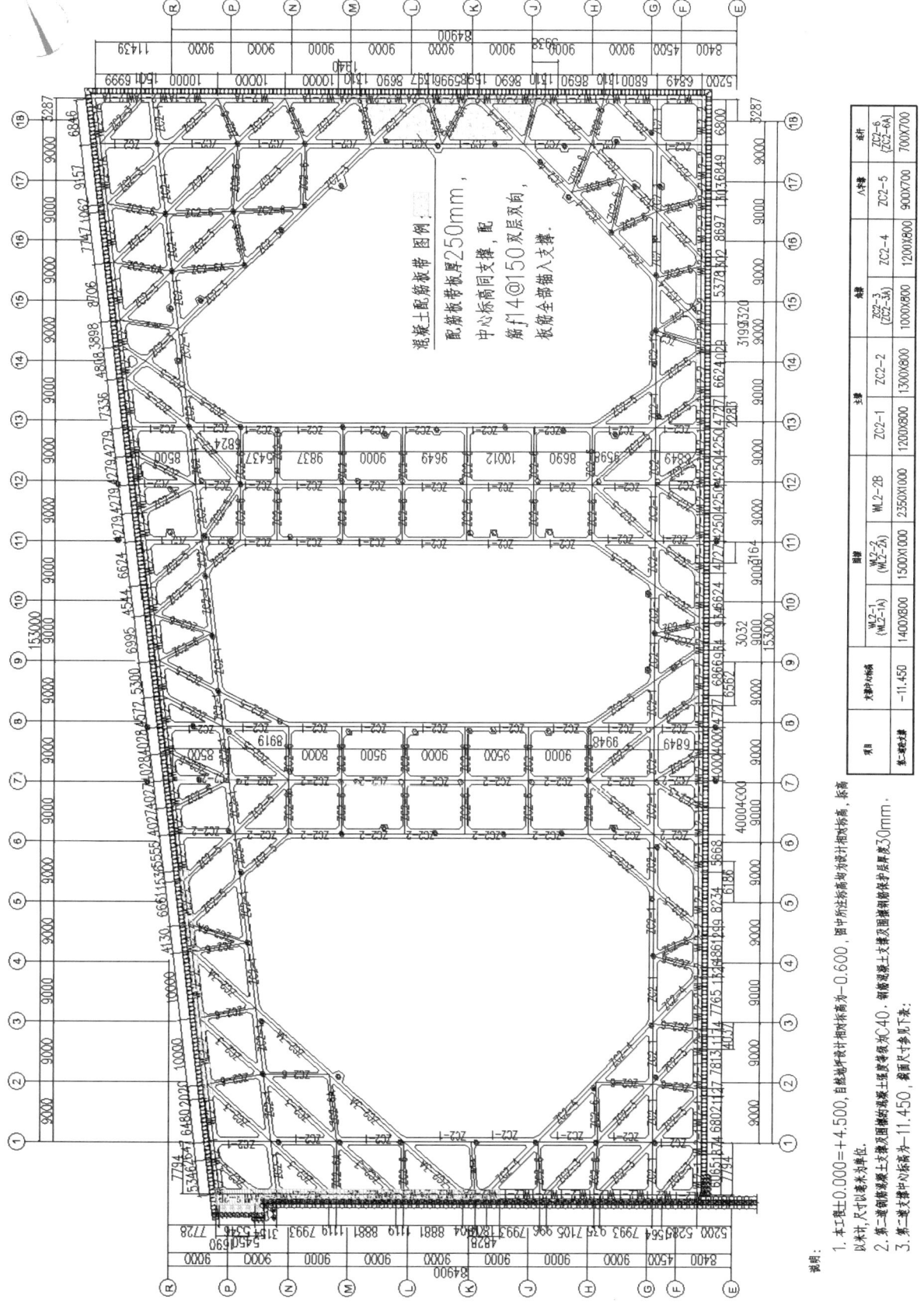

附图4 第二道支撑平面布置图

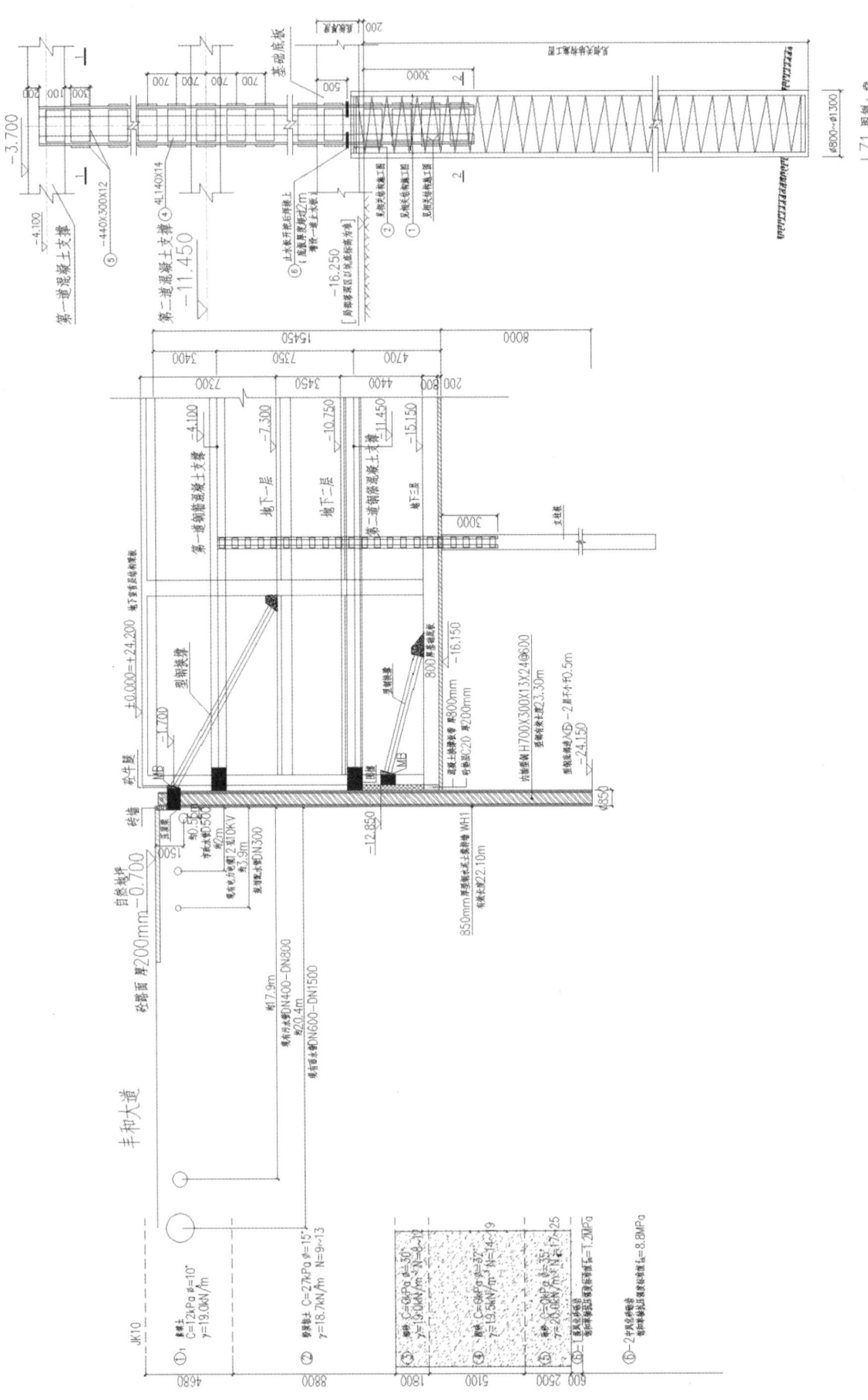

附图 5 典型剖面图

3.2 桩—撑（锚）深基坑工程

3.2.1 金融类营业大楼项目深基坑工程

设计单位：中国瑞林工程技术有限公司

审图单位：江西省众博工程咨询有限公司

3.2.1.1 工程概况

该营业大楼基坑项目位于南昌市红谷滩新区凤凰中大道与芳华路交界处，为一栋 22 层的主楼以及 4~5 层裙楼，两层地下室，总用地面积 10472m²，总建筑面积 52930m²，±0.00=20.8m，现状地面高程 19.5~20.2m。基坑开挖深度 8.4~9.1m，周长约 360m，面积约为 7600m²。基坑使用期限 18 个月。基坑支护安全等级为一级。

3.2.1.2 周边环境状况

周边环境情况见表 3.2-1，从中可知，基坑周边环境较复杂。

表 3.2-1 周边环境情况

基坑支护段	地下室边线距用地红线	其他情况
基坑西北侧	10~17m	用地红线与道路人行道边线重合，人行道中间有一条浅埋的电力管沟，在距红线外约 6.0m 处的凤凰中大道内有一条雨水管。该路段下为正待修建的地铁 1 号线区间隧道，地铁结构边线距地下室结构外边线最近为 24.42m。
基坑东北侧	约 5m	用地红线距规划道路边线 7.5m，距在建的产权交易大楼用地红线 23m，场地开阔。
基坑东南侧	5.5~7.5m	靠金融大街，红线外场地开阔，无任何重要建构筑物。
基坑西南侧	5.2m	距芳华路边线 35m，用地红线与芳华路之间场地暂时为弃土场，无任何重要建构筑物

3.2.1.3 工程水文地质条件

场地内岩土层自上而下分布主要为：第四系全新统人工填土层（Q4ml）、第四系上更新统冲积层（Q4al）、下伏基岩为第三系新余群（E1-2）砂砾岩。按岩土层的成因类型、岩性结构、工程地质特征等差别，自上而下可依次划分为七个单元层。各岩土层特性分述如下：

按其岩性及工程特性，场地土层自上而下依次划分为：

（1）第四系全新统人工填土层（Q_4^{ml}）：

①杂填土：灰褐、灰黄色，主要由黏性土、砂石以及建筑垃圾组成，稍湿，松散状态，建筑垃圾直径最大可达 40cm，堆填年限 1~2 年，欠固结状态。

（2）第四系全新统冲积层（Q_4^{al}）：

②粉质黏土：灰黄色，土黄色，稍湿，可塑状态，底部粉粒含量渐增，相变为粉土状，该层无摇振反应，切面稍有光泽，韧性中等，干强度中等。

③中砂：灰黄、浅黄色，湿至饱和，稍密至中密状态，颗粒较均匀，顶部含泥质，颗粒较细，呈含泥细砂状，底部粒径渐粗，近粗砂。

④砾砂：浅黄、黄色，饱和，呈稍密至中密状态，砾石成分主要为石英，粒径多为1~2mm，最大可达10mm，局部颗粒粒径较大，近圆砾状。

⑤圆砾：灰黄、灰白色，砾石主要成分为石英，石英长石等碎屑物组成。砾石粒径为2~5mm，最大可达30mm，局部因粒径大小变化而相变为砾砂或卵石状，饱和，稍密至中密状态。

（3）第三系新余群（E_{1-2}）：

根据岩石风化程度将勘察深度内基岩分为强、中风化砂砾岩：

⑥强风化砂砾岩：棕红、暗红、紫红色，粒状结构，中至厚层状构造，泥质胶结，胶结性稍差，砾石成分以石英、硅质岩、变质岩为主，粒径多为1~3mm，局部最大可达10mm，岩石风化强烈，岩芯较破碎，多呈砂砾状及碎块状，少量呈短柱状，RQD值为40~50，岩石坚硬程度为软岩；岩土基本质量等级为Ⅴ类。

⑦中风化砂砾岩：棕红、暗红、紫红色，粒状结构，中厚层状构造，砾石成分以石英、硅质岩、变质岩为主，粒径多为1~3mm，局部最大可达10mm，岩芯锤击声清脆，节理裂隙不发育，岩体较完整，多呈中至长柱状，RQD值为75~85。岩石坚硬程度属软岩；岩体基本质量等级为Ⅳ类。该层无洞穴、临空面、破碎岩体或软弱夹层。

勘察期间正值雨季，在场地范围内发现有上层滞水、第四系孔隙潜水和基岩裂隙水。上层滞水主要赋存于①层杂填土中，初见水位2.80~3.50m，标高为16.24~17.46m，主要由大气降水补给，含水层贮水透水中等，水量较小，无统一水位；第四系孔隙潜水赋存于③层中砂及其以下地层中，主要由上层滞水下渗补给及赣江水体侧向补给，含水层贮水、透水性强，水量较大。稳定水位埋深为8.10~8.70m，标高为10.84~11.90m，地下水位随季节性变化，幅度为5~10m；基岩裂隙水赋存于下伏基岩的裂隙中，含水量相对较少。

场区内①层杂填土为中等透水性，③层中砂、④层砾砂、⑤层圆砾为强透水层，②层粉质黏土为弱透水层，基岩则视其节理裂隙发育与闭合程度的不同，一般表现为弱至中等透水性。

基坑开挖影响范围内土层设计参数见表3.2-2。

表3.2-2 各岩土层物理力学指标一览表

序号	土层名称	状态	厚度（m）	天然容重 γ（kN/m³）	抗剪强度 黏聚力 C（kPa）	抗剪强度 内摩擦角 φ(°)	渗透系数 K
①	杂填土	松散	2.2~4.2	18.1	5.0	4.0	
②	粉质黏土	可塑	1.4~7.4	19.1	30.1	13.4	
③	中砂	稍密至中密	2.2~5.6	19.3	0	25	
④	砾砂	稍密至中密	1.5~6.6	19.5	0	35	
⑤	圆砾	稍密至中密	1.0~5.8	19.8	0	*38	
⑥	强风化砂砾岩	岩石风化强烈，泥质胶结，胶结性稍差	4.0~7.7	*20.5	*35	*25	
⑦	中风化砂砾岩	中风化，节理裂隙不发育	6.02~11.0	*21.2	*40	*35	

注：带*的参数勘察报告未提供，为满足计算要求，根据岩土层性状，结合南昌地区经验选取。

3.2.1.4 基坑围护方案

（1）设计控制原则：

①基坑支护是在保证主体地下结构施工空间的同时，保证基坑周边建（构）筑物、地下管线、市政道路的安全和正常使用，这体现了基坑周围环境对基坑支护的重要性，需要在调查清楚周围环境的前提下，明确其相应的保护要求及控制措施，以做到安全可靠。

②基坑支护方案的选择是基坑支护设计的首要内容，应根据工程特点以及当地工程地质与水文地质条件、周边环境保护要求，结合不同支护形式的特点以及工程造价和工期等方面综合考虑，在保证基坑及周边环境安全的前提下，使工程造价控制在合理的范围以内。

③根据基坑开挖深度、场地工程地质和水文地质条件、基坑周围环境条件，结合各类基坑支护措施的技术特点和适用范围，经方案比选，确定安全适用、保护环境、技术先进、经济合理的支护方案。

（2）方案设计：

根据基坑周围环境条件不同，尤其是必须保证基坑支护工程不影响北侧地铁1号线区间隧道的施工建设，分类分段进行基坑支护方案的选择和结构设计。基坑支护结构平面布置详见图 3.2-1。

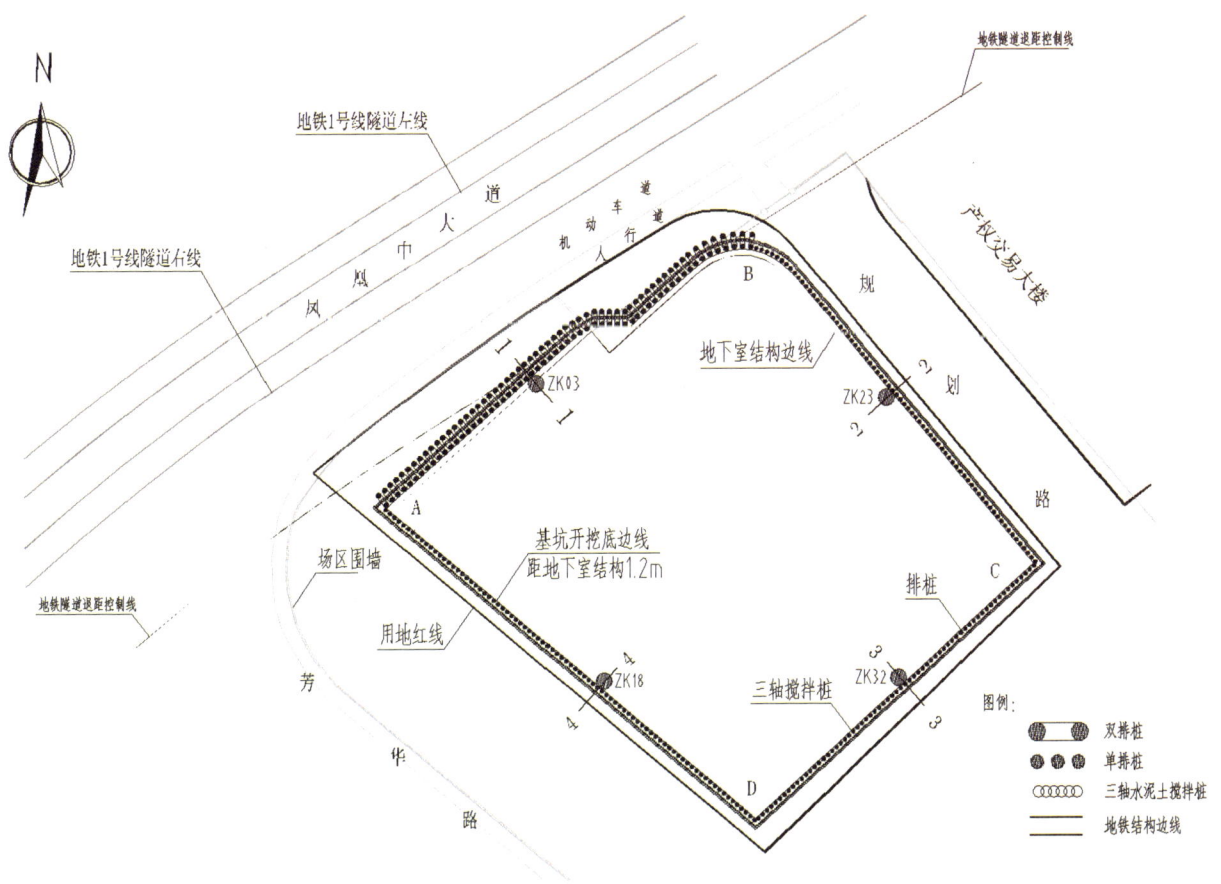

图 3.2-1 基坑支护平面图

各个分段支护结构设计条件及其方案如下：

①基坑西北侧：

该侧坑壁结构安全等级为一级，开挖深度 8.37~8.65m，坑壁紧靠凤凰中大道，道路下方为规划待建的地铁1号线区间隧道。

根据南昌地区要求，基坑边线距地铁边线在50m范围以内时，基坑支护严禁采用锚杆、锚索、土钉墙等支护措施。此外，施工临时设施搭设需要占用红线范围内空地，亦无法采用放坡形式。

最合适的主要有地下连续墙和双排桩方案。但由于该段基坑长度只有90m，采用地下连续墙施工费效比低。因此，采用如图3.2-2的双排桩方案。

a.双排桩，桩径1000mm，桩顶标高与现状地面平，约为19.68m，前、后排桩桩长20.0m，桩间距1.6m，排间距2.5m，前、后排桩顶均设置冠梁，截面尺寸1000mm×800mm（宽×高），前后排桩间采用连梁连接，截面尺寸1000mm×800mm（宽×高）。

b.桩间采用挂网喷射混凝土支护，100mm厚C20混凝土，钢筋网8mmHPB300级钢筋，间距150mm×150mm，钢筋网用钢筋钉固定，钢筋钉采用长500mm、直径12mmHRB335级钢筋，钢筋钉间距1.0m，沿桩间布置，钢筋网与桩间采用膨胀螺栓连接固定。

②基坑东北侧：

该侧坑壁安全等级为二级，开挖深度为9.04~9.09m，紧靠规划路。但因施工临时设施搭设，无放坡空间。据此，可选方案有地下连续墙、双排桩型式，以及需要临时占用红线外用地的桩锚式（可拆卸式锚杆）支护型式。通过对上述三方案进行计算并统计工程量后发现，桩锚式（可拆卸式锚杆）支护费用约为地下连续墙以及双排桩方案的50%~60%，且锚杆后期可以拆除。因此，采用如图3.2-3桩锚式（可拆卸式锚杆）方案。

a.排桩桩径800mm，桩间距1200mm，桩顶标高与现状地面平，约为20.15m，桩长20.5m，桩顶设置冠梁，冠梁截面尺寸为1000mm×600mm（宽×高）。

b.桩间采用挂网喷射混凝土支护，100mm厚C20混凝土，钢筋网采用8mmHPB300级钢筋，间距150mm×150mm，钢筋网采用钢筋钉固定。

c.桩身设置两道锚杆，锚杆轴向拉力设计值均为100kN。第一道锚杆位于桩顶下3.0m处，第二道桩位于顶下6.0m处，锚杆设于桩间，水平间距1.2m，杆筋采用HRB400级钢筋，锚杆倾角15°，长度均为15m，上排锚杆直径为28mm、下排锚杆直径为25mm，

锚孔孔径150mm，锚孔注浆采用水泥浆，二次注浆工艺，注浆固结体强度不宜低于20MPa。

③基坑东南侧：

该侧坑壁安全等级为二级，开挖深度为8.64~9.09m，因施工临时设施搭设，无放坡空间。与基坑东北侧支护方案选择的同样条件，采用如图3.2-4的桩锚式（可拆卸式锚杆）方案。

a.排桩桩径800mm，桩间距1200mm，桩顶标高与现状地面平，约为20.05m，桩长20.5m，桩顶设置冠梁，冠梁截面尺寸为1000mm×600mm（宽×高）。

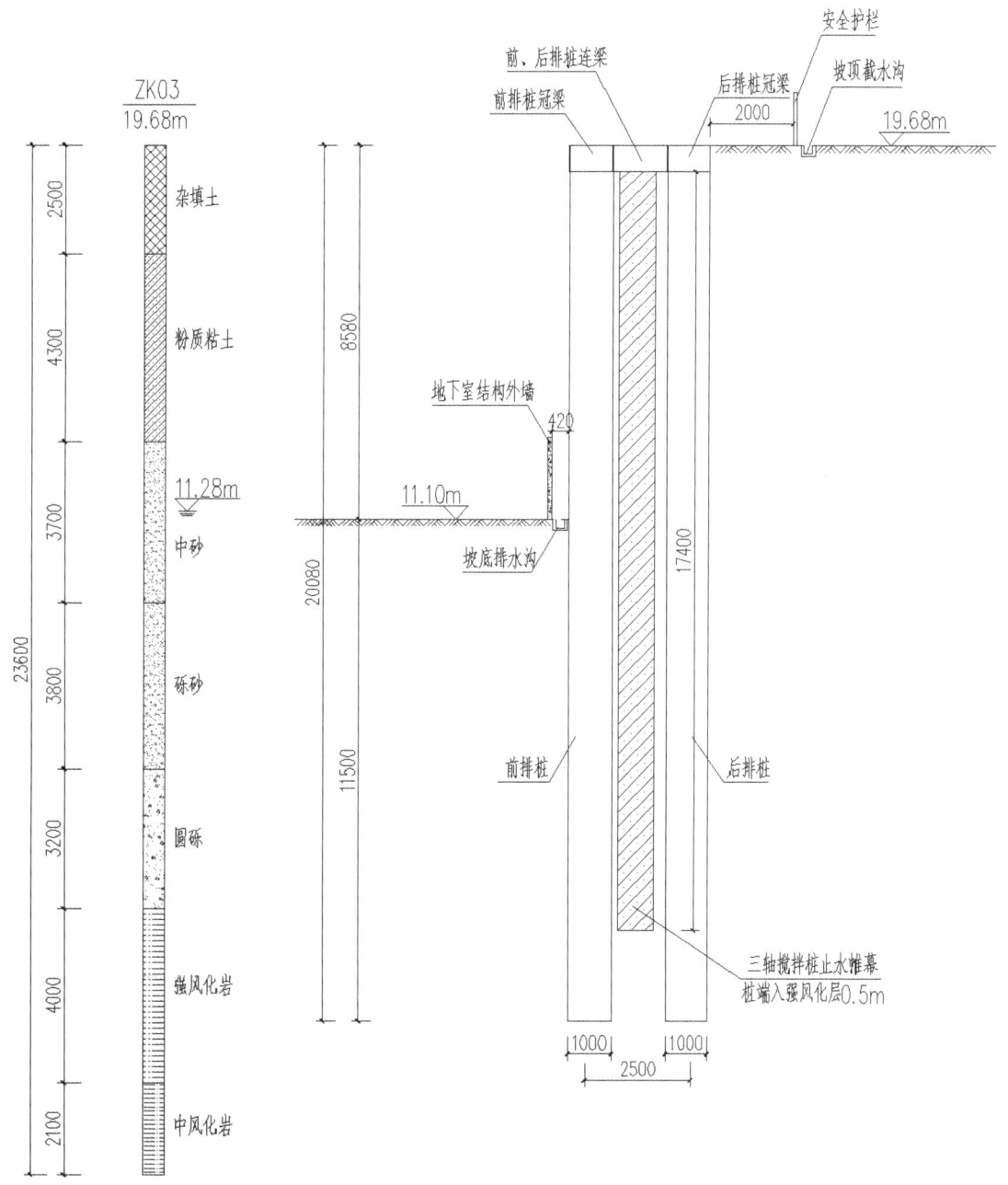

图 3.2-2 1-1 剖面图

b.桩间采用挂网喷射混凝土支护。

c.桩身设置两道锚杆,锚杆轴向拉力设计值均为 100kN。第一道锚杆位于桩顶下 3.0m 处,第二道锚杆位于桩顶下 6.0m 处,锚杆设于桩间,水平间距 1.2m,杆筋采用 HRB400 级钢筋,锚杆倾角 15°,长度均为 15m,直径为 28mm,锚孔孔径 150mm,锚孔注浆采用水泥浆,二次注浆工艺,注浆固结体强度不宜低于 20MPa。

④基坑西南侧:

该侧坑壁安全等级为二级,开挖深度为 8.37~8.95m。与基坑东北侧支护方案选择的同样条件,采用图 3.2-5 的桩锚式(可拆卸式锚杆)方案。

115

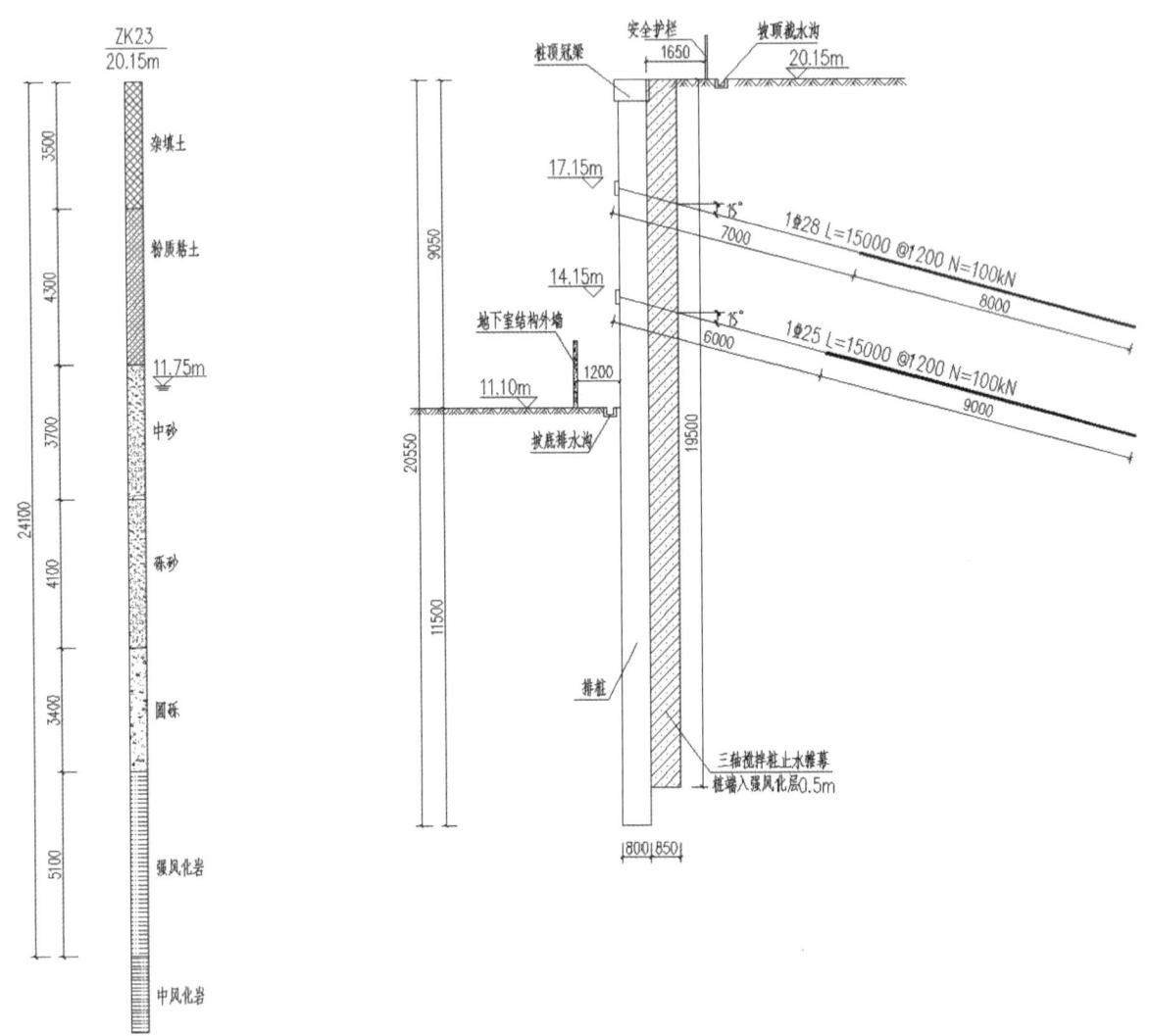

图 3.2-3 2-2 剖面图

a.排桩桩径 800mm，桩间距 1200mm，桩长 19.2m，桩顶设置冠梁，冠梁截面尺寸为 1000mm×600mm（宽×高）。

b.桩间采用挂网喷射混凝土支护，100mm 厚 C20 混凝土。

c.桩身设置一道锚杆，轴向拉力设计值为 100kN，锚杆竖向位于桩顶下 3.0m 处，锚杆设于桩间，水平间距 1.2m，杆筋采用 HRB400 级钢筋，锚杆倾角 15°，长度为 15m，直径 28mm，锚孔孔径 150mm，锚孔注浆采用水泥浆，二次注浆工艺，注浆固结体强度不宜低于 20MPa。

3.2.1.5 基坑降水方案

场地地下水主要以上层滞水以及第四系松散孔隙潜水为主，地下水位埋深较浅且水量较大。

本工程采用密闭式止水帷幕，基坑内采用疏干降水井。

（1）止水帷幕：沿基坑内侧围护桩外围设置一圈封闭的三轴搅拌水泥土搅拌桩止水帷幕，桩径 850mm，间距 600mm，桩顶与各支护段排桩顶平，桩端进入强风化砂砾岩不小于 500mm。

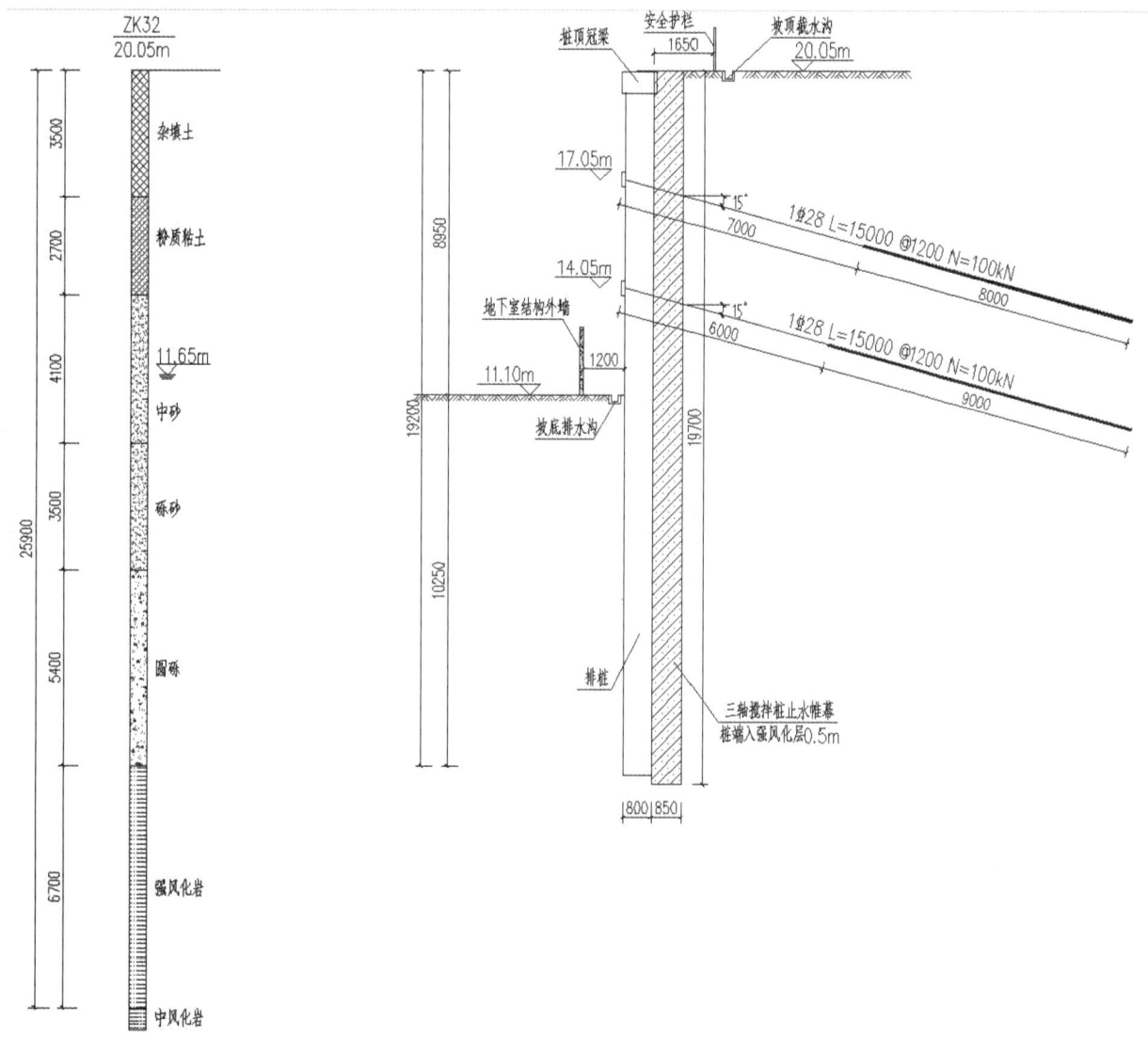

图 3.2-4 3-3 剖面图

（2）疏干降水井：在基坑内部，按照间距 25m 布置降水井，以降低地下水位，满足土石方施工和主体结构施工要求，共布置降水井约 16 口，降水井直径 800mm，井底至强风化砂砾岩层顶面。

（3）减压井：在基坑外围，止水帷幕外侧 1.0~2.0m 处，间距 20~50m 布置，减压井兼做外围地下水位观测井。

（4）截、排水系统：在基坑坡顶外侧 1000mm 处，设置截水沟；在坡底设置坡脚排水沟，以排泄坡面以及坑内汇集雨水，坡底间距 25~30m 间距设置集水井，用于汇聚坡脚排水沟内汇水，利用水泵抽排出基坑至坡顶截水沟或者是直接排入就近市政排水系统。

3.2.1.6 基坑监测

监测内容主要有：支护体系的观察、支护结构顶部竖向位移和水平位移、支护结构深层水平位移、土体深层水平位移、地下水位、锚杆内力、周围环境。

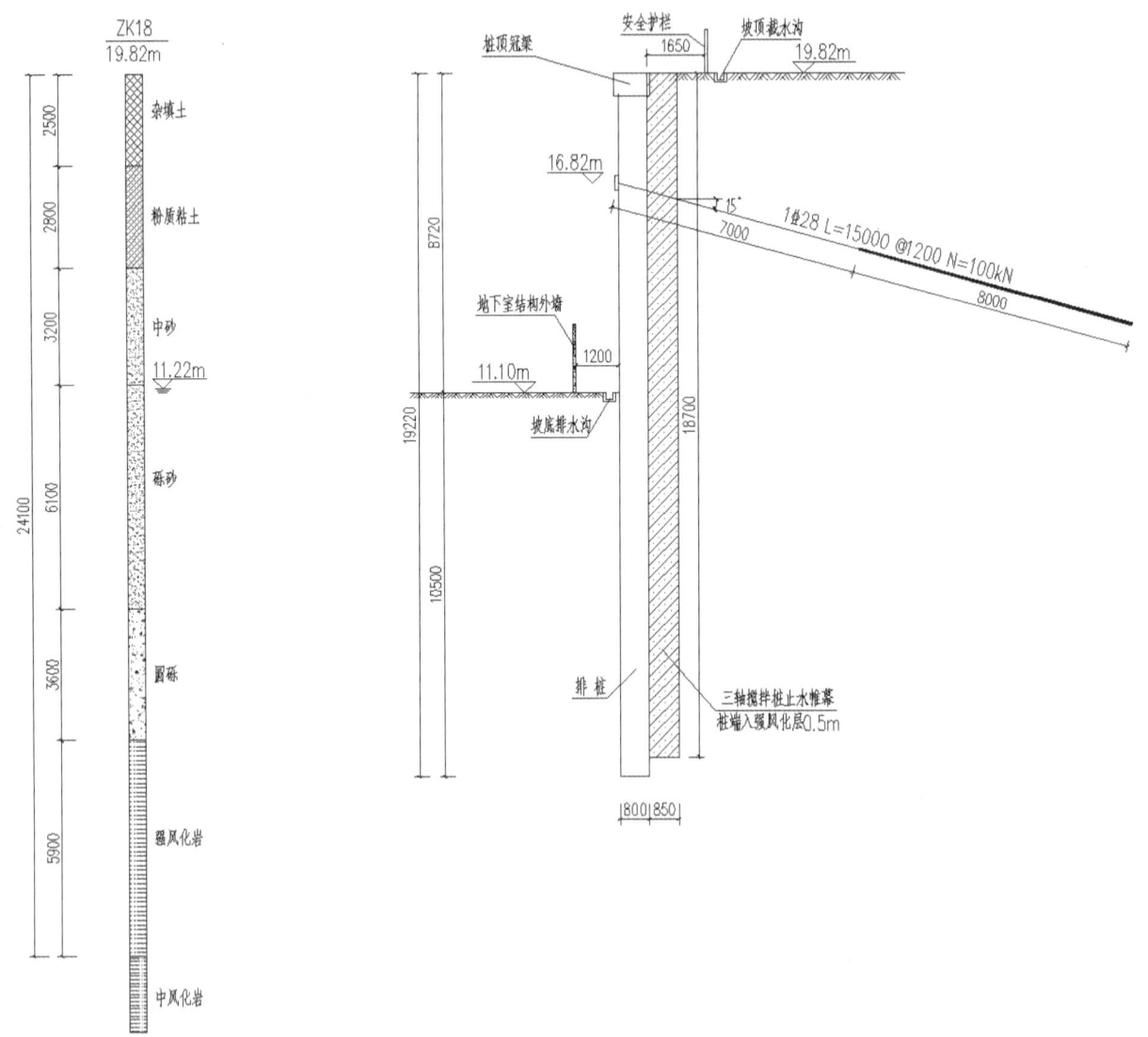

图 3.2-5 4-4 剖面图

（1）支护结构顶部竖向位移和水平位移：沿基坑周边，围护桩顶部，间距 15~20m 布设观测点，基坑周边中部、阳角处应布置监测点，监测点宜设置在冠梁上。

（2）支护结构深层水平位移：监测点布置于支护桩内部，可布置于基坑周边的中心处及代表性部位，数量和间距视现场情况而定，但每边至少应设 1 个监测孔。

（3）土体深层水平位移：沿基坑周边，在支护桩外部，间距 20~50m 布置监测点，每边监测点数目不少于 1 点。

（4）地下水位：坑内地下水位监测可以利用坑内疏干降水井，基坑外侧，沿基坑周边，止水帷幕外侧约 2.0m 处，间距 20~50m 布置监测点。

（5）锚杆内力：监测点布置于每侧坑壁中部和地质条件复杂区域，每层锚杆的内力监测点数量应为该层锚杆总数的 1%~3%，并不少于 3 根。

（6）周围环境：主要为邻近的市政道路、地下管线，基坑北侧地铁施工暂时未定，监测点布设视现场实际情况而定。

监测报警值、监测周期与监测频率同类似工程，此略。

3.2.1.7 评述

虽然本基坑开挖深度不是太深，但基坑西北侧距红线外约 6.0m 处为凤凰中大道，该路段下为正修建的地铁 1 号线区间隧道。由于紧邻拟建地铁，变形控制要求严格，且地铁方对支护结构的选型严禁采用土钉墙、锚杆、锚索等，对于地下水水位控制要求非常严格，禁止大幅降低水位。而场地表层①杂填土主要由黏性土、砂石以及建筑垃圾组成，稍湿，松散状态，建筑垃圾直径最大可达 40cm，堆填年限 1～2 年，欠固结状态，富存上层滞水，第四系③中砂、④砾砂、⑤圆砾为孔隙潜水含水层，贮水量大、透水性强，勘察期间稳定水位埋深比较深，为 8.10~8.70m，但受赣江水体侧向补给影响，地下水位在高富水砂砾层中随季节性变化幅度非常大，达 5~10m。则地下水控制设计属于设计的重点、难点。据此，支护设计方案结合场地情况，地铁侧采用双排桩结构，排间设置三轴搅拌桩，支护和止水效果良好。其余三侧采用桩—锚（可拆卸式锚杆）支护，锚杆回收。工程实施顺利，基坑支护变形控制完全满足地铁方要求。

3.2.2 PRC 管桩+锚索支护在深基坑工程中的运用

设计单位：江西省建筑设计研究总院

审图单位：江西省众博工程咨询有限公司

3.2.2.1 工程概况

该建设项目位于南昌市凤凰洲红谷北大道以东，闽江路以南，赣江北大道以西，濠江路以北。拟建工程主要由馆1（5F）、馆2（6F）、馆3（4F，由两栋组成）三大馆及城市客厅（地上两层平台）组成，总建筑面积约25万 m^2；拟建的科技馆（其中东南侧科技馆无地下室）、图书馆、博物馆各设一层地下室。

馆1地下室面积 $16218m^2$，开挖深度 6.40~9.20m。

馆2地下室面积 $18234m^2$，开挖深度 3.50~8.70m。

馆3地下室面积 $14328m^2$，开挖深度 6.0~10.30m。

3.2.2.2 周边环境概况

周边环境情况见表 3.2-3，从中可知，地下室周边环境较复杂。

表 3.2-3 周边环境情况

基坑支护段	地下室边线距用地红线	其他情况
基坑北侧	约 15.00m	馆1北侧地下室边线距离用地红线约15.00m，红线外为规划的绿地，目前为空地，无任何管线。
基坑东侧	约 35.0m	馆1、馆2、馆3地下室边线均距离用地红线约35m，红线外为赣江北大道。赣江北大道绿化带上埋设有市政污水管线，管径800，距离用地红线约2.0~5.0m。地下室外边线距离赣江最近约140.0m，基坑距离赣江较近，基坑开挖受赣江水位影响较大。
基坑南侧	4.9~21.0m	馆3地下室边线距离用地红线4.90~21.0m，红线外为濠江路，该人行道及车道上人流量和车流量相对稀少。濠江路车道上埋设有市政雨水管线，混凝土管径600，距离用地红线约4.0m，埋深约1.0m。无建筑物。
基坑西侧	12.6~38.0m	馆1、馆2、馆3地下室边线距离用地红线12.60~38.0m，红线外为红谷北大道。红谷北大道车道上埋设有市政雨水管线，管径600，距离用地红线约5.0m，埋深约1.0m。无建筑物。

3.2.2.3 工程水文地质概况

①-1 杂填土：褐黄色，稍湿，结构松散，均匀性差，主要以碎石、中粗砂及黏性土为主，含少量的砖块、混凝土块，块径一般 10~30cm，最大约 100cm，均匀性较差，回填时间短，为近期回填，未经压实处理。钻孔揭露该层层厚度一般为 0.90~5.90m，平均厚度为 3.06m。

①-2 素填土：浅黄色、褐黄色，稍湿，结构松散，均匀性差，主要以中粗砂为主，含少量的黏性土、碎石，块径一般 10~30cm，回填时间短，为近期回填，未经压实处理。钻孔揭露该层层厚度为 0.50~2.90m，平均厚度为 1.58m。

②粉质黏土（Q4al）：褐黄色，可塑状，成分以粉黏粒为主，局部夹薄层粉细砂，黏结性一般，刀切面稍光滑，韧性、干强度中等，无摇震反应，局部含铁、锰质结核。钻孔揭露该层层厚为 0.40~4.40m，平均厚度 2.16m。

③粉砂（Q4al）：黄褐色，上部稍湿，下部饱和，矿物成分主要以石英、长石、云母为主，分选性一般。

实测标贯锤击数为 8~11 击，平均锤击数为 9 击，松散。钻孔揭露该层层厚为 0.60~5.30m，平均厚度为 2.81m。

④淤泥质粉质黏土（Q4al）：灰色、灰黑色，成分以黏粒为主，次为粉粒，局部夹薄层粉砂，实测轻型动力触探击数为 3~5 击，平均击数为 3 击，流塑状。钻孔揭露该层层厚为 0.50~5.10m，平均厚度 2.04m。

⑤细砂（Q4al）：褐黄色、浅灰色，饱和，实测标准贯入试验锤击数为 10~13 击，平均锤击数为 11 击，松散至稍密。钻孔揭露该层层厚为 0.80~6.00m，平均厚度 2.84m。

⑥粗砂（Q4al）：浅黄色、浅灰色，饱和，实测标贯锤击数为 12~19 击，平均锤击数为 13 击；稍密，局部中密。钻孔揭露该层层厚为 1.20~8.20m，平均厚度 4.54m。

⑦圆砾（Q4al）：浅黄色、浅灰色，饱和，实测圆锥动力触探击数为 12~26 击，平均锤击数为 20 击，修正后圆锥动力触探 8.1~13.2 击，修正后平均击数 11 击，稍密至中密。钻孔揭露该层层厚为 0.50~4.70m，平均厚度 2.27m。

⑧-1 强风化粉砂质泥岩（Exn）：紫红色，岩石风化强烈，风化裂隙发育，岩芯较破碎，呈碎块状及碎石状，碎块用手可掰断，正常钻进速度较快，岩芯采取率较低。钻孔揭露该层层厚一般为 0.50~2.60m，平均厚度 0.79m。

⑧-2 中风化粉砂质泥岩（Exn）：紫红色，岩石风化中等，风化裂隙局部发育，偶见垂直裂隙，少数可见 Fe、Mn 质浸染痕迹。锤击声较哑、无回弹、有凹痕、易击碎。钻孔未穿透该层，场地均有分布。

根据勘察报告，基坑开挖深度影响范围内，土质较差。其土层参数如表 3.2-4 所示。

表 3.2-4 各岩土层物理力学指标一览表

岩土层号	岩土名称	重度 γ kN/m³	黏聚力 C_k kPa	内摩擦角 φ °	渗透系数 — cm/s	坡度允许值 — ≤5m	锚杆的极限粘结强度标准值 qsik kPa
①	填 土	18.0	5	5	1.1×10^{-2} cm/s	1:1.75	17
②	粉质黏土	*19.2	*30.11	*12.26	5.6×10^{-5} cm/s	1:1.5	32
③	粉 砂	19.0	0	28	*2.99×10^{-3} cm/s	1:2.0	24
④	淤泥质粉质黏土	*17.7	*8.49	*3.85	1.38×10^{-6} cm/s	-	17
⑤	细 砂	19.0	0	32		1:1.75	23
⑥	粗 砂	19.5	0	38	1.39×10^{-1} cm/s	1:1.5	100
⑦	圆 砾	19.7	0	40		1:1.5	200
备注	1.各项建议参数根据本次勘察各类测试结果并结合地区经验及相关规范选取。 2.锚杆的极限黏结强度标准值为二次压力注浆工艺时的取值。 3.表中带*号为室内实验实测值，其余均为经验值。						

勘察过程中，第一阶段勘察期（平水期）测得上层滞水初见水位埋深 1.40~4.60m、稳定水位埋深 1.50~5.0m；第四系松散岩类孔隙水地下稳定水位埋深为 6.50~10.60m、稳定水位标高为 12.96~13.53m。第二阶段勘察期（雨期）测得上层滞水初见水位埋深 1.40~5.30m、稳定水位埋深 1.50~5.6m；第四系松散岩类孔隙水地下稳定水位埋深为 4.00~6.90m、稳定水位标高为 16.31~16.49m，略具承压性。据场地水文及工程地

质条件分析，平水期基坑开挖深度内涉及的地下水有一层，即为上层滞水；雨期基坑开挖深度内涉及的地下水有两层，即上层滞水和第四系松散岩类孔隙水。

拟建场地位于南昌市红谷滩新区，场地附近主要水系为赣江，且距离赣江的很近，仅为140.0m。

综合上述勘察资料，场地上部覆盖层分布有较厚的填土，砂层及圆砾，下部基岩为强风化及中风化岩层；砂层含水量丰富，透水性较强，与周边水系水力联系密切，场地距离赣江约140m，赣江水位直接影响基坑水位。

3.2.2.4 基坑支护方案

（1）本工程具有以下几个特点：

①馆1地下室面积16218㎡，开挖深度6.40~9.20m。

馆2地下室面积18234㎡，开挖深度3.50~8.70m。

馆3地下室面积14328㎡，开挖深度6.0~10.30m。

基坑开挖深度3.5~10.3m，在南昌市属于深基坑工程。深基坑工程实施过程中受基坑开挖、降水及施工动荷载等不确定因素的影响，基坑工程存在一定的风险性；

②基坑周边环境较为简单。基坑四周距离用地红线位置较远，基坑开挖对周边管线没有影响。

③基坑开挖深度范围内土质较差。

④基坑开挖深度范围内分布有较厚的砂层及圆砾，含水量丰富，透水性很强，局部电梯井及深承台水位降幅约2.8m，降幅较大，且本基坑距离赣江140m，赣江水位影响基坑水位，降水难度有一定难度。

综上所述，场地土质较差，基坑开挖深度较深，但放坡空间较大，地下水较丰富且距离赣江140m，本基坑支护设计的关键点是基坑侧壁安全及地下水的控制，基坑支护施工过程最大的难点为地下水的控制。

（2）支护方案选择：

类似基坑工程的围护体一般可供选择的有钻孔灌注桩、地下连续墙等。

现选取两种支护方案进行对比分析。方案一：1a剖面、1b剖面、1c剖面、2a剖面、3c剖面、3d剖面、3e剖面均采用ϕ850@600三轴搅拌桩+内插PRCϕ600管桩@1200+锚索，其他段采用复合土钉墙支护方案。方案二：1a剖面、1b剖面、1c剖面、2a剖面、3c剖面、3d剖面、3e剖面均采用ϕ850@600三轴搅拌桩+ϕ800@1200钻孔孔灌注桩+锚索，其他段同方案一，采用复合土钉墙支护方案。方案一、方案二的平面布置如图3.2-6、图3.2-7所示。

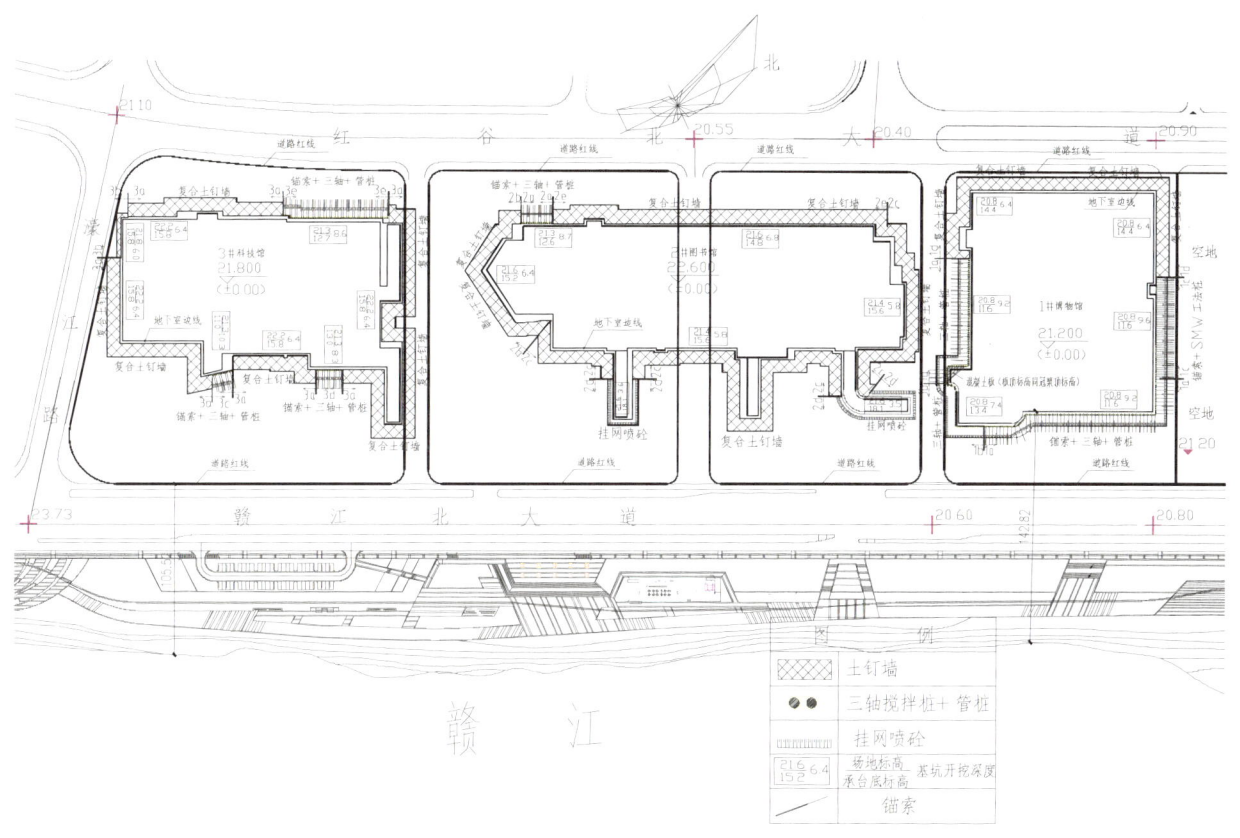

图 3.2-6 方案一平面布置图

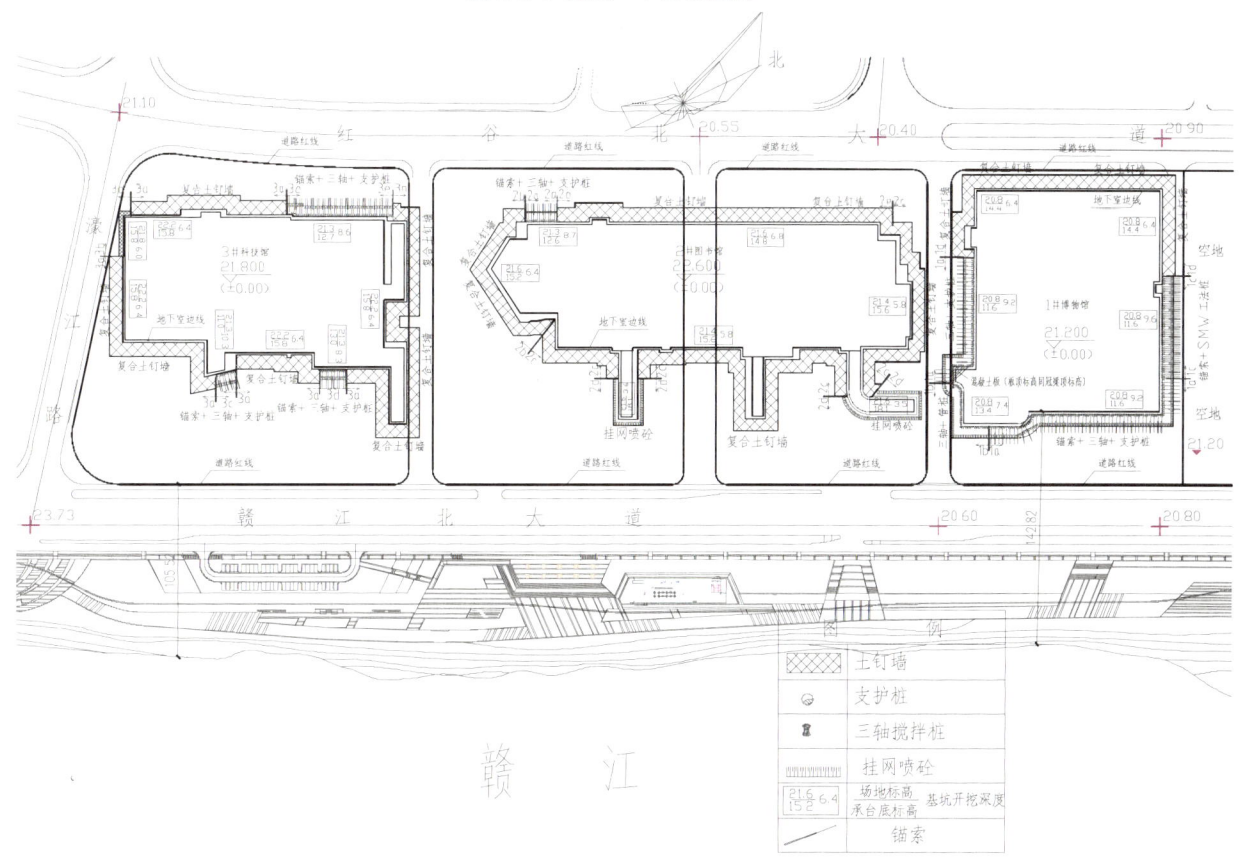

图 3.2-7 方案二平面布置图

支护方案一说明：

1a 剖面、1b 剖面、1c 剖面、2a 剖面、3c 剖面、3d 剖面、3e 剖面均采用 ϕ850@600 三轴搅拌桩+内插 PRC ϕ600 管桩@1200+锚索支护措施。图 3.2-8 为以 3c 剖面为典型的支护剖面。

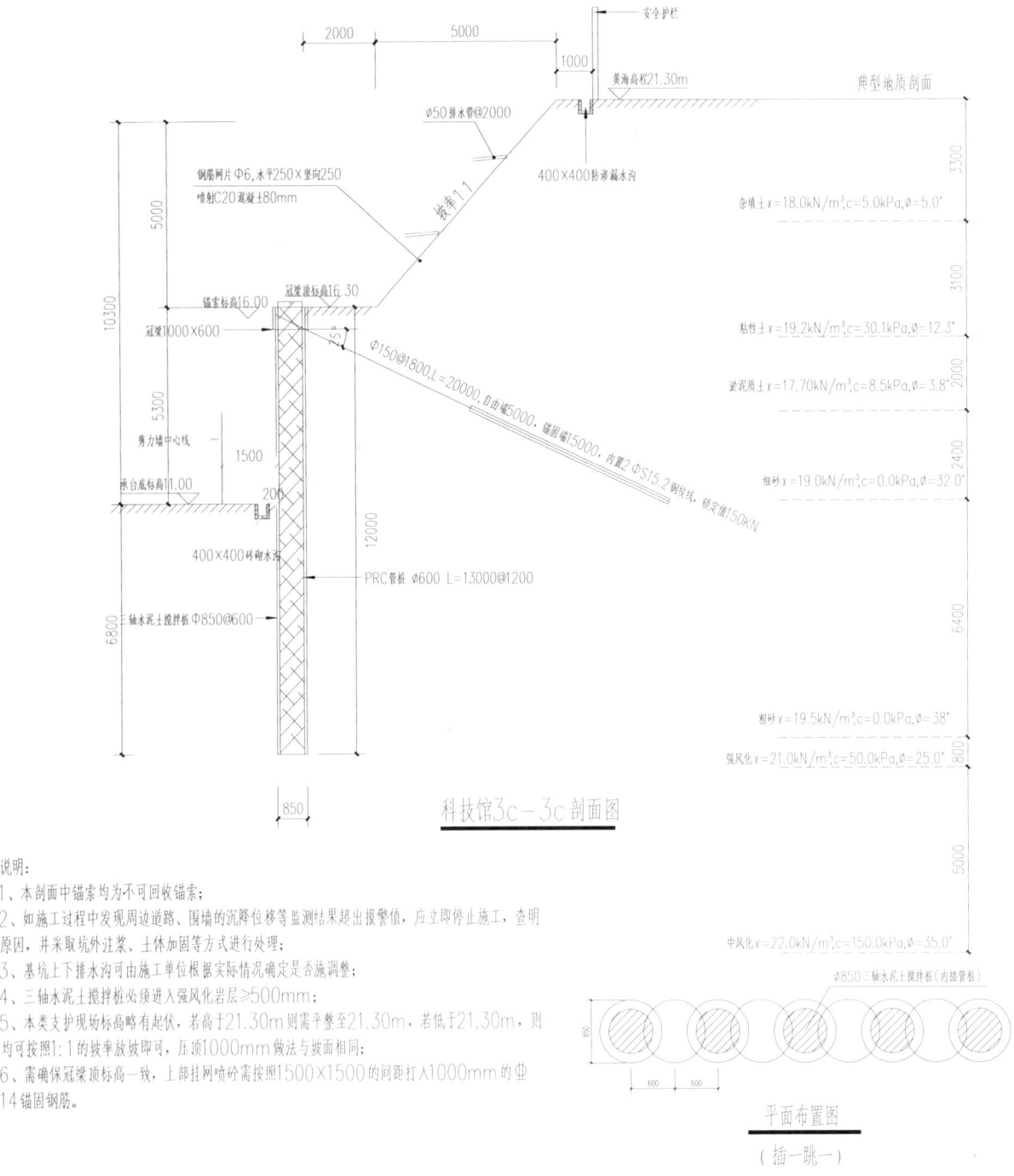

图 3.2-8 典型剖面图

基坑支护方案二说明：

1a 剖面、1b 剖面、1c 剖面、2a 剖面、3c 剖面、3d 剖面、3e 剖面均采用 $\phi 850@600$ 三轴搅拌桩 + $\phi 800@1200$ 钻孔孔灌注桩 + 锚索的支护措施，图 3.2-9 为以 3c 剖面为典型的支护剖面。

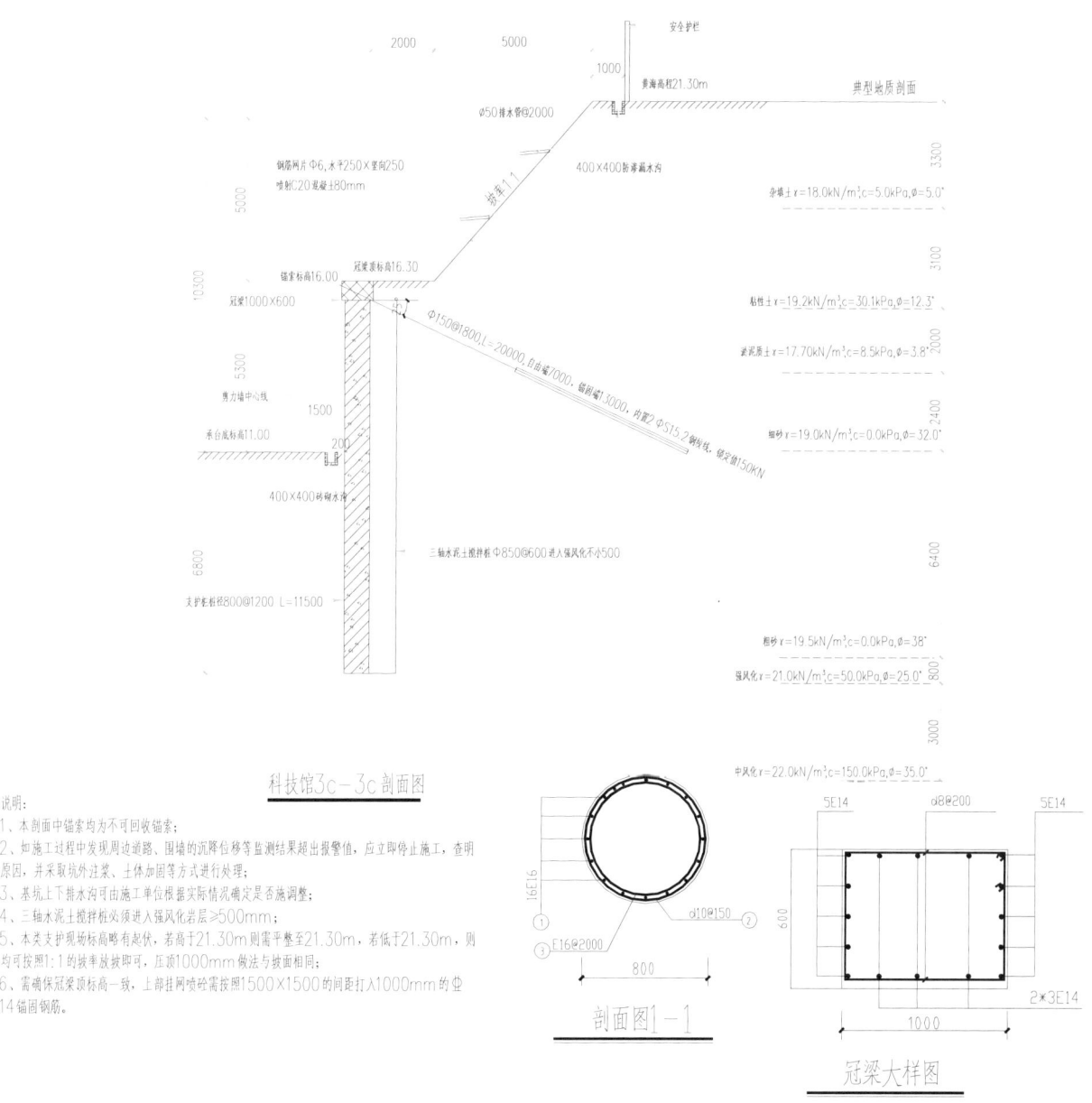

图 3.2-9 典型剖面图

（3）支护方案经济技术比较：

支护方案经济技术比较见表 3.2-5。

表 3.2-5 支护方案经济技术比较

<table>
<tr><td colspan="5">方案一：φ850@600 三轴搅拌桩+
内插 PRC φ600 管桩@1200+锚索</td><td colspan="4">方案二：φ850@600 三轴搅拌桩+
φ800@1200 钻孔孔灌注桩+锚索</td><td>比较</td></tr>
<tr><td rowspan="9">安全</td><td>分段</td><td>抗倾覆</td><td>整体稳定</td><td>位移</td><td>沉降</td><td>抗倾覆</td><td>整体稳定</td><td>位移（mm）</td><td>沉降（mm）</td><td rowspan="9">方案一、安全性略低于方案二</td></tr>
<tr><td>1a</td><td>1.311</td><td>1.361</td><td>13.18</td><td>8.5</td><td>1.315</td><td>1.364</td><td>12.07</td><td>7.0</td></tr>
<tr><td>1b</td><td>1.369</td><td>1.561</td><td>16.17</td><td>13.0</td><td>1.366</td><td>1.574</td><td>12.89</td><td>8.0</td></tr>
<tr><td>1c</td><td>1.451</td><td>1.418</td><td>10.15</td><td>9.0</td><td>1.514</td><td>1.457</td><td>7.67</td><td>5.0</td></tr>
<tr><td>2a</td><td>1.362</td><td>1.412</td><td>11.75</td><td>9.00</td><td>1.378</td><td>1.426</td><td>11.58</td><td>7.0</td></tr>
<tr><td>3c</td><td>1.328</td><td>1.532</td><td>14.9</td><td>11.5</td><td>1.339</td><td>1.578</td><td>14.0</td><td>10.0</td></tr>
<tr><td>3d</td><td>1.305</td><td>1.511</td><td>19.60</td><td>12.5</td><td>1.307</td><td>1.596</td><td>17.94</td><td>10.0</td></tr>
<tr><td>3e</td><td>1.401</td><td>1.489</td><td>15.66</td><td>11.2</td><td>1.503</td><td>1.755</td><td>11.29</td><td>9.0</td></tr>
<tr><td colspan="9"></td></tr>
<tr><td>止水效果</td><td colspan="4">三轴搅拌桩进入强风化不小于 0.5m</td><td colspan="4">三轴搅拌桩进入强风化不小于 0.5m</td><td>二方案相同</td></tr>
<tr><td>经济</td><td colspan="4">预估总造价约 1000 万元</td><td colspan="4">预估总造价约 1300 万元</td><td>经济性方案一优于方案二</td></tr>
<tr><td>工期</td><td colspan="4">基坑支护施工工期约 5 个月</td><td colspan="4">基坑支护施工工期约 6 个月</td><td>工期方案一比方案二短 1 个月</td></tr>
<tr><td>对周边环境影响</td><td colspan="4">位移及沉降相对偏大</td><td colspan="4">位移及沉降相对偏小</td><td>方案二优于方案一</td></tr>
<tr><td>施工控制关键点及对主体施工影响</td><td colspan="4">施工难度相近，对主体施工影响较小</td><td colspan="4">施工难度相近，对主体施工影响相对偏大</td><td>施工难度相近</td></tr>
<tr><td>是否出红线</td><td colspan="4">未出红线</td><td colspan="4">未出红线</td><td>方案一同方案二</td></tr>
<tr><td>推荐方案</td><td colspan="9">总体比较，方案一安全性略低于方案二，但均能满足国家规范要求，经济性、工期方面方案一略优于方案二，施工难度及对周边环境影响两方案相近、相同，故整体考虑推荐方案一。</td></tr>
</table>

注：规范要求值，抗倾覆安全系数 1.25；整体稳定安全系数段 1.35。

3.2.2.5 基坑监测

监测内容、监测报警值、监测周期与监测频率同类似工程，此略。

3.2.2.6 评述

本地块分为三个基坑，其中馆 1 地下室面积 16218 ㎡，开挖深度 6.40~9.20m。馆 2 地下室面积 18234 ㎡，开挖深度 3.50~8.70m。馆 3 地下室面积 14328 ㎡，开挖深度 6.0~10.30m。三个基坑面积约 49000m²，总基坑面积较大。基坑东侧为赣江北大道，距离赣江约 140m，赣江水位影响基坑水位，基坑南侧为濠江路，基坑西侧红谷中大道，基坑北侧为空地，基坑开挖周边道路为市政主干道路及市政管线没有影响。

根据勘察报告，基坑开挖深度范围内主要为杂填土、冲填土、粉质黏土、细砂、粗砂、砾砂、砂层等高富水砂砾层，含水量丰富，渗透性较强，且本基坑距离赣江约 140m 与赣江连通，受赣江侧向水力补给很强。考虑到周边环境条件较为简单，为减小降水对周边环境的不利影响，故采用降水井+三轴搅拌桩止水相结合的措施。

比较分析两个方案：

方案一：考虑到基坑支护不超越用地红线的前提下，本基坑适合部分采用三轴搅拌桩+PRC 管桩+锚索、部分复合土钉墙、部分采用挂网喷砼的设计方案。

方案二：考虑到基坑支护不超越用地红线的前提下，本基坑适合部分采用钻孔灌注桩+三轴搅拌桩+锚索、部分复合土钉墙、部分采用挂网喷砼的设计方案。

经过比较认为，虽然方案一安全性略低于方案二，但是均能满足规范要求，且方案一工程造价较低、施工速度较快，施工过程中对周边环境影响较小，故推荐方案一是合理的。

附图

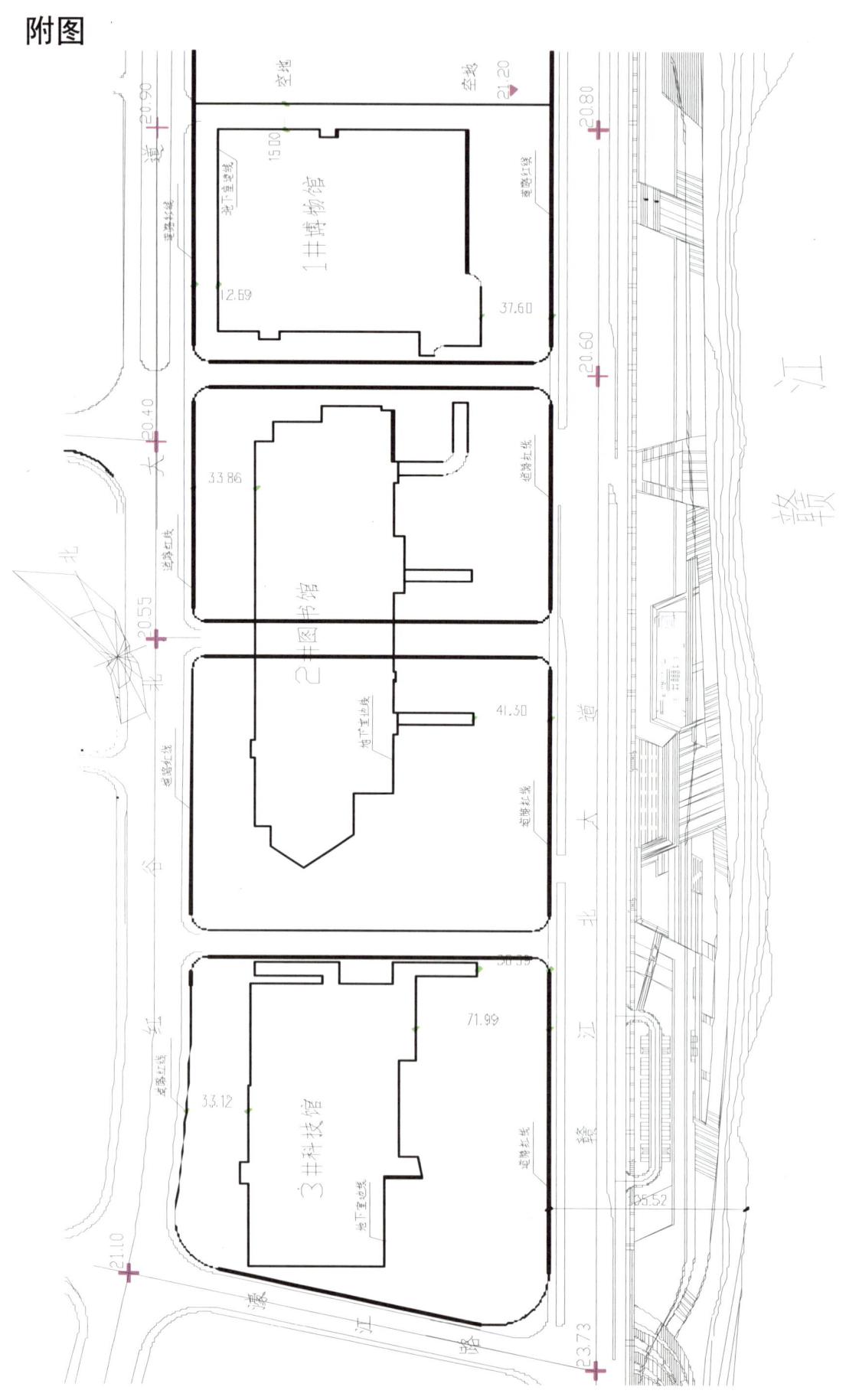

附图 1 基坑平面位置图

3.2.3 南昌市一超高层建筑深基坑工程

设计单位：上海市隧道工程轨道交通设计研究院

审图单位：江西省赣建施工图设计审查中心

3.2.3.1 工程简介

该基坑工程项目位于南昌市丰和中大道西侧，世贸路北侧，距离丰和中大道道路红线约30m，距离世贸路道路红线约90m。基坑周边环境较空旷，北侧和西侧为空地，南侧为工商银行用地，东侧为地铁开发用地，西南角为已建成的南昌银行大楼，距离基坑约20m。详见图3.2-10。

本基坑平面尺寸约116.47m×117.3m，基坑施工整平地面标高为19.0m，地下室底板顶绝对标高7.05m（相对标高−16.9m），基坑开挖深度约13.05m，核心筒范围局部加深7.05m，加深段平面尺寸26.5m×23.184m。基坑支护上部采用放坡，下部采用排桩+支撑，地下水处理措施为止水帷幕+坑内降水。基坑等级为一级。围护结构布置详见附图1。

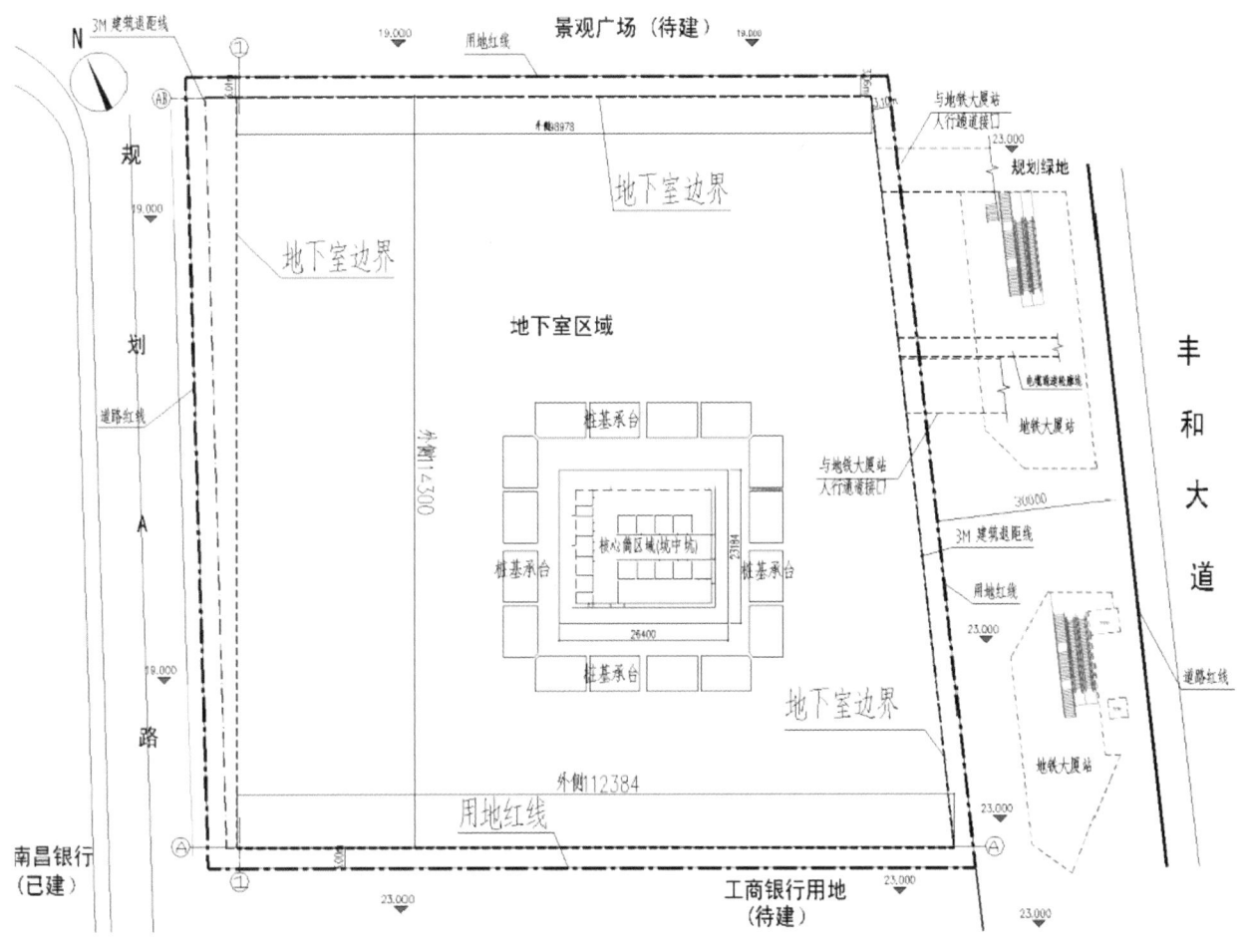

图3.2-10 基坑平面位置图

3.2.3.2 工程水文地质条件

（1）工程地质条件：

拟建场地勘察深度内分布有①层素填土（Q4ml），其下为第四系全新统冲积层（Q4al），包括②层粉质黏土、③层中砂、④层粗砂、⑤层砾砂。下伏基岩为第三系新余群砂砾岩（E1-2），包括⑥层强风化砂砾岩、⑦层中风化砂砾岩、⑧层微风化砂砾岩。

（2）水文条件：

场地地下水主要为孔隙潜水和少量上层滞水，上层滞水主要赋存于①层素填土下部，无统一地下水位，勘察期间测得其初见水位埋深为1.0~6.2m，标高为16.85~17.13m；孔隙潜水主要赋存于③层中砂及以下砂层中，透水性强，水量丰富，其水位随季节性变化幅度为1.0~4.0m，勘察期间测得孔隙潜水稳定水位埋深为7.4~10.5m，标高为11.85~14.13m（黄海高程）。

场区内①层素填土为中等透水性土层，②层粉质黏土为弱透水性土层，③层中砂、④层粗砂、⑤层砾砂为强透水性土层，基岩透水性根据其裂隙发育情况一般表现为弱透水性。综合判定拟建场地含水层综合渗透系数 K=80m/d。

3.2.3.3 基坑支护方案

（1）原设计与设计修改：

基坑支护结构原设计为上部土钉墙，下部排桩+二道锚索。支护结构剖面见图3.2-11。

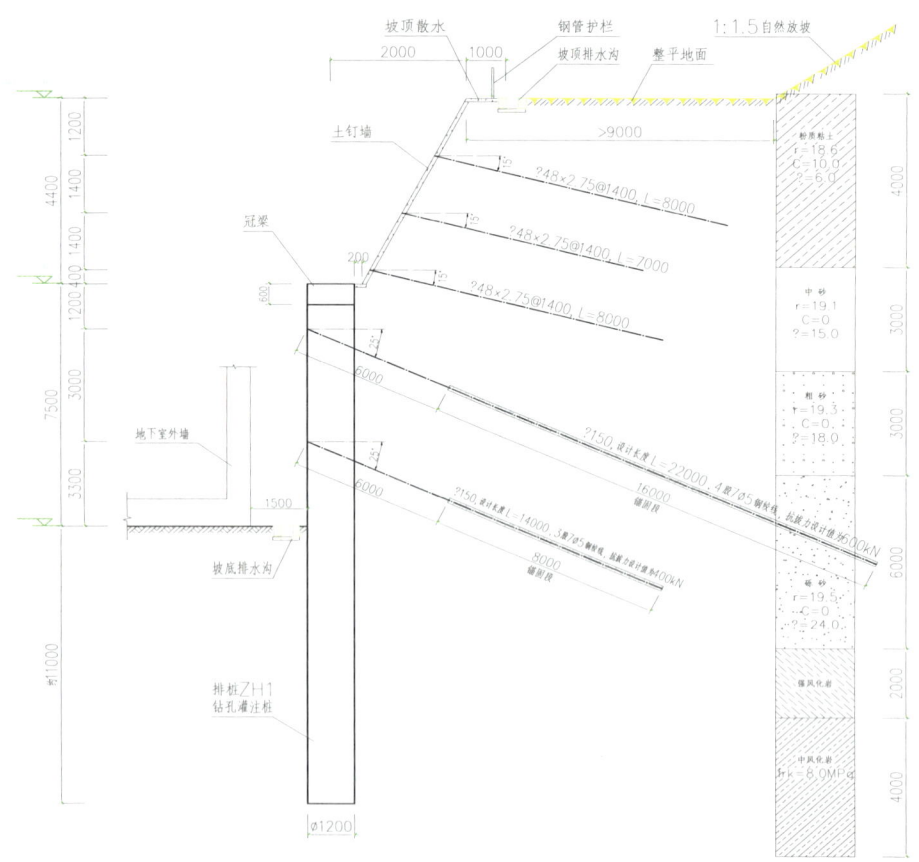

图3.2-11 原支护结构剖面图

目前现场排桩已基本施工完成。由于基坑四周均为待开发地块，尤其是东侧为地铁已确定开发用地，南侧为工商银行用地，使用锚索将对周边地块的开发造成严重障碍，所以把基坑支护结构改为"排桩+内支撑"体系。

（2）内支撑体系的比选：

根据基坑的平面形状和目前施工现状，对以下三种内支撑体系的布置进行了比选。

①对撑+角撑布置体系（见图3.2-12）：

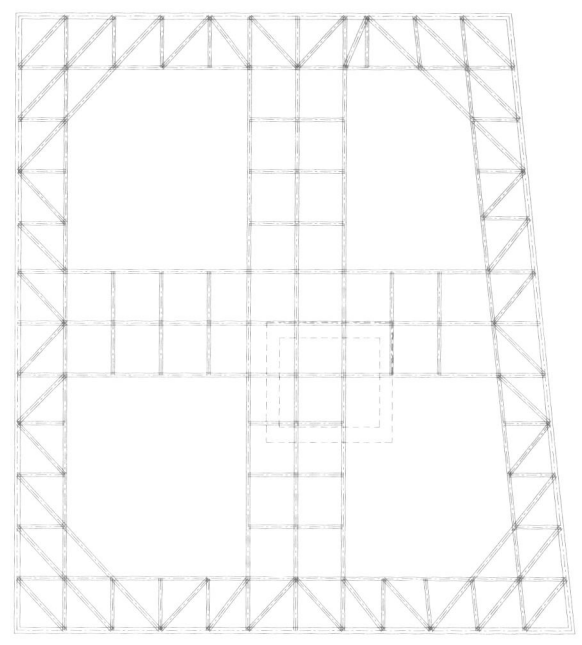

图3.2-12 对撑+角撑布置体系

优点：在环境保护要求较高的情况下，利于控制墙体位移。

缺点：支撑混凝土用量较多；核心筒范围内的立柱桩与工程桩冲突严重，影响核心筒施工效率和施工质量；由于十字交叉桁架与核心筒平面位置重合，核心筒地下三层以上部分的结构必须等到整个地下室地下三层施工完成，混凝土支撑拆除后方可施工，对整个工期有制约作用。

②圆形环梁布置体系（见图3.2-13）：

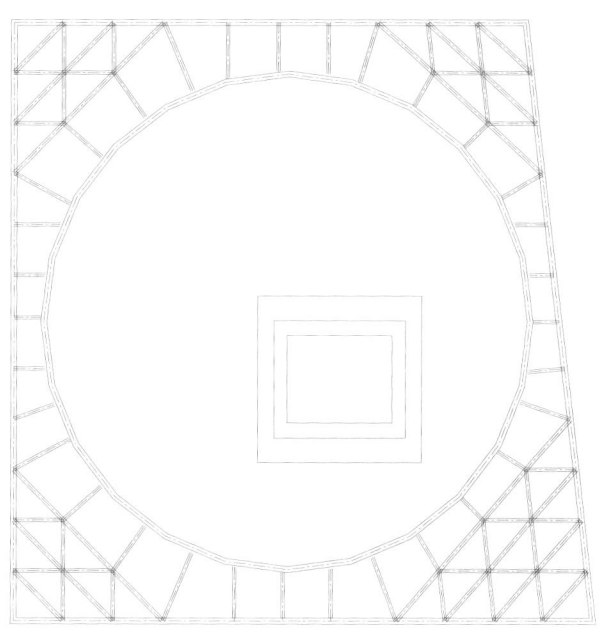

图3.2-13 圆形环梁布置体系

优点：方便挖土和主体结构施工；支撑混凝土用量较小。

缺点：由于基坑南侧和东侧地势较高，北侧和西侧地势较低，虽采取了基坑上部放坡的措施，但仍存在一定的坑周荷载不均匀的情况，对支撑体系整体稳定不利；须等到基坑的整个环梁体系施工完成后，方可进行大面积土方开挖；对中间环梁的施工要求较高。

③角撑布置体系（见图 3.2-14）：

图 3.2-14 角撑布置体系

优点：方便挖土和主体结构施工、施工方便。

缺点：与圆形环梁布置体系相比，混凝土用量较多。

综上分析，推荐采取角撑布置体系。详见附图 3、附图 4。

（3）支护结构剖面布置方案：

原设计排桩标高为 13.0m，改为内支撑后，为避免混凝土支撑与主体结构下二层板冲突，将原设计排桩标高调高 0.3m，即 13.3m，经初步计算分析，基坑上部采用放坡，下部排桩+一道混凝土支撑。支护结构剖面图见图 3.2-15。

（4）基坑止水帷幕设计：

原设计基坑止水帷幕采用高压旋喷桩，支护桩之间为一根 $\phi900$ 旋喷桩，支护桩外侧为一排 $\phi900$ 旋喷桩，搭接 300mm。见图 3.2-16。

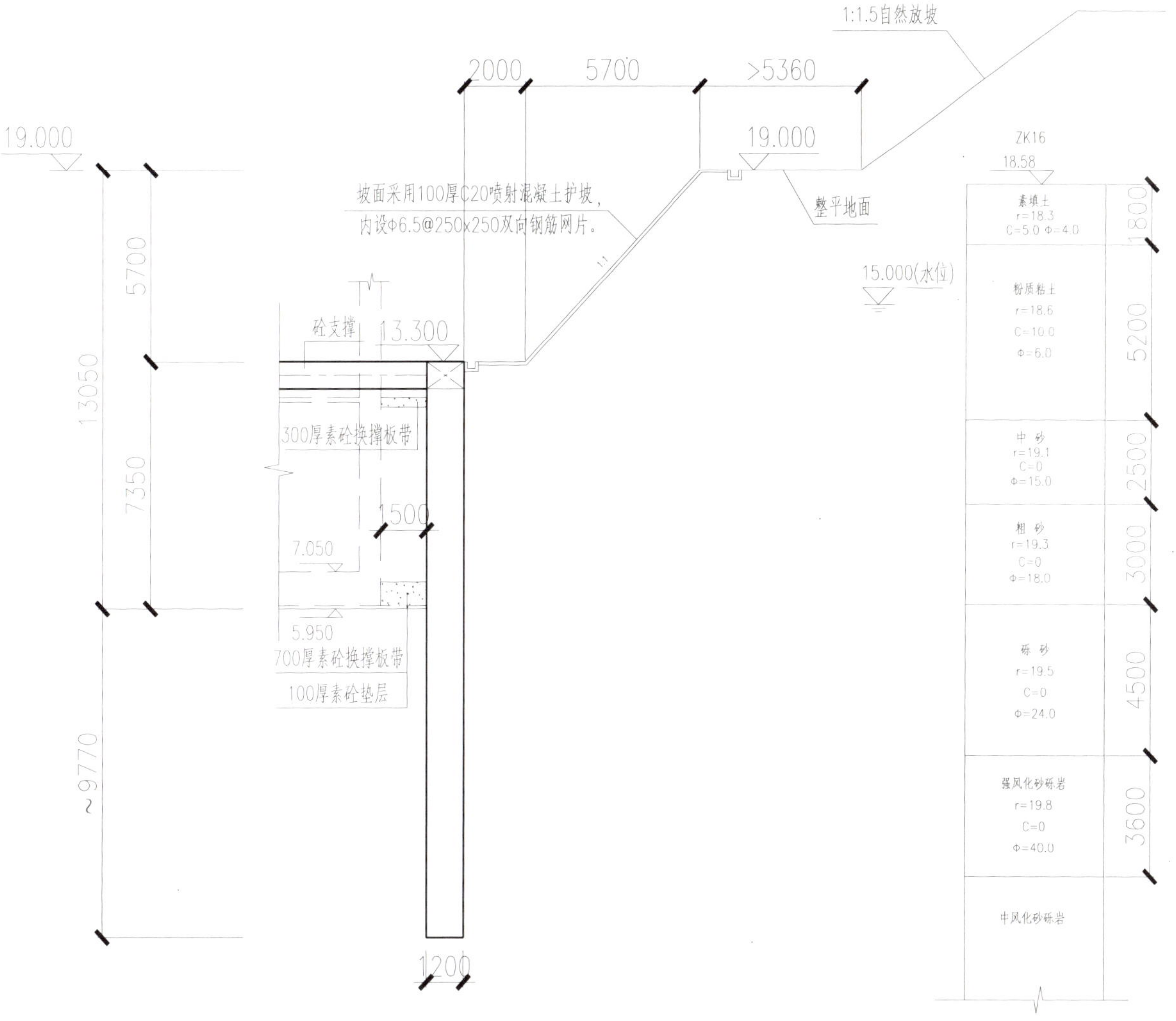

图 3.2-15 支护结构剖面图

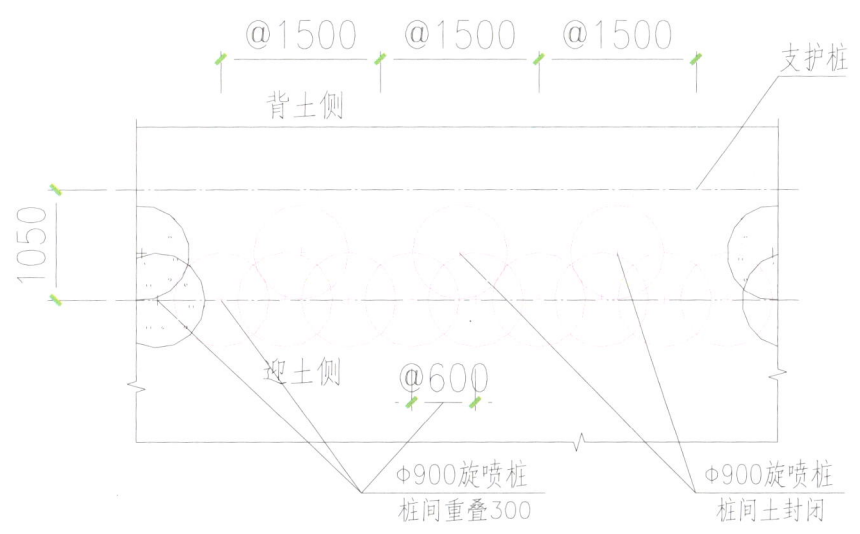

图 3.2-16 原止水帷幕平面布置图

根据2012年7月27日召开的本工程基坑土方开挖及基坑支护专家论证会专家意见：根据高压旋喷桩试桩取芯效果显示，砂砾层与岩层交界面芯样不是很理想，为了保证深基坑的止水效果，确保深基坑开挖的安全性，将外排高压旋喷桩改为三轴深层水泥搅拌桩，内排高压旋喷桩保留。故本次设计止水帷幕形式根据专家论证会意见，修改如图3.2-17所示。

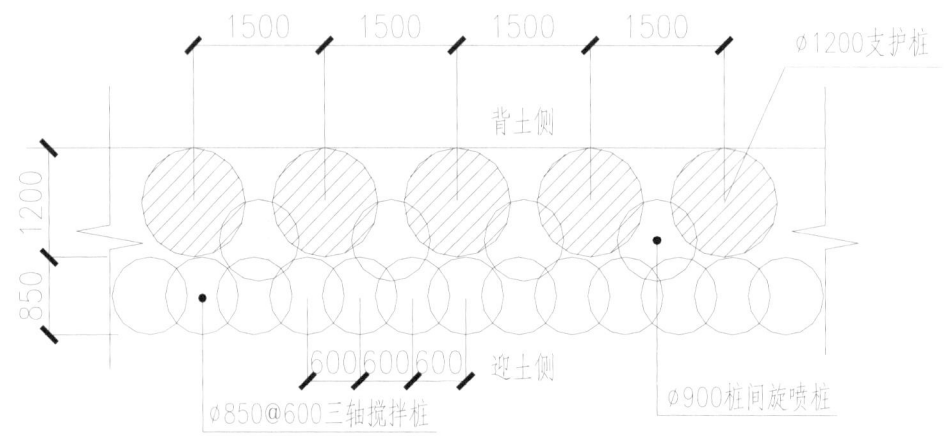

图 3.2-17 修改后止水帷幕平面布置图

（5）支护结构主要计算结果：

①计算模型（见图 3.2-18）：

支护结构内力计算沿基坑周边取单位长度按弹性地基梁计算。按基坑开挖、回筑内部结构的施工过程进行内力计算。

开挖阶段计算时必须计入结构的先期位移值以及支撑的变形，按"先变形，后支撑"的原则进行结构分析计算。

②主要计算参数：

土体天然重度—— 按勘察报告取值；

钢筋混凝土支撑——主撑 800mm×800mm、连杆 700 mm×600 mm；

土弹簧——按勘察报告取值；

地面超载——20 kN/m^2；

侧向荷载——黏性土按水土合算，砂性土按水土分算确定。

③支护结构内力变形计算结果（见图 3.2-19）：

根据内力计算结果，经验算，原设计支护桩满足现方案受力要求。

④支护结构稳定性验算：

根据理正软件计算结果，整体稳定安全系数 $K = 2.617 > 1.3$，抗倾覆安全系数 $K = 1.481 > 1.2$，满足要求。

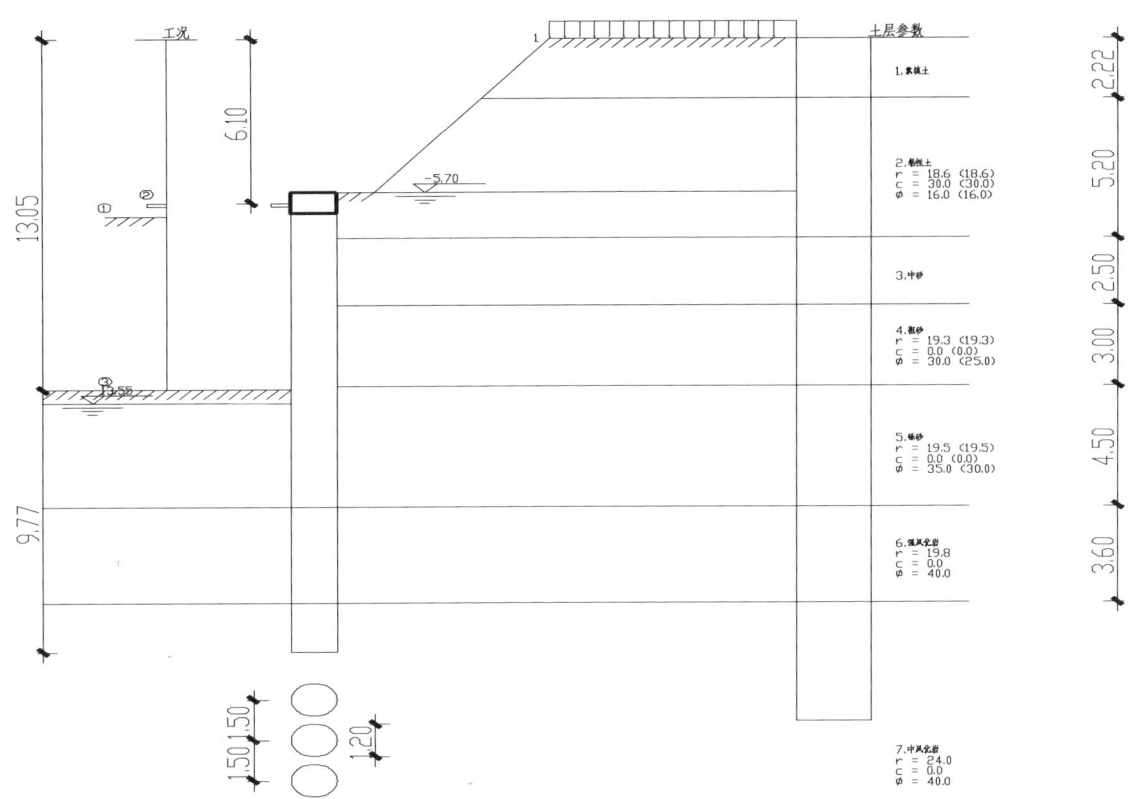

图 3.2-18 支护结构计算模型

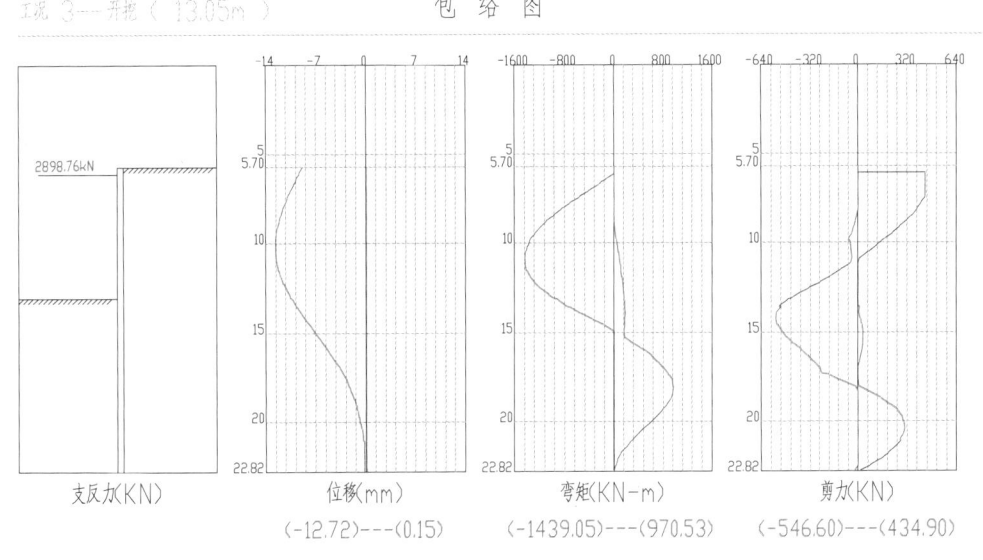

图 3.2-19 支护结构内力及变形包络图

3.2.3.4 坑中坑支护结构设计

坑中坑局部加深 7.05m，加深段平面尺寸 26.5m×23.184m，平面图详见附图 2。根据地层条件，并结合核心筒桩基承台的施工统一考虑，采用图 3.2-20 所示放坡开挖的方式。

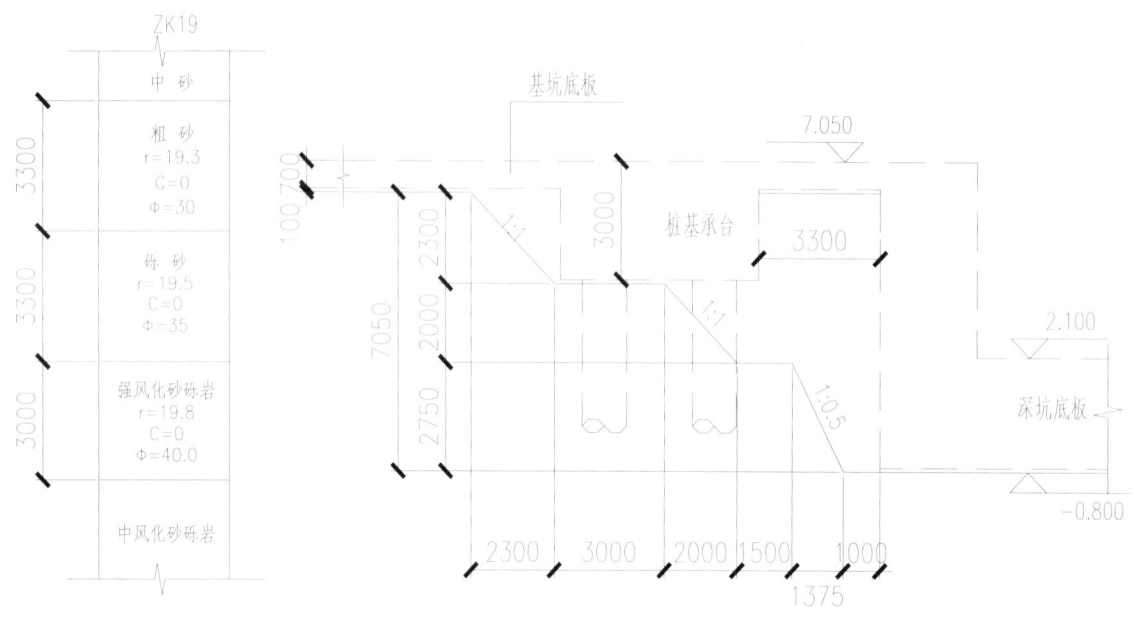

图 3.2-20 坑中坑支护方案

3.2.3.5 基坑监测

监测内容、监测点布置、监测频率及监测报警值详见附图 5。

3.2.3.6 评述

本工程基坑邻近丰和中大道西侧约 30m，世贸路北侧约 90m，西南角距离基坑约 20m 为已建成的南昌银行大楼，其余基坑周边环境较空旷。由于基坑面积比较大，平面尺寸 116.47m×117.3m，基坑开挖深度比较深，约 13.05m，核心筒范围局部加深 7.05m，基坑空间效应比较强。并且场地为高富水砂砾层，地下孔隙潜水主要赋存于③层中砂及以下砂层中，透水性强，水量丰富，勘察期间测得孔隙潜水稳定水位埋深为 7.4~10.5m，绝对标高为 11.85~14.13m（黄海高程），其水位随季节性变化幅度比较大，为 1.0~4.0m。而基坑底绝对标高约 3.0m，标高相差 9~15m，直接降水影响半径太大。因此原方案采用的是"上部土钉墙，下部排桩+二道锚索"支护结构，地下水处理措施为止水帷幕+坑内降水。桩间设置高压旋喷桩止水，支护桩外侧为一排 $\phi 900$ 旋喷桩，搭接 300mm。

由于锚索超出了用地红线，并且地下水水位很高，施工困难。另外考虑到基坑四周均为待开发地块，为避免相互影响，在排桩已基本施工完成的情况下，将原方案改为"上部放坡+排桩+内支撑"方案虽然成本增加，但充分体现了一种大局意识、社会责任意识，值得称赞。该项目的关键点是确保地下水控制成功。因此进行了高压旋喷桩试桩取芯试验，根据取芯效果显示，高富水的砂砾层与岩层交界面芯样不是很理想。为了保证深基坑的止水效果，确保深基坑开挖的安全性，根据专家论证会意见，将外排高压旋喷桩改为三轴深层水泥搅拌桩，内排高压旋喷桩保留，且达到预期目的。这体现了科学严谨的作风。

附图

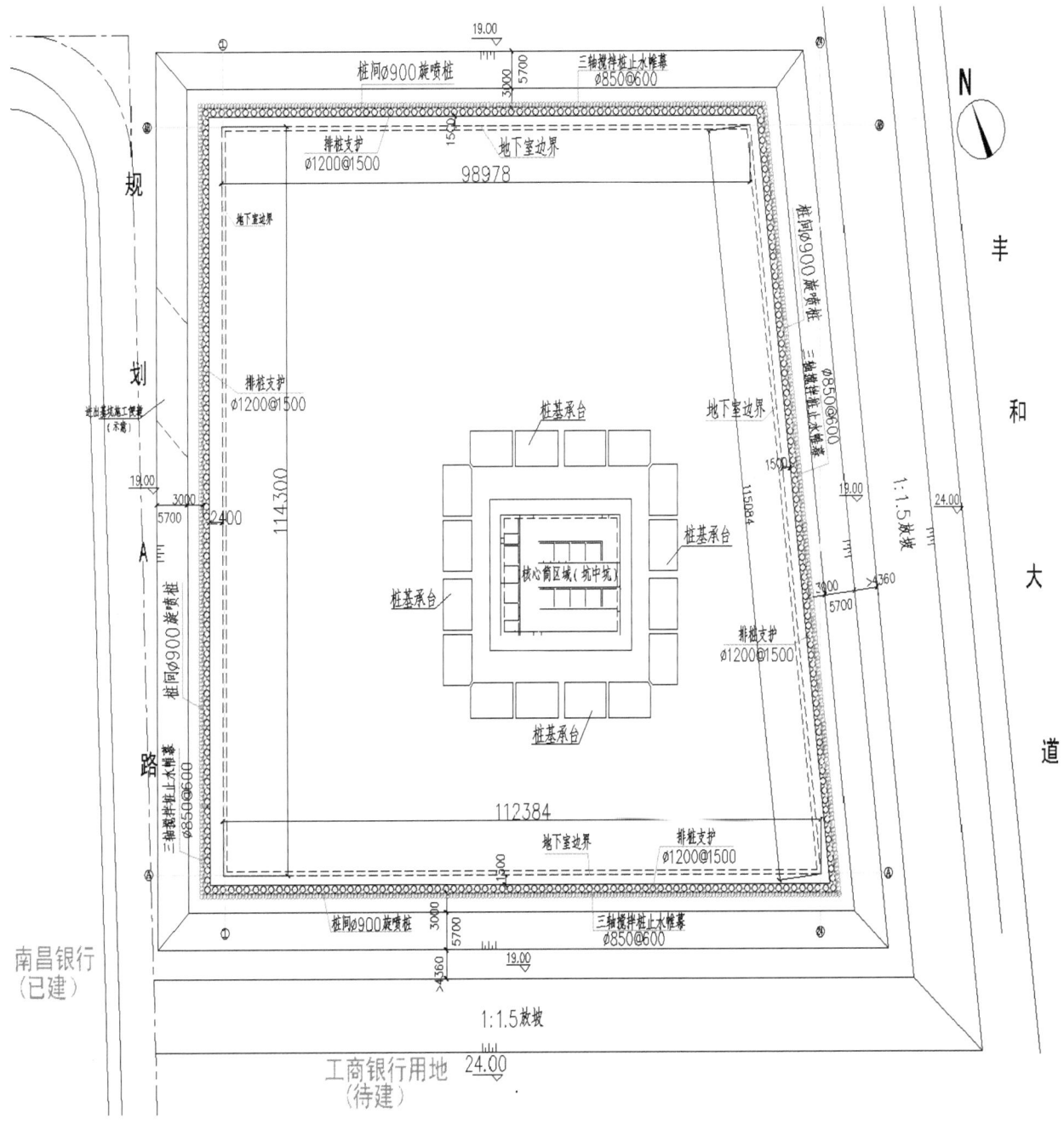

附图1 围护结构平面布置图

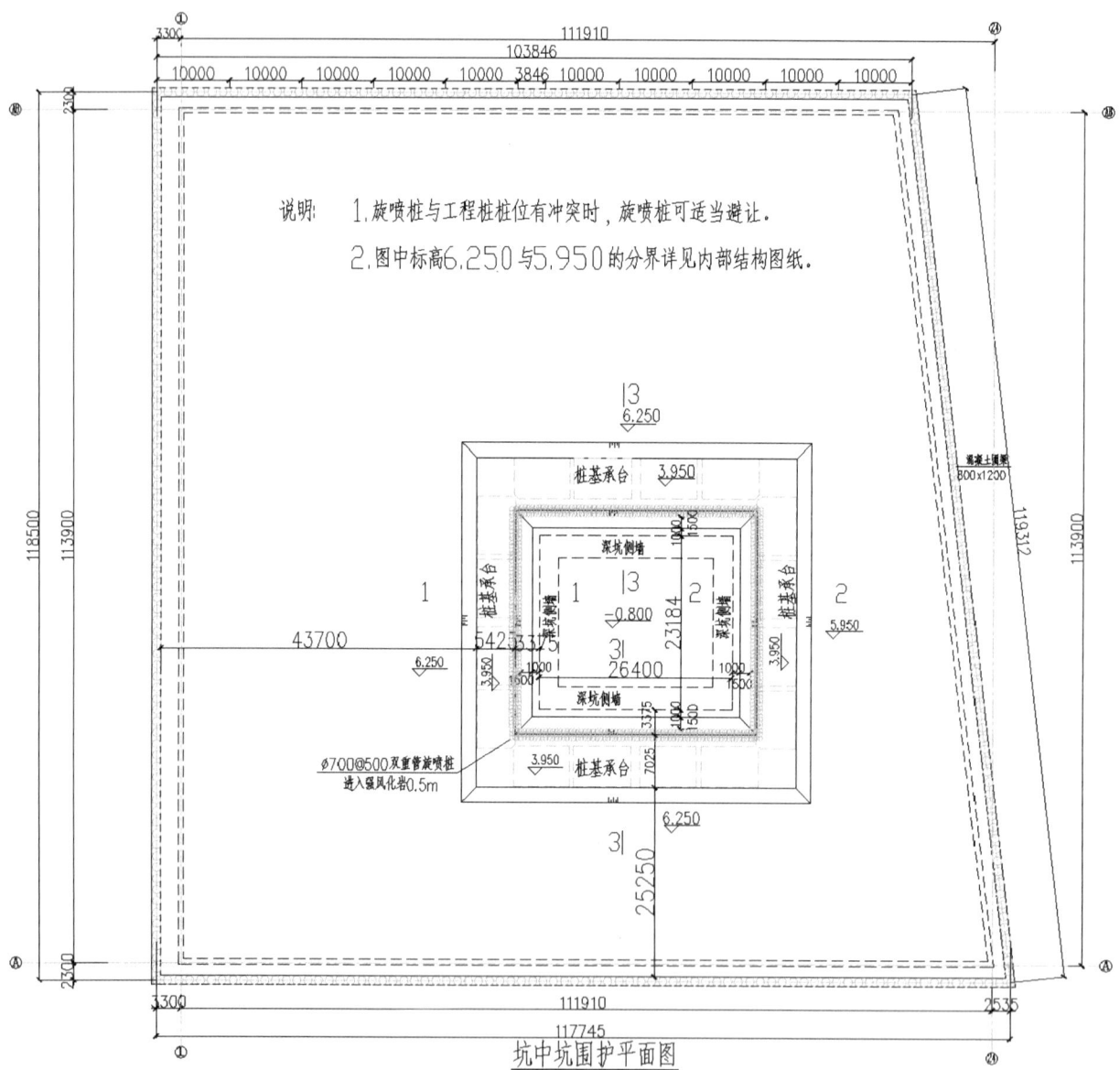

附图 2 坑中坑围护平面图

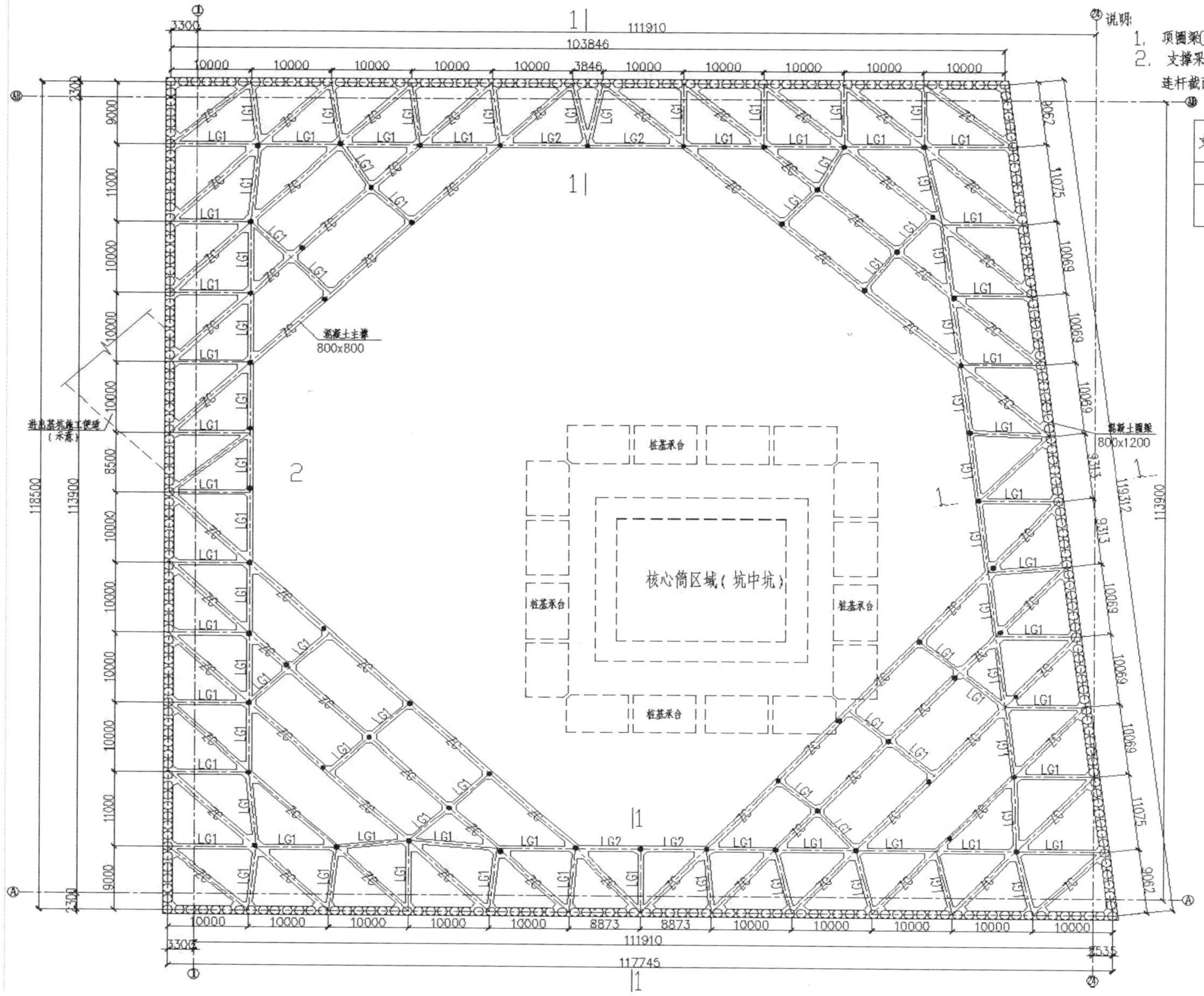

附图 3 支撑平面布置图

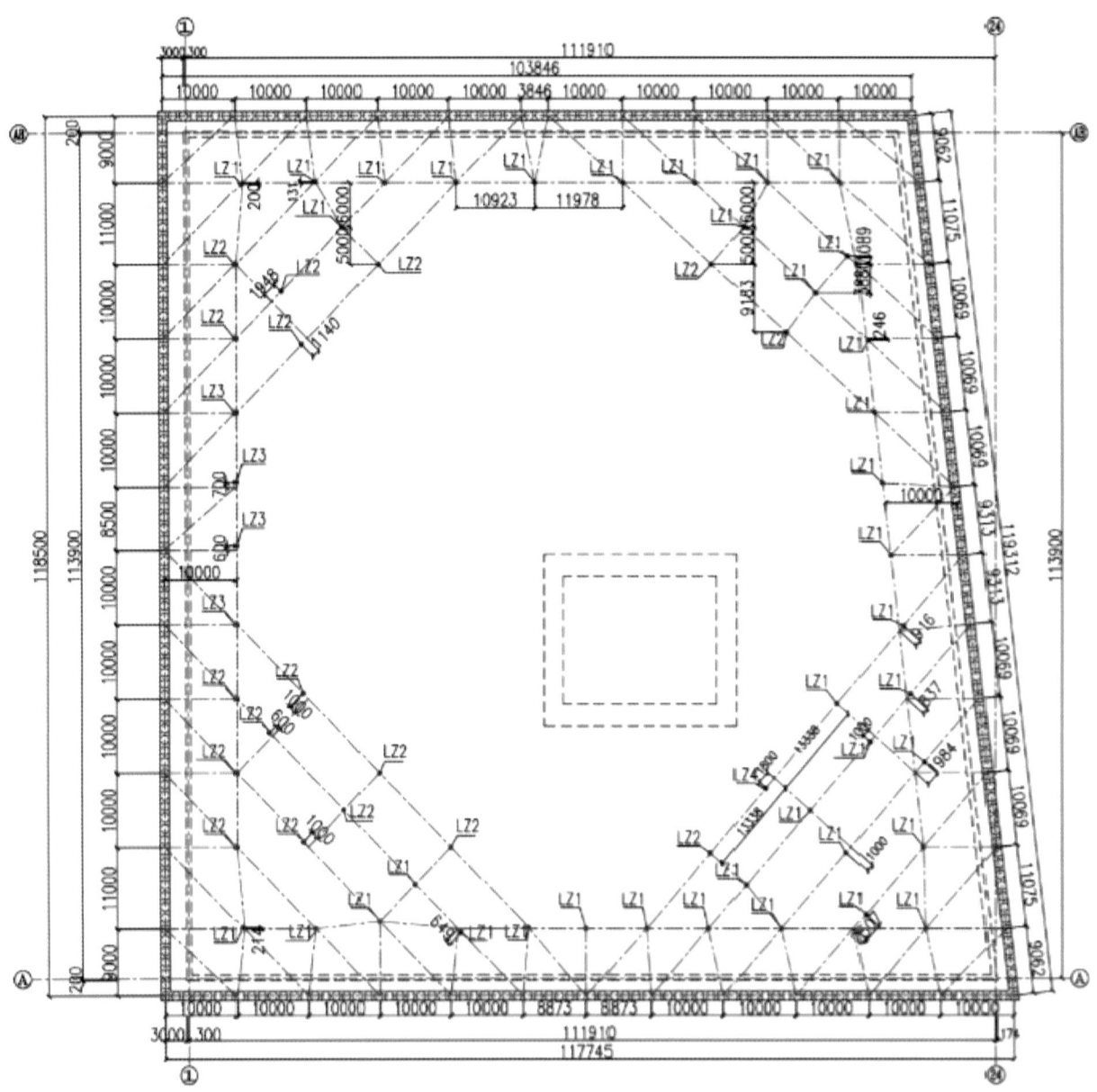

附图 4 立柱桩平面布置图

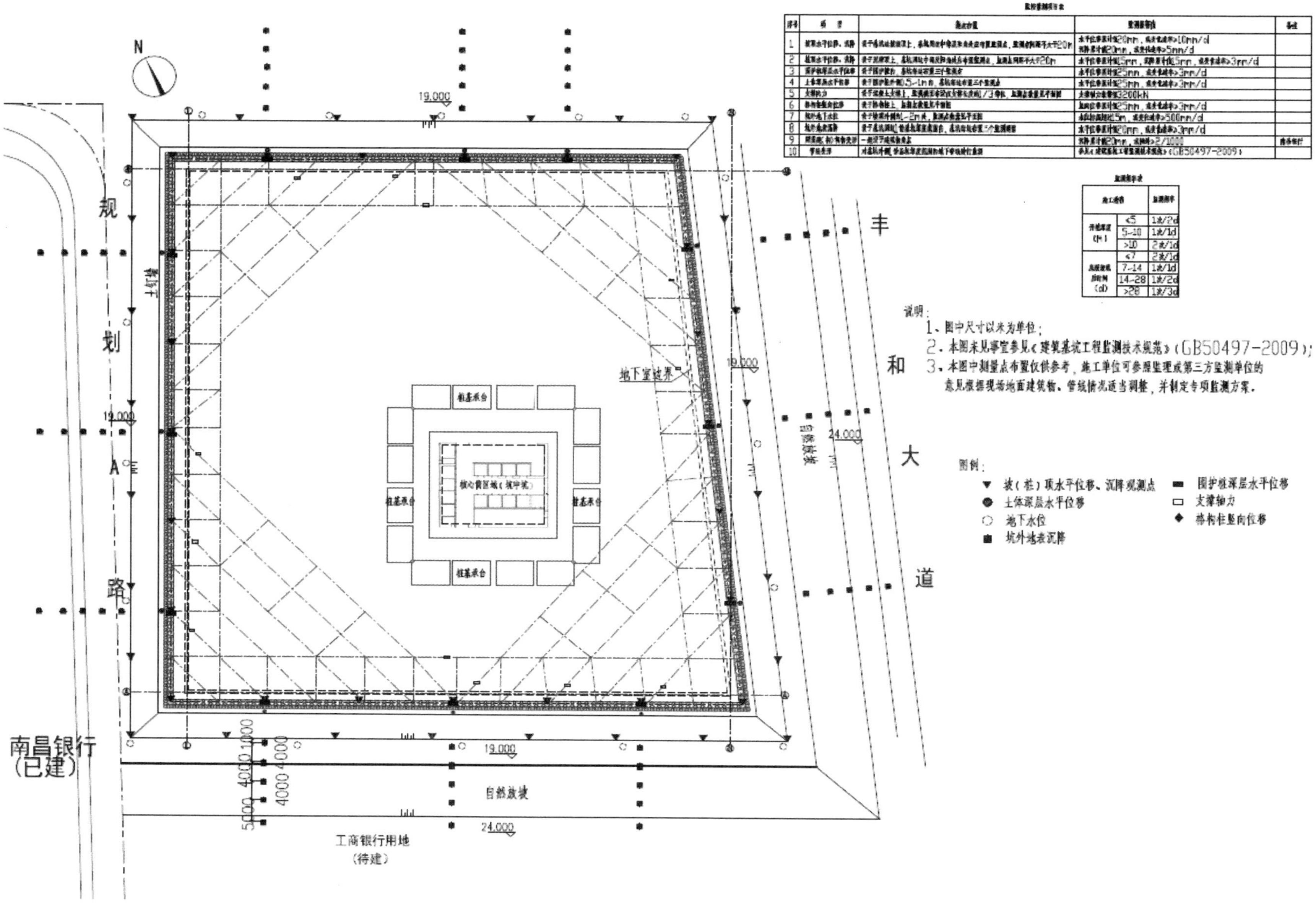
N
规
划
A
路
丰
和
大
道
南昌银行
(已建)
工商银行用地
(待建)
自然放坡
地下室边界
核心筒区域（坑中坑）
桩基承台
19.000
24.000
4000
1000
5000
说明：
1、图中尺寸以米为单位；
2、本图未见事宜参见《建筑基坑工程监测技术规范》(GB50497-2009)；
3、本图中测量点布置仅供参考，施工单位可参考监理或第三方监测单位的意见根据现场地面建筑物、管线情况适当调整，并制定专项监测方案。
图例：
坡（桩）顶水平位移、沉降观测点
土体深层水平位移
地下水位
坑外地表沉降
围护桩深层水平位移
支撑轴力
格构柱竖向位移

附图 5 基坑监测布置图

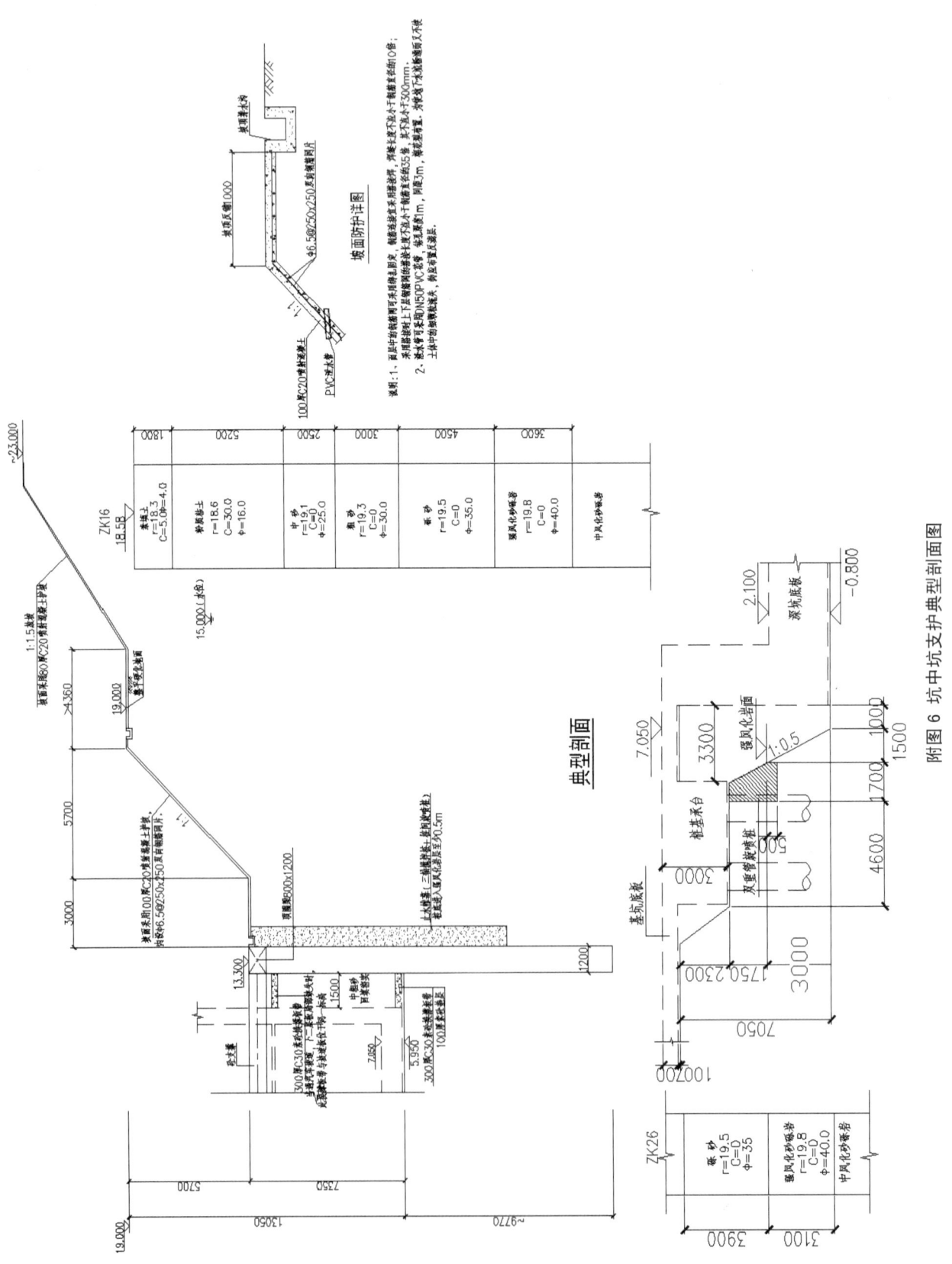

附图6 坑中坑支护典型剖面图

3.2.4 南昌市万寿宫历史文化街区深基坑工程

设计单位：江西省建筑设计研究总院

审图单位：江西南大建筑施工图设计审查中心

3.2.4.1 基坑概况

南昌市万寿宫历史文化街区建筑工程基坑支护工程位于南昌市老城区，场地东为翠花街，西南接船山路，北侧为中山路。整体二层地下室，地下室占地面积约 37307m²。地下室中间有两处保留的修缮建筑，面积分别为 3650m²、504m²。实际地下室面积为 33154m²，支护周长约 1465m，基础形式拟采用筏板基础。基坑开挖深度 15.1~17.7m。基坑安全等级为一级，正常使用年限为 18 个月。

3.2.4.2 基坑周边环境概况

基坑周边环境图如附图 1 所示，基本情况见表 3.2-6。雨季时场地周围地表水汇流在基坑周边道路的雨水管道内，排泄条件良好。

表 3.2-6 基坑周边环境基本情况

基坑支护段	其他情况
基坑北侧	邻近中山路，地下室边线紧靠已经修建的地铁 1 号线附属工程的支护桩+高压旋喷桩结构
基坑东北侧	地下室边线距地铁 1 号线的地下连续墙的支护结构约 3.0m； 坑内有两处保留的修缮建筑，该两处保留的修缮建筑均为 2~3 层，砖、木结构，浅基础，至地下室外边线 2.5~5.0m。
基坑东侧	邻近翠花街，邻近有数栋 2~3 层待修缮的民房，砖结构、木结构、浅基础，其地下室边线距民房的距离 2.5~4.8m。
基坑西南侧	邻近船山路，有市政污水管、雨水管、通信电缆等；邻近有数栋 2~9 层民房，其中 2 层的民房为砖结构、浅基础；6 层的民房为砖混结构、浅基础；8~9 层的民房为砼结构、桩基础，其地下室边线距民房的距离 17~18m。
基坑西侧	

3.2.4.3 工程水文地质条件

（1）土层分布：

勘探范围内的岩土按照年代成因及物理力学性质划分为 7 层，共 9 个亚层，其中主要土层自上而下分别为杂填土、粉质黏土、圆砾、砾砂、强风化岩、中风化岩和微风化岩。基坑开挖影响范围内个土层主要物理力学性质指标见表 3.2-7，典型地质剖面图如图 3.2-21 所示。

（2）地下水：

上层滞水主要赋存于第四系全新统杂填土层中，水位埋深 1.60~4.3m，标高为 19.97~20.48m。主要受地表水排泄及大气降水影响。

第四系孔隙性潜水主要赋存于第四系全新统冲积砂砾层中。水量丰富，稳定水位埋深 3.50~6.60m，标高为 17.74~18.38m，年变化幅度 3.0~5.0m。拟建场地距离赣江约 900m，主要受赣江河水侧向径流排泄及补给影响。各土层物理力学性质指标建议值见表 3.2-7。

表 3.2-7 各土层物理力学性质指标建议值

序号	岩土层名称	厚度(m)	天然重度 γ (kN/m³)	抗剪强度		渗透系数 K (m/d)	锚杆与岩石的黏结强度标准值	承载力特征值 f_{ak}
				黏聚力 C (kPa)	内摩擦角 φ (°)			
1	①杂填土(大于10年)	4.1	19.5	8	10	20~50	/	55
2	②粉质黏土	1.2	18.2	15	20	0.05~0.10	/	100
3	③圆砾	3.8	20.0	0	40	100~120	/	320
4	④砾砂	3.3	19.5	0	35	80~100	/	280
5	⑤强风化泥质粉砂岩	4.4	21.0	40	20	0.005~0.008	180	320
6	⑥中风化泥质粉砂岩	2	22.5	150	35	0.001~0.003	350	1300
7	⑥1中风化泥岩	10.8	22.5	145	30	0.001~0.003	300	1200
8	⑦微风化泥质粉砂岩		22.5	200	45		500	2200

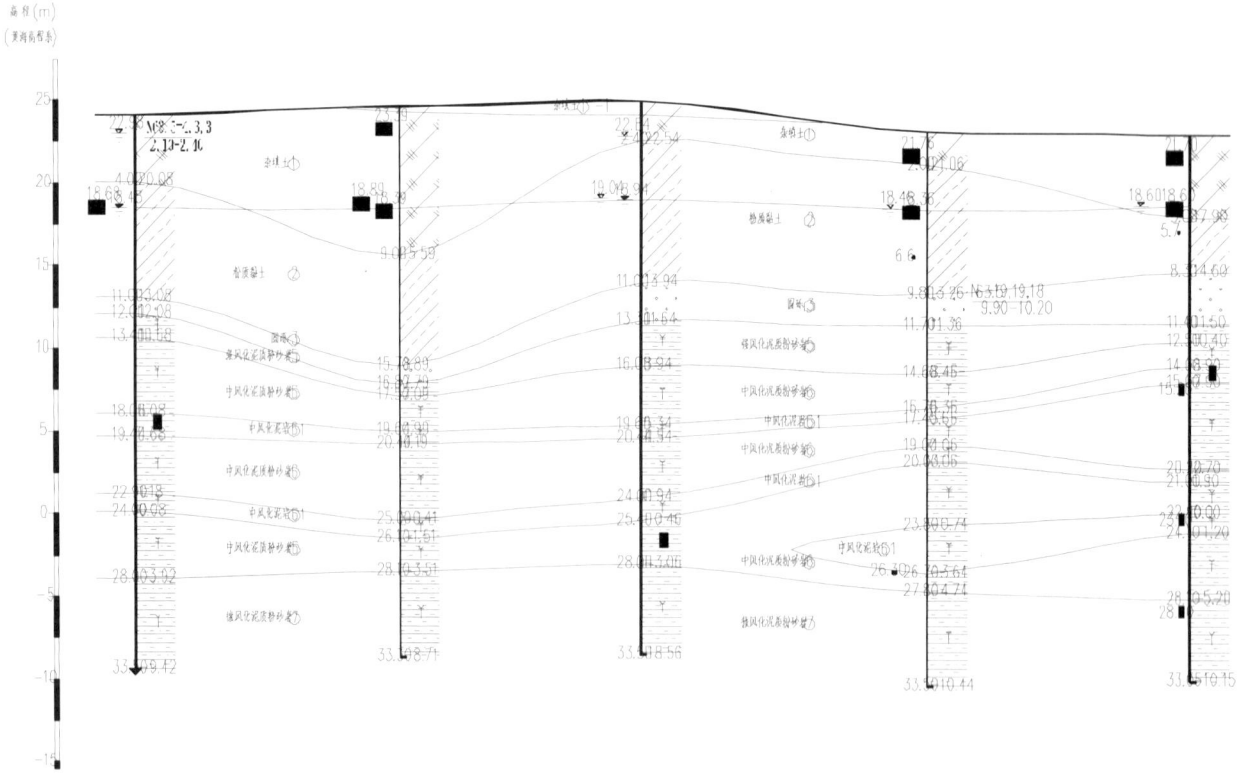

图 3.2-21 典型地质剖面图

3.2.4.4 基坑支护设计方案的确定

（1）基坑特点：

①开挖深度较深、面积大、工期长。

基坑设置二层地下室，基坑开挖深度 15.1~17.7m。

②基坑开挖深度内土质好。

根据勘察报告显示，场地内土层较均匀，土质偏好，基坑开挖深度影响范围内主要土层为杂填土、粉质黏土、圆砾、强风化、中风化岩等。

③地下水位较高。

在①层杂填土层中揭露上层滞水；在②层粉质黏土至④层圆砾以下揭露地下潜水。其中上层滞水初见水位埋深 0.4~2.9m，高程 19.79~23.93m，平均高程 21.97m。地下潜水稳定水位埋深 3.0~6.4m，高程 17.02~19.22m。本区地下水水量较大，地下水位年变化幅度一般为 1.5~3m，基坑大部分区域开挖至标高 7.58m，仅局部开挖至 6.58m，基坑支护设计水位按照标高 19.2m 计算，故地下水头高度为 11.62~12.62m。

④基坑周边环境较复杂。

基坑东侧 2~3 层修缮建筑，距离基坑近。基坑西南侧为船山路，道路地下有大量管线，如雨水管、通信管线，电缆等。坑内有两处保留的修缮建筑，均为 2~3 层，砖、木结构，浅基础，距基坑近。基坑北侧临近地铁 1 号线。

（2）方案选型：

对可供选择的支护结构类型有钻孔灌注桩、SMW 工法桩、内支撑等，各种围护形式的优缺点及对本工程的适用性说明如下：

①钻孔灌注桩+锚索+三轴搅拌桩：

工艺成熟，可在较深的基坑工程中使用，施工对周边环境的影响小，且抗侧刚度较大，可有效地控制基坑工程开挖阶段围护体的变形，本工程宜采用。

②钻孔灌注桩+三轴搅拌桩+内支撑：

本基坑位于老城区，周围环境较为复杂，钻孔灌注桩+三轴搅拌桩+内支撑更安全，费用比钻孔灌注桩+锚索+三轴搅拌桩偏高一点、施工周期长，内支撑不利于土方开挖及地下室主体结构施工，但安全性高，本工程工期允许，宜采用。

③三轴搅拌桩（内插板桩支护）止水+内支撑：

本基坑位周围环境较为复杂，采用此方案较安全，费用比钻孔灌注桩+三轴搅拌桩+内支撑偏低、施工周期较短，不产生泥浆对环境影响偏小，但内支撑不利于土方开挖及地下室主体结构施工。三轴搅拌桩需入中风化岩层约 10m，目前设备均无法达到，故三轴搅拌桩入岩深度+板桩不采用。

④地下连续墙+支撑：

地下连续墙+支撑很安全，费用比钻孔灌注桩+支撑+三轴搅拌桩偏高一点、施工周期很长，且不利于土方开挖，从经济角度考虑不宜采用。

⑤止水：

为确保民房不应降水开裂，道路沉降，故本基坑仅适合止水。可采用的主要措施为：三轴搅拌桩、高压旋喷桩、地下连续等。

综上所述，支护方案采用支护桩+锚索+三轴搅拌桩、局部采用支护桩+二道混凝土内支撑+三轴搅拌桩、坑内保留建筑采用支护桩+锚索+高压旋喷桩进行支护。同时，基坑外侧采用三轴搅拌桩止水，坑内保留建筑采用高压旋喷桩止水。

3.2.4.5 基坑围护及支撑体系设计

（1）围护结构：

基坑一般区域采用 $\phi1000@1200$ 钻孔灌注桩，坑内有两处保留的修缮建筑采用 $\phi1200$ 灌注桩进行围护。由于本工程地质条件复杂，上部浅层主要为粉质黏土及砂土，下部为泥质粉砂岩。钻孔灌注桩施工过程中，结合实际情况要求桩底嵌入中风化岩 5~7m。

（2）支锚平面布置体系：

基坑平面形状总体较规则，但基坑东侧边线部分外凸，处于基坑支撑体系安全性及周围环境保护要求的考虑，外凸部分布置两道 900mm×900mm 钢筋混凝土内支撑，围护结构及支撑平面布置图如附图 2 所示。

（3）典型支护剖面：

基坑西南 T-A 段为船山路侧，场地标高为 24.28m，基坑开挖筏板底标高为 6.58m，故该处基坑开挖深度 17.7m。地下室边线距离用地红线约 3.0，无放坡空间。红线外船山路有大量的管线，埋深小于 2.5m。土质为：杂填土厚 4.8m、圆砾厚 6.8m、强风化泥质粉砂岩 1.1m、中风化泥质粉砂岩 12.0m，基坑开挖深度影响范围之内土质一般偏好。为了确保建筑物及周边道路管线安全，需严格控制沉降及位移，故采用钻孔灌注桩+三道锚索支护，支护剖面图见附图 3。

基坑北 N-S 段紧靠地铁 1 号线附属工程，该附属工程 1 层地下室，底板底标高 13.32m；上部结构 2 层，由于层高较高，共按 4 层民房荷载计算，采用 80kPa 超载进行计算。该附属工程基坑采用支护桩+桩间高压旋喷桩进行支护，已有的支护桩桩底标高约 7.85m，而本基坑开挖筏板底标高为 7.58m，故现基坑开挖深度超过已施工围护桩的桩底标高，所以现基坑开挖对 1 号线的附属工程影响较大，需采用支护确保 1 号线附属工程安全。基坑开挖筏板底标高为 6.745m，地下室边线距离 1 号线附属工程约 3.0m，无放坡空间。土质为：圆砾厚 3.9m、强风化泥质粉砂岩 1.2m、中风化泥质粉砂岩 12.0m，基坑开挖深度影响范围之内土质好。为了确保建筑物安全，需严格控制沉降及位移，故采用悬臂钻孔灌注桩支护，支护剖面图见附图 4。

坑内⑤-⑥、⑦-⑧段为基坑内保留的 2~3 层修缮建筑，场地标高为 23.00m，基坑开挖筏板底标高为 7.58m，故该处基坑开挖深度 15.42m。地下室边线距离修缮建筑约 3.0，无放坡空间。土质为：杂填土厚 3.2m、粉质黏土 1.0。圆砾厚 6.0m、砾砂 1.7m、强风化泥质粉砂岩 1.3m、中风化泥质粉砂岩 12.4m，基坑开挖深度影响范围之内土质偏好。为了确保建筑物安全，需严格控制沉降及位移，故采用钻孔灌注桩+二道对穿锚索，支护剖面图如附图 5。为了避免锚索相交叉的问题，另外考虑到该保留建筑长约 17.8m、宽约 28.7m，适合锚索对穿，故本段锚索在标高上错开，采用锚索对拉。为了满足锚索能顺利施工，将两桩净间距调整为 0.5m，同时为了确保安全支护桩桩径增加至 1.2m。

基坑东 B-C-D、E-F、G-H 段靠万寿宫，周边有修缮建筑 2-3 层，场地标高为 23.0m，基坑开挖筏板底标高为 7.58m，故该处基坑开挖深度 15.42m。地下室边线距离修缮建筑约 3.2，无放坡空间。土质为：杂填土厚 4.5m、粉质黏土 3.6，圆砾厚 1.5m、强风化泥质粉砂岩 1.5m、中风化泥质粉砂岩 12.0m，基坑开挖深度影响范围之内土质偏好。为了确保建筑物及周边道路管线安全，需严格控制沉降及位移，故采用钻孔灌注桩+二道混凝土梁支撑，支护剖面图见附图 6。

（4）相关分析计算结果：

根据理正深基坑计算分析结果，安全系数汇总表见表3.2-8。

表3.2-8 支护侧壁安全计算系数表

分段	抗倾覆安全系数	抗隆起安全系数	最大位移	最大沉降
T-A段	2.964≥（1.25）	3.014≥（2.20）	23.02≤（30）	26≤（30）
A-B段	1.295≥（1.25）	3.315≥（2.20）	25.18≤（30）	27≤（30）
D-E、F-G、H-J段	2.09≥（1.25）	3.1≥（2.20）	25.48≤（30）	22.0≤（30）
B-C-D、E-F、G-H段	1.27≥（1.25）	3.29≥（2.20）	13.63≤（30）	16.0≤（30）
J-K-M-N段	2.57≥（1.25）	2.94≥（2.20）	16.7≤（30）	24.0≤（30）
N-S段	9.95≥（1.25）	20.1≥（2.20）	22≤（30）	20.0≤（30）
S-T段	11.8≥（1.25）	18.9≥（2.20）	25≤（30）	21.0≤（30）
②-③、④-①段	3.6≥（1.25）	3.18≥（2.20）	19.4≤（30）	25.0≤（30）
①-②、③-④段	1.97≥（1.25）	3.54≥（2.20）	28≤（30）	40.0≤（40）
⑤-⑥、⑦-⑧段	2.25≥（1.25）	3.55≥（2.20）	25.9≤（30）	38≤（40）
⑤-⑥、⑦-⑧段	2.24≥（1.25）	3.50≥（2.20）	27.5≤（30）	36≤（40）

3.2.4.6 基坑监测

监测内容、监测报警值、监测周期与监测频率同类似工程，此略。

3.2.4.7 评述

本基坑面积很大，整体二层地下室占地面积约37307m²，支护周长约1465m，基坑开挖深度深，达到15.1~17.7m。位于南昌市老城区，周边环境条件复杂，邻近有数栋2~9层的不同结构的民房，还有基坑北侧（中山路）为已经修建的地铁1号线附属工程。坑内有两处保留的修缮建筑。邻近道路有市政污水管、雨水管、通信电缆等。第四系孔隙性潜水主要赋存于高富水的第四系全新统冲积砂砾层中，水量丰富，稳定水位埋深3.50~6.60m，标高为17.74~18.38m，受约900m外赣江河水侧向补给影响，年变化幅度比较大，达到3.0~5.0m。设计水位按照标高19.2m计算，故地下水头高度11.62~12.62m。支护方案设计针对基坑不同区段的不同环境条件，采取了不同的支护形式，包括支护桩+锚索+三轴搅拌桩、局部采用支护桩+二道混凝土内支撑+三轴搅拌桩，坑内保留建筑采用支护桩+锚索+高压旋喷桩进行支护。设计灵活，因地制宜，经济合理；在不影响红线范围外用地使用以及征得书面许可的条件下，建议采用技术比较成熟的桩+锚方案，是比较经济合理的。但建议推广采用可回收锚索。

附图

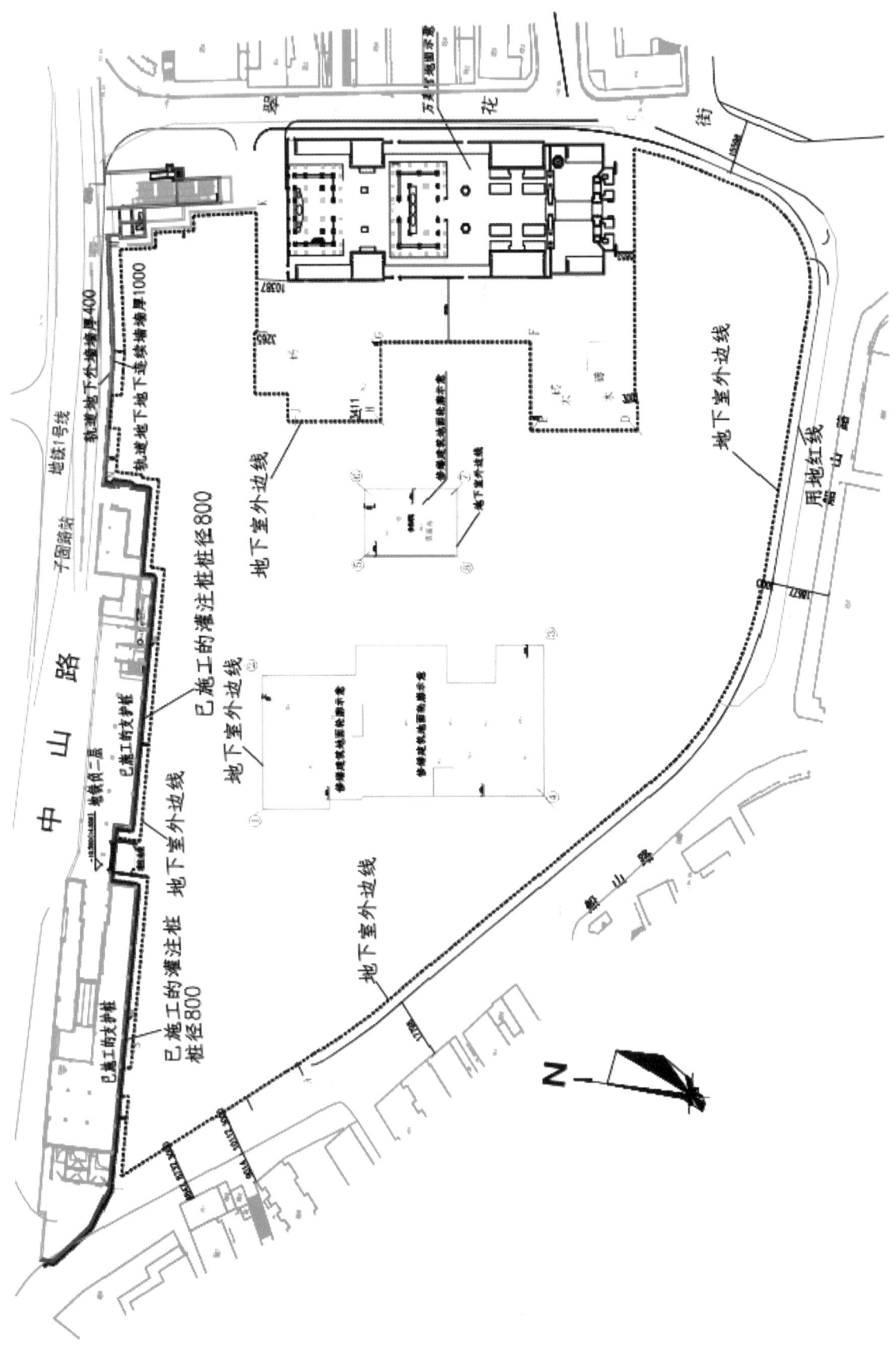

附图 1 基坑周边环境图

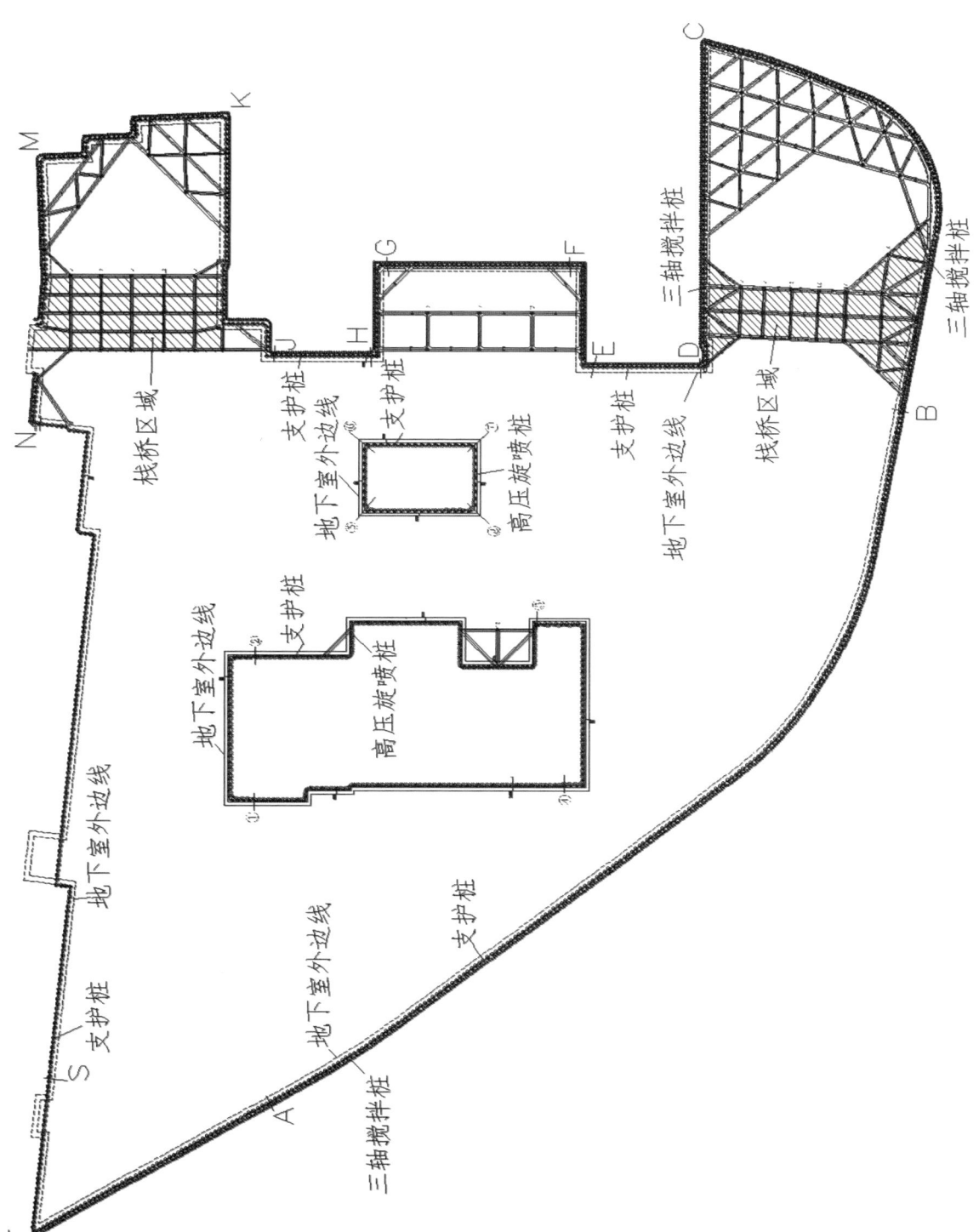

附图2 围护结构及第一、二道支撑平面布置图

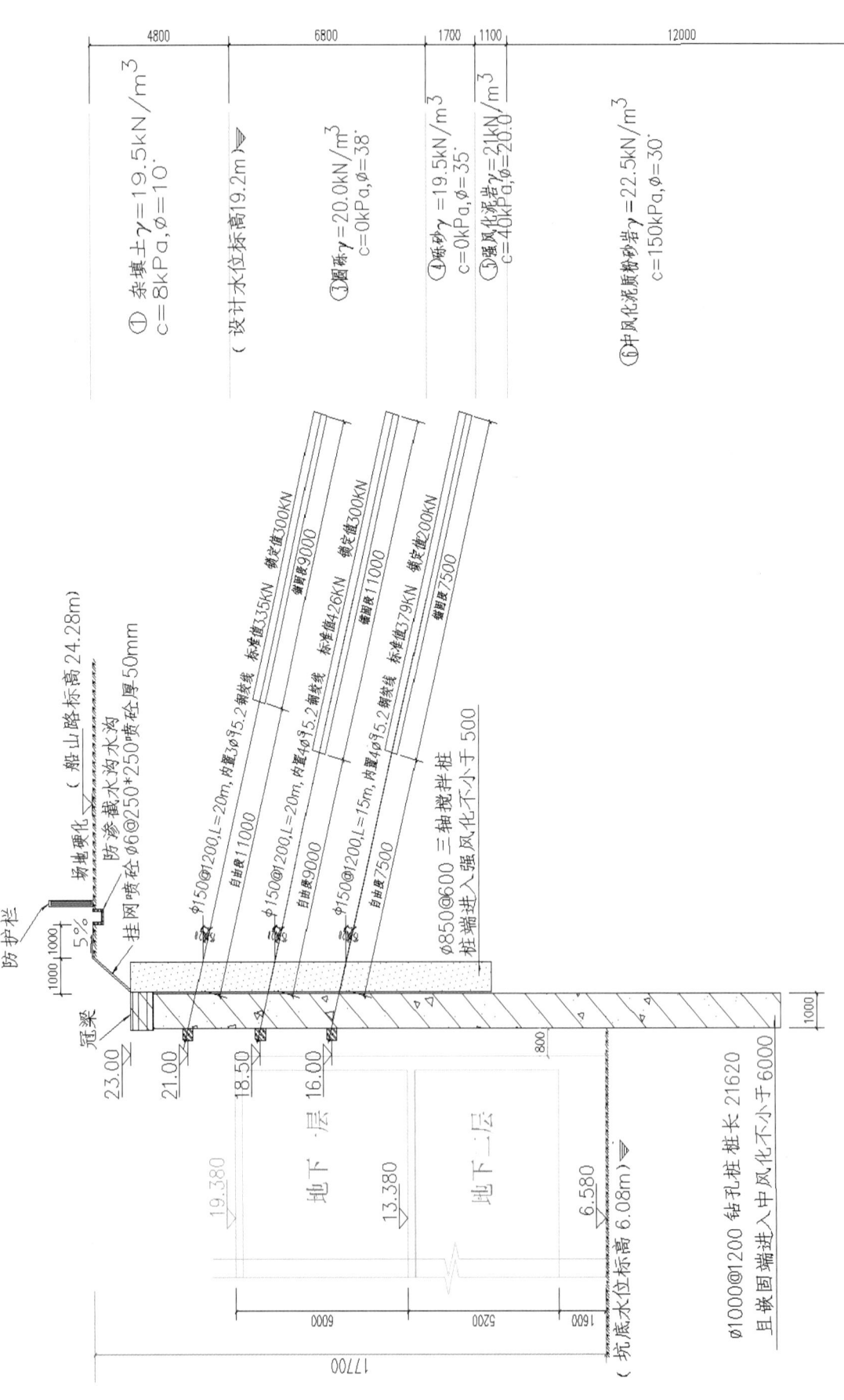

附图 3 T-A 段支护桩剖面图

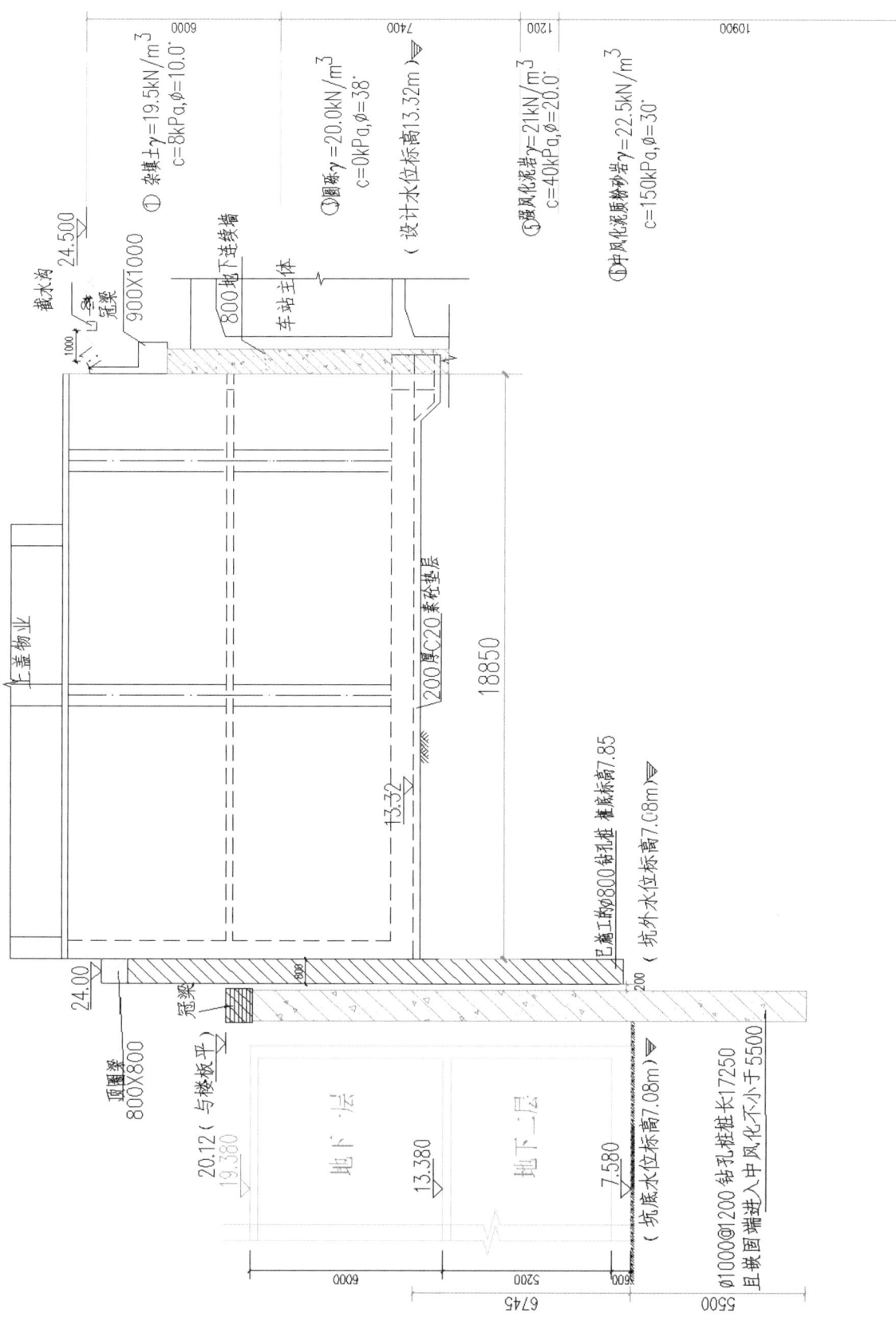

附图 4 N-S 段支护桩剖面图

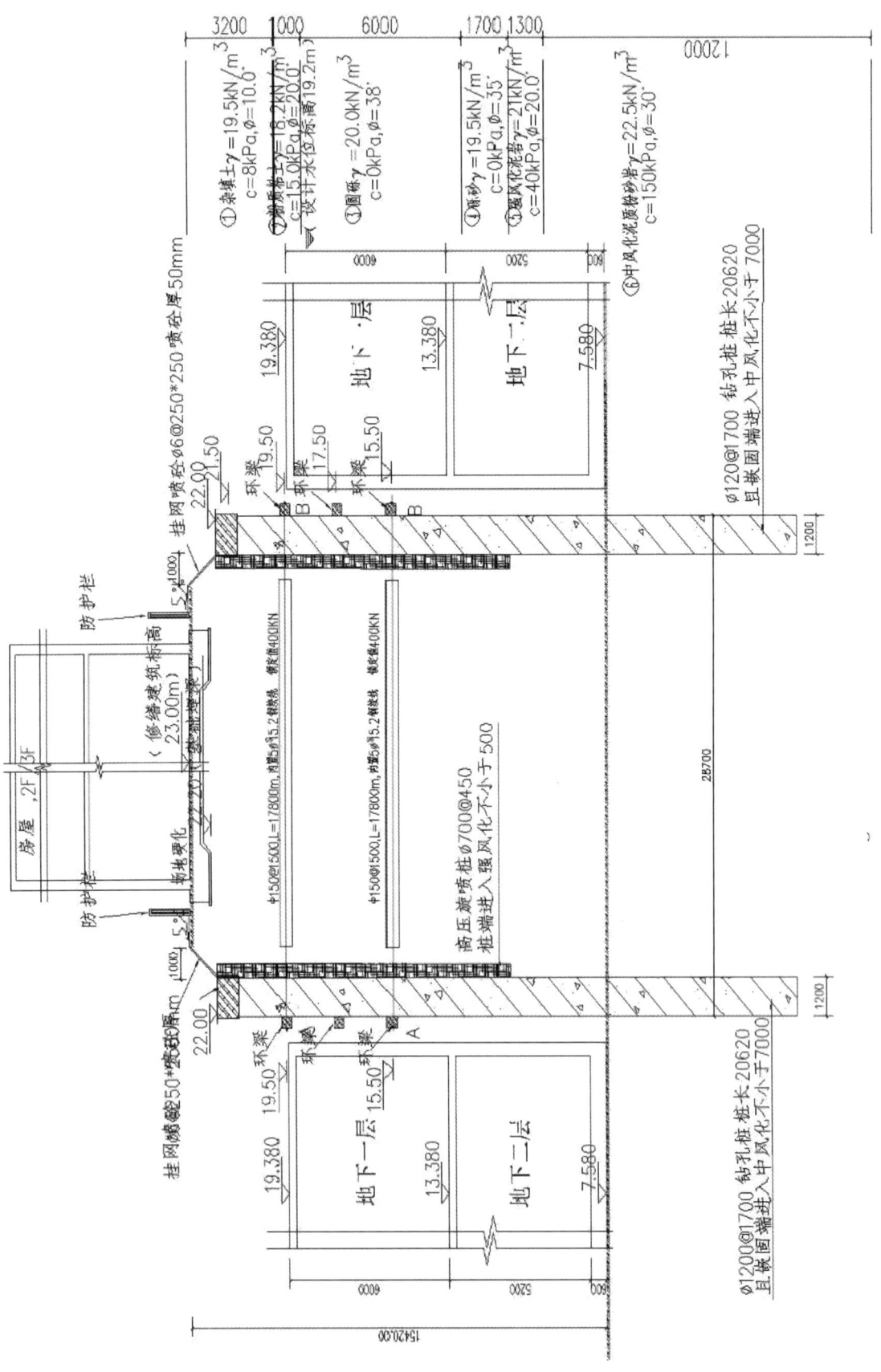

附图5 D-E、F-G段支护桩剖面图

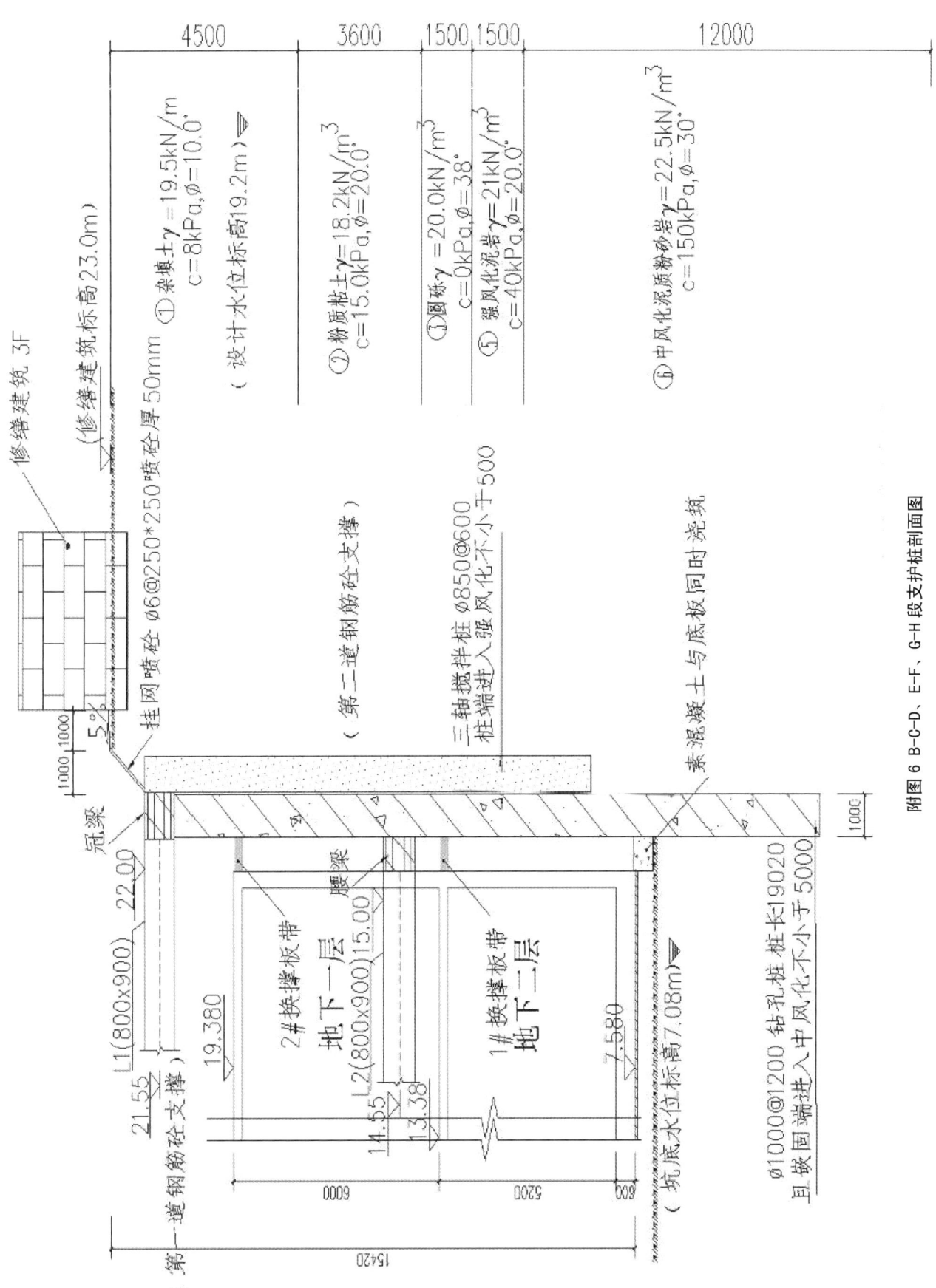

附图 6 B-C-D、E-F、G-H 段支护桩剖面图

3.2.5 南昌市超大型商业城项目深基坑工程

设计单位：江西省建筑设计研究总院

审图单位：江西南大建筑施工图设计审查中心

3.2.5.1 工程概况

该商业城项目位于南昌市洪城路南侧、十字街东侧、长青国贸广场西侧。整个项目基坑划分为5个部分，分块分时段施工。1#与3#基坑总面积约60000m²，周长约1075m；2#基坑面积约4432m²，周长约346m；4#基坑面积约4937m²，周长约301m；5#基坑面积约15675m²，周长约488m。

本工程±0.000=25.500，基坑开挖深度14.2~20.135m，详见表3.2-9。1#基坑面积较大。基坑周边环境条件较为敏感，周边存在大量浅基础的多层建筑，距离基坑边较近，且基坑北侧洪城路为市政主干道路，车流量、人流量大，道路下面埋设有大量市政管线，具有较高的保护要求。同时，1#基坑东北角与地铁线路及盾构机端口相交，存在较大施工难度。本基坑支护结构安全等级为一级，重要性系数为1.1。

表3.2-9 基坑工程概况

剖面	地面标高（m）	承台垫层底标高（m）	开挖深度（m）
O-P1	25.00	9.3	15.7
P-P1	25.00	地铁底标高4.864	20.135
P-A	25.00	10.0	15.0
A-A1	24.00	10.0	14.0
A1-B	24.00	7.8	16.2
B-Q	23.50	7.8	16.0
B-B1-C	23.50	14.1	9.5
C-D-E、B1-X	23.50	14.1	9.5
E-F	23.50	地铁底标高4.124	19.4
F-F1-G	23.50	地铁底标高4.124	19.4
X-F2-F3-F4	23.50	4.124	19.4
F4-R	23.50	7.274	16.226
R-Q（1#基坑）	23.50	7.274	16.226
G-G1	23.50	9.3	14.2
G1-H-6	23.50	9.3	14.2
7(T)-J	23.50	9.3	14.2
J-K-M	26.500	9.3	17.2
M-N-O	26.500	9.3	17.2
N-T-J	26.50	9.3	17.2
Q-X-E(坑内高差)	14.10	4.104	10.0

3.2.5.2 周边环境概况

基坑周边环境如图3.2-22所示，具体内容见表3.2-10。

表 3.2-10 基坑周边环境概况

基坑支护段	地下室边线距用地红线	其他情况
基坑北侧	约 5m	局部的地方，施工前红线需向外扩至 5m。邻近洪城路，东西走向，路宽约 50m，路面标高约 24.5~26.5m。靠基坑侧道路下埋部分市政管线。
基坑东侧	最近约 5m	邻近国贸广场（23~30层）、南昌第十六中学（2~7层）、九四医院（2~25层）。国贸广场采用桩基础形式，地下室出入口距离基坑红线最近约 14m；南昌第十六中学建筑采用浅基础形式，距离红线最近约 9m；九四医院 25 层建筑采用桩基础形式，距离红线最近约 21m。
基坑南侧	最近约 5m	南侧分布有大量 1~4 层砖混结构建筑，距离基坑最近处约 3m。部分建筑物外观陈旧，整体性较差，对变形非常敏感，保护要求较高。民房在基坑开挖之前会拆除，故按照无民房的情况下进行设计。
基坑西侧	约 5m	局部的地方，施工前红线需向外扩。西侧现存多栋 2~8 层砖混建筑，主要为居民住房，距离基坑最近约 3.5m。居民住房主要采用浅基础形式，基础埋深 1.0~1.5m。建筑整体性较差，对变形非常敏感，保护要求很高。

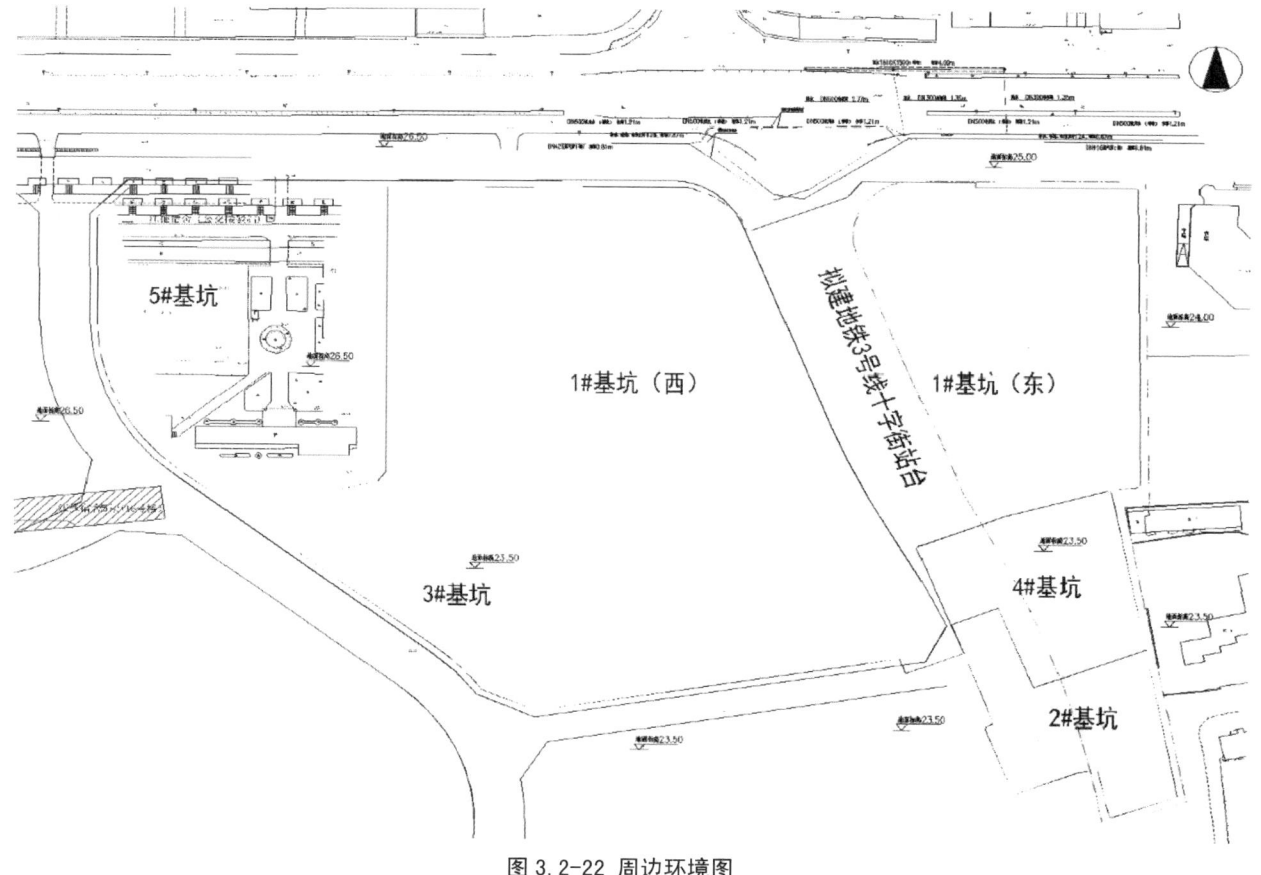

图 3.2-22 周边环境图

综上所述：基坑西侧分布有大量多层砖混结构建筑，多为浅基础形式，对变形较为敏感，距离基坑较近，环境保护要求较高；基坑东侧分布有多幢高层建筑，桩基础形式，距离基坑较近，环境保护要求较高；基坑北侧洪城路为市政主干道路，道路下埋设有大量市政管线，距离基坑较近，基坑实施阶段应做好对道路和管线的保护；经业主确认，部分位于红线内的管线将在基坑实施前进行迁移。基坑西侧和南侧局部有大量建筑垃圾堆载，应在本基坑土方施工前清理完毕，避免堆载过高，对基坑安全造成影响。

3.2.5.3 工程地质水文地质条件

（1）工程地质：

现场地质条件比较复杂。根据现场钻探、原位测试及室内土工试验资料，将勘探范围内的岩土按照时代成因及物理力学性质划分为9层，共13个亚层。土层自上而下分别为：杂填土、素填土、淤泥质粉质黏土、中砂、圆砾、砾砂、圆砾、强风化泥质粉砂岩、中风化泥岩、中风化泥质粉砂岩。其中⑨-1中风化泥质粉砂岩、⑨-2中风化泥岩，为相对软弱岩体，整体岩层未见洞穴、临空面、破碎岩体。⑨-3中风化泥岩、⑨-4中风化泥质粉砂岩，岩体较完整性质较好且稳定。基坑开挖影响范围内13个土层主要物理力学性质指标护以及设计参数见表3.2-11、表3.2-12，典型地质剖面图如图3.2-23所示。

（2）水文地质条件

场地上部覆盖层分布有较厚的填土，中部有较厚的砂层及圆砾，下部基岩为强风化及中风化岩层。砂层含水量丰富，透水性较强，与周边水系水力联系密切。基坑坑外水位按照勘察期间最高水位15.0m上涨2m基础上进行设计，即基坑外设计水位17.0m。

表3.2-11 各岩土层物理力学指标一览表

地层序号	土层序号	岩土层名称	天然重度 γ(kN/m³)	抗剪强度（快剪）		抗剪强度(固结快剪)		渗透系数 K（cm/s）	锚杆的极限黏结强度标准值 q_{sk}（kPa）
				黏聚力 C（kPa）	内摩擦角 φ（°）	黏聚力 C（kPa）	内摩擦角 φ（°）		
1	①-1	杂填土	16.0	6.0	8.0	/	/		
2	①-2	素填土	16.5	8.0	12.0	/	/	3.0×10^{-5}	30
3	②	淤泥质粉质黏土	17.1	3.8	4.7	/	/	3.0×10^{-6}	20
4	③	粉质黏土	19.7	23.70	14.51	43.55	17.43	1.5×10^{-6}	65
5	④	中砂	19.0	0	30.0	/	/	3.0×10^{-2}	70
6	⑤	圆砾	19.5	0	38.0	/	/	9.0×10^{-2}	120
7	⑥	砾砂	19.6	0	35.0	/	/	8.5×10^{-2}	110
8	⑦	圆砾	19.5	0	38.0	/	/	9.0×10^{-2}	120
9	⑧	强风化泥质粉砂岩	19.8	120	30.0	/	/		180
10	⑨-1	中风化泥质粉砂岩	20.0	250	35.0	/	/		200
11	⑨-2	中风化泥岩	20.0	280	35.0	/	/		200

表 3.2-12 各岩土层承载力特征值 f_{ak} 及其他物理力学指标值

地层编号	土层名称	承载力特征值 (kPa)	压缩/变形模量 (MPa)	抗拔系数 λ	负摩阻力系数 ζ_n	饱和单轴抗压强度标准值(MPa)
①-1	杂填土	75	/	/	/	/
①-2	素填土	80	/	0.5	/	/
②	淤泥质粉质黏土	50	3.28/	0.5	0.20	/
③	粉质黏土	160	5.70/	0.7	/	/
④	中砂	160	/18	0.55	/	/
⑤	圆砾	240	/25	0.6	/	/
⑥	砾砂	260	/25	0.6	/	/
⑦	圆砾	300	/30	0.6	/	/
⑧	强风化泥质粉砂岩	350	/	/	/	/
⑨-1	中风化泥质粉砂岩	500	/	/	/	3.7
⑨-2	中风化泥岩	600	/	/	/	4.0
⑨-3	中风化泥岩	1800	/	/	/	9.8
⑨-4	中风化泥质粉砂岩	1800	/	/	/	9.8

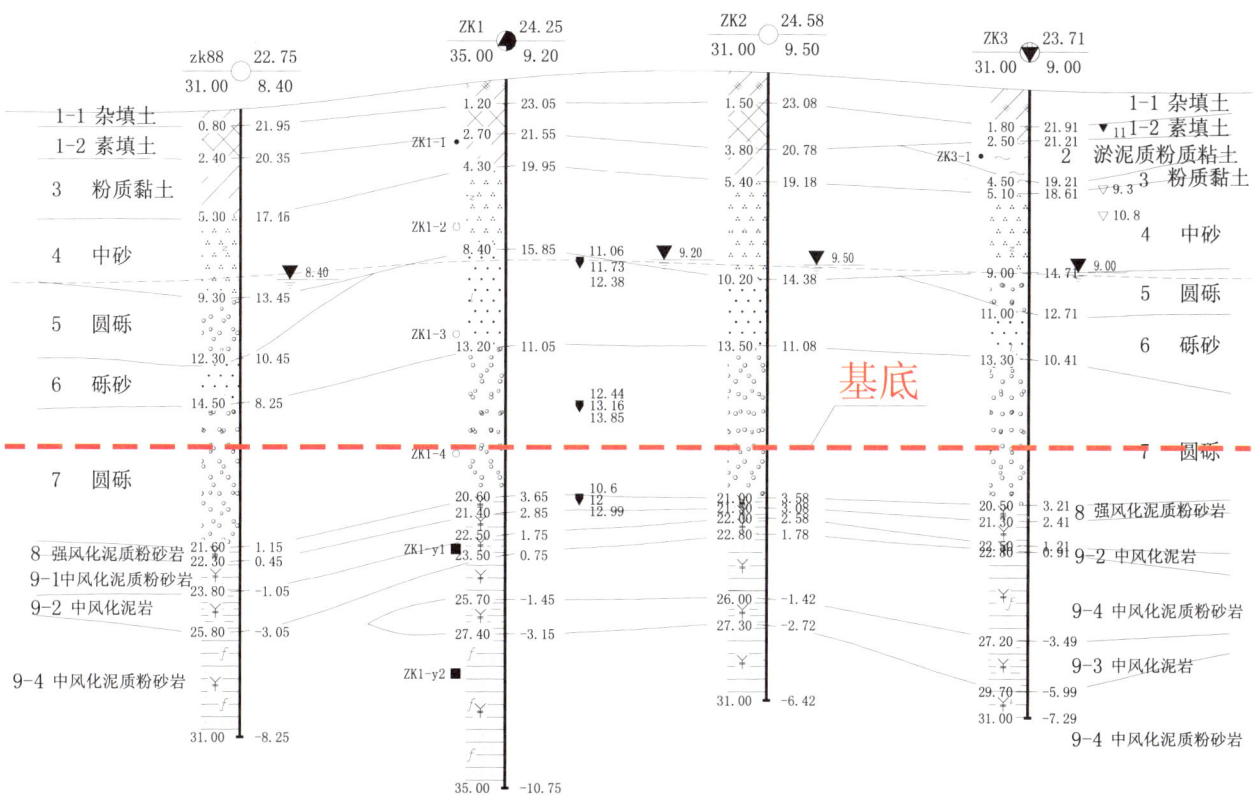

图 3.2-23 基坑北侧洪城路下典型地质剖面

3.2.5.4 基坑工程总体方案选型

（1）基坑特点及重点：

①基坑开挖面积大，开挖深度大，周边环境较为复杂。需采取有效的变形控制措施来确保周边环境的安全。

②基坑开挖深度范围内分布有较厚的砂层及圆砾，含水量丰富，透水性很强，与赣江及抚河水力联系密切。故需采取有效的隔水措施。

（2）总体方案选型分析：

由于正盛·太古港商业城工程地下室面积较大，开挖较深，属深大基坑工程，故采用分期分块开挖的方案：1#和2#基坑同时开挖，待1#和2#基坑回填完毕后再开挖4#基坑，3#和5#根据拆迁进度选择性开挖，坑与坑之间设置临时隔断围护桩。

（3）支护结构选型：

基坑周边环境保护要求高，基坑开挖深度范围内存在较厚的砂层，地下水水量十分丰富，渗透性较强，与赣江直接连通。因此，本工程一方面需选用可靠的支护结构控制基坑变形，另一方面需采取可靠的隔水措施以确保基坑及周边环境的安全。围护结构可供选择的有钻孔灌注桩、地下连续墙等。

①钻孔灌注桩+三轴搅拌桩+锚索：

施工工艺成熟，可在较深的基坑工程中使用，抗侧刚度较大，对于本工程基坑来说，可有效地控制基坑工程开挖阶段围护体的变形，保护周边环境。

②钻孔灌注桩+三轴搅拌桩+内支撑：

钻孔灌注桩+三轴搅拌桩+内支撑较安全，费用比钻孔灌注桩+锚索+三轴搅拌桩偏高一点、施工周期长，内支撑不利于土方开挖及地下室主体结构施工，安全性高，本工程工期允许采用。

③地下连续墙+内支撑：

地下连续墙+支撑很安全，施工周期很长，且不利于土方开挖。地下连续墙+内支撑与桩+三轴搅拌桩+内支撑对比，从经济上考虑，地下连续墙+内支撑费用很高，本工程不采用。

经比较分析，本基坑适合部分采用钻孔灌注桩排桩+三轴搅拌桩+砼内支撑、部分采用钻孔灌注桩+三轴搅拌桩+锚索的设计方案。

（4）基坑降排水方案：

基坑内地下水受赣江影响很大，采用降水井降水难度相当大，且对周边道路及民房影响很大。综合考虑本基坑以三轴搅拌桩进行封闭止水，在基坑外围布置减压井，基坑内侧布置疏干井。

3.2.5.5 基坑支护方案说明

（1）水平支撑结构：

本工程基坑东侧部分的1#、2#、4#基坑，以及3#基坑设置两道至三道钢筋混凝土支撑，采用对撑与角撑结合边桁架的布置形式。跨中以对撑为主，对撑尽量与邻近建筑基础边线垂直布置。钢筋混凝土支撑的混凝土等级为C30，钢筋保护层厚度30mm。第一道支撑中心绝对标高22.50m，第二道支撑中心标高16.10m，第三道支撑中心标高11.90m。基坑西侧部分设置三锚索进行支护，第一道锚索低于地面标高约3.0m，锚索长度20~25m。支撑及锚索平面布置图如附图1、附图2、附图3所示。

（2）竖向支承结构：

本工程东侧部分以钢立柱及柱下钻孔灌注桩作为水平支撑的竖向支承构件。钢立柱采用 4L200×20

角钢，截面为 500×500，型钢型号为 Q235。钢立柱插入钻孔灌注立柱桩不小于 4m，立柱桩桩径 1000mm，桩底嵌入中风化岩层不小于 5D（D 为立柱桩桩径），桩身混凝土等级为 C30，主筋保护层厚度 70mm。

（3）典型剖面：

①1#基坑与 3#基坑：

1#基坑与 3#基坑东侧与地铁线路及盾构机端口相交，最大开挖深度超过 16m，地下室边线距红线约 5m，且土质偏差。且由于周围房屋众多，地下室及基础下桩基础的存在，锚索无法施工，故采用排桩+三道内支撑（部分两道）进行支护，详见附图 4（a）。基坑西侧最大开挖深度超过 17m，按照无房屋设计，除因阳角处锚索交叉，影响质量，故采用排桩+内支撑进行支护外，均采用排桩+锚索进行支护。该区典型剖面附图 4（b）。

②2#基坑与 4#基坑：

2#基坑与 4#基坑相邻，除 F4-R 段为十字街地铁中间段，采用排桩+两排锚索进行支护外，均采用排桩+两道内支撑进行支护。这部分基坑最大开挖深度超过 19m，且土质较差。该区典型剖面如附图 5（a）。

③5#基坑：

5#基坑开挖相对滞后，开挖深度 17.2m，周边均为道路，且土质偏差，经分析，采用排桩+锚索进行支护。该区典型剖面如附图 5（b）。

（4）相关分析结果：

支护方案采用理正深基坑软件设计，其支护侧壁安全系数的计算结果如表 3.2-13 所示。

表 3.2-13 支护侧壁安全系数计算结果

分段	抗倾覆安全系数	最大位移	最大沉降
O-P1 段	2.978≥（1.25）	8.66≤（30.0）	11.00≤（30.0）
P1-P 段	2.108≥（1.25）	14.73≤（30.0）	18.00≤（30.0）
P-A 段	1.979≥（1.25）	11.45≤（30.0）	15.00≤（30.0）
A-A1 段	1.982≥（1.25）	11.78≤（30.0）	15.00≤（30.0）
A1-B 段	1.432≥（1.25）	11.72≤（30.0）	18.00≤（30.0）
B-Q 段	1.386≥（1.25）	13.89≤（30.0）	19.00≤（30.0）
B-B1-C、C-D-E、B1-X 段	3.02≥（1.25）	10.58≤（30.0）	13.00≤（30.0）
E-F-F1-G、X-F2-F3-F4 段	2.398≥（1.25）	25.07≤（30.0）	27.00≤（30.0）
F4-R 段	2.197≥（1.25）	29.7≤（30.0）	40.00≥（30.0）（局部）
R-Q 段	2.799≥（1.25）	9.03≤（30.0）	11.00≤（30.0）
G-G1 段	1.716≥（1.25）	13.43≤（30.0）	16.00≤（30.0）
G1-H-6 段	1.628≥（1.25）	15.04≤（30.0）	22.00≤（30.0）
7(T) -J 段	1.978≥（1.25）	13.75≤（30.0）	16.00≤（30.0）
6-J 段	6.275≥（1.25）	9.13≤（30.0）	13.00≤（30.0）
M-N-O 段	1.968≥（1.25）	25.27≤（30.0）	37.00≤（40.0）
M-N-O 段	1.965≥（1.25）	25.36≤（30.0）	36.00≤（40.0）
N-7（T）段	1.554≥（1.25）	26.2≤（30.0）	31.00≤（40.0）
4-5 段	2.708≥（1.25）	4.99≤（30.0）	7≤（30.0）

采用同济启明星基坑开挖环境影响分析软件对基坑开挖环境影响进行数值分析，基坑开挖环境影响分析结果见表3.2-14。

表3.2-14 基坑开挖环境影响分析结果

	计算值	允许值	是否满足
围护结构侧移(mm)	15.8	30	满足
地表沉降(mm)	20.3	30	满足
管线1沉降(mm)	18.8	30	满足
管线2沉降(mm)	17.9	30	满足

3.2.5.6 监测内容及方案

监测技术要求、测点设置、监测周期与监测频率同类似工程，此略。

3.2.5.7 评述

该商业城项目地下室面积非常大，因此划分为5个部分，分块分时段施工，有利于进度控制及支护设计分段。其中1#与3#基坑总面积约60000m²，周长约1075m；2#基坑面积约4432m²，周长约346m；4#基坑面积约4937m²，周长约301m；5#基坑面积约15675m²，周长约488m。基坑开挖很深，达到14.2～20.135m。基坑周边环境条件较为敏感，周边存在大量浅基础的多层建筑，距离基坑边较近，且基坑北侧洪城路为市政主干道路，车流量、人流量大，道路下面埋设有大量市政管线，具有较高的保护要求。同时，1#基坑东北角与地铁线路及盾构机端口相交，存在较大施工难度。所以采用分期分块开挖方案是合理的，既能灵活运用支护形式，也能缩短分块基坑的服务周期，控制工程风险。场地范围内的岩土按照时代成因及物理力学性质划分为9层，共13个亚层。土层自上而下分别为：杂填土、素填土、淤泥质粉质黏土、中砂、圆砾、砾砂、圆砾、强风化泥质粉砂中风化岩层；砂岩、层含水量丰富，透水性较强，与周边水系水力联系密切，表明地质条件比较复杂。基坑坑外水位按照勘察期间最高水位15.0m上涨2m基础上进行设计，即基坑外设计水位17.0m。所以设计控制关键点是需采取有效的变形控制措施来确保周边环境的安全、需采取有效可靠的对高富水砂砾层的隔水措施。本基坑部分采用钻孔灌注桩排桩+三轴搅拌桩+砼内支撑、部分采用钻孔灌注桩+三轴搅拌桩+锚索的设计方案，在基坑外围布置减压井，基坑内侧布置疏干井，是比较适合的。

附图

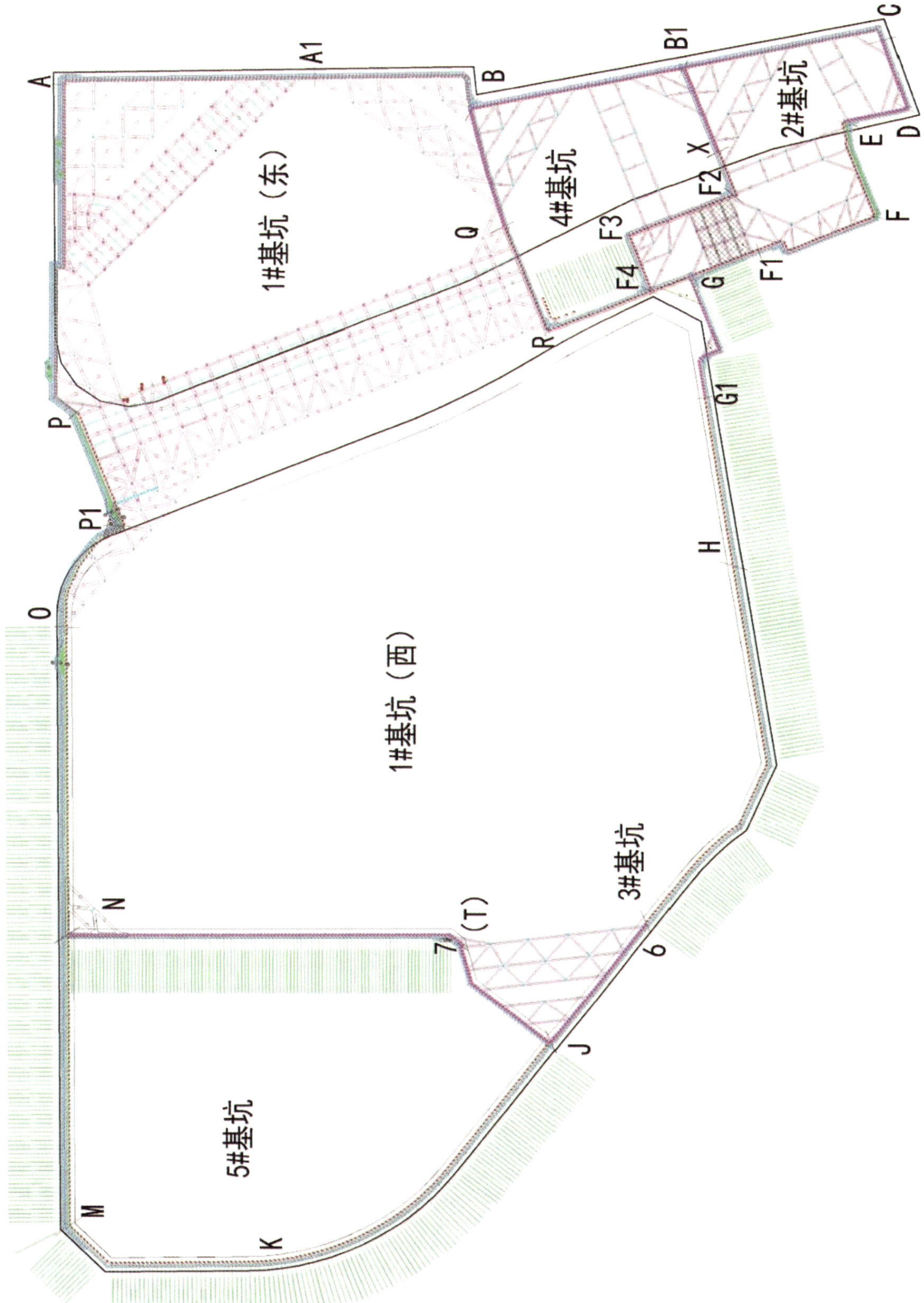

附图1 第一道支撑

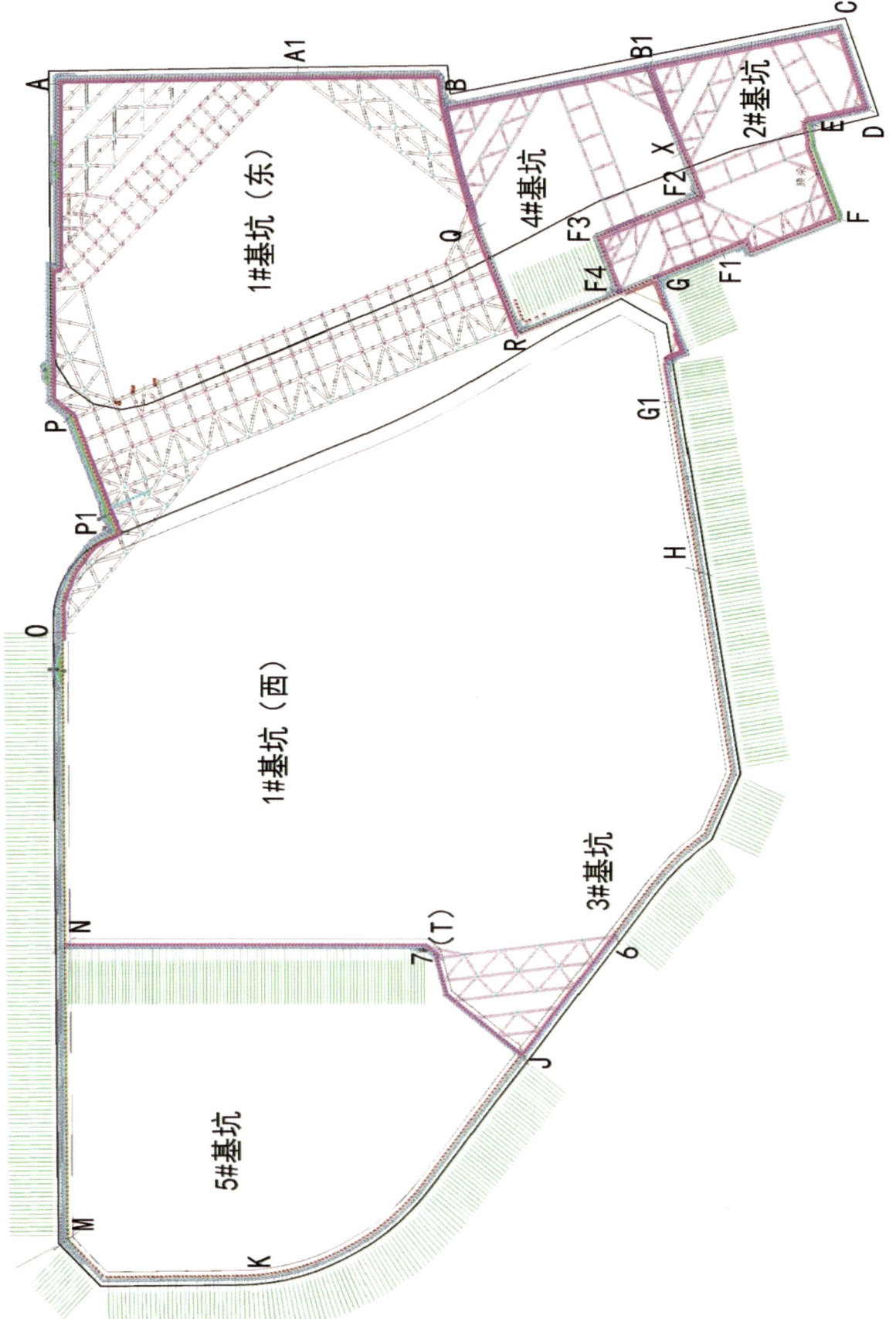

附图 2 第二道支撑

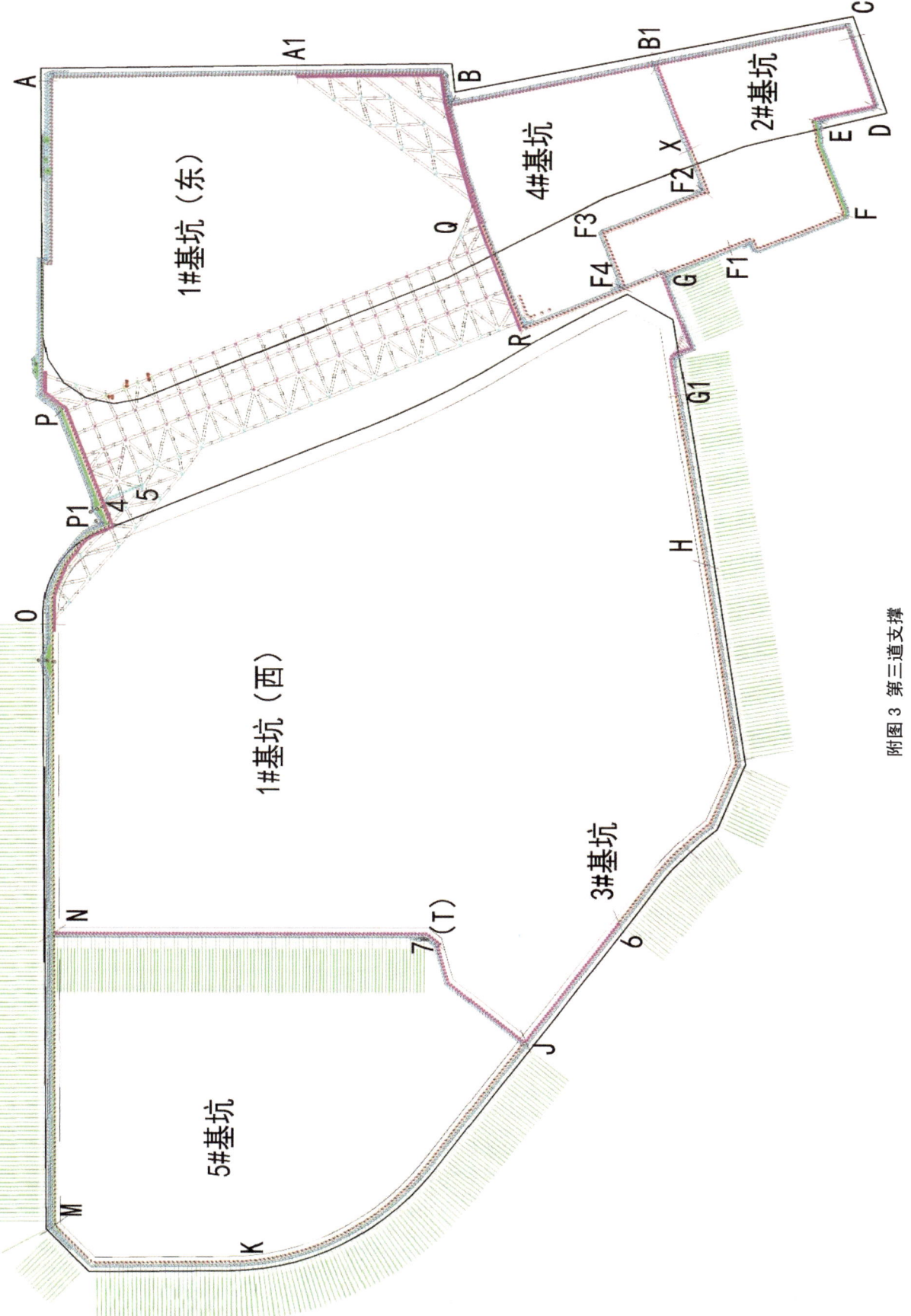

附图 3 第三道支撑

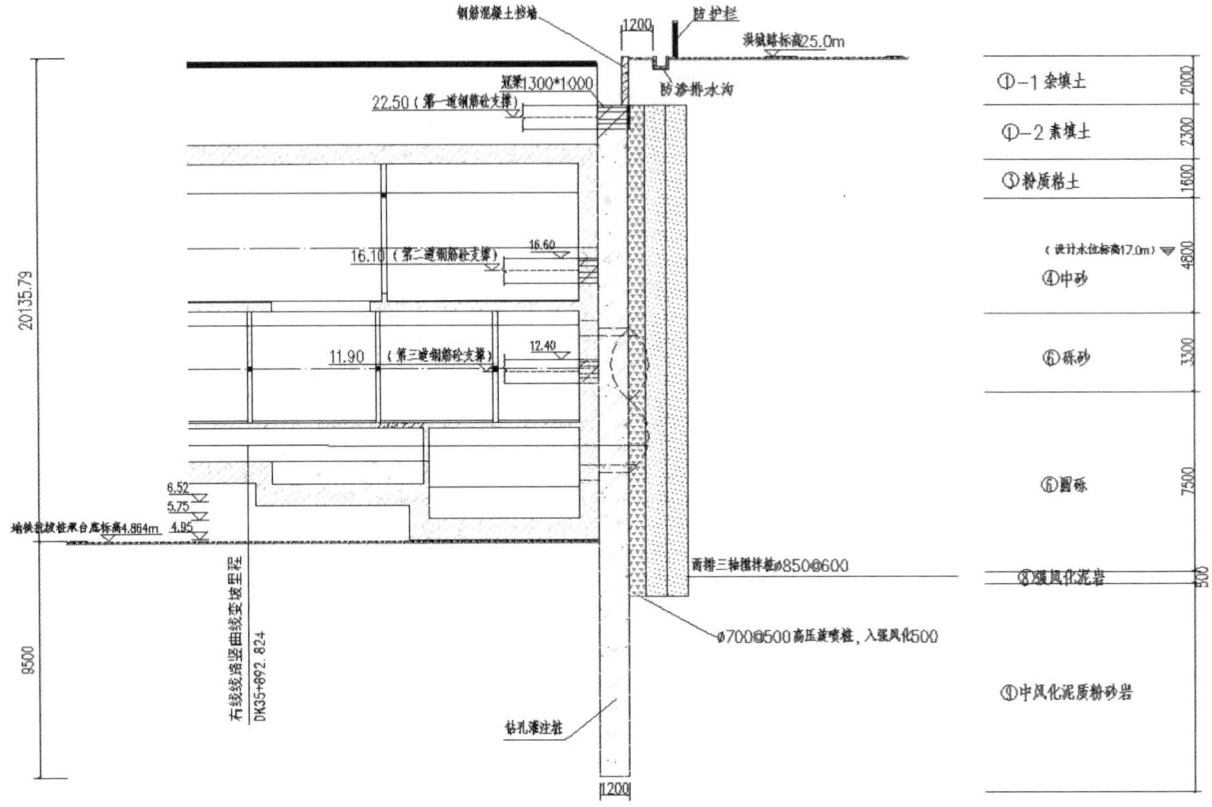

(a) P1-P 段剖面图

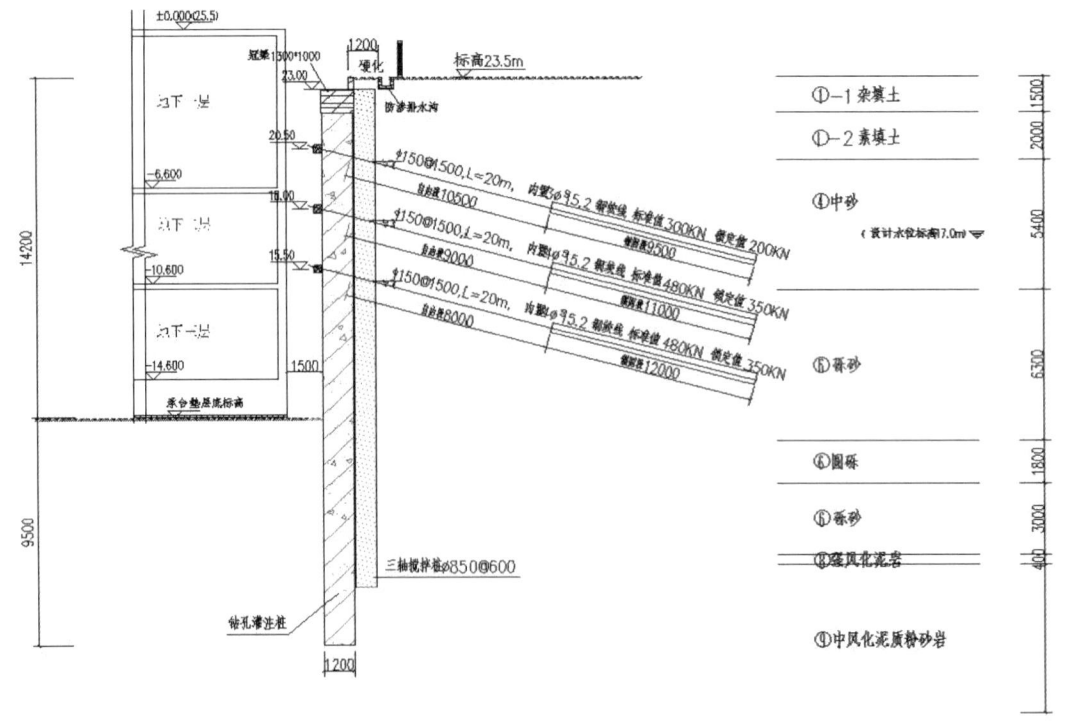

(b) G1-H-6 段剖面图

附图 4 典型剖面图（一）

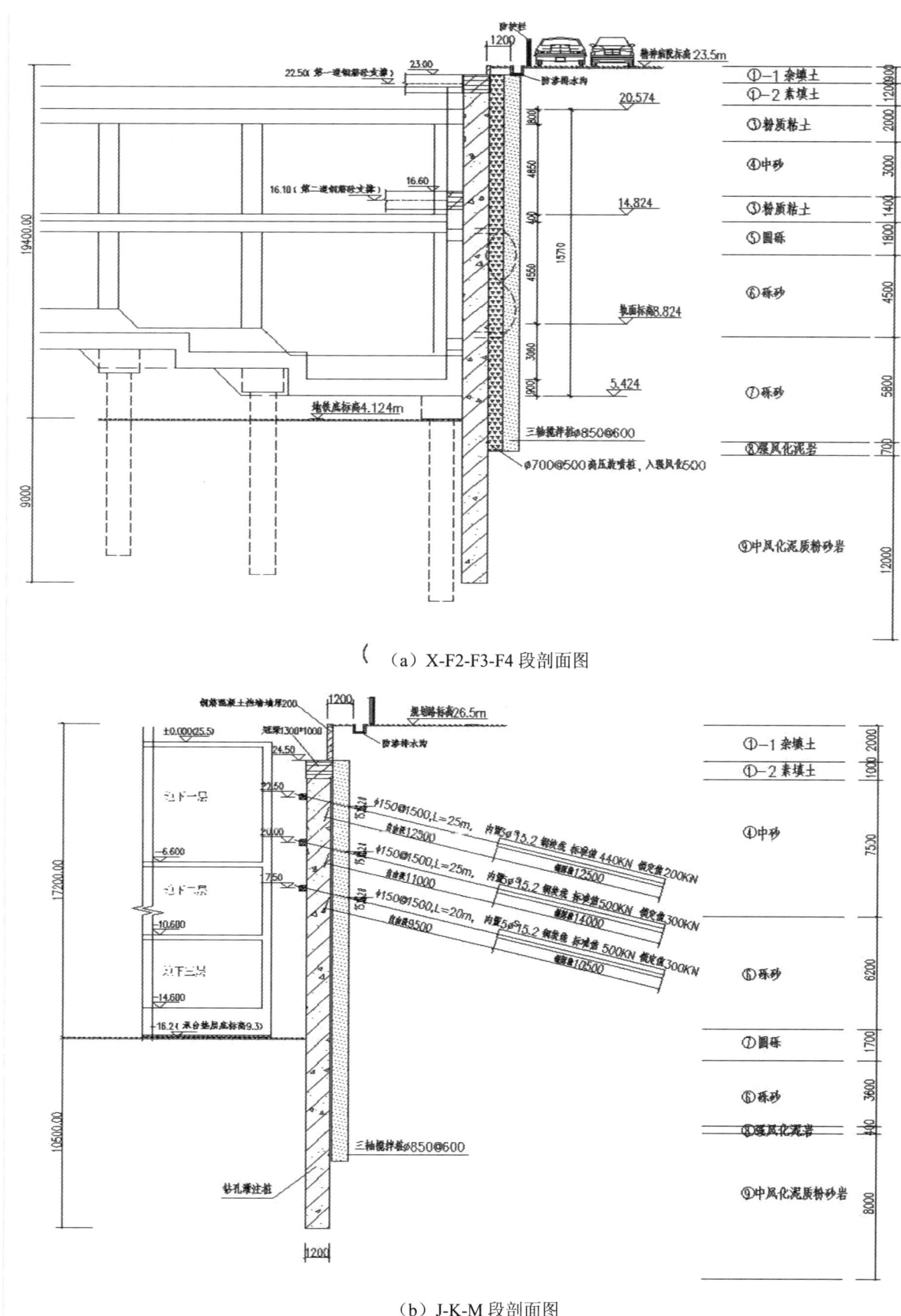

(a) X-F2-F3-F4 段剖面图

(b) J-K-M 段剖面图

附图 5 典型剖面图（二）

3.3 土钉支护或上部土钉、下部桩锚深基坑工程

3.3.1 综合支护形式在同一深基坑工程中的运用

设计单位：中国瑞林工程技术有限公司
审图单位：江西省众博工程咨询有限公司

3.3.1.1 工程简介

该项目位于南昌市朝阳洲片区云锦路与银环路交汇处的东南角，项目主体结构为1栋商业综合体，高4层，总用地面积约56000m²，±0.000=21.10m（黄海高程），一层地下室，基坑底高程15.220m。场地整平高程为20.30m，基坑开挖深度为5.1~7.4m，周长900m，面积32000m²。

3.3.1.2 周边环境状况

基坑周边环境图如图3.3-1所示，基本情况见表3.3-1。

表3.3-1 基坑周边环境状况

基坑支护段	基坑底边线距用地红线	其他情况
基坑北侧	最近约14.1m	临近云锦路，路宽约36m，路面标高20.0m左右，道路边线距基坑底边线最近约23.5m。
基坑东侧	约3.3m	为一未硬化的临时道路，道路东侧为东亚朝阳SOHO，建筑采用桩基础形式，基坑底边线距建筑边线最近为34.3m。
基坑南侧	最近约64.8m	邻近观洲街，路宽约18m，路面标高20.0m左右，道路边线距基坑底边线最近约68.8m。
基坑西侧		邻近经整治后的南桃花河支渠，现状河道宽度约为6.0m，河道边线距离红线最近处10.0m，最远处约20.0m。

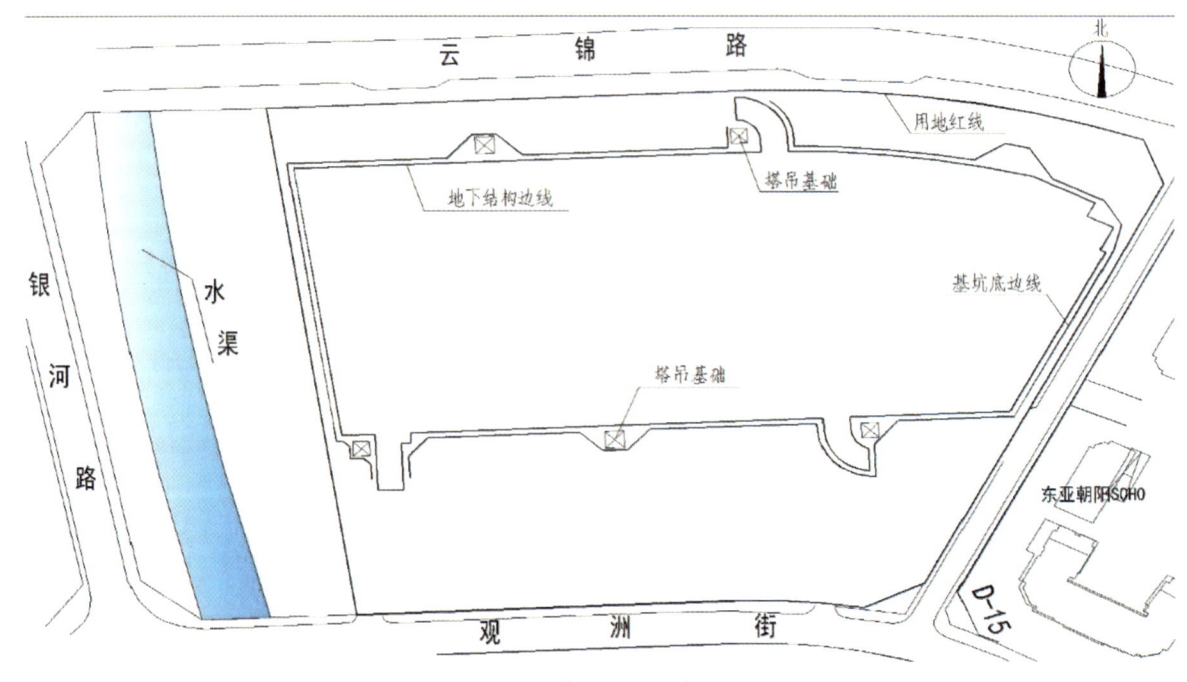

图3.3-1 基坑周边环境图

3.3.1.3 工程地质水文地质条件

勘察表明，场地勘察深度内岩土体名称及其地质年代为：①-1 层素填土（Q_4^{ml}），①-2 层淤泥质黏土（Q_4^h）；往下为第四系全新统冲洪积层②层粉质黏土（Q_4^{al}）、③层中砂（Q_4^{al}）、④层粗砂（Q_4^{al}）、⑤层砾砂（Q_4^{al}）、⑥层圆砾（Q_4^{al}）；下伏基岩为第三系新余群泥质粉砂岩（E_{1-2}），包括⑦层强风化泥质粉砂岩、⑧层中风化泥质粉砂岩、⑧-1 层青灰色泥岩。各土层自上而下分述如下：

（1）①-1 层素填土：灰黄、黄褐、红褐等杂色，主要由中粗砂及少量黏性土组成，稍湿，松散状态，堆填年限不超过 5 年，为新近填土，尚处于欠固结状态。

（2）①-2 层淤泥质黏土：灰黄，局部灰黑色，含有大量植物根系及少量砂砾石，湿，软塑状态。

（3）②层粉质黏土：灰黄、灰褐色，以黏性土为主，局部含少量铁锰质结合及小粒径砂砾石，稍湿，可塑状态，无摇振反应，切面稍有光泽，干强度中等，韧性中等。

（4）③层中砂：灰黄、浅黄色，稍湿，稍密状态，颗粒较均匀，顶部含泥质，颗粒较细，呈含泥细砂状，底部粒径渐粗，近中粗砂，颗粒级配不良。

（5）④层粗砂：浅黄、黄褐色，黏粒含量较少，颗粒级配不良，稍湿，稍密状态。

（6）⑤层砾砂：浅黄、黄褐色，黏粒含量少，砾石主要由石英及石英长石等岩石碎屑物组成，粒径多为 1~5mm，大可达 10mm 以上，颗粒级配较好，湿至饱和，中密状态，局部颗粒粒径较大，近圆砾状。

（7）⑥层圆砾：浅黄、黄褐色，黏粒含量少，砾石主要由石英及石英长石等岩石碎屑物组成，粒径多为 1~20mm，大可达 30mm 以上，颗粒级配良好，饱和，中密状态，局部因粒径大小变化而相变为砾砂或卵石状。

（8）⑦层强风化泥质粉砂岩：紫红、棕红色，局部青灰色，上部 1~2m 岩石风化程度较高，岩芯多呈坚硬土柱状及碎块状，岩块一般手可折断甚至捏碎，以下渐向中风化层过渡，泥质胶结，岩层构造不甚清晰，层理可辨，发育有较多节理裂隙，裂隙为钙质充填。遇水易软化、崩解，岩芯多呈碎块状、薄饼状、局部短柱状，岩块手可折断甚至捏碎，钻探取芯率约 70%，RQD 值 30%~40%。岩体完整程度属极破碎，岩石坚硬程度属极软岩，岩石基本质量等级为 V 类。

（9）⑧层中风化泥质粉砂岩：棕红、紫红色，岩层结构、构造层理清晰，节理裂隙局部发育，岩芯稍完整，岩芯多呈 10~50cm 的中、长柱状，含长石、石膏等矿物质，岩石表面有少量溶蚀孔洞发育，孔洞大小多为 1cm 左右。钻探取芯率 95% 左右，RQD 值为 65%~80%。岩体完整程度属较完整，岩石坚硬程度属软岩，岩石基本质量等级为 IV 类。勘察期间该层未发现有空洞及破碎带分布。

（10）⑧-1 层青灰色泥岩：青灰色，泥质胶结，块状构造，岩层层理清晰，含长石、石膏等矿物质，岩石表面有少量溶蚀孔洞发育，大小多为 1cm，局部大可达 5cm 以上，岩芯多呈碎块状至短柱状，局部长柱状。

各岩土层物理力学指标见表 3.3-2。

表 3.3-2 各岩土层物理力学指标一览表

序号	土层名称	状 态	天然容重 γ（kN/m³）	抗剪强度		变形模量 E_0(MPa)	压缩模量 E_s(MPa)	承载力特征值 f_k(kPa)
				黏聚力 C（kPa）	内摩擦角 φ(°)			
1	①-1层素填土	松散	18.1	10	8	/	/	80
2	①-2层淤泥质黏土	流塑至软塑	17.9	10	5	/	/	80
3	②层粉质黏土	可塑	18.6	20	14	/	5.3	140
4	③层中砂	稍密	18.8	0	25	15.0	/	160
5	④层粗砂	稍密	19.1	0	30	20.0	/	200
6	⑤层砾砂	中密	19.6	0	35	30.0	/	280
7	⑥层圆砾	中密	19.8	0	38	35.0	/	340
8	⑦层强风化泥质粉砂岩	强风化	岩石饱和单轴抗压强度标准值 f_rk=2.0MPa					
9	⑧层中风化泥质粉砂岩	中风化	岩石饱和单轴抗压强度标准值 f_rk=7.3MPa					
10	⑧-1层中风化泥岩(青灰色)	中风化	岩石饱和单轴抗压强度标准值 f_rk=6.0MPa					

3.3.1.4 基坑围护方案

（1）设计控制关键点：

①基坑北侧西段和南侧西段存在①-1层素填土和①-2淤泥质黏土，局部较厚，物理力学性质较差。

②基坑周围环境相对简单，周围环境保护要求不高，稳定性控制是本基坑设计的重点。

③本工程距赣江约1.1km，场地地下水与赣江有一定水力联系，且在基坑西侧紧邻南桃花河支渠，地下水控制受到上部河渠水和联通了赣江地下水的双重影响。

（2）方案设计：

支护结构平面布置详见图3.3-2。

根据基坑开挖深度、周围环境条件以及工程地质条件的不同，将基坑分为如下三种类型：

①北侧的西段及南侧的西段：均存在厚层、松散素填土和软塑状淤泥质土，但周围环境开阔，基坑底边线距红线均超过2倍基坑开挖深度，分别为14.1m和64.8m。

②北侧的东段及南侧的东段：经整平至20.30m后，仅表层有薄层素填土，其余土层力学性能较好，且周围环境开阔，基坑底边线距离红线较远，分别为14.5m和52.7m。

③东侧和西侧：经整平至20.30m后，仅表层存在薄层素填土（约0.5m），其余土层力学性能较好，但基坑底边线距红线较近，分别为3.3m和3.8m。

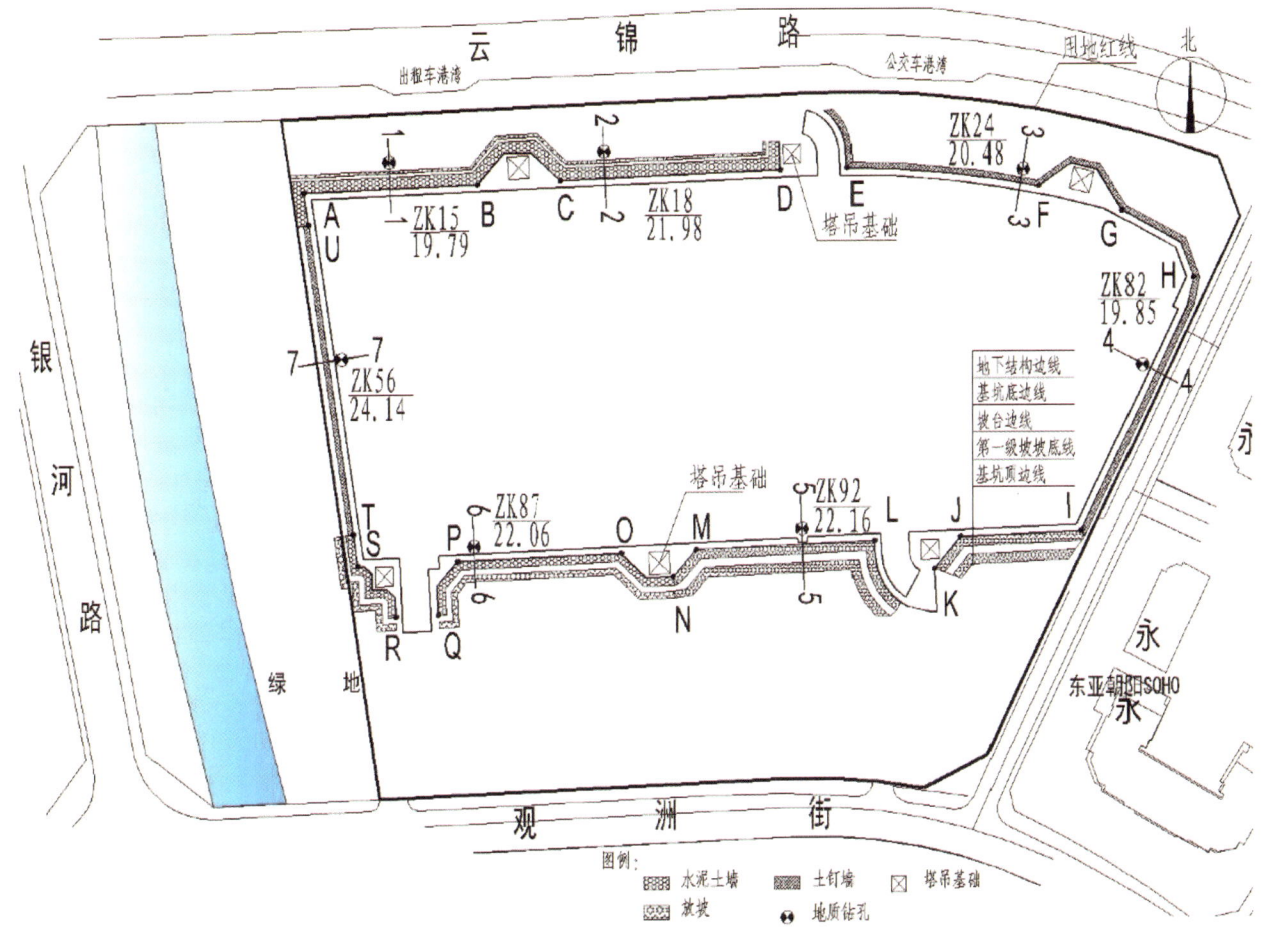

图 3.3-2 基坑支护结构平面布置图

经多方案综合比较,基坑北侧西段、南侧西段采用"水泥土墙"支护;基坑北侧东段、东侧、西侧采用"土钉墙"支护;而具有放坡空间的基坑南侧东段采用"放坡"支护。

具体支护方案如下:

①基坑北侧西段(U~D 段):

水泥土墙采用格栅状结构形式,顶部按 1:1.0 坡率放坡 1.0m,水泥土墙厚 3.85m,UAB 段与 BCD 段嵌固长度分别为 10.6m 和 12.5m,相应的墙体总高度分别为 14.6m 和 16.6m,三轴搅拌桩施工工艺,桩径 0.85m,桩间距 0.60m,搭接长度 0.25m。

②基坑南侧西段(N~T 段):

水泥土墙采用格栅状结构形式,顶部按 1:1.0 坡率放坡 2.0m,水泥土墙厚 2.65m,嵌固长度为 9.5m,墙体总高度 12.6m,三轴搅拌桩施工工艺,桩径 0.85m,桩间距 0.60m,搭接长度 0.25m。详见图 3.3-3。

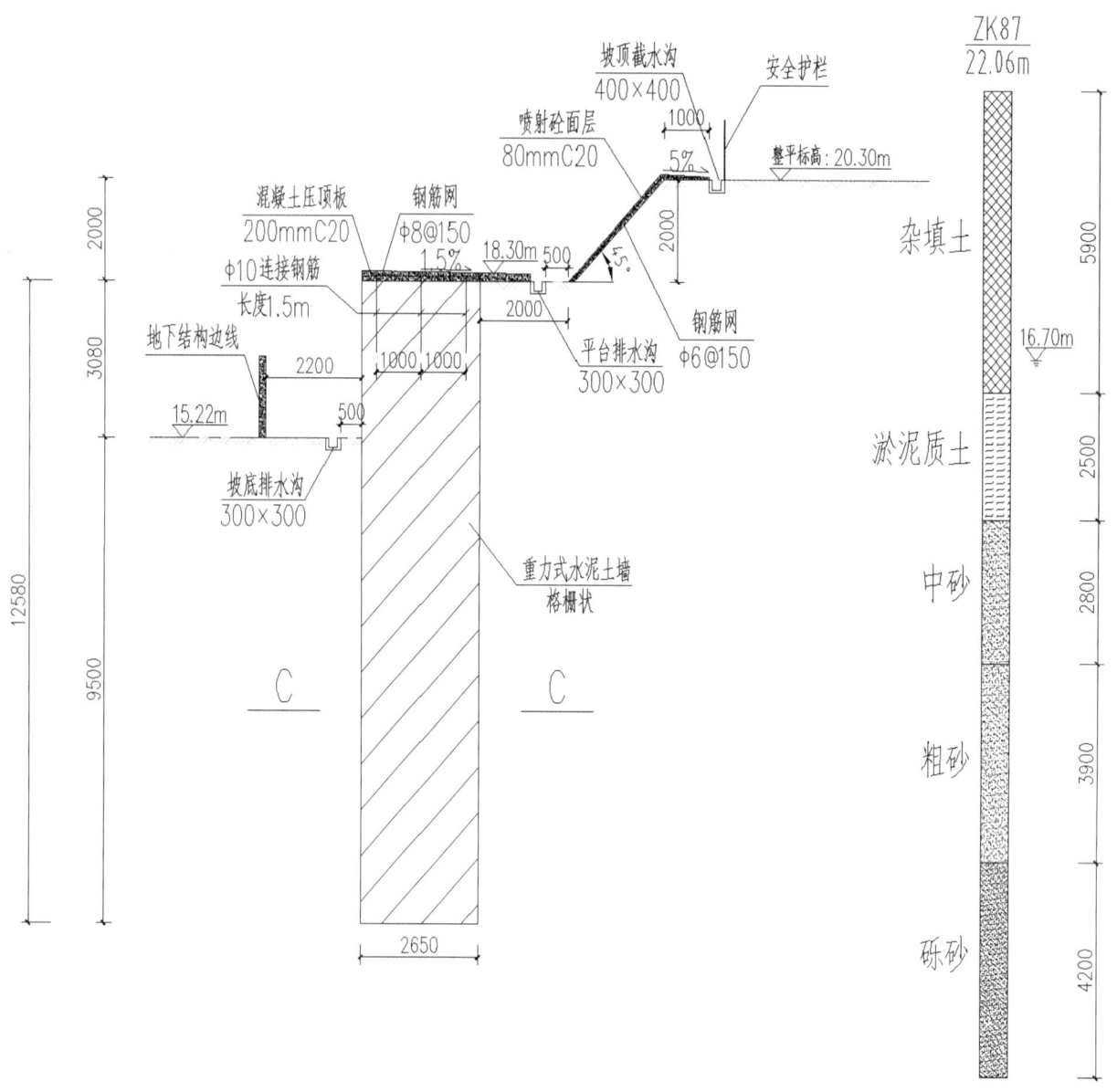

图 3.3-3 6-6 剖面

③基坑北侧东段（E~H 段）：

土钉墙坡角 70°，土钉间距 1.5m×1.5m（水平×竖向），梅花形布置，土钉长度 4.0~5.0m，其倾角为 15°，土钉头部采用剪刀形加强筋连接，加强筋采用 14mmHRB400 级钢筋；坡面挂 6mmHPB300 级钢筋网，间距 150mm，双向配筋，面层喷射 80mm 厚 C20 混凝土；基坑开挖底面以上 1.0m，2.5m 处设置泄水孔，间距 2.0m×1.5m（水平×竖向），梅花形布置，管材选用直径 50mmPVC 管，埋入墙体内不少于 500mm，管底 300mm 为花管段，用土工布包裹，并在管周设置反滤层，泄水孔与水平方向夹角为 15°。详见图 3.3-4。

170

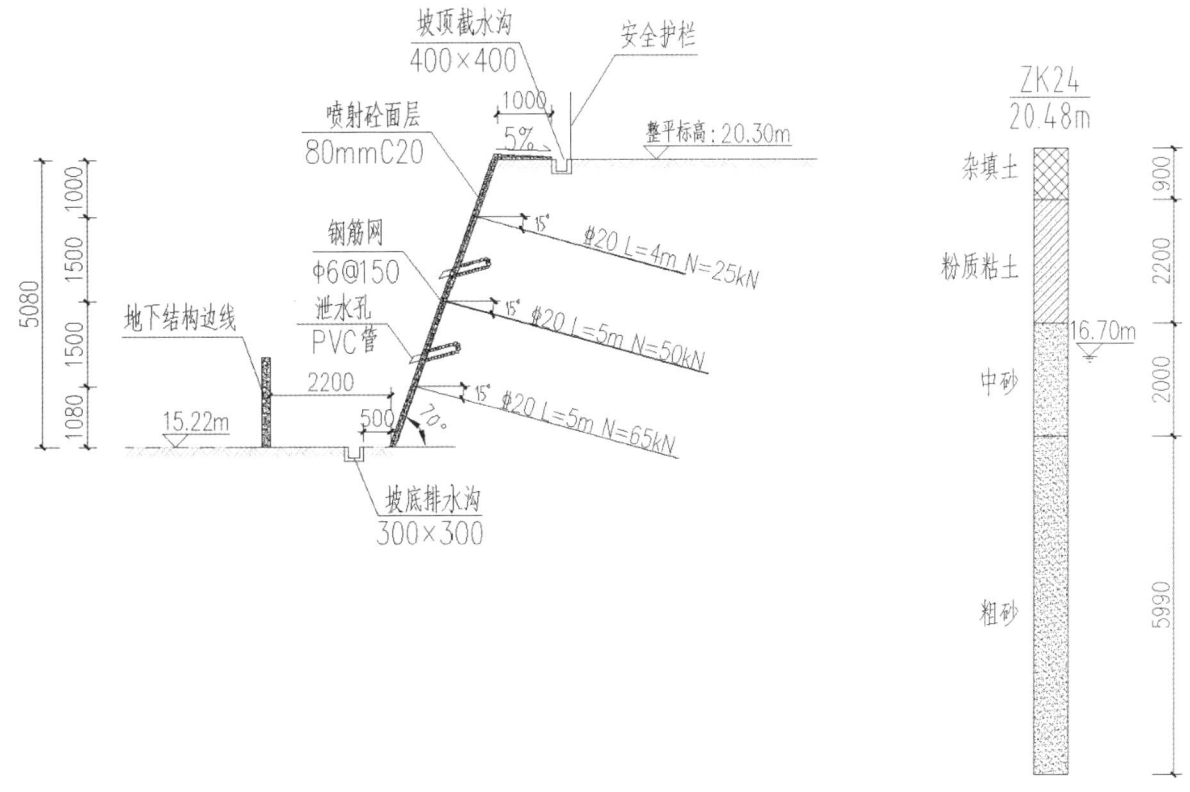

图 3.3-4 3-3剖面

④基坑东侧（H~I段）：

土钉墙坡角70°，土钉间距1.5m×1.5m（水平×竖向），梅花形布置，土钉长度3.0~4.0m，其倾角为15°，土钉头部采用剪刀形加强筋连接，加强筋采用14mmHRB400级钢筋；坡面挂6mmHPB300级钢筋网，间距150mm，双向配筋，面层喷射80mm厚C20混凝土；基坑开挖底面以上1.0m，2.5m处设置两排泄水孔，间距2.0m×1.5m（水平×竖向），梅花形布置，管材选用直径50mmPVC管，埋入墙体内不少于500mm，管底300mm为花管段，用土工布包裹，并在管周设置反滤层，泄水孔与水平方向夹角为15°。

⑤基坑西侧（T~U段）：

土钉墙坡角70°，土钉间距1.5m×1.5m（水平×竖向），梅花形布置，土钉长度2.0~4.0m，其倾角为15°，土钉头部采用剪刀型加强筋连接，加强筋采用14mmHRB400级钢筋；坡面挂6mmHPB300级钢筋网，间距150mm，双向配筋，面层喷射80mm厚C20混凝土；基坑开挖底面以上1.0m，2.5m处设置泄水孔，间距2.0m×1.5m（水平×竖向），梅花形布置，管材选用直径50mmPVC管，埋入墙体内不少于500mm，管底300mm为花管段，用土工布包裹，并在管周设置反滤层，泄水孔与水平方向夹角为15°。

⑥基坑南侧东段（I~N段）：

两级放坡，第一级坡高2.0m，坡率1∶1.5，坡台宽2.6m,第二级坡高3.1m,坡率1∶1,坡面挂6mmHPB300级钢筋网，间距150mm，双向配筋，面层喷射80mm厚C20混凝土。基坑开挖底面以上1.5m处，坡台以上1.0m处设置泄水孔,水平间距2.0m,梅花形布置,管材选用直径50mmPVC管,埋入墙体内不少于500mm，管底 300mm 为花管段,用土工布包裹,并在管周设置反滤层,泄水孔与水平方向夹角为 15°。详见图 3.3-5。

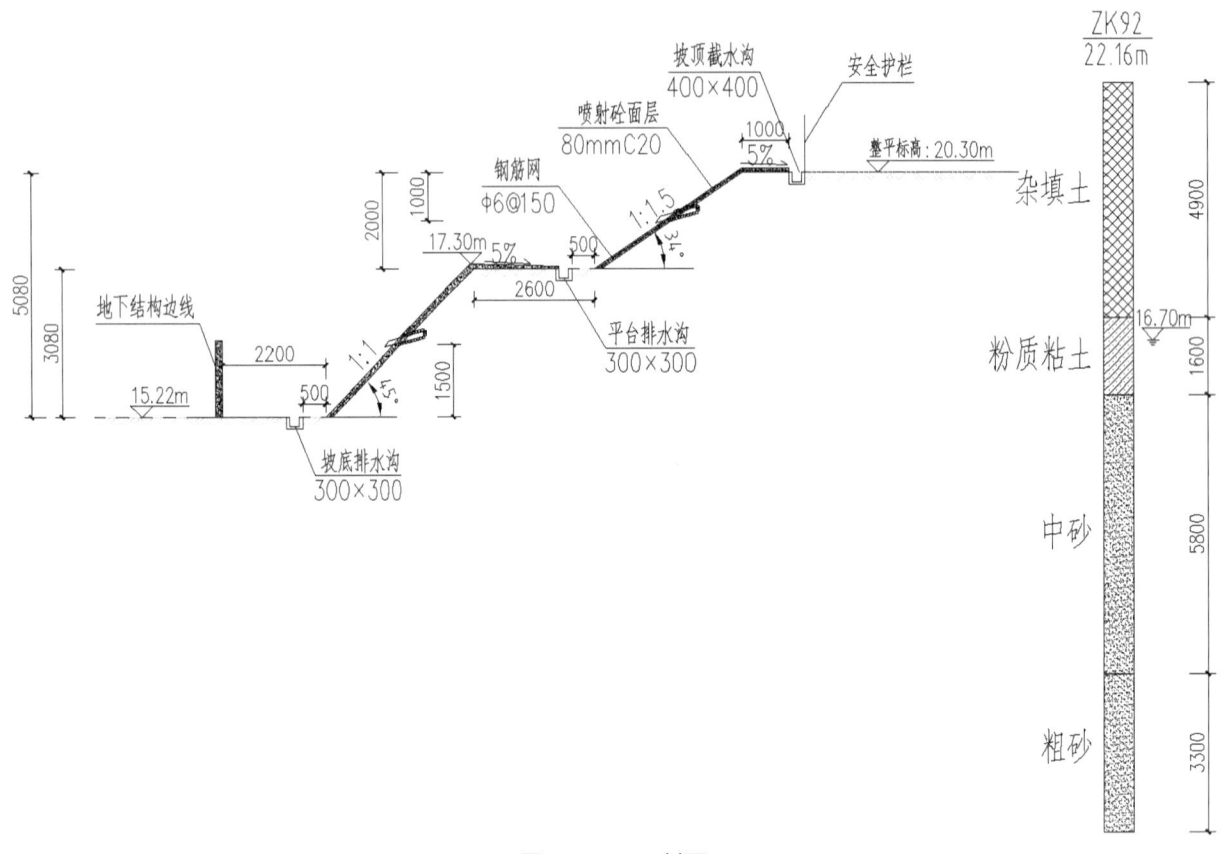

图 3.3-5 5-5 剖面

⑦车库出入口：

本工程共有三个地下车库出入口,分别位于基坑北侧东段（D~E 段）、基坑南侧东段（J~C 段）和基坑南侧西段（P~S 段）。

3.3.1.5 基坑降水方案

根据勘察成果（枯水季节）,场地地下水位超出基坑开挖底标高 1.4m,小于 2.0m,降水措施采用集水明排。通过设置有效的截、排水系统,防止雨水从坡面、坡顶入渗、冲刷坡面、浸泡坡脚等。

（1）在基坑坡顶外侧 1.0m 处,设置截水沟。

（2）在坡底设置坡脚排水沟,以排泄坡面以及坑内汇集雨水,顺坡脚排水沟间距 25~30m 设置集水井。

因勘察期间正处枯水季节,揭露地下水位较低,但不同季节之间水位变幅为 3~5m,且基坑西侧距南桃花河支渠较近,而基坑面积较大,地下结构施工工期较长,很可能面临雨季施工,当水位监测井显示地下水位标高超过基坑开挖底标高 2.0m 时,应采取相应的降水措施,可以采用管井降水,降水井孔径 650mm,滤管为直径 300mm 的无砂混凝土管,井底位于坑底不小于 6.0m。

降水井可以利用坑外的地下水位监测井,并在基坑内按照间距 60m×60m 预留一定数量的降水井,以应对可能的地下水位突升。

3.3.1.6 基坑监测

监测项目、监测报警值、监测周期与监测频率同类似工程,此略。

3.3.1.7 评述

本基坑设置一层地下室，开挖深度一般，为5.1~7.4m，周围建筑物、道路距离基坑边缘比较远，环境保护要求不太高，但基坑面积很大，周长900m，面积32000m^2，且局部存在厚层淤泥质黏土。场地地下水与赣江有一定水力联系，且基坑西侧距离红线10.0~20m有宽约6.0m的南桃花河支渠。为此，设计分析了基坑开挖深度、周围环境条件以及工程地质条件的不同，将基坑分为三种类型。在此基础上，设计分段合理地采用了"水泥土墙"、"土钉墙"、"放坡"支护三种支护结构形式，尤其是针对厚层淤泥质黏土，采用了重力式水泥土墙支护，挡土兼止水。水泥土墙于土方开挖之前施工，合理安排工序，施工速度快，支护效果好，具有很好的借鉴意义。

降水控制是本基坑设计的一个关键点。因勘察期间正处枯水季节，揭露地下水位较低，场地地下水位超出基坑开挖底标高1.4m，小于2.0m，采用集水明排降水措施即可满足施工要求。但考虑到不同季节之间水位变幅为3~5m，且基坑西侧距南桃花河支渠较近，而基坑面积较大，地下结构施工工期较长，很可能面临雨季施工，产生不利情况，所以提出，当坑外的地下水位监测井显示地下水位标高超过基坑开挖底标高2.0m时，应采取相应的管井降水措施。并建议降水井可以利用水位监测井，并在基坑内按照间距60m×60m预留一定数量的降水井，以应对可能的地下水位突升。体现设计的一种预见性、风控性。

3.3.2 土钉墙与放坡结合在深基坑工程中的成功运用

设计单位：江西省建筑设计研究总院

审图单位：南昌市安厦施工图设计审查有限公司

3.3.2.1 工程概况

该工程位于南昌市红谷滩新区中央商务区 B-7-3 地块，坐落在凤凰中大道与世贸路西地段交汇处，南面紧邻名门世家小区，东面毗邻地铁大厦。主要为 1 栋 22 层的办公楼及附属 2F 商业裙房组成，地下设置 2 层地下室，拟建场地规划用地面积为 8872.02 ㎡，总建筑面积为 46720 ㎡，其中地上建筑面积 31052 ㎡，地下建筑面积 15668 ㎡，建筑 ± 0.000 相当于绝对标高+20.60m，场地自然平面绝对标高 17.05~20.15m；基坑开挖深度为 6.7~9.8m。

3.3.2.2 周边环境概况

地下室边线北侧 11.5m 外为新修道路，其余周围 20m 范围内均无现有道路及建筑物；周围无管线；东侧 3~5km 处是赣江。具体位置见图 3.3-6。

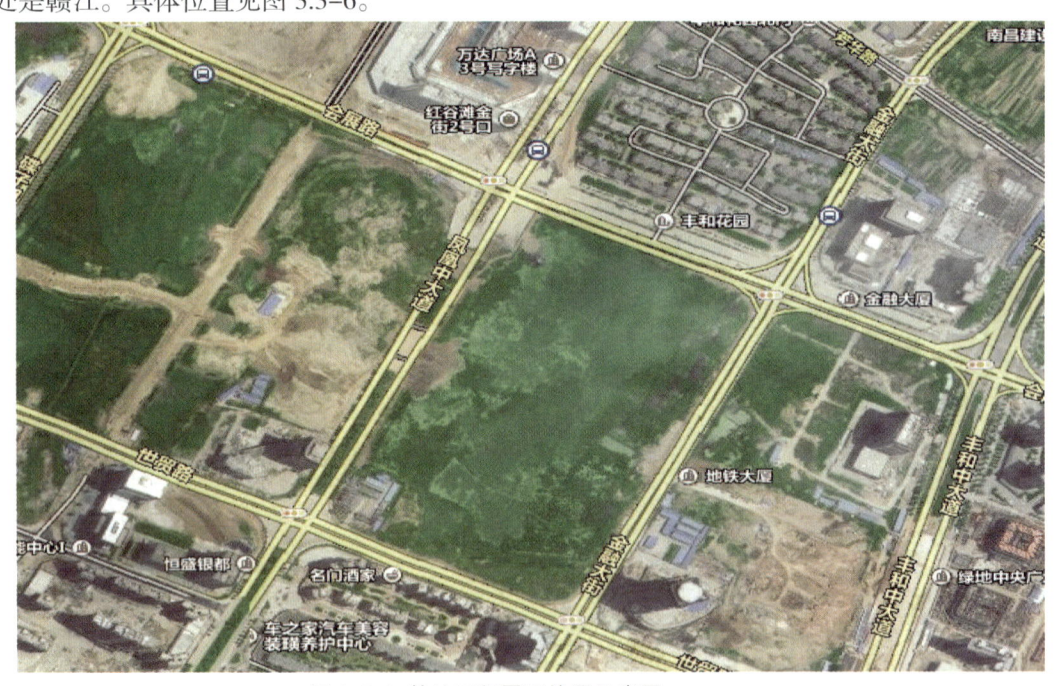

图 3.3-6 基坑工程平面位置示意图

3.3.2.3 工程地质概况

（1）工程地质条件：

本工程场地为四周较起伏、中间稍微凹陷的坑状地形，场地内现状地面高程 16~20m；现场地局部经人工堆填，地势起伏不平。

勘探深度范围内，场地岩土层结构由新近人工填土（Q_4^{ml}）、第四系全新统冲积层（Q_4^{al}）、第三系新余群（E_2^{n2}）组成。自上而下依次划分为①杂填土、②粉质黏土、③-1 细砂、③-2 中砂、③-3 砾砂、③-4 圆砾、④强风化砂砾岩、⑤-1 层砂砾岩相对软弱层、⑤-2 层中风化砂砾岩。现分述如下：

①填土（Q_4^{ml}）：

第一层：①杂填土。

杂色，松散，主要成分为黏性土，夹少量建筑垃圾及生活垃圾，近期堆填，未完成自重固结。场地局部位置分布；该层层顶埋深 0.00m，层顶标高 16.63~19.93m，层厚 0.40~3.10m，平均厚度 1.18m。

②第四系全新统冲积层（Q_4^{al}）：

第二层：②粉质黏土。

褐黄、褐灰色，可塑，局部偏软塑状，稍湿至湿，干强度及韧性中等，无摇振反应，无光泽，见少量铁锰质结核，局部夹粉细砂，局部相变为淤泥质土，含腐殖物，疏松。分布于整个场地；该层层顶埋深 0.00~3.10m，层顶标高 15.86~18.09m，层厚 3.40~6.20m，平均厚度 3.40m。

第三层：③-1 细砂。

黄褐、褐灰色，中密，湿至饱和，主要成分石英、长石，粒径大小 0.075mm 大于 85%，颗粒较均匀，混杂黏性土。分布于整个场地；该层层顶埋深 4.00~7.70m，层顶标高 10.95~13.61m，层厚 1.10~7.30m，平均厚度 4.27m。

第四层：③-2 中砂。

浅黄、褐黄色，稍密至中密，湿至饱和，主要成分石英、长石，粒径大于 0.25mm 约占 55%，颗粒较均匀，手搓略有粗糙感，局部夹薄层粗砂。分布于局部钻孔；该层层顶埋深 8.00~10.70m，层顶标高 7.49~10.94m，层厚 0.90~3.40m，平均厚度 1.83m。

第五层：③-3 砾砂。

浅黄、灰白色，稍密，主要成分石英、长石，粒径 2~20mm 占 30%~45%，局部夹少量圆砾、卵石，约占 10%，偶夹粒径大于 100mm 的卵石，砾石磨圆度较好，呈亚圆状，另充填少量的中粗。分布于整个场地；该层层顶埋深 7.00~14.50m，层顶标高 2.81~11.78m，层厚 0.90~6.40m，平均厚度 3.64m。

第六层：③-4 圆砾。

浅黄、灰白色，主要成分石英、长石，粒径 2~20mm 占 50%~60%，次圆状，局部底部含少量卵石，卵石粒径 20~50mm，尤其场地东北侧，个别可达 100mm，卵石含量 15%~25%，透水性好。分布于局部钻孔；该层层顶埋深 10.10~16.20m，层顶标高 2.21~7.98m，层厚 0.80~5.20m，平均厚度 2.75m。

（2）水文地质条件：

①上层滞水：赋存于杂填土中，主要受大气降水补给，弱透水性，赋水性较差。水位受季节影响明显，富水性差，水量较小。

②第四系松散岩类孔隙水：主要赋存于第四系全新统地层中粗砂层、砾砂和圆砾层中，主要受大气降水及地表水补给。水位随季节变化，与地表水互为补给，枯水及平水期地下水向赣江径流排泄，水位下降，丰水期地下水位上升。水位年变幅 5~10m。含水层一般位于埋深为 8.6~11.0m，含水层厚度一般为 6~8m，含水层渗透性强，据相邻地段抽水试验结果，含水层综合渗透系数为 100m/d。

勘察表明地下水主要为第四系松散岩类孔隙水，水量、水位受季节影响明显，实测稳定水位埋深 8.6~11.0m，稳定水位标高 7.43~9.20m，稳定水位平均标高 8.33m 左右。地下水水位年变化幅度为 5.0~10.0m。

（3）基坑支护设计参数：

根据勘察报告，基坑开挖影响范围内土层参数见表3.3-3。

表3.3-3 各岩土层物理力学指标一览表

岩土层	平均厚度及变化	天然重度 γ (kN/m³)	抗剪强度		渗透系数 K (cm/s)	允许坡率
			黏聚力 C (kPa)	内摩擦角 φ (°)		
①层杂填土	1.18m，0.40~3.10m	18.0	0	6	5.8×10^{-4}	1:1.50
②层粉质黏土	3.40m，3.40~6.20m	19.7	12	4	8×10^{-5}	1:1.25
③-1层细砂	4.27，1.10~7.30m	19.5	0	30	2.5×10^{-3}	1:1.50
③-2层中砂	1.83m，0.90~3.40m	19.7	0	32	1.5×10^{-2}	1:1.50
③-3层砾砂	3.64，0.90~6.40m	20.0	0	38	5.0×10^{-2}	1:1.50
③-4层园砾	2.75m，0.80~5.20m	22.0	0	40	6.5×10^{-2}	1:1.50

3.3.2.4 基坑支护方案

（1）围护体选择：

本基坑位于郊区，且场地内土质不算太差，周围环境较为有利，围护结构可供选择的有钻孔灌注桩、SMW工法桩、土钉墙等。地下连续墙及内支撑工艺明显费用过高、施工周期过长，不宜采用。

经分析，本基坑最适合采用土钉墙为主的支护方式，可局部采用一定的加强措施，支护范围详见平面图（详见附图1）。

（2）支护设计：

①基坑北侧（AB段）设计方案：

基坑开挖深度9.8m，临近道路11.5m，有较大的放坡空间，采用土钉墙支护为主的方案，考虑到对道路的影响，根据现场情况，增补一排微型钢管桩加固，剖面图见图3.3-7。

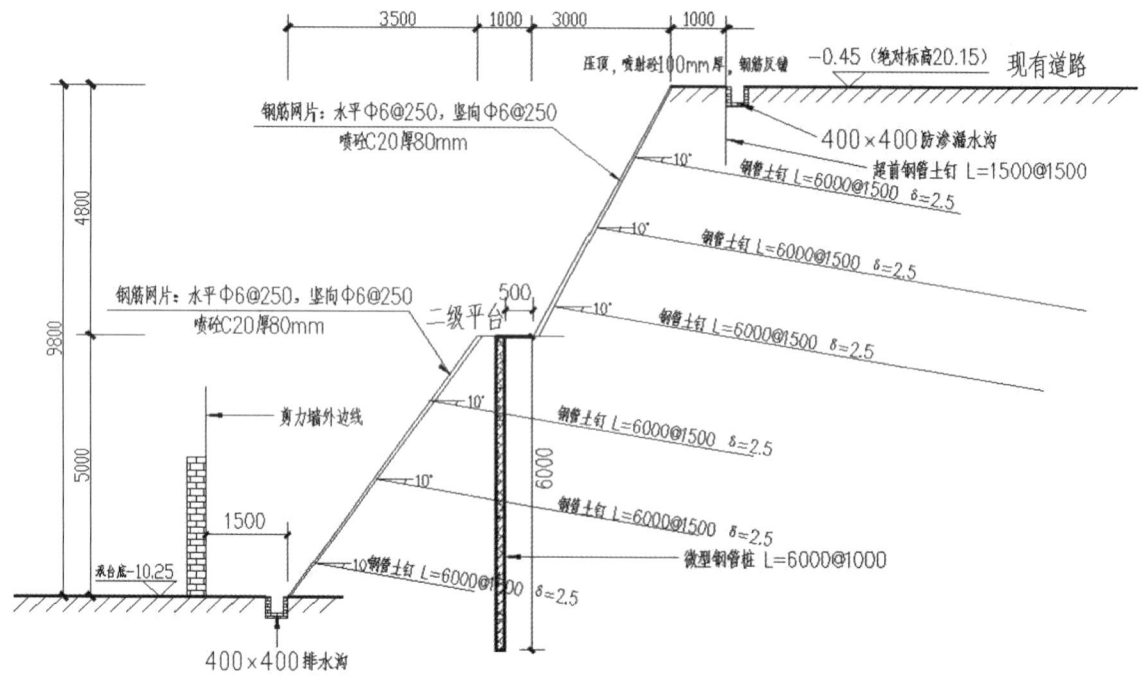

图3.3-7 微型钢管桩支护结构剖面图

②基坑东侧及南侧（BC段）设计方案：

基坑开挖深度6.7m，临近道路超过20m，有较大的放坡空间，采用土钉墙支护为主的方案，根据现场情况，剖面图见图3.3-8。

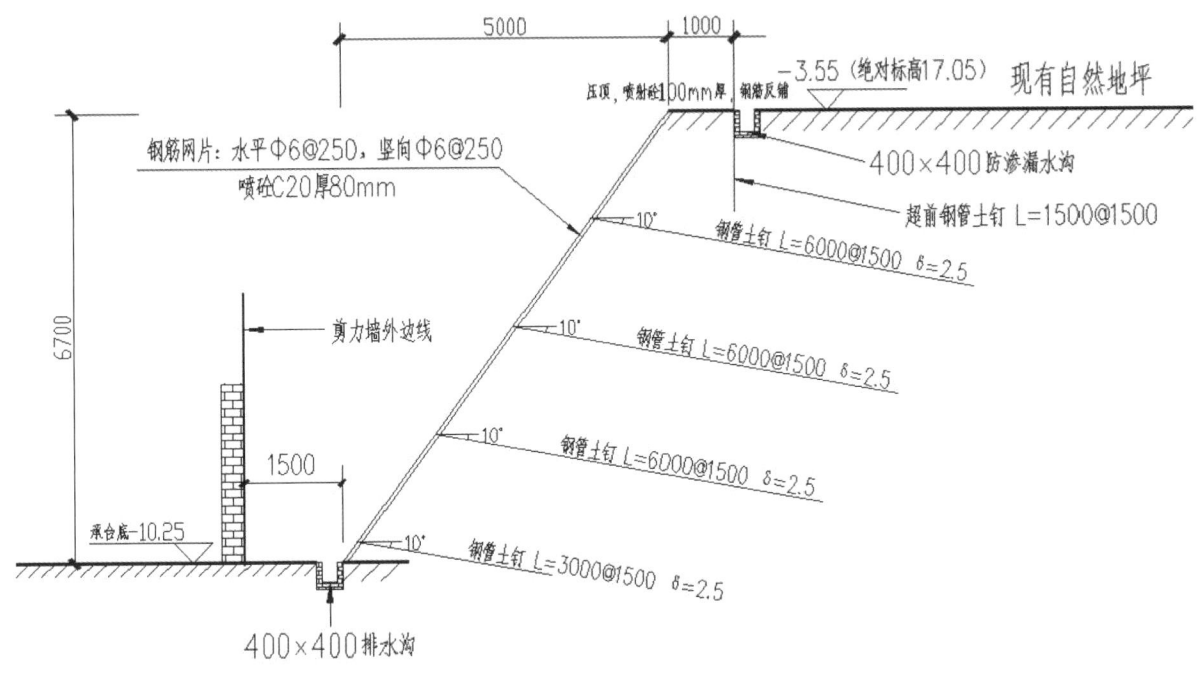

图3.3-8 一级放坡剖面图

③基坑西南侧（CD段）设计方案：

基坑开挖深度9.5m，临近道路超过20m，有较大的放坡空间，采用土钉墙支护为主的方案，根据现场情况，简图见图3.3-9。

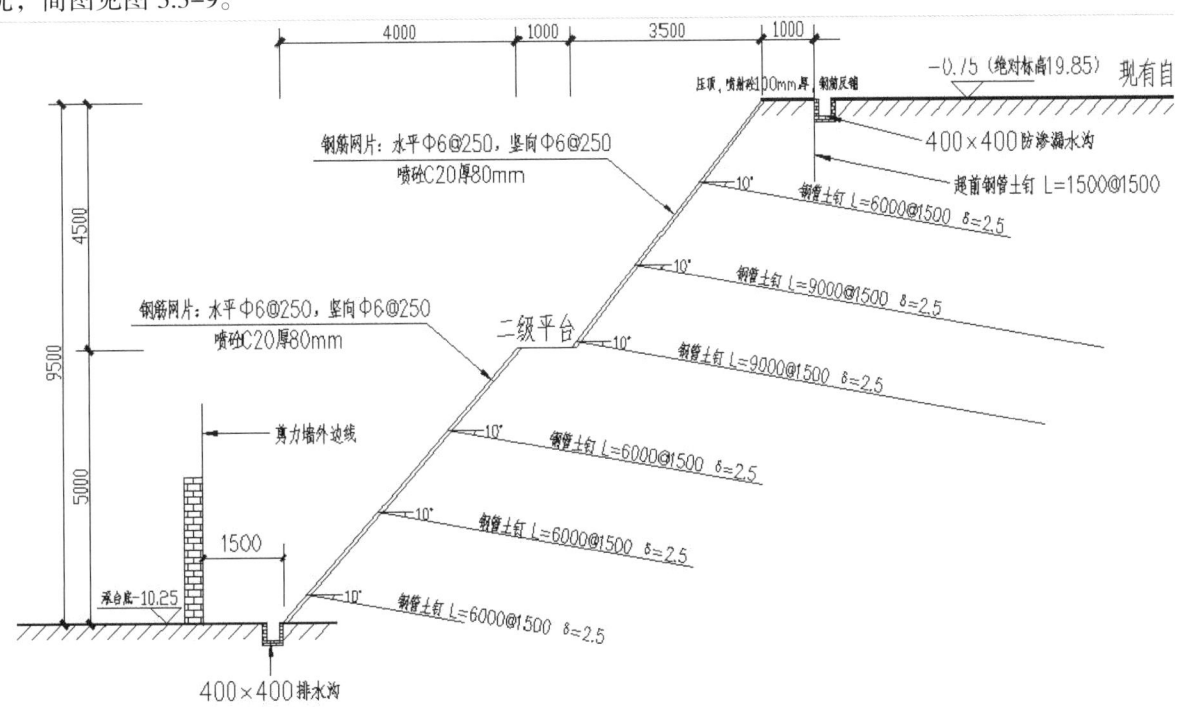

图3.3-9 二级放坡剖面图（一）

177

④基坑西侧（DA段）设计方案：

基坑开挖深度8.8m，临近道路超过20m，有较大的放坡空间，采用土钉墙支护为主的方案，根据现场情况，简图见图3.3-10。

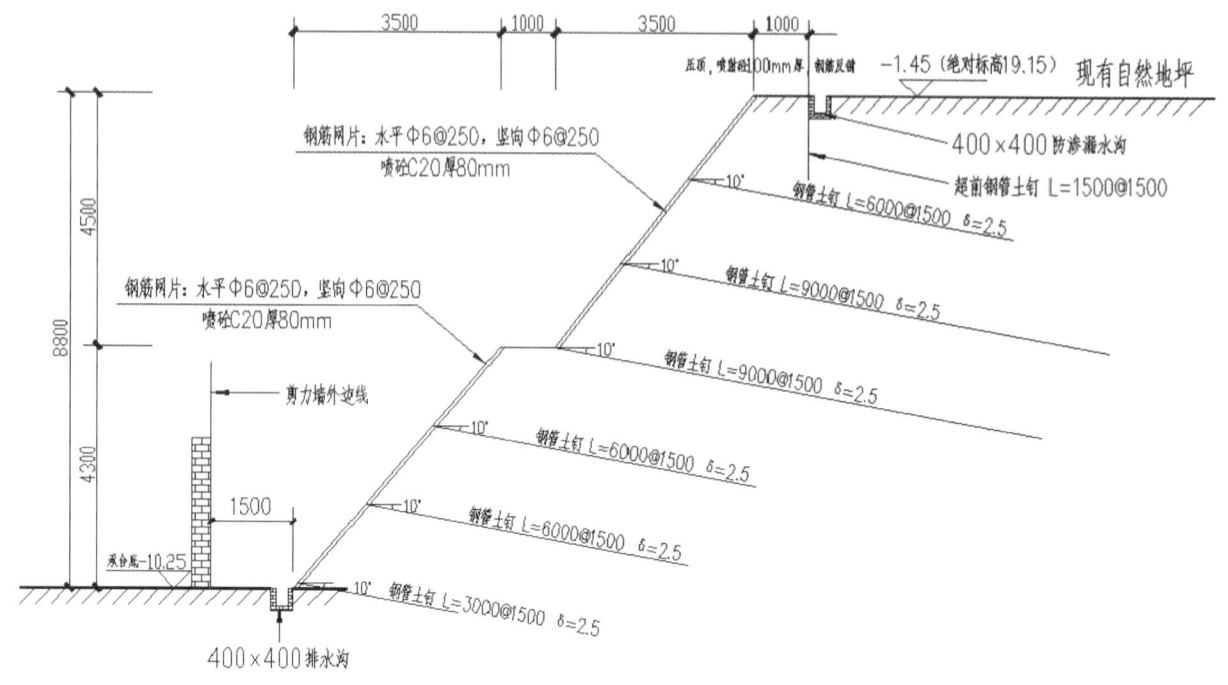

图3.3-10 二级放坡剖面图（二）

根据计算分析结果，各段支护侧壁安全系数汇总如表3.3-4所示。

表3.3-4 各段支护侧壁安全系数汇总

分段	工况最小安全系数	抗隆起系数
AB剖面	1.542（1.30）	3.5（1.60）
BC剖面	1.729（1.30）	5.2（1.60）
CD剖面	1.462（1.30）	2.7（1.60）
DA剖面	1.474（1.30）	3.3（1.60）

备注：括号为规范值。

（3）基坑降排水：

①根据勘察资料，在杂填土中分布上层滞水，水量较小，采用集水井结合明沟排水的方法，用污水泵抽出排入附近管道。

在坑顶、底设置截水沟、排水沟，采用明沟排水排除地表水及坑内积水。

基坑周边坡上、平台及坑内布置排水沟和集水坑，形成排水系统。集中排入地面沉淀池，经三级沉淀后排入市政管网。排水沟断面400mm×400mm，集水坑约50m设一个，尺寸为长×宽×高=1000mm×800mm×1000mm。

②底部潜水的处理：

本基坑地下室基底在地下水位以上 2~3m，周围无建筑物。根据提供的勘察时的水位，场地内不需进行降水井施工，但考虑到水位年变化幅度较大，必须先行设置水位观测井，再根据水位变化情况进行降水井施工，目前先行布置降水井 27 口，按照多年设计及施工经验，采用间距 25m/口的方案布置。

3.3.2.5 基坑监测

监测技术要求、测点设置、监测周期与监测频率同类似工程，此略。

3.3.2.6 评述

本基坑位于南昌市红谷滩新区中央商务区 B-7-3 地块，坐落在凤凰中大道与世贸路西地段交汇处。虽然设置 2 层地下室，但场地为四周较起伏比较大，地面高程 16~20m，现场地局部经人工堆填，仍然地势起伏不平。就势进行基坑设计，可以降低基坑开挖深度和支护设计难度。并且基坑面积不大，深度也不太大，为 6.7~9.8m，周边环境简单，存在放坡空间，且场地内土质不算太差，在可行的条件下，采用分台阶、土钉墙为主的支护方式，是一种技术成熟、工程费用低、施工简单的方案。

地下水主要为第四系松散岩类孔隙水，水量、水位受季节影响明显，实测稳定水位埋深 8.6~11.0m，稳定水位标高 7.43~9.20m，稳定水位平均标高 8.33m 左右。基坑地下室基底在地下水位以上 2~3m，场地内不需进行降水井施工。但值得关注的是，基坑中高富水砂砾层地下水接受赣江径流补给，丰水期地下水位上升，地下水水位年变化幅度为 5.0~10.0m 幅度较大。所以，设计关键点是水位控制。本方案采取先行设置水位观测井 27 口，再根据水位变化情况进行降水井施工，效果值得关注和参考。

附图

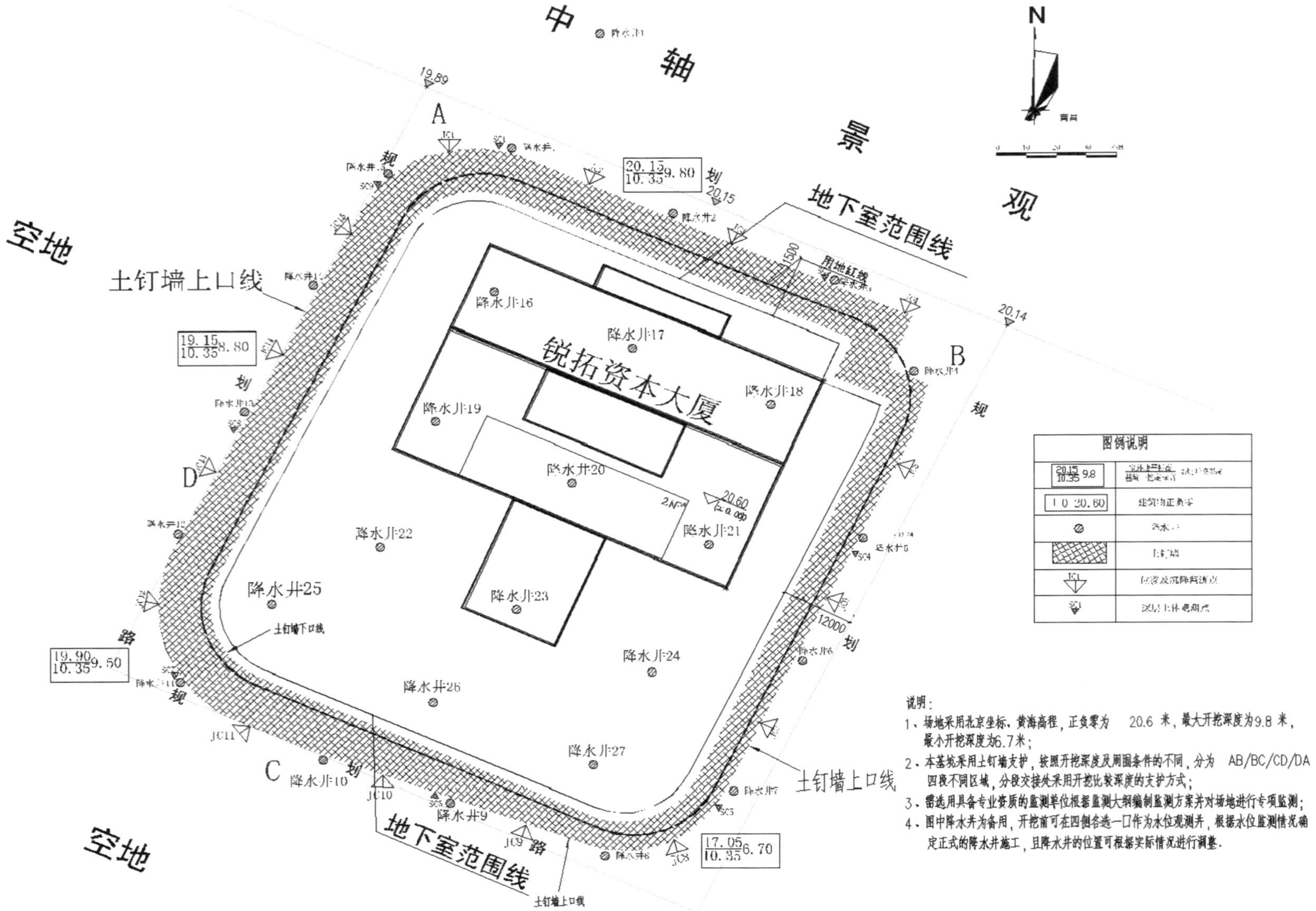

附图1 基坑支护平面图

3.4 联合支护（部分墙撑、部分桩撑、部分土钉支护、部分桩锚）深基坑工程

3.4.1 南昌市某超高层酒店及办公建筑深基坑工程

设计单位：中国瑞林工程技术有限公司

审图单位：江西省众博工程咨询有限公司

3.4.1.1 工程概况

该基坑工程地处南昌市东湖区青山南路南侧、永外正街东侧。包括1栋45层超高层酒店及办公楼、3栋高层住宅以及部分商业裙楼，用地面积37.42亩，总建筑面积约为223183m²，其中地上168634m²，地下54549m²，三层地下室，基坑规模长约170m，宽65~120m，周长约580m，面积约为18600m²。基坑整体开挖深度为17.0m，坑中坑位置及深度暂不考虑。基坑支护结构的安全等级为一级，基坑服务周期2年。

3.4.1.2 周边环境状况

场地地形为居民区，现已拆迁整平，现场场地标高约为18.37~20.08m，地形起伏较小。基坑位置及周边环境情况如图3.4-1所示，具体情况见表3.4-1。

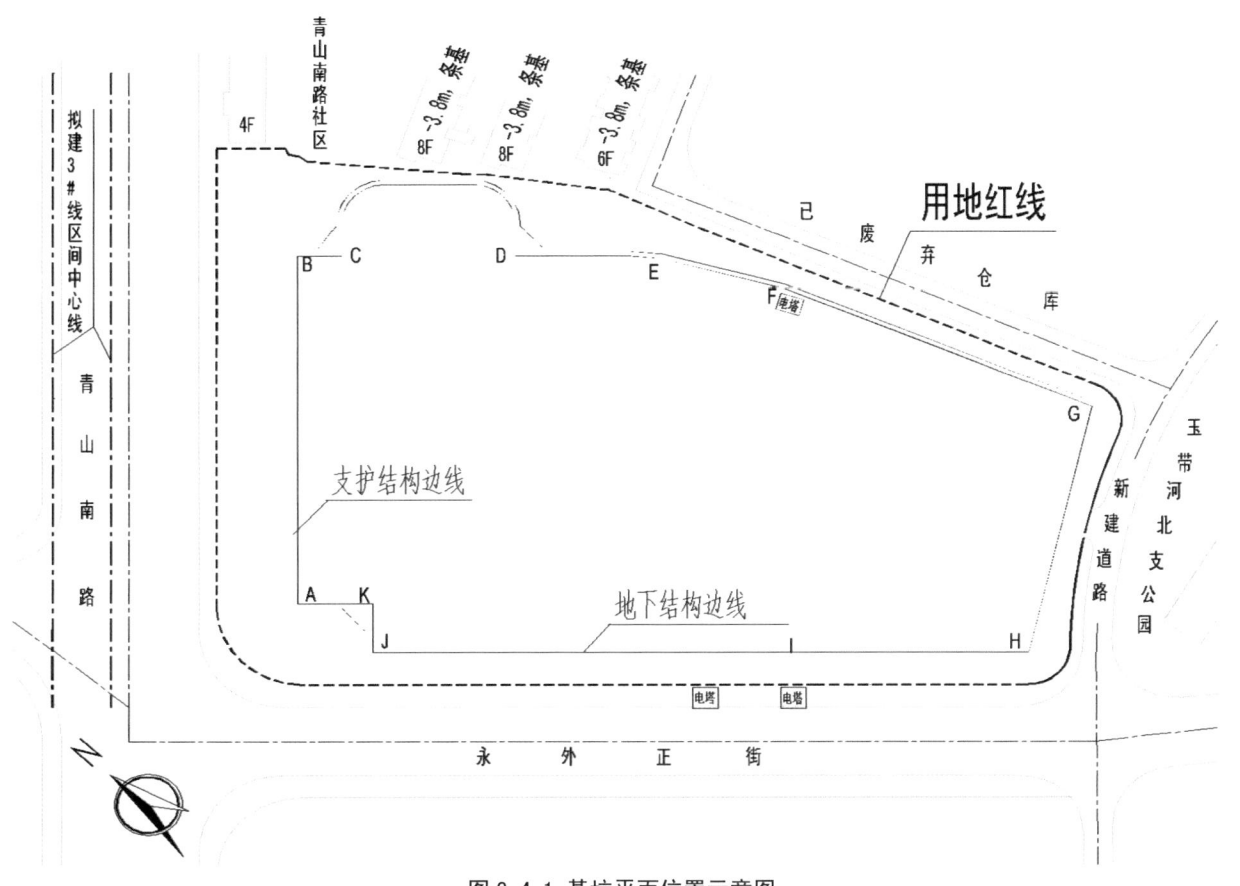

图3.4-1 基坑平面位置示意图

表 3.4-1 基坑工程周边环境状况

基坑支护段	地下室边线距用地红线	其他情况
基坑北侧		邻近青山南路，路宽约35m，地下结构边线与道路边线距离24.1m，道路下方为拟建的地铁3#线，地下结构边线距地铁隧道中心线最近距离44.9m，隧道结构开挖深度约17.0m。
基坑东侧		南部为一条规划路，宽约7.0m，地下结构边线距道路边线最近5.8m；北部为青山路社区，有三栋6~8层民宅，距地下结构边线分别为5.8m、5.9m、20.9m，条形基础，基底标高16.43m
基坑南侧	5.9~9.3m	规划道路及玉带河，路宽约7.0m。地下结构边线距道路边线最近8.4m，距玉带河河岸29.5m
基坑西侧	8.6~9.3m	永外正街，路宽约7.0m，地下结构边线与道路边线最近14.6m

3.4.1.3 工程水文地质条件

场地地貌类型为赣江高河漫滩，地层分布如下：

（1）人工填土（Q_4^{ml}）：

①杂填土：杂色，松散状态，高压缩性，稍湿，主要由黏性土、建筑垃圾组成，场地内均有分布，层厚2.20~5.50m。局部钻孔底部夹薄层淤泥。

（2）第四系上更系统冲积层（Q_3^{al}）：

②粉质黏土：黄褐色，可塑至硬塑，稍湿，中等压缩性，无摇振反应，稍有光泽，干强度、韧性均为中等，场地内均有分布，层厚0.90~7.80m，层顶埋深2.20~5.50m。部分钻孔内夹砂。

③中砂：黄色，饱和，中密，主要矿物成分为石英、长石等，场地内均有分布，层厚0.60~6.30m，层顶埋深4.90~12.00m。

④砾砂：黄色，饱和，中密，主要矿物成分为石英、长石等，磨圆度一般，颗粒呈次圆形，场地内均有分布，层厚2.10~14.00m，层顶埋深5.90~14.00m。

⑤圆砾：黄色，饱和，中密，主要矿物成分为石英、长石等，磨圆度较好，颗粒呈次圆形，级配良好，粒径10~20mm石英颗粒含量10%~15%，场地内局部缺失，层厚0.60~4.90m，层顶埋深15.00~19.20m。

（3）第三系沉积岩（E_{1-2}）：

⑥强风化泥质粉砂岩：紫红色，裂隙发育，风化作用强烈，泥质胶结。岩芯呈碎块状、块状，少量呈短柱状，取芯率约80%。岩体较破碎，极软岩，岩体基本质量等级为Ⅴ类。场地内均有分布，层厚1.00~2.60m，层顶埋深20.60~21.80m。

⑦中风化泥质粉砂岩：紫红色，裂隙一般发育，风化作用中等，泥质胶结。岩芯呈短柱状、柱状，少量碎块状，取芯率约90%。岩体较完整，软岩，岩体基本质量等级为Ⅳ类。场地内均有分布，该层未钻穿，揭露层厚2..84~12.37m，层顶埋深20.60~21.80m，岩面变化不大，呈水平分布，属巨厚层状构造。

⑦-1 中风化泥岩：青灰色，裂隙较发育，裂隙面上钙质渲染，风化作用中等，锤击易碎，为⑦中风化泥质粉砂岩中的夹层。岩芯较破碎，呈碎块状、块状夹少量短柱状，取芯率约70%。岩体较破碎，软岩，岩体基本质量等级为Ⅴ类。主要分布于⑦中风化泥质粉砂岩层中上部，多呈透镜体状，层厚0.00~2.60m，层顶埋深22.50~39.40m。

场地内未见地表水。

在人工填土中揭露第一层地下水，初见水位埋深1.3~2.2m，标高为16.77~18.19m，属上层滞水，水量一般，未形成连续水面，主要受大气降水补给、蒸发排泄。

在第四系上更新统冲积砂土层中揭露孔隙性潜水，初见水位埋深5.60~6.90m，稳定水位埋深5.80~7.00m，标高为11.87~13.93m，微承压性，水量丰富。建设场地离赣江约1.6km，与赣江江水水力联系密切，年变化幅度2.0~4.0m。

场区内①层杂填土为中等透水性，③层中砂、④层砾砂、⑤层圆砾为强透水层，②层粉质黏土为弱透水层，基岩则视其节理裂隙发育与闭合程度的不同，一般表现为弱至中等透水性。

据勘察报告，各岩土层设计参数详见表3.4-2。

表3.4-2 各岩土层物理力学指标一览表

序号	土层名称	状态	厚度（m）	天然容重 γ（kN/m³）	抗剪强度 黏聚力 C（kPa）	抗剪强度 内摩擦角 φ（°）	极限黏结强度标准值 q_{sk}（kPa）
1	①杂填土	松散	2.2~5.5	18.0	5.0	10.0	0
2	②粉质黏土	可塑至硬塑	0.9~7.8	19.2	23.0	17.0	60（70）
3	③中砂	中密	0.6~6.3	19.0	0.0	20	60（70）
4	④砾砂	中密	2.1~14.0	19.0	0.0	30	120（125）
5	⑤圆砾	中密	0.6~4.9	19.2	0.0	35	130（140）
6	⑥强风化泥质粉砂岩	强风化	1.0~2.6	19.5	25	25	150（160）
7	⑦中风化泥质粉砂岩	中风化	2.8~12.3	20.5	100	50	/
8	⑦-1中风化泥岩	中风化	0.0~2.6	20.0	80	40	/

注：极限黏结强度标准值中括号内数据为勘察报告提供值，括号外为本次基坑支护设计采用值。

3.4.1.4 基坑围护方案

（1）基坑特点：

①规模大、服务时间长：单基坑长170m，宽65~120m，面积达18600m²，开挖深度达17.0m，土方开挖工程量达到31.6万m³。地下结构施工工期长达2年。

②周边环境保护要求高：基坑地处闹市，周围环境复杂，东侧浅基础的多层房屋紧邻基坑，北侧青山南路地铁工程和西侧永外正街道路下方管线众多，对变形控制要求很高。

③用地空间有限：除北侧地下室边线距用地红线（约20m）超过1倍基坑开挖深度外，其余各侧距离仅为3.0~5.9m，在0.5倍基坑开挖深度范围内，用地空间非常有限。

④水位降深大、地下水极丰富：场地地下水位较高，水位降深大。场地地下水与赣江水力联系紧密，地下水侧向补给丰富，降水难度大。

（2）方案比选：

首先，分别从围护结构、支撑系统、地下水控制系统三个方面进行比选。然后，对整体方案进行优化选择。

①围护结构：

适宜的围护结构有排桩、地下连续墙、工法桩（SMW、TRD、HCMW 等），比选结果见表 3.4-3。支护结构平面布置图见图 3.4-2。

表 3.4-3 围护结构比选结果

分类	优 点	缺 点
连续墙	1.刚度大、整体性好、安全性高、变形控制能力较好； 2.墙身抗渗能力良好，能兼作止水帷幕； 3.在南昌地区有用于同深度基坑的经验。	1.墙身布置限制较多，对于外形不规则部位，需分多个小段，增加接头，施工麻烦，费用增加； 2.工程费较高，若将连续墙作为主体结构的一部分，才较适宜。
排桩	1.施工工艺简单，平面布置灵活； 2.工程费用较低，施工周期短； 3.在南昌地区有用于同深度基坑的经验。	1.各桩间通过冠梁及腰梁连接，整体性较差； 2.不具备防渗能力，需要配置止水帷幕，增加工序和工期。
工法桩	围护结构本身具有良好的止水效果，可挡土与止水合一，降低费用，缩短工期。	1.围护结构刚度小，变形控制能力较差，对周围环境影响较大； 2.在南昌地区较欠缺同深度基坑的经验。
\multicolumn{3}{l}{在技术可靠性以及区域经验上，连续墙和排桩优于工法桩。技术可靠性最佳的连续墙费用太高，一般宜用作主体结构的一部分才适宜；但因主体结构设计（尤其是北侧酒店及办公区域）滞后，无法满足工程建设进度要求；且本工程基坑边界较不规则，尤其是东侧用地紧张区域，弯折、凸出地方较多，宜选用布置灵活的排桩。}

综上所述，推荐采用排桩围护结构。

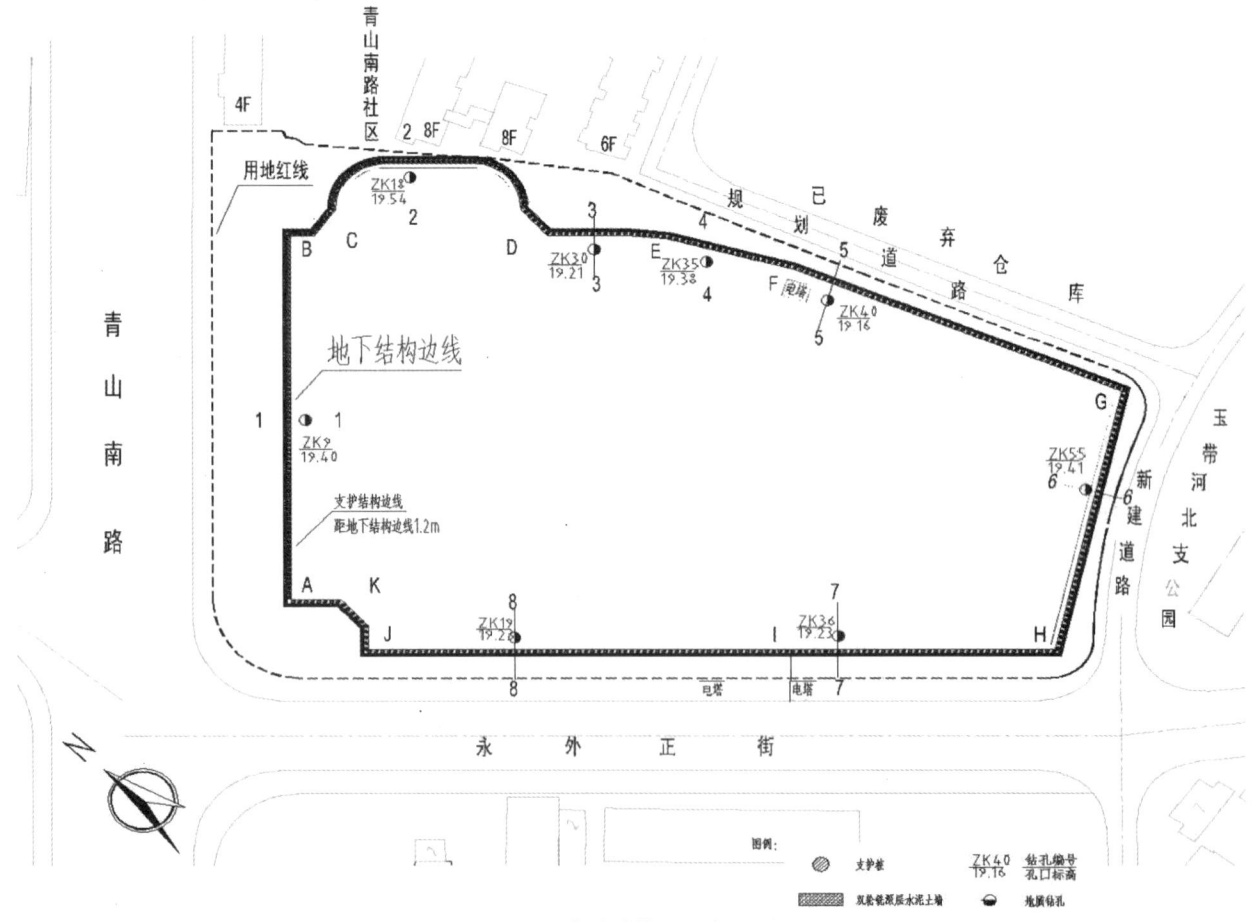

图 3.4-2 支护结构平面布置图

②支撑系统：

该深大基坑，适宜选择整体性好的混凝土支撑；外锚选择受力较大的锚索。比选结果见表3.4-4。支撑系统平面布置图见图3.4-3。

表3.4-4 支撑系统比选结果

分类	优点	缺点
外锚	1.不占用坑内空间，方便土方开挖和主体结构施工； 2.工程费用较低。	1.外锚较长，超出用地红线； 2.变形控制能力较差，仅能用于周围环境保护要求较低区域。
内撑	1.受力明确，支护效果可靠； 2.不占用红线外范围，适用于基坑外围用地空间狭小区域。 3.钢筋混凝土结构，长期稳定性好。	1.占用坑内空间，影响基坑土石方开挖及主体结构施工； 2.内撑系统与地下结构交叉，相互影响； 3.工程费用较高。
虽然内支撑系统因占用坑内作业空间，对土方开挖以及地下结构施工影响较大，且工程费用较高，但受力明确，变形控制能力强，长期稳定性好，技术可靠性优于外锚系统，且不占用红线范围外空间，适用于用地紧张区域。因此，推荐采用整体内支撑系统。 北部，周围环境保护要求高（东侧房屋）且北侧青山南路下为拟建的轨道3#线（轨道交通邻近基坑支护严禁采用外锚体系），采用内支撑系统； 南部，周围环境保护要求较低，外锚系统能够满足变形控制要求，在获得用地主管部门同意的前提下，采用外锚系统。		

③地下水控制系统：

地下水控制系统是本基坑支护设计的重点。因此，应重点考虑技术的可靠性和地层的适应性。

可选择的措施有三轴搅拌桩、咬合桩、双轮铣深层搅拌墙和TRD工法，具体见表3.4-5。

表3.4-5 地下水控制系统比选结果

分类	优点	缺点
三轴搅拌桩	无振动，对周边环境影响小，整体成型，成桩质量较可靠，连续施工止水效果好，施工速度快。	施工时需要置换泥浆，对现场造成一定污染；地层穿透能力不强，对卵石层及岩层穿透困难，速度慢，效果不佳。
咬合桩	地层适应性较强，与支护桩咬合，整体性较好，刚度大，能有效防止桩间流土（砂）；成桩过程噪声低、振动小、无泥浆。	桩身采用特殊的超缓凝混凝土，缓凝时间波动易造成咬合失败或偏孔较大而影响止水效果，施工控制难度大。
双轮铣	铣轮以水平轴向旋转方式搅拌，地层适应能力强，切削、搅拌性能高，施工精度高，噪声低、振动小，墙体厚度一致，稳定性好。	墙式止水帷幕，施工时以单幅墙为单位，遇基坑边线不规则时，施工较麻烦，且造价较高。
TRD工法	地层穿透能力较强，成墙连续、搭接可靠，厚度一致，墙体均匀性好，技术可靠性高。	连续成墙工艺，遇基坑弯折不规则处，施工麻烦且造价较高。
在技术可靠性上，双轮铣及TRD工法较好，地层穿透能力强，适用于南昌地层，但造价亦较高，且在基坑边线不规则处，施工较麻烦；在地区经验上，三轴搅拌桩最为成熟，应用最多，有较多的成功经验，桩身质量较为可靠，但也有一些失败的教训，多是因为地层的穿透能力不够，进入风化岩层深度不够，地下水绕流所致；咬合桩技术上可行，但施工控制难度大，稳定性差。 综上所述，推荐采用地层穿透能力强、施工机械移动更加灵活的双轮铣深层搅拌墙止水帷幕。		

④比选结果:

a.围护结构：排桩。

b.支撑系统：基坑北部应采用内支撑，基坑南部技术上采用内支撑和锚索都可行。

c.地下水控制系统：双轮铣深层搅拌墙。

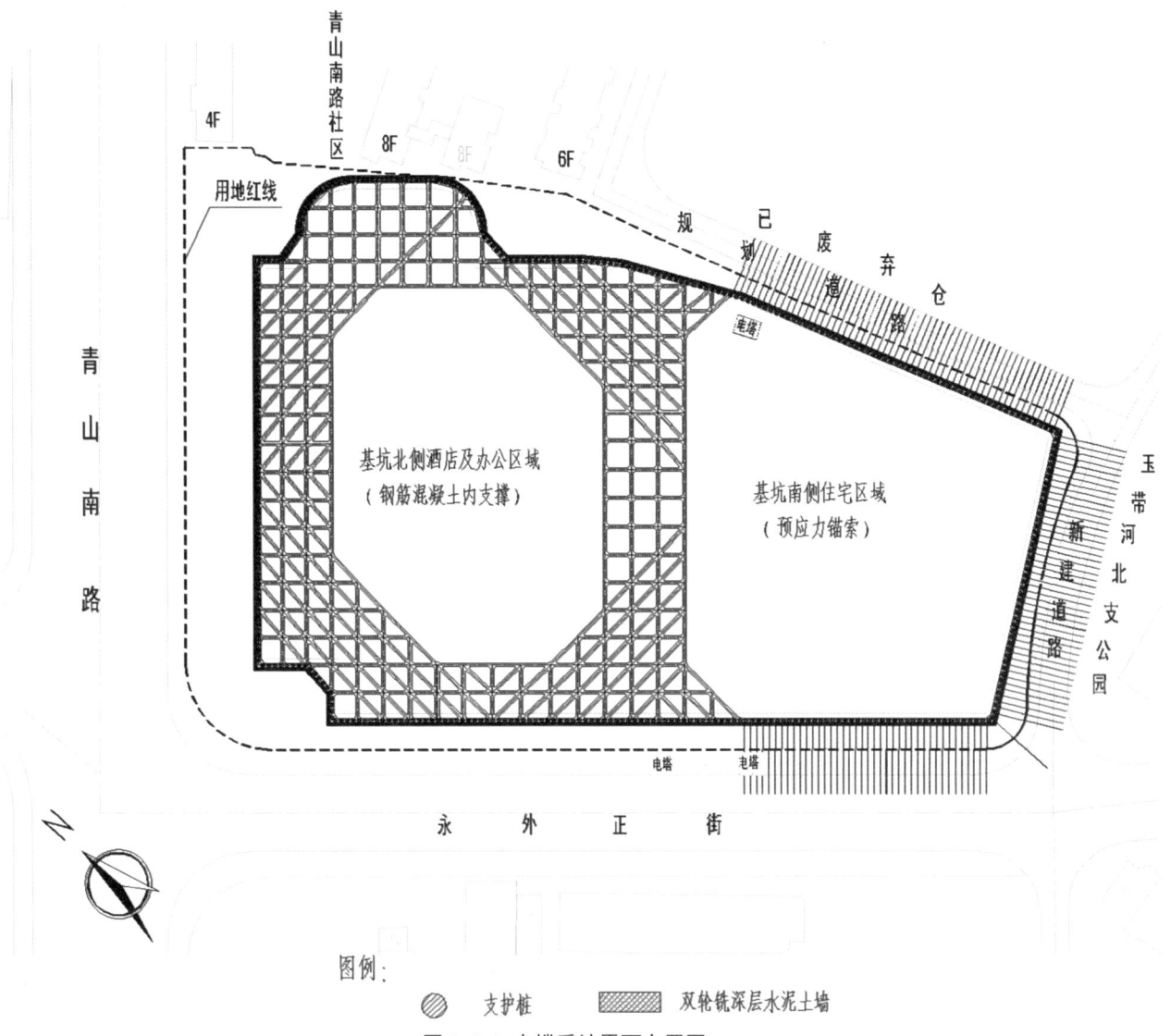

图3.4-3 支撑系统平面布置图

⑤内支撑材料比选：

常用的内支撑材料有钢和钢筋混凝土，两种材料各有其优缺点以及适用范围。也可以根据实际情况采用钢和混凝土支撑的组合。

a.基坑面积较大且不规则，如采用钢支撑，将会出现较多不规则的节点，施工困难，且质量难以保障；而采用钢筋混凝土结构，布置灵活，节点连接可靠，整体稳定性更好，质量更有保障。

b.根据基坑受力特点，吸取相关工程经验教训，首道支撑应该采用刚度大、整体稳定性好的钢筋混凝土支撑，为了保障土方开挖及立柱受力，多道内支撑在竖向上应在同一轴线，以方便后期施工。因此，不宜单独采用钢支撑，且下部钢支撑会受首道混凝土支撑布置的影响。

c.本基坑开挖深度达17.0m,通过验算,在满足周围环境保护要求的前提下,设置两道钢筋混凝土支撑,或者一道钢筋混凝土支撑+两道钢支撑的组合方案,两方案的变形控制效果相近。但因为钢与混凝土组合支撑中多设了一道支撑,经初步估算,工程费用更多,且施工工期更长,优势不足,不宜采用。

从上述分析可知,本工程更适合采用二道钢筋混凝土内支撑。

⑥平面布置形式比选:

支撑系统的平面布置形式众多,从技术上看,一个基坑工程采用多种支撑平面布置形式均是可行的,但科学、合理的支撑布置形式应兼顾基坑工程特点、主体地下结构布置以及周边环境保护要求和经济性等综合因素的和谐统一。

常用的内支撑平面布置形式有角撑、环形支撑、对撑+角撑等,然而角撑仅适用于面积较小的接近矩形的基坑。

根据"安全可靠、技术可行、经济合理、方便施工"的设计原则,结合基坑特点,按周边环境保护安全等级的不同,区别对待,确保安全,并兼顾经济。

从基坑采用"整体内支撑"与"北侧内支撑+南侧外锚"两方面思路出发,经过计算,在满足规范要求的承载能力、变形和稳定性等要求的情况下,确定如表3.4-6所示四种整体布置方案,分别为两个整体内支撑与两个"北撑+南锚"方案,各方案比较见表3.4-6。

根据表3.4-6可知,四个方案均能满足整体稳定和周围环境保护要求,技术上均可行;因为整体内支撑方案多了内支撑,少了外锚,经工程量统计及费用估算,工程造价略高,但差别不太大,现在需要从施工的便利性上再进行比较。

四个方案可以提供的整体连片的坑内作业面积如下:

方案1:5024m²(北侧大圆)+3846m²(南侧小圆)=8870m²;

方案2:6027m²(北侧多边形)+3326m²(南侧多边形)=9353m²;

方案3:5230m²(北侧多边形)+7098m²(南侧外锚)=12328m²;

方案4:5211m²(北侧椭圆)+6942m²(南侧外锚)=12153m²。

因为南侧外锚不占用坑内作业空间,所以采用"北撑+南锚"的方案3和方案4,在坑内空间占用上优于方案1和方案2。

圆环撑周边支撑杆件分布密集,占用坑内空间,不利于土方开挖,且不经济;同时,由于圆环撑对土方开挖的均匀性、对称性要求更高,且必须等到整体圆环支撑浇筑形成后,方可向下开挖,工期较长,不利于分区施工和工期控制。对撑+角撑结合边桁架的布置形式,各区域受力明确,且受力体系相对独立,可实现分区域施工,每个分区支撑形成并达到一定设计强度后,即可继续向下开挖,大大加快了整体施工进度,节约了工期。

因此,从施工便利性角度分析,方案2优于方案1,方案3优于方案4。

综上,若能取得可拆卸式锚索红线范围外用地主管部门的许可时,推荐使用方案3。

表 3.4-6 整体布置方案比选表

方案描述	计算结果	优点	缺点
方案 1：整体内支撑 （1）设置两道内支撑，竖向标高-2.5m、-10.0m； （2）支撑平面布置：四周采用角撑结合边桁架形式，南北两侧各设置一个圆环形内支撑，尽量少占用基坑作业空间，北侧大圆内套小圆，两圆之间设置对撑，提高变形控制能力，以增强整体刚度，控制东西两侧坑壁中部变形，并可用作施工栈桥，便于施工。	周围环境保护 I 类区段最大位移 18.87mm<0.18%H=30.6mm； 周围环境保护 II 类区段最大位移 30.97mm<0.3%H=51.0mm	（1）整体内支撑，受力合理； （2）钢筋混凝土结构，长期稳定性好； （3）不占用红线外空间。	（1）坑内作用空间占用相对较多，影响地下结构施工； （2）未能按基坑不同区段保护要求分别利用周围环境条件。
方案 2：整体内支撑 （1）设置两道内支撑，竖向标高-2.5m、-10.0m； （2）支撑平面布置：对撑+角撑结合。基坑东部采用角撑，四周采用角撑结合边桁架形式，控制东西高区段变形要求较高区段变形，减小支撑间距，提高整体刚度，严控变形，中间设置对撑，控制东西两侧坑壁变形，并可用作施工栈桥，便于施工。	周围环境保护 I 类区段最大位移：19.75mm<0.18%H=30.6mm； 周围环境保护 II 类区段最大位移：35.41mm<0.3%H=51.0mm	（1）整体内支撑，受力合理； （2）钢筋混凝土结构，长期稳定性好； （3）不占用红线外空间。	（1）坑内作用空间占用相对较多，影响地下结构施工； （2）未能按基坑不同区段保护要求分别利用周围环境条件。

续表

方案描述	计算结果		优 点	缺 点
方案3：北撑+南锚 （1）北侧两道内支撑，南侧四道锚索，内支撑标高为-2.5m、-6.0m、-10.0m、-13.5m，锚索标高为-2.5m、-6.0m、-10.0m、-13.5m； （2）支撑平面布置：对撑+角撑结合边桁架形式，四周角撑，基坑间距，减小支撑变形，中间设置对撑，控制东西两侧基坑壁变形，并可用作施工栈桥，便于施工。		周围环境保护Ⅰ类区段最大位移：8.79mm<0.18%H=30.6mm； 周围环境保护Ⅱ类区段最大位移：26.71mm<0.3%H=51.0mm	（1）根据基坑周围环境保护等级不同，区别对待，分类设计，而且经济合理，仅安全可靠，分类设计，而且经济合理； （2）南侧外锚体系不占用坑内作业空间，方便后期施工。	南侧外锚支撑体系将超出红线。
方案4：北撑+南锚 （1）北侧两道内支撑，南侧四道锚索，内支撑标高为-2.5m、-6.0m、-10.0m、-13.5m，锚索标高为-2.5m、-6.0m、-10.0m、-13.5m； （2）支撑平面布置：尽量减少坑内作业空间占用，北侧内撑采用椭圆环形式，控制东西两侧椭圆壁变形，中部设置对撑，基坑东侧施工，便于施工栈桥，并可用作施工，基坑东部变形控制要求较高区段，采用小间距内撑，保障效果。		周围环境保护Ⅰ类区段最大位移：9.03mm<0.18%H=30.6mm； 周围环境保护Ⅱ类区段最大位移：31.86mm<0.3%H=51.0mm	（1）根据基坑周围环境保护等级不同，区别对待，分类设计，而且经济合理，仅安全可靠，分类设计，而且经济合理； （2）南侧外锚体系不占用坑内作业空间，方便后期施工。	（1）南侧外锚支撑体系将超出红线； （2）椭圆形内支撑节点多，对结构施工以及土石方开挖要求较高； （3）椭圆环较大，施工难度大，影响分区分块施工，以及总工期。

（3）方案设计：

根据上述比选结果，按方案3具体设计如下：

①围护结构：

采用排桩，桩径1.0m，基坑北侧（近地铁）及东侧北部（近青山路社区多层房屋）区域约170m范围内桩间距1.2m，其余段桩间距1.5m，桩顶设置冠梁，冠梁截面尺寸1.0m×1.0m（宽×高）。

②支撑系统：

a.北侧内支撑。

两道内支撑，竖向布置为-2.5m、-10.0m，截面尺寸见表3.4-7。

表3.4-7 北侧内支撑截面尺寸

项目		材料	截面尺寸	
			宽（m）	高（m）
第一道支撑	冠梁	C35砼	1.0	1.0
	主撑梁	C35砼	0.8	0.8
	次撑梁	C35砼	0.8	0.6
第二道支撑	腰梁	C35砼	1.4	1.0
	主撑梁	C35砼	1.0	0.8
	次撑梁	C35砼	0.8	0.8

在支撑节点处按间距不超过15m设置格构柱，格构柱角钢型号为∠200×200×20，缀板型号为500×300×16，间距1.5m，格构柱截面尺寸550mm×550mm。格构柱进入立柱桩不小于3.0m。

立柱桩采用直径900mm钻孔灌注桩，桩端进入中风化泥质粉砂岩不少于3m。

b.南侧锚索。

采用可拆卸式锚索，设置于桩间，水平间距1.5m，竖向布置为-2.5m、-6.0m、-10.0m、-13.5m。锚索采用高压喷射扩大头工艺，锚索腰梁尺寸为1.2m×1.0m（宽×高）；锚索倾角15°和20°，长度14~19m，索材选用高强低松弛预应力钢绞线；锚孔孔径450mm，沿锚索长度间距1.5m设置对中支架，锚孔注浆采用强度等级不低于42.5的普通硅酸盐水泥。

③地下水控制系统：

a.止水帷幕：沿围护桩外围设置一圈封闭的双轮铣深层水泥土搅拌墙，墙体厚度800mm，单幅墙长度2800mm，搭接300mm，墙顶与冠梁底平，墙底进入强风化泥质粉砂岩不小于1000mm。

b.疏干降水井：经过计算并结合南昌地区经验，单井抽水量为700~850m²。在基坑内部，按照间距20~30m布置降水井，孔径650mm，滤管为直径300mm的无砂混凝土管，井底位于中风化泥质粉砂岩层顶面。

c.减压井：减压井在基坑外围，止水帷幕外侧1.0~2.0m处，间距20~50m布置，兼作外围地下水位观测井。减压井主要用于雨季期间，因降雨导致基坑外围水位上升超过地下水位变幅要求时，进行抽水减压，减压井施工技术要求与降水井一致。

d.截、排水系统：在基坑坡顶外侧1.0m处，设置截水沟；在坡底设置坡脚排水沟，坡底间距25~30m间距设置集水井，用于汇聚坡脚排水沟内汇水，利用水泵抽排出基坑至坡顶截水沟或者直接排入就近市政排水系统。

④其他：

冠梁顶部2.0m高度采用挂网喷砼支护，上部空间允许时，采取1∶1.0坡率放坡，坡面挂直径6mm HPB300@150双向钢筋网，面层喷射80mm厚C20砼。

（4）剖面计算结果：

利用理正深基坑7.0PB1版本，分析方法采用平面杆系结构弹性支点法；岩土体强度参数采用表3.4-8中数值；水土压力的计算，对于无黏性土采用水土分算、黏性土采用水土合算的原则；计算中普遍区域地面超载取20kPa，临近建筑物附加荷载按照每层15kPa考虑。

围护结构剖面主要计算结果见表3.4-8。

表3.4-8 围护结构剖面主要计算结果

剖面	剖面位置	环境类别	计算结果				
			桩身位移（mm）	地表沉降（mm）	整体稳定（1.35）	抗倾覆（1.25）	抗隆起（2.20）
1-1	北侧	Ⅱ	22.39（51.0）	29.0（42.5）	2.747	1.779	3.477
2-2	东侧	Ⅰ	19.81（30.6）	25.0（25.5）	2.727	1.979	3.106
3-3	东侧	Ⅰ	19.52（30.6）	25.0（25.5）	3.013	1.913	3.715
4-4	东侧	Ⅱ	27.31（51.0）	34.0（42.5）	3.267	1.750	3.538
5-5	南侧	Ⅱ	34.79（51.0）	44.0（51.0）	3.103	2.523	3.820
6-6	西侧	Ⅱ	31.47（51.0）	41.0（51.0）	3.217	2.735	3.867
7-7	西侧	Ⅱ	31.98（51.0）	41.0（51.0）	3.298	2.661	3.802
8-8	西侧	Ⅱ	23.28（51.0）	29.0（42.5）	3.320	2.000	3.531

备注：（1）表中，括号内数字表示规范要求值。
（2）关于环境类别，依据《建筑地基基础设计规范》（GB 50007—2011）表25（基坑变形设计控制指标）的规定选取，基坑东侧紧邻房屋段，为环境保护要求相对较高的级别（Ⅰ类）；其余段为保护要求相对较低的级别（Ⅱ类），5-5、6-6、7-7剖面基坑周围一倍开挖深度范围内无重要的建构筑物及管线，按照表中允许值取小值作为控制指标。

（5）施工顺序：

场地平整→止水帷幕施工→灌注桩施工→设置地表排水系统→基坑开挖至第一道内支撑垫层底标高→铺设垫层→施工冠梁、第一道内支撑及第一排锚索→基坑开挖至第二排锚索作业面标高→施工第二排锚索→基坑开挖至第二道内支撑垫层底标高→打设垫层→施工腰梁、第二道内支撑及第三排锚索→基坑分层开挖到第四排锚索作业面标高→施工第四排锚索→基坑开挖至底板垫层底标高→浇筑底板及传力带→拆除第四排锚索→浇筑负二层楼板及传力带→拆除第二道内支撑及第三排锚索→浇筑负一层楼板及传力带→拆除第二排锚索→拆除第一道内支撑及第一排锚索→地下室顶板施工→回填土→上部结构施工。

3.4.1.5 基坑监测

本基坑工程主要监测项目见表 3.4-9。

表 3.4-9 基坑工程主要监测项目

序号	监测项目	序号	监测项目
1	支护体系的观察	9	地下水位
2	支护结构顶部竖向位移	10	坑底隆起（回弹）
3	支护结构顶部水平位移	11	周边地表竖向位移
4	深层水平位移	12	周边建筑竖向位移
5	支护结构内力	13	周边建筑倾斜
6	立柱竖向位移	14	周边建筑水平位移
7	支撑内力	15	周边建筑、地表裂缝
8	锚索内力	16	周边管线变形

基坑监测项目报警值见表 3.4-10。

表 3.4-10 基坑监测项目报警值

序号	监测项目	报警值	
		速率（mm/d）	累计（mm）
1	支护结构顶部水平位移（Ⅰ类环境）	2	25
	支护结构顶部水平位移（Ⅱ类环境）	3	20
2	支护结构顶部竖向位移（Ⅰ类环境）	2	20
	支护结构顶部竖向位移（Ⅱ类环境）	3	20
3	深层水平位移	3	45
4	立柱竖向位移	3	30
5	坑底隆起（回弹）	3	30
6	地下水位	500	1000
7	构件内力	60%承载能力设计值	
8	周边建筑、周围环境	根据鉴定结果而定	
9	周边管线	视具体管线而定	
注：周边建筑的监测报警值应在第三方鉴定单位鉴定明确建筑允许变形值之后，方可确定。			

监测技术要求、测点设置、监测周期和监测频率与同类工程类似，此略。

3.4.1.6 评述

本基坑为超高层建筑基坑，规模大，基坑长约 170m，宽 65~120m，周长约 580m，面积约 18600m²，整体开挖深度为 17.0m。地下室三层，地下结构施工工期长达 2 年。基坑地处闹市，周边环境条件复杂，紧邻基坑有浅基础的多层房屋、地铁工程，以及道路下方众多管线，地下室边线距用地红线比较近，所以周边环境保护要求高，用地空间有限。另外场地为第四系上更系统冲积层，揭露孔隙性潜水，水量极丰富，稳定水位埋深 5.80~7.00m，微承压性，地下水与赣江水力联系紧密，水位年变化幅度 2.0~4.0m。在场地地下水位较高，水位降深大、地下水侧向补给丰富这种高富水砂砾层条件下进行设计，关键点是地下水控制设计和变形控制设计。为此，该设计方案首先从围护结构、支撑系统和地下水控制系统三个方面进行详细分析比选。然后，对整体方案进行优化选择。通过深入分析场地地质环境条件，充分结合基坑周边建构筑物不同的变形要求，在多个方案综合分析比较的基础上，全面考虑了整个建筑工程施工建设要求，最后采用了排桩围护结构、"北撑南锚"、双轮铣深层水泥土搅拌墙帷幕止水的整体思路。其技术路线正确、分析论证全面，最后采用的基坑支护方案技术先进、经济合理。

特别值得一提的是，内支撑系统设计不仅从经济技术工期上比较了"二道钢筋混凝土支撑"和"一道钢筋混凝土支撑+两道钢支撑"两种方案，确认本工程更适合采用二道钢筋混凝土内支撑。而且从基坑采用"整体内支撑"与"北侧内支撑+南侧外锚"两种思路出发，研究支撑系统的最佳平面布置形式，思路缜密。经过计算，在满足规范要求的承载能力、变形和稳定性等要求的情况下，确定两个整体内支撑与两个"北撑+南锚"方案，再从工程量、费用估算、施工的便利性、受力体系相对独立上进行比较，决定采用"北撑+南锚"的方案，并且确认方案2优于方案1，方案3优于方案4。分析细致全面，十分难得。

本工程作为南昌地区颇具代表性的基坑工程之一，率先在同类型高富水砂砾层基坑中采用了地层穿透能力强、施工机械移动更加灵活的双轮铣深层水泥土搅拌墙止水帷幕、大拉力高压喷射扩大头工艺锚索，具有一定的创新性。并从应急角度提出在基坑外围，止水帷幕外侧1.0~2.0m处布置减压井，兼做外围地下水位观测井。以考虑因降雨导致基坑外围水位上升超过地下水位变幅要求时，进行抽水减压。

3.4.2 南昌绿地朝阳中心 2#地块深基坑工程

设计单位：华东建筑设计研究院

审图单位：江西省众博工程咨询有限公司

3.4.2.1 工程概况

该中心项目共分 1#、2#、3#、4#四个地块，1#地块、2#地块首先实施，3#、4#地块随后实施。2#地块用地面积约 25000m^2，由 6 栋 30 层办公楼、多栋 2 层商业楼及 2~3 层幼儿园组成，整体设置两层地下室。位置详见图 3.4-4。

图 3.4-4 基坑平面位置示意图

基坑面积约 20600m^2，总延长约 570m。本工程 ±0.000=+23.050（下文中除特别注明外，均为绝对标高，属黄海高程），自然地坪的设计标高约−3.050。基坑开挖深度：地下室基础筏板厚度为 500mm，周边承台高 1100mm，考虑基底垫层厚度 200mm，普遍区域筏板底基坑开挖深度 6m，承台区域挖深 6.6m。

3.4.2.2 周边环境概况

周边环境情况见表 3.4-11 及附图 1，从中可知，地下室周边环境较复杂。

表 3.4-11 周边环境情况

基坑支护段	基坑边线距用地红线	其他情况
基坑北侧	4~16m	邻近灌婴路及高架桥匝道。灌婴路宽约 38m，距基坑边约 6.8m。高架桥匝道距基坑边约 13m，道路下方埋设多条市政管线：截面 900mm×400mm 电信管，距地下室最近距离 7m；直径 300mm 污水管，距地下室最近距离 20m；截面 400mm×300mm 电信管，距地下室最近约 15m；直径 500mm 污水管，距地下室最近约 50m。管线最近处距离本基坑边约 7m，具有一定的保护要求。规划道路粮库东路以及本工程与 4#地块、1#地块之间的规划道路均在本工程地下室施工完成后实施。距建筑较远，最近处距基坑边 60m 以上。
基坑东侧	5~13.8m	有规划道路：粮库东路，现为空地，小区住宅相距较远，无市政管线。
基坑南侧	约 2m	邻近在建 1#地块，目前正在进行基坑开挖和地下室施工，挖深 3m 左右，距本基坑边约 20m。无市政管线。
基坑西侧	约 5.0m	西侧为待建 4#地块，目前为空地，无市政管线。

3.4.2.3 工程地质条件

场地位于赣江以东约 340m，为赣抚冲积平原Ⅰ级阶地，原为粮库，拆后经人工平整后稍有起伏，自然地面标高（黄海高程，下同）19.73~20.45m，最大高差约 0.72m。

场地浅层主要以杂填土和黏性土为主，其中，1#地块西部及 3#、4#地块和 2#地块西部主要分布有较厚的流塑状的③-1 淤泥质粉质黏土层，该层层厚 0.50~10.20m，层顶埋深 0.80~16.90m。

上部杂填土及黏性土层以下主要为较厚的砂层，由浅到深依次为松散的细砂、松散至稍密的中砂、中密的圆砾层。砂层以下为强、中、微风化泥质粉砂岩层，强风化岩层岩体较破碎，中、微风化砂砾岩层岩体较完整，中风化岩层饱和单轴抗压强度标准值 frk 达到 6.5MPa。场地范围内地层具有"上软下硬"的特点。详见图 3.4-5。

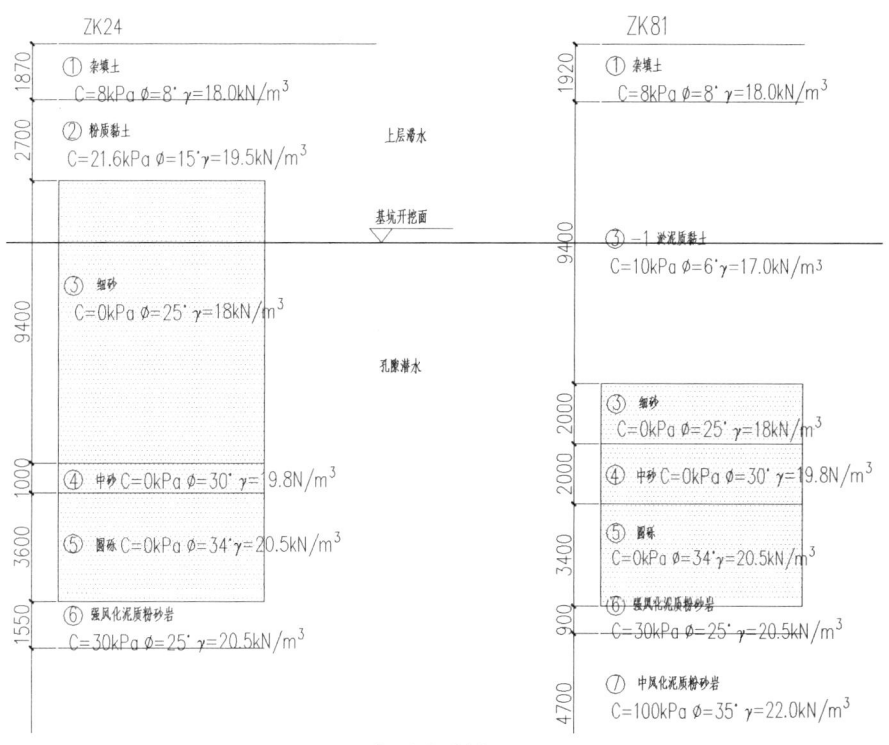

图 3.4-5 典型地质剖面图

勘察期间见第四系地下水，主要为上层滞水和孔隙潜水。上层滞水主要赋存于杂填土中，初见水位埋深 0.00~3.80m，稳定水位埋深一般为 0.00~4.00m；孔隙潜水主要赋存于细砂、中砂及圆砾层中，初见水位埋深 5.20~8.30m，稳定水位埋深一般为 5.10~9.50m。②粉质黏土、③-1 淤泥质粉质黏土层为弱透水层，其透水性、赋水性较差，为相对隔水层。基岩裂隙水贫乏，富水程度相对较差，属弱含水层。地下水水量、水位受季节影响明显，水位年变化幅度 2.0~4.0m。

①杂填土、③细砂、④中砂、⑤圆砾层透水性相对较强，为透水层。由于场地内的③细砂、④中砂、⑤圆砾层均与赣江连通，受赣江侧向水力补给，水量丰富，渗透性强。因此，基坑需采取可靠的隔水措施，确保基坑顺利实施，减小基坑降水对周边环境的影响。

基地西南角区域存在深厚的淤泥质粉质黏土土层，层厚 8~10m。深厚淤泥质粉质黏土层区域的平面分布位置见图 3.4-6。

图 3.4-6 淤泥土层分布示意图

设计采用的土层物理力学性质参数见表 3.4-12。

表 3.4-12 各岩土层物理力学指标一览表

土层编号	岩土名称	状态	厚度（m）	天然重度 γ (kN/m³)	抗剪强度 黏聚力 C（kPa）	抗剪强度 内摩擦角 φ（°）	标贯 N [动探 $N_{63.5}$]	渗透系数 K（m/d）
①	杂填土	松散	0.40~4.40	18.0	8*	8.0*	（2）	/
①-1	淤泥	流塑	6.50~6.90	17.0	10*	6	/	0.03
②	粉质黏土	软塑至可塑	0.80~7.00	19.5	21.6	15	6	0.02
③-1	淤泥质粉质黏土	流塑	0.50~10.20	17.0	10*	6	/	0.03
③	细砂	松散	1.00~12.10	18.0	0*	25*	4	10
④	中砂	松散至稍密	0.50~10.40	19.8	0*	30*	8	30
⑤	圆砾	中密	0.50~6.10	20.5	0*	34*	（11）	80
⑥	强风化泥质粉砂岩	岩体较破碎	0.10~1.80	20.5	30*	25*	（15.29）	/
⑦	中风化泥质粉砂岩	岩体较完整	/	22.0	100*	35*	/	/
⑦-1	中风化钙质泥岩	岩体较完整	/	22.0	100*	35*	/	/

3.4.2.4 基坑支护总体方案选型

对于类似大面积的较深基坑工程，受周边环境条件制约，常规采用板式围护体系结合内支撑方案，主要有以下几种形式：

（1）板式围护结合水平钢支撑体系：

主要存在以下不利因素：

①杆件常规布置较为密集，施工挖土空间较小，挖土效率较低；

②单个方向长度过长，拼接节点多，易积累形成较大的施工偏差，传力可靠性难以保证；

③由于杆件过长，钢支撑体系刚度相对较小，不利于基坑变形控制和对周边环境的保护；

④满堂设置水平钢支撑体系，须待基础底板整体施工完成，形成可靠的传力体系后方可进行钢支撑的拆除，不利于主楼结构的快速向上施工。

（2）板式围护结合混凝土水平支撑体系：

钢筋混凝土内支撑具有刚度大、变形小的特点。但大面积混凝土支撑体系满堂设置时工程量巨大，且混凝土支撑的施工、养护和拆除均占用工期，不利于基坑土方的尽早开挖，也不利于主楼结构的快速向上施工。

（3）板式围护结合"中心岛"结构和斜抛撑：

"中心岛"结构结合斜抛撑的方案是首先在基坑周边留土放坡开挖至基底，形成中心盆式工况，在完成中部基础底板之后，再利用完成的基础底板或地下结构梁板设置钢管斜撑，最后挖除四周盆边土方。

"中心岛"区域的土方开挖不受支撑的影响，在围护体施工完成后，即可在周边留土放坡，进行中部大面积土方开挖，开挖至基底后，即可快速跟进基础底板、地下结构的施工，尤其对位于"中心岛"区域的主楼，更能实现其苛刻的工期要求。

由于"中心岛"方案主要利用"中心岛"结构体系作为整体支撑传力体系的一部分，仅需在周边留土区域设置较短的钢斜抛撑，大大减少了大面积满堂设置支撑的工程量和支撑施工所占用的工期。同时，由于钢支撑的长度较满堂设置时要减短很多，钢支撑的刚度相对更大，更为可靠。

3.4.2.5 基坑支护结构设计

综上所述，本项目对环境保护有一定要求，且距离红线相对较近，如用锚杆或土钉墙结合放坡等方案必将超越用地红线。对于类似本项目的超大面积深坑工程，采用"中心岛"结合斜抛撑的方案更具有技术及经济优势。既可在保证基坑安全的同时，较好地实现项目的经济性，同时，"中心岛"大面积的敞开挖土，也更有利于项目工期的实现，有利于主体结构尤其是主楼的快速施工。周边围护墙均采取等厚度型钢水泥土搅拌墙，墙底嵌入强风化与中风化岩层交界面，隔断坑内外的水力联系。支撑平面布置图详见附图2，围护及支撑详图、典型剖面图及立柱大样图详见附图3。重点设计内容说明如下：

（1）围护墙设计：

等厚度水泥土搅拌墙既适用于 $N<100$ 的软土地层，又适用饱和单轴抗压强度达到 10MPa 的中风化岩层，适用地层广泛，隔水性好，成墙质量较好，水泥土搅拌均匀。因此，隔水帷幕拟采用等厚度水泥土搅拌墙，并采用工效较高的 CSM 工法设备成墙。

水泥土搅拌墙厚度为 700 mm，为隔断水力联系，等厚度水泥土搅拌墙有效桩长不小于 20m，且应确保墙底嵌入强风化与中风化泥质粉砂岩交界面。等厚度水泥土搅拌墙单幅 2.8m，搭界长度 0.4m。根据基坑内力、变形和整体稳定性计算，等厚度型钢水泥土搅拌墙内插 $H488 \times 300 \times 11 \times 18$ 型钢，普遍区域型钢中心距 850 mm。西北角及西南侧等淤泥质粉质黏土层较厚的区域，型钢间距分别加密至 700mm 和 600mm。型钢底部嵌入基底约 10.5m、11m。

(2)"中心岛"留土放坡及内支撑设计:

"中心岛"周边边留土平台标高-5.550,平台宽6m(西侧及南侧淤泥较厚区域平台宽8m),坡高3.5m,采用1:1.5放坡,坡面采用80mm厚配筋混凝土喷射面层,内配双向$\phi 8@150$钢筋,配筋面层混凝土设计强度等级C20。坡面设置$\phi 20$插筋,插筋长度1m,插筋与坡面垂直,水平和竖向间距均为1.0m,坡顶设置降水井进行坡体疏干降水。

基坑周边留土放坡中部开挖至基底后,先施工中部基础底板,在中部基础底板与围护桩压顶梁之间架设斜抛撑,斜抛撑架设完成后进行周边留土开放开挖和结构施工。斜抛撑采用$\phi 609\times 16$钢管撑,连杆采用$H400\times 400\times 13\times 21$的型钢。

基坑角部区域采用一道混凝土水平角撑,与"中心岛"区域周边的钢斜抛撑形成整体的支撑体系。角撑混凝土强度等级C30,主筋保护层厚度30mm,支撑中心标高-3.950。

(3)基坑开挖与结构施工工况设计:

采用"中心岛"的方案,整个基坑的受力稳定与基坑挖土工况、主体结构的实施情况密不可分。根据类似项目经验,同时结合本项目主楼结构分布、支护体系传力特点,采用了以下施工工况流程。

"中心岛"典型剖面施工工况如图3.4-7所示。

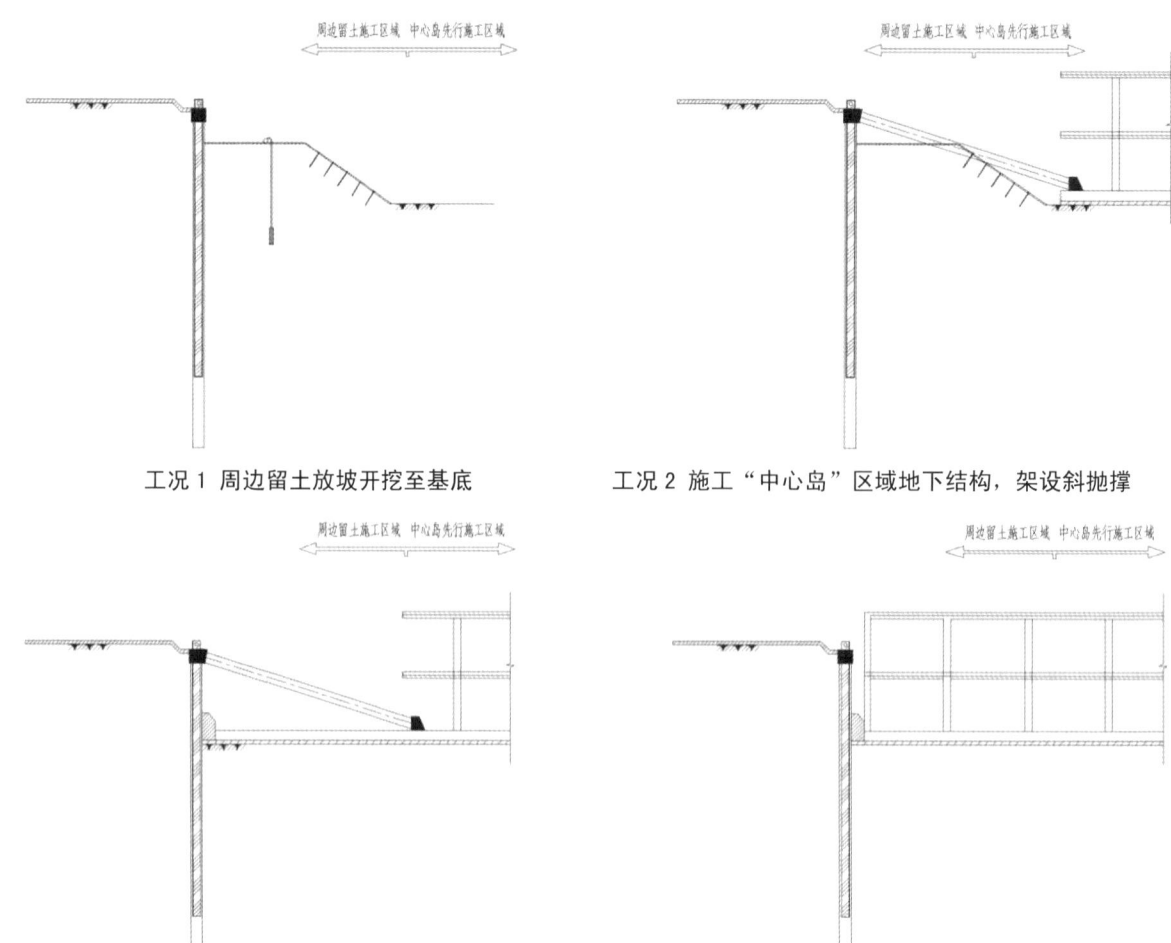

工况1 周边留土放坡开挖至基底   工况2 施工"中心岛"区域地下结构,架设斜抛撑

工况3 开挖周边留土,施工周边基础底板、换撑   工况4 拆除周边斜抛撑,施工周边地下结构

图3.4-7 "中心岛"典型剖面施工工况

"中心岛"典型平面开挖工况流程如下:

工况一：基坑整体开挖至第一道支撑底，施工周边压顶梁及混凝土角撑体系（图 3.4-8）；

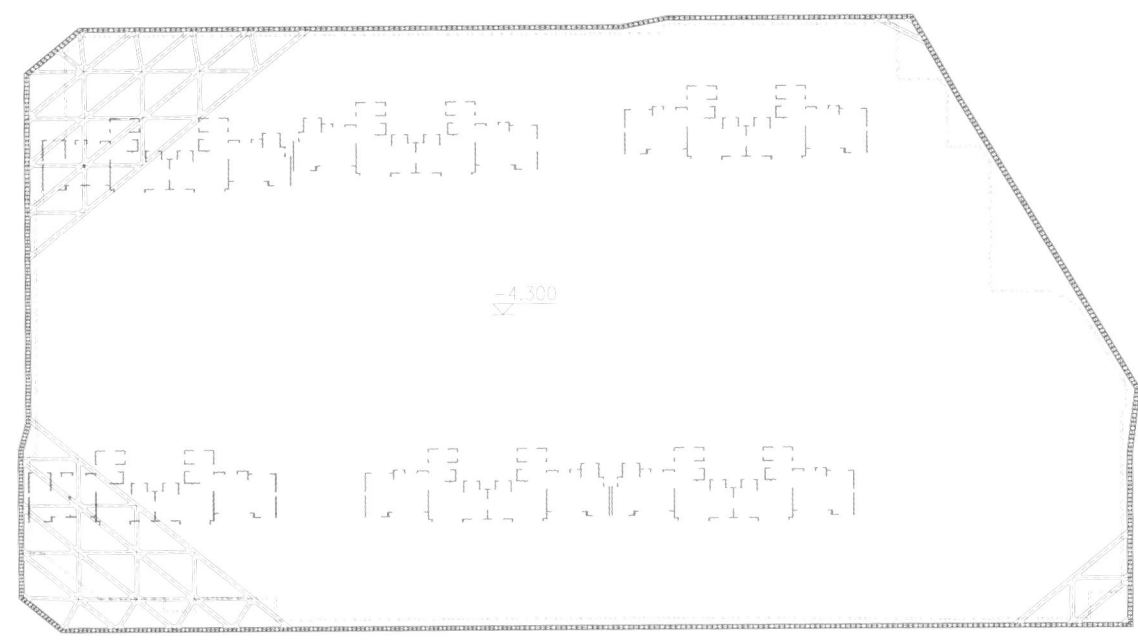

图 3.4-8 挖土工况流程平面示意图（一）

工况二：周边留土放坡，中部开挖至基底并施工"中心岛"区域基底垫层和基础底板（图 3.4-9）。

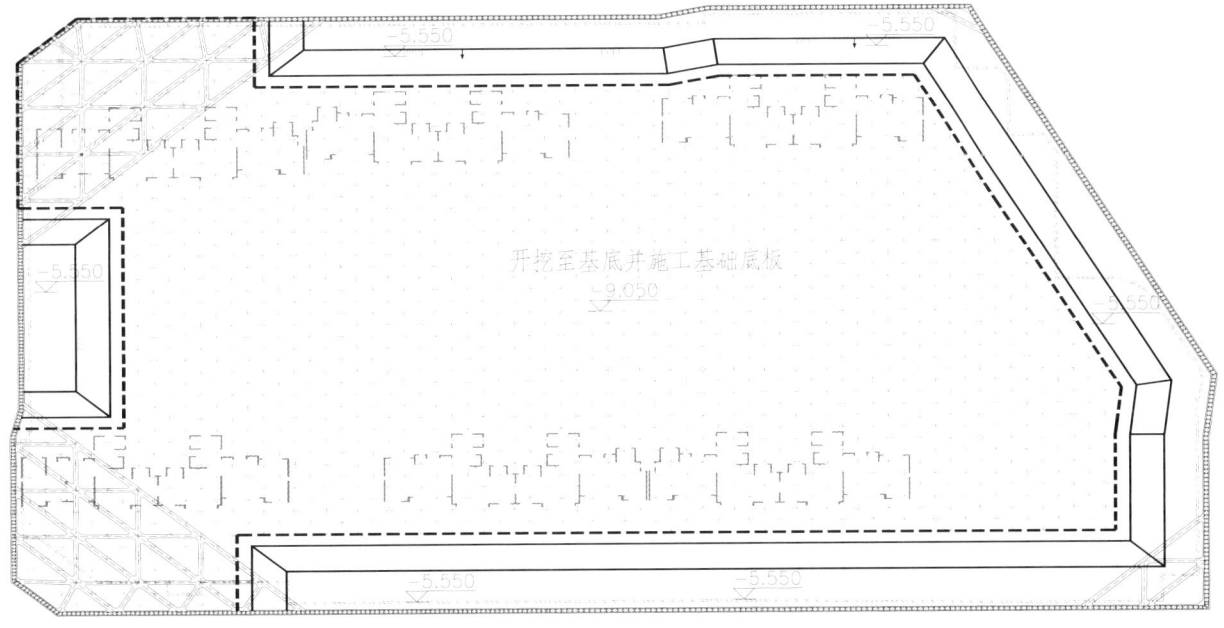

图 3.4-9 挖土工况流程平面示意图（二）

工况三："中心岛"区域基础底板强度达到 80%，周边架设钢斜撑，开挖周边留土，逐段施工周边基础底板；"中心岛"区域继续向上施工地下结构（图 3.4-10）。

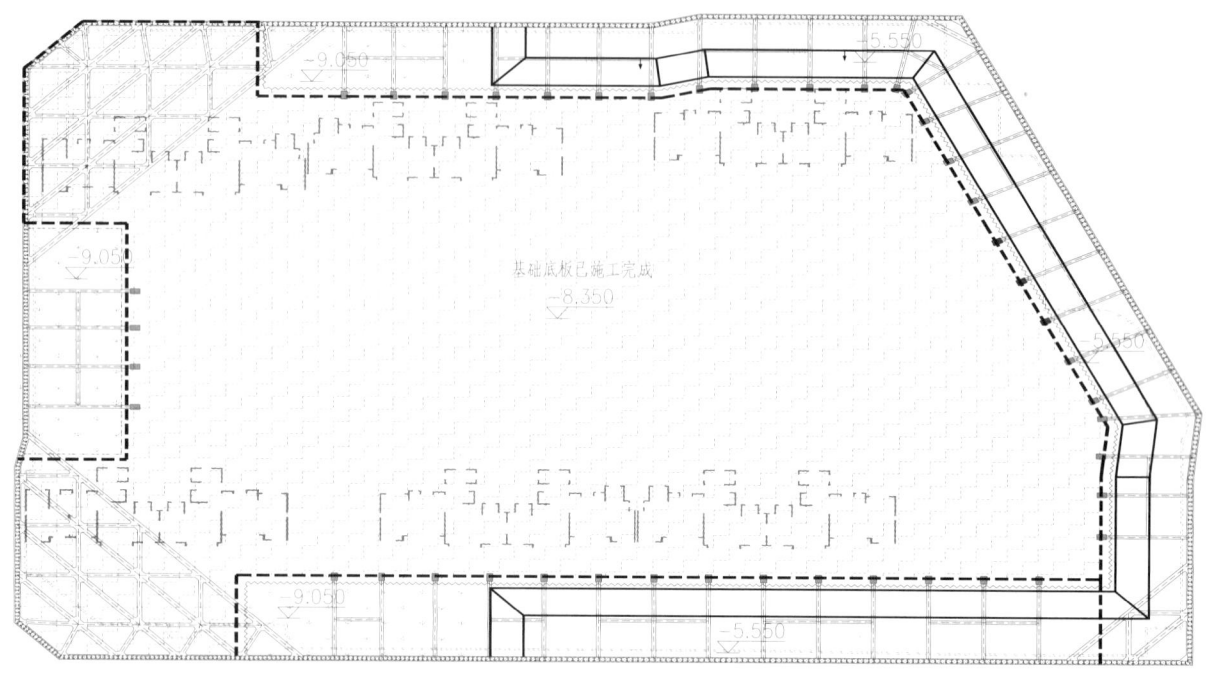

图3.4-10 挖土工况流程平面示意图（三）

工况四：周边基础底板及换撑施工完成，且达到设计强度80%后拆除周边钢斜撑，向上施工地下结构，直至完成整个地下室的施工（图3.4-11）。

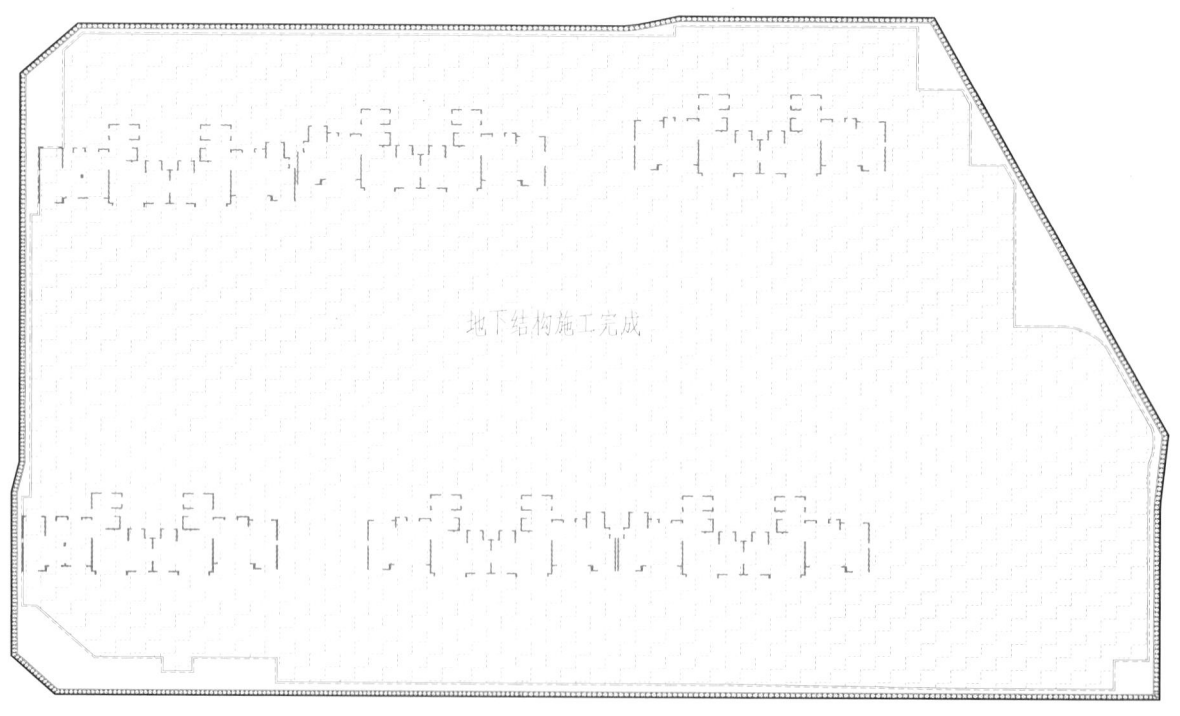

图3.4-11 挖土工况流程平面示意图（四）

（4）主要计算结果：

各个剖面计算结果见表 3.4-13。

表 3.4-13 各个剖面计算结果

A-A 北侧 ZK24	挖深 6.6m，700 厚等厚度水泥搅拌墙，内插 H488×300×11×18 型钢，间距 850mm，嵌固深度 10.5m	最大正弯矩 M+max(k N·m/m)	319.7
		最大负弯矩 M-max(k N·m/m)	-123.9
		最大正剪力 Q+max(k N/m)	130.3
		最大负剪力 Q-max(k N/m)	-104.1
		最大位移 Smax(mm)	23.9
		第一道支撑力 Nmax(k N/m)	129.2
		整体稳定安全系数	2.84
		抗倾覆安全系数	1.29
		抗隆起安全系数	3.04
B-B 南侧 ZK81	挖深 6.6m，700 厚等厚度水泥搅拌墙，内插 H488×300×11×18 型钢，间距 600mm，嵌固深度 11m	最大正弯矩 M+max(k N·m/m)	348.4
		最大负弯矩 M-max(k N·m/m)	-193.6
		最大正剪力 Q+max(k N/m)	108.3
		最大负剪力 Q-max(k N/m)	-123.5
		最大位移 Smax(mm)	36.8
		第一道支撑力 Nmax(k N/m)	212.6
		整体稳定安全系数	3.32
		抗倾覆安全系数	1.36
		抗隆起安全系数	3.40
C-C 西南侧 ZK60	挖深 6.6m，700 厚等厚度水泥搅拌墙，内插 H488×300×11×18 型钢，间距 600mm，嵌固深度 11m	最大正弯矩 M+max(k N·m/m)	354.7
		最大负弯矩 M-max(k N·m/m)	-201.3
		最大正剪力 Q+max(k N/m)	107.8
		最大负剪力 Q-max(k N/m)	-127.3
		最大位移 Smax(mm)	38.1
		第一道支撑力 Nmax(k N/m)	218.9
		整体稳定安全系数	3.25
		抗倾覆安全系数	1.32
		抗隆起安全系数	3.32
D-D 西北侧 ZK27	挖深 6.6m，700 厚等厚度水泥搅拌墙，内插 H488×300×11×18 型钢，间距 700mm，嵌固深度 10.5m	最大正弯矩 M+max(k N·m/m)	378.6
		最大负弯矩 M-max(k N·m/m)	-203.5
		最大正剪力 Q+max(k N/m)	167.4
		最大负剪力 Q-max(k N/m)	-150.8
		最大位移 Smax(mm)	30.9
		第一道支撑力 Nmax(k N/m)	188.3
		整体稳定安全系数	2.98
		抗倾覆安全系数	1.47
		抗隆起安全系数	3.24

3.4.2.6 基坑降水

（1）基坑降排水设计：

在基坑内部考虑设置一定数量的深井来进行疏干降水。降水井采用全滤头深井，根据南昌地区相关疏干降水经验，抽水量按 600m³/口计算，基坑内共布置 34 口疏干井。降水井底应插入基底以下约 7m，滤管插入深坑基底以下约 6m，且降水井底部不进入中风化岩层。在基坑外设置水位观测井，检测止水帷幕的封闭性和地下水的渗流情况。

（2）疏干井构造：

疏干井孔径为 650mm，井管和过滤器直径为 273mm，为全滤头真空深井。保证填砂厚度，过滤器上下应设找中器，终孔后下管前应用清水冲孔，下管填砾石后应用空压机洗井，然后下泵进行抽水，水泵深度应下到离井底 1m。根据本工程土层特性，将深井井底放在相应基底以下约 7.0m 位置。基坑开挖前应进行预降水，时间不少于 3 周。设计单口井的辐射面积约为 600m²，平面基本呈梅花状分布。

3.4.2.7 基坑监测与信息化施工

监测内容、监测报警值、监测周期与监测频率等同类似基坑工程，此略。

3.4.2.8 评述

2#地块设置两层由 6 栋 30 层办公楼、多栋 2 层商业楼及 2~3 层幼儿园组成整体的地下室，基坑规模大，面积约 20600m²，总延长约 570m。由于自然地坪的设计标高约-3.050，因此基坑开挖深度一般，承台区域挖深仅为 6.6m。另外，东侧、南侧、西侧环境条件相对简单，重点在于北侧的灌婴路与高架桥匝道及其道路下方埋设的多条市政污水管线电信管的防护。场地浅层主要以杂填土和黏性土为主，西南角区域存在厚 8~10m 的淤泥质粉质黏土土层。下部主要为较厚的高富水砂砾层，由浅到深依次为松散的细砂、松散至稍密的中砂、中密的圆砾层。基坑底面落在细砂地上。勘察期间见第四系孔隙潜水主要赋存于细砂、中砂及圆砾层中，初见水位埋深 5.20~8.30m，稳定水位埋深一般为 5.10~9.50m。与赣江连通，受赣江侧向水力补给，水量丰富，渗透性强。水位受季节影响明显，水位年变化幅度 2.0~4.0m。因此，基坑开挖需采取可靠的支护结构和隔水措施。

鉴于基坑面积很大，基坑开挖深度不算深，在比较多个方案优劣的基础上，设计总体采用了以"中心岛"方案为主、内支撑方案为辅，多种支护结构相结合的设计方案。"中心岛"方案的运用，大大加快了中部土方的开挖和主体结构的施工，使得"中心岛"区域主楼在无支撑情况下可以快速地向上推进施工，很好地实现了项目的工期目标。利用"中心岛"结构作为整体支护受力体系的一部分，也大大节省了满堂设置内支撑的工程量，经济效果显著。

针对基坑软弱土层的地质条件及突出的地下水问题，采用了以 CSM 工法所构建的等厚度水泥土搅拌墙为隔水帷幕是合适的。另外，在等厚度水泥土搅拌墙内设置内插型钢，从而形成兼具受力和隔水功能的板式墙体，且内插型钢在基坑实施完毕后可拔除、回收，经济、绿色、环保。

图 3.4-12 施工机械

图 3.4-13 施工现场

附图

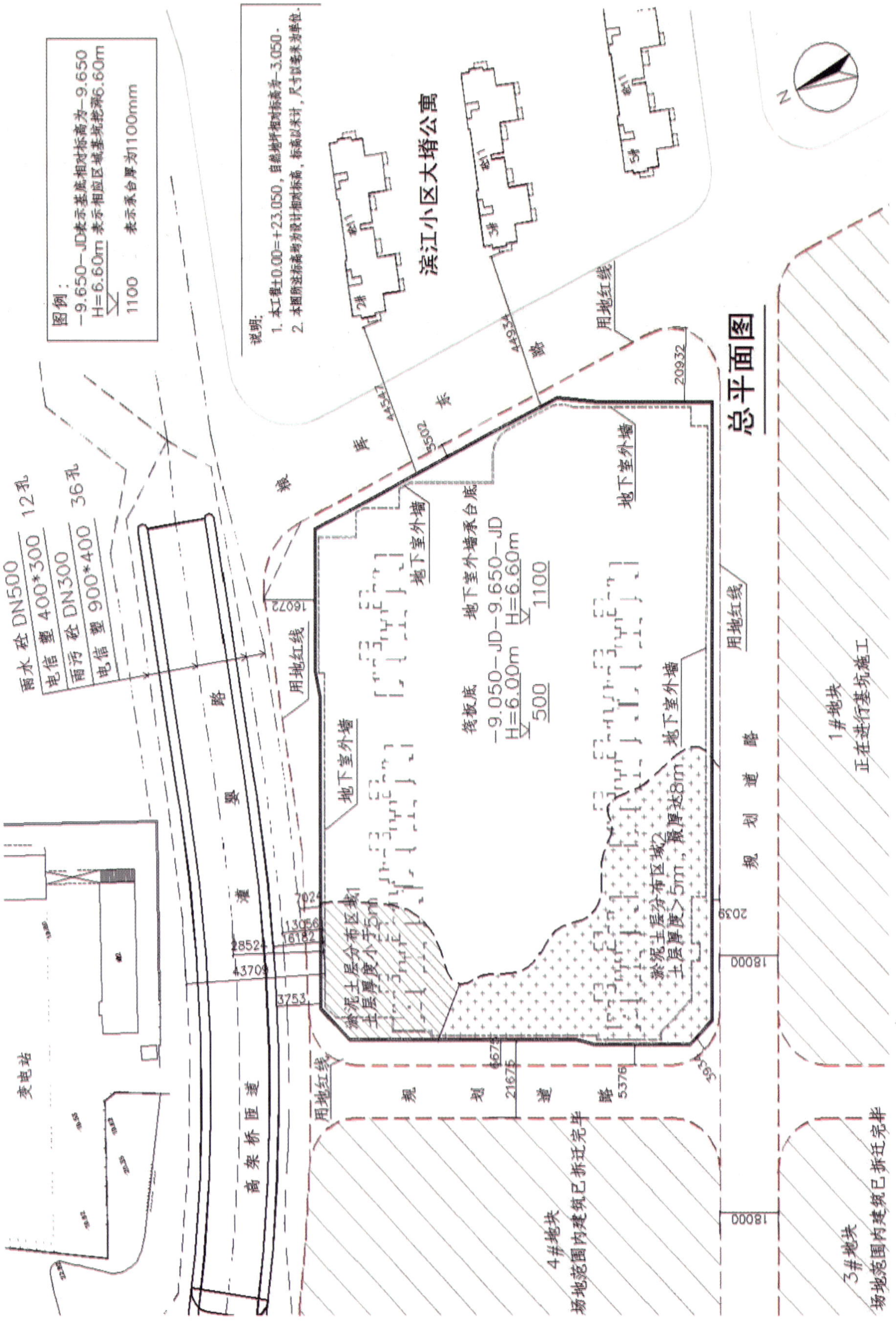

附图1 总平面图

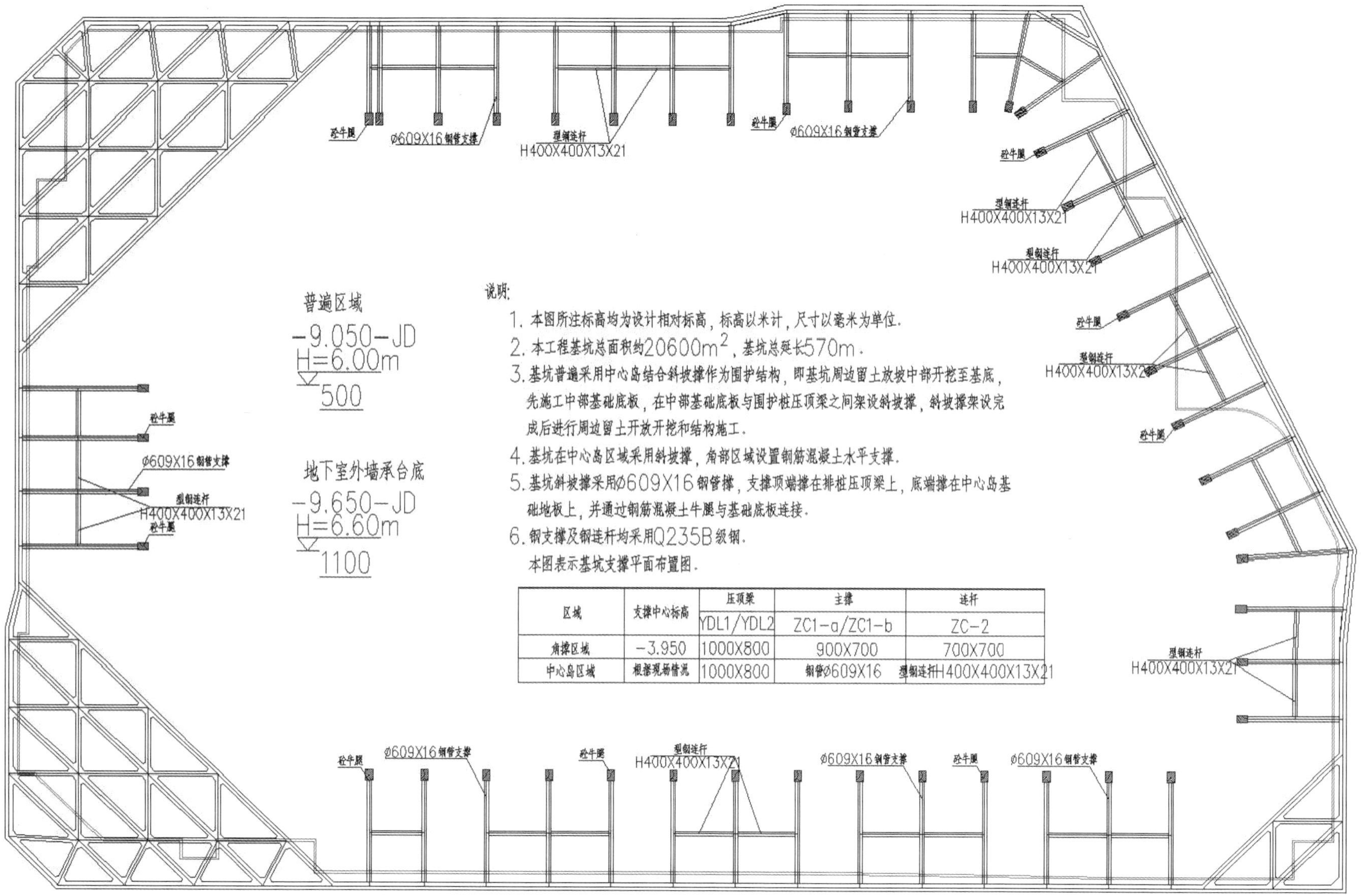
普遍区域
-9.050-JD
H=6.00m
500
地下室外墙承台底
-9.650-JD
H=6.60m
1100
砼牛腿
Ø609X16钢管支撑
型钢连杆
H400X400X13X21

说明:

1. 本图所注标高均为设计相对标高，标高以米计，尺寸以毫米为单位.
2. 本工程基坑总面积约20600m²，基坑总延长570m.
3. 基坑普遍采用中心岛结合斜抛撑作为围护结构，即基坑周边留土放坡中部开挖至基底，先施工中部基础底板，在中部基础底板与围护桩压顶梁之间架设斜抛撑，斜抛撑架设完成后进行周边留土开放开挖和结构施工.
4. 基坑在中心岛区域采用斜抛撑，角部区域设置钢筋混凝土水平支撑.
5. 基坑斜拔撑采用Ø609X16钢管撑，支撑顶端撑在排桩压顶梁上，底端撑在中心岛基础地板上，并通过钢筋混凝土牛腿与基础底板连接.
6. 钢支撑及钢连杆均采用Q235B级钢.

本图表示基坑支撑平面布置图.

区域	支撑中心标高	压顶梁	主撑	连杆
		YDL1/YDL2	ZC1-a/ZC1-b	ZC-2
角撑区域	-3.950	1000X800	900X700	700X700
中心岛区域	根据现场情况	1000X800	钢管Ø609X16	型钢连杆H400X400X13X21

附图 2 支撑平面布置图

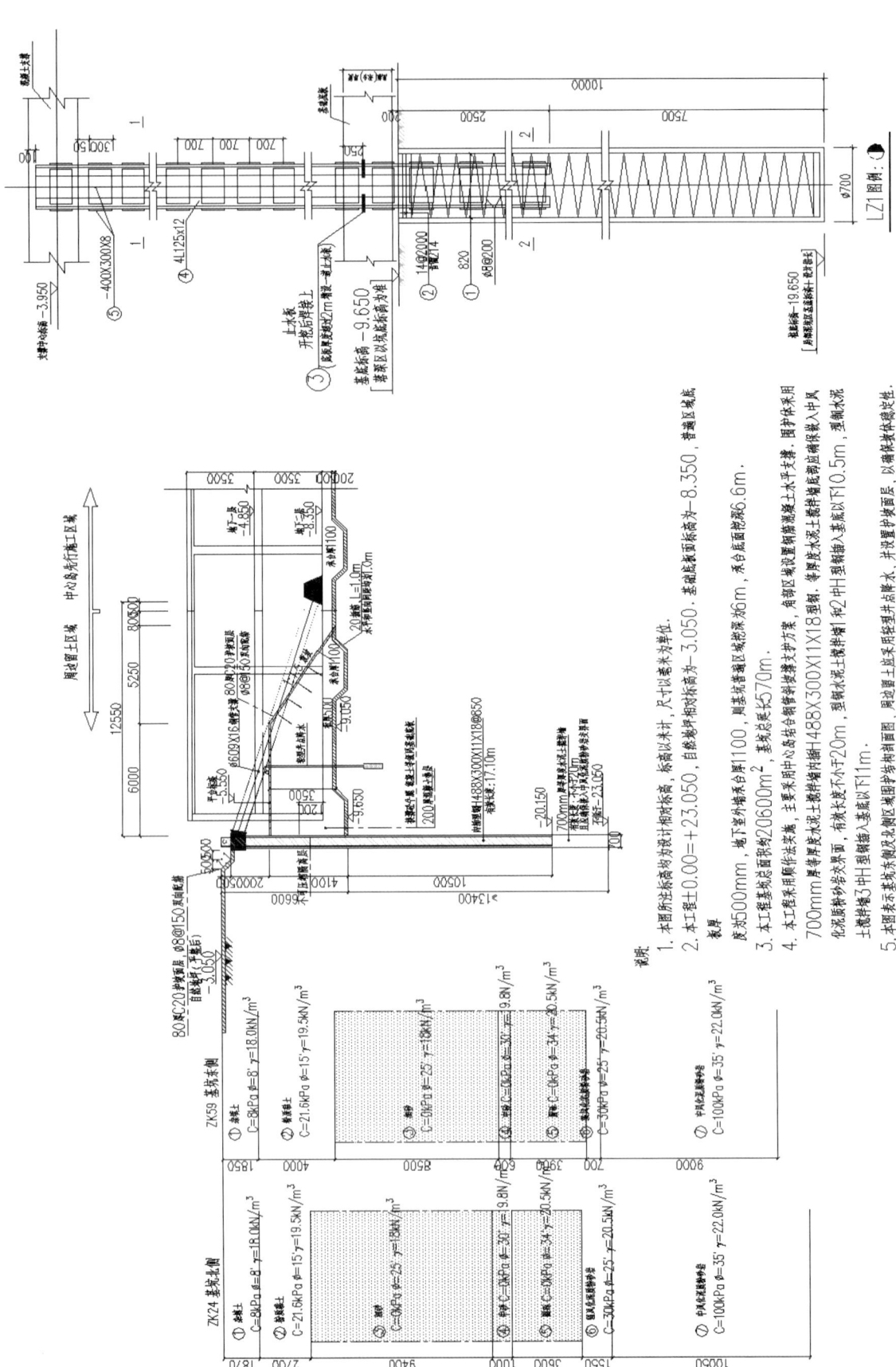

附图3 典型剖面图

3.4.3 南昌市政地下综合管沟深基坑工程

设计单位：江西省电力设计院

审图单位：江西瑞林工程咨询有限公司

3.4.3.1 基坑工程概况

拟建输变电工程变电站进出线主要为东、西两个方向，均考虑电缆隧道出线。下面只介绍东侧部分。

东方向电缆出线有 4 回 220kV、7 回 110kV。电缆隧道路径长度约为 3.492km，其中明挖隧道 0.69km（变电站出线端明挖隧道 0.41km、通风逃生隧道 0.088km、明挖隧道 0.192km），顶管隧道 2.89km（ϕ3.5m 内径 0.2km、ϕ3.2m 内径 1.34km、ϕ2.7m 内径 1.35km）。其余路段均为电缆管沟，四回路 220kV 电缆穿管沟 0.637km，四回路 110kV 电缆穿管沟 0.51km，双回路 110kV 电缆穿管沟 0.77km，十回路 110kV 电缆穿管沟 0.04km。

顶管采用预制钢筋砼管段，利用机械平衡式顶管机顶进。顶管覆土不小于 1.5D（D 为顶管管段外径）。隧道采用顶管法施工后，以管段内侧为隧道壁。

沿线各个基坑基本情况看见表 3.4–14。

表 3.4-14 沿线各基坑基本情况

编号	类 型	基坑尺寸（宽×长）（m）	安全等级	基坑深度（m）
1	变电站-2#接收井明挖隧道	（3.0~5.4）×400	二级	3.3~8.9
2	2#接收井	8.6×9.1	一级	18.7
3	3#顶进井	ϕ12.1	一级	21.2
4	3#工井外引通风逃生隧道	（3.8~6.68）×72.8	二级	5.1~5.35
5	4#顶进井	8.6×10.6	一级	15.2
6	5#接收井	8.1×9.1	一级	13.2
7	6#顶进井	8.6×10.6	一级	14.2
8	7#接收井	8.0×9.0	一级	13.2
9	8-接收井	7.6×8.1	一级	13.0
10	11-顶进井	ϕ11.0	一级	14.2
11	明挖隧道	5.0×180.5	二级	5.6~9.05
12	12-顶进井	ϕ11.1	一级	14.2
13	14-接收井	ϕ8.9	一级	15.0
14	15-顶进井	7.6×10.6	一级	12.5
15	16-接收井	7.6×8.1	一级	13.0

3.4.3.2 基坑及其周边环境概况

（1）2#工井基坑：

管线：直径 1m 砼管，2 根直径 100mm 波纹管，六根直径 20mmPVC 管，直径 300mm 铸铁管，将在基坑开挖前迁改至基坑南边。

（2）3#工井基坑：

管线：工井区域 5 孔 2 排直径 150mm 波纹管，直径 400mm 铸铁管，2 孔 1 排直径 70mm 铸铁管，直径 300mm 铸铁管（煤气），基坑支护前迁改至基坑北边。工井周边 5 根直径 20mmPVC 管，3 孔 2 排直径 100mm 波纹管，直径 1000mm 玻璃纤维污水管，10 孔 2 排直径 100mm 白色波纹管。

（3）4#工井基坑：

管线：工井区域 8 孔碳素波纹管，直径 400mm 供水管，3 孔 2 排直径 110mm 碳素波纹管，直径 800mm 砼排水管。工井西边人行道下有 5 根直径 110mm 碳素波纹管，直径 100mm 路灯供电管线。

（4）5#工井基坑：

管线：工井区域 6 孔碳素波纹管高压电力线，直径 400mm 供水管，5 孔碳素波纹管弱电管线，直径 800mm 砼排水管。工井西边人行道下有 4 根直径 150mm 碳素波纹管，直径 100mm 路灯供电管线。

（5）6#工井基坑：

管线：工井区域 6 孔碳素波纹管高压电力线，直径 400mm 供水管，5 孔碳素波纹管弱电管线，直径 800mm 砼排水管。工井西边人行道下有 4 根直径 150mm 碳素波纹管，直径 100mm 路灯供电管线。

（6）7#工井基坑：

管线：工井区域 3 孔碳素波纹管，直径 400mm 钢砼供水管，1 根塑料燃气管，9 孔 2 排碳素波纹管。工井西边人行道下有 5 孔碳素波纹管。

（7）8#工井基坑：

管线：工井区域 3 孔 1 排直径 150mm 电力管线，直径 300mm 铸铁管，直径 1000mm 雨水管，直径 300mm 铸铁管（煤气），直径 300m 给水管，3 孔 2 排直径 100mm 管线。基坑支护前迁改至基坑东边。工井周边 5 孔 2 排 200mm 波纹管，1 孔 2 排直径 100mm 波纹管，直径 200mm 铁管，4cm 白色塑料管。

（8）11#工井基坑：

工井基坑外壁距排水箱涵最近距离约 1m。东侧约 23.46m 为青山湖。

（9）12#工井基坑：

工井基坑外壁紧邻排水箱涵。东侧约 2.15m 为青山湖。

（10）14#工井基坑：

工井壁距南昌智通汽车销售服务楼最近距离约 17.17m，距南昌智通汽车销售服务楼建筑红线 6.67m。

（11）15#工井基坑：

工井壁距江铃海外最近距离约 10.00m，距加油站约 26.61m。

（12）16#工井基坑：

工井壁距江西省环保厅最近距离约 41.89m。

3.4.3.3 工程地质条件

线路路径原始地貌为赣江冲积平原，部分地貌由于铁路、隧道、地下管沟等城市建（构）筑物的兴建，已改变了原始地形地貌。现均为南昌市城区主要道路，地表已被砼固化，大部分地段标高在 18.6～20.6m

之间。

根据现场踏勘、钻探，拟建线路路径范围内无可溶岩，不存在溶洞，地层稳定，无滑坡、崩塌、泥石流等不良地质作用；但存在较厚填土及淤泥质土等软土，工作井（含顶进井）及明挖隧道段的基坑开挖应采取支护措施，特别是阳明东路隧道下穿京九铁路段，其南侧现有挡土墙，北侧为机动车道，上部为京九铁路，作业面极其狭小，设计时应十分重视。

场地地下水有两层，上部为第四系孔隙水，系上层滞水，埋藏相对较浅，一般在3.5m以内，水量一般，其补给来源主要为大气降水、地表水及生活污水，排泄方式主要为蒸发及向低处渗透，水位随季节变化较大。下部地下水为第四系孔隙潜水，微承压，埋藏相对较深，根据勘测期间所测水位，一般在6.0~9.0m，水量丰富，其补给来源主要为大气降水及青山湖、赣江水系径流补给；此层地下水位随季节变化而变化，变化幅度一般在1~3m之间。

根据勘探资料，线路路径内地层按地质年代由新到老可分为：

①层素填土（Q_4^{ml}）：褐灰色、杂色，湿，松散；主要由黏性土、砼块、碎砖块、细砂、煤渣屑等组成，杂填土沿线分布极不均匀，表层已被砼固化。

②层淤泥质土（Q_4^{al}）：褐灰色，很湿，软塑，稍有腐臭味。局部分布，主要分布在原始地貌的水塘、暗浜等低洼处，较薄，压缩性较高。

③层粉质黏土（Q_3^{al}）：褐黄色，湿，硬塑状，下部局部呈可塑至硬塑状，局部混少量细砂。场地大部分地段均有分布。

④层粉质黏土混细砂（Q_3^{al}）：褐黄色，湿，可塑，局部呈可塑至硬塑状，混20%~30%细砂。

⑤层中细砂（Q_3^{al}）：褐黄色，饱和，稍密至中密，混少量黏性土，局部混砾石，颗粒分布不均匀，摇振反应较迅速。

⑤-1层淤泥质土（Q_3^{al}）：褐灰色，很湿，软塑；稍有腐臭味。此层为第⑤层中细砂的夹层，呈透镜体状分布。

⑥层粗砂混砾石（Q_3^{al}）：褐黄色，饱和，密实，混多量砾石，颗粒分布不均匀，有摇振反应。

⑦层砾砂混卵石（Q_3^{al}）：褐黄色，饱和，密实；混20%~50%砾石和卵石，局部砾卵石含量大于50%，呈圆砾状，其中卵石含量10%~20%，局部可达30%；砾石粒径2~10mm，卵石粒径2~5cm，个别可达7~8cm，极个别可达13~15cm，次磨圆，颗粒分布不均匀，有摇振反应。

⑧-1层强风化粉砂质泥岩（E^{xn}）：紫红色，强风化，岩石风化强烈，裂隙发育，岩芯多呈块状，遇水易软化，手可折断。全场地分布，此层未钻穿，层厚不详。

⑧-2层中风化粉砂质泥岩（E^{xn}）：紫红色，中风化，岩石风化较强烈，裂隙较发育，岩芯多呈柱状，遇水易软化，锤击易断。全场地分布，此层未钻穿，层厚不详。

综合分析现场原位测试、室内土工试验及本地区相关经验，建议本工程各岩土层物理力学指标见表3.4-15。

表 3.4-15 各岩土层物理力学指标一览表

序号	岩土名称	天然重度 γ (kN/m³)	抗剪强度		压缩系数 a_{v1-2} (MPa⁻¹)	泥浆护壁钻孔桩极限侧阻力标准值 q_{sik}(kPa)	承载力特征值 f_{ak}(kPa)
			黏聚力 C(kPa)	摩擦角 φ(°)			
1	①杂填土	17.0		10（8）		22	80
2	②淤泥质土	17.3	5	6（4）	0.60	20	90
3	③粉质黏土	19.3	10	20（18）	0.18	88	230
4	④粉质黏土混细砂	19.0	37	19（16）	0.25	70	180
5	⑤中细砂	19.2	23	32（30）	0.12	60	180
6	⑤-1 淤泥质土	17.3		6（4）	0.60	20	90
7	⑥粗砂混砾石	19.8	10	38（35）	0.08	100	240
8	⑦砾砂混卵石	20.0		40（38）	0.08	120	320
9	⑧-1 强风化粉砂质泥岩	21.0			变形模量为22	160	280
10	⑧-2 中风化粉砂质泥岩	22.0			变形模量为30	280	1100（饱和单轴抗压强度4MPa）

注：从偏安全的角度考虑，建议摩擦角指标工作井支护、明挖段支护设计时取括号内小值。

3.4.3.4 支护方案选型分析

（1）基坑工程特点及难点：

①基坑零散分布，开挖面积小、深度较大；而开挖量相对较小，开挖施工周期较短。

本工程共 12 个电缆工井，其中一个分布于阳明东路青山湖隧道旁，其他工井主要分布于洪都北大道道路旁，工井基坑形状有圆形和方形两种，尺寸较小，边长（直径）在 7.6~11.1m 范围内，深度在 13.0~21.2m 之间。

两段明挖隧道，其中一段长 335m，基坑开挖起点为阳明东 220kV 变电站，终点为文教路口，基坑主要位于阳明路隧道南侧，基坑开挖宽度 3.0~5.4m，深度为 3.3~8.9m；另一段明挖隧道长 190m，位于洪都北大道相思林公园内，开挖宽度 3.5~5.0m，深度为 4.6~9.21m。

②部分基坑距房屋较近，大部分周边管线较多。

基坑位于主城区绿化带中，距离周边房屋至少隔了一条慢车道，只有部分距离房屋较近。另一方面，周边管线较多，需重点保护。

③地下水系资源丰富。

基坑坑底以砂性土为主，渗透系数大，地下潜水水量丰富，且与赣江河水水力联系密切，主要受赣江侧向补给排泄影响。工程基坑以隔水为主，局部地方辅以降水。

综合上述分析，基坑施工过程中如何确保本基坑安全稳定和有效止水的同时，对周边环境加以有效保护，最大限度减小因基坑开挖对周边环境的影响是本基坑工程围护设计面临的关键问题。

（2）围护体系比选：

目前，类似基坑开挖常用土钉墙、灌注桩排桩、钢板桩、沉井等支护类型，下面结合本工程对每种支护类型特点及适用性逐一进行分析。

①土钉墙：

顶管隧道工井基坑一方面深度较大，不适合使用土钉墙支护；另一方面基坑尺寸较小，土钉施工非常不方便，所以不采取土钉墙支护。

明挖隧道部分距离现有建筑物较远，且周边具有放坡条件，所以明挖隧道部分地段考虑采用土钉墙支护。

②钢板桩围护墙：

钢板桩是一种带锁口或钳口的热轧（或冷弯）型钢，钢板桩打入后靠锁口或钳口相互连接咬合，形成连续的钢板桩围护墙，用来挡土和挡水。

钢板桩支护具有很好的经济效益和较快的施工速度，本工程明挖隧道亦可考虑采用钢板桩支护。

本工程隧道工井基坑较深，使用钢板桩位移太大，对周边环境影响较大，不适合采用。

③沉井：

沉井是先在地表制作成一个井筒状或矩形的结构物，然后在井壁的围护下通过从井内不断挖土，使沉井在自重作用下逐渐下沉，达到预定设计标高后，再进行封底，构筑内部结构。

本工程隧道工井基坑较深，个别工井基坑周边环境相对空旷，且工井外形规则，适合采用沉井方式施工。

明挖隧道不适用。

④排桩支护（含咬合旋挖桩）：

排桩支护一般采用砼灌注排桩，是采用连续的柱列式排列的桩形成围护结构。工程中常用的灌注桩排桩的形式有分离式、双排式和咬合式。

由于本工程部分地段土质较差（松散填土及淤泥大于 4.5m），还有部分基坑边距离房屋较近，对基坑位移要求较严格。考虑到灌注桩支护的特点，本工程电缆工井基坑和部分开挖较深的明挖隧道基坑可采用灌注桩支护，且能满足本工程的需要。

各种支护在本工程的适用性总结见表 3.4-16：

表 3.4-16 各种支护类型方案对比一览表

支护方式	费用	工期	适用	采用的原因
土钉墙	较低	较短	明挖隧道基坑采用	造价较低，部分区段开挖深度、周边环境、地质条件适合使用
钢板桩围护墙	较低	较短	明挖隧道基坑采用	方便、快捷、经济，可以在明挖隧道基坑中采用。
沉井	中低	长	隧道工井基坑采用	施工费用相对较低，施工比较方便，在周边环境相对空旷的工井基坑中适合采用。
灌注桩排桩支护（含咬合旋挖桩）	中等	较长	隧道工井基坑采用	可满足地质差及房屋较近时对基坑稳定和变形的要求，在地下连续墙施工空间受限处适合采用。

（3）基坑止水形式：

①使用土钉墙处基坑底标高高于地下水位，且基坑开挖深度较浅，故未采取止水措施。

②使用钢板桩支护时，若基坑底部存在一定厚度的相对隔水层（粉质黏土层），则不再额外采取止水措施；若基坑底为砂层，则采用注浆封底措施。

③沉井采用三轴搅拌桩入强风化岩进行隔水。

④灌注桩支护电缆工井处均采用三轴搅拌桩入强风化岩进行隔水，明挖隧道一般采用桩间旋喷加注浆封底的措施。

⑤咬合旋挖桩采用咬合桩入岩措施进行隔水。

（4）基坑降水形式：

明挖隧道基坑采用集水明排降水，工井基坑建议采用管井降水，基坑开挖前即要进行基坑降水，超前降水时间控制在14天以上，降水深度应达到开挖面以下0.5m。

坑外以止水为主，个别地方配合管井降水措施。

（5）基坑支护型式选择：

本工程需采取支护措施的基坑有：顶管顶进井和接收井、电缆明挖隧道、外引通风逃生明挖隧道。支护结构一般采用支护+止水帷幕相结合方式。基坑尺寸和深度及措施见表3.4-17。

代表性的支护方案如附图1至附图7所示。

3.4.3.5 基坑监测

监测内容、监测报警值、监测周期与监测频率同类似工程，此略。

3.4.3.6 评述

本管沟基坑工程位于南昌主城区，工井基坑零散分布，开挖面积小，开挖深度较大，对周边环境影响较大，可利用施工空间较小、开挖施工周期较短的有利条件。基坑位于主城区绿化带中，基坑周边管线较多，是重点保护对象。因此设计考虑尽量施工设备小型化，减小施工场地，支护结构类型尽量统一，更有利于取得经验，加快建设进度。

基坑下部以高富水砂砾层为主，渗透系数大，地下潜水水量丰富，且与赣江河水水力联系密切，因而地下水控制措施十分重要。设计以基坑外止水为主、基坑内降水为辅，思路正确。

表 3.4-17 各井基坑支护设计参数汇总表

编号	类型	基坑尺寸（宽×长）(m)	基坑深度(m)	安全等级	推荐基坑支护型式	比选基坑支护型式	止水措施	备注
1	变电站-2#接收井明挖隧道	(3.0~5.4)×400	3.3~8.9	二级	土钉墙 钢板桩+对撑 灌注桩+对撑	/	钢板桩自防水 桩间旋喷	1-1全段至11-11区段均为二级基坑。
2	2#接收井	8.6×9.1	18.7	一级	灌注桩+内撑	地下连续墙	搅拌桩防水	由于本基坑南侧距离房屋8.8m，北侧紧临青山湖隧道面道边缘，且南北侧均需至少留一个行车道，围挡空间较小，地下连续墙施工。
3	3#顶进井	φ12.1	21.2	一级	咬合旋挖桩+内撑	地下连续墙/离散式排桩	咬合旋挖桩止水	由于该工井为圆形工井，且受施工场地限值，采用地下连续墙只能形成多边形，且受施工场地限值，故不采用地下连续墙。另本基坑位置有青山湖隧道施工留下的土钉，三轴搅拌桩施工难以实施，散式排桩支护，三轴搅拌难以实施。故选用咬合旋挖桩方案。
4	3#工井外引通风逃生隧道	(3.8~6.68)×72.8	5.1~5.35	二级	钢板桩+对撑	/	钢板桩自防水	/
5	4#顶进井	8.6×10.6	15.2	一级	灌注桩+内撑	地下连续墙	搅拌桩止水	工井位于洪都大道西侧绿化带中，若采用灌注桩支护更适合，交通周挡宽度较大，对洪都大道交通影响较大；另一方面采用灌注桩支护费用相对更低。
6	5#接收井	8.1×9.1	13.2	一级	灌注桩+内撑	地下连续墙	搅拌桩止水	
7	6#顶进井	8.6×10.6	14.2	一级	灌注桩+内撑	地下连续墙	搅拌桩止水	
8	7#接收井	8.0×9.0	13.2	一级	灌注桩+内撑	地下连续墙	搅拌桩止水	
9	8-接收井	7.6×8.1	13.0	一级	灌注桩+内撑	地下连续墙	搅拌桩止水	
10	11-顶进井	φ11.0	14.2	一级	灌注桩+内撑	地下连续墙	搅拌桩防水	
11	相思林公园明挖隧道	5.0×180.5	5.6~9.05	二级	钢板桩+对撑 灌注桩+对撑	/	钢板桩自防水+坑内降水 桩间旋喷止水	/
12	12-顶进井	φ11.1	14.2	一级	灌注桩+砼环梁	地下连续墙	搅拌桩止水	圆形工井采用灌注桩支护更适合，另灌注桩费用更低，且可满足工程需要。
13	14接收井	φ8.9	15.0	一级	沉井	灌注桩 地下连续墙	搅拌桩止水	14#工井同边灌空间，且为原型结构，采用沉井可满足工程需要，且费用低，施工进度快。
14	15-顶进井	7.6×10.6	12.5	一级	灌注桩+内撑	地下连续墙	搅拌桩止水	工井位于洪都大道西侧绿化带中，若采用地下连续墙，交通周挡宽度较大，对洪都大道交通影响较大；另一方面采用灌注桩支护费用相对更低。
15	16-接收井	7.6×8.1	13.0	一级	灌注桩+内撑	地下连续墙	搅拌桩止水	

附图

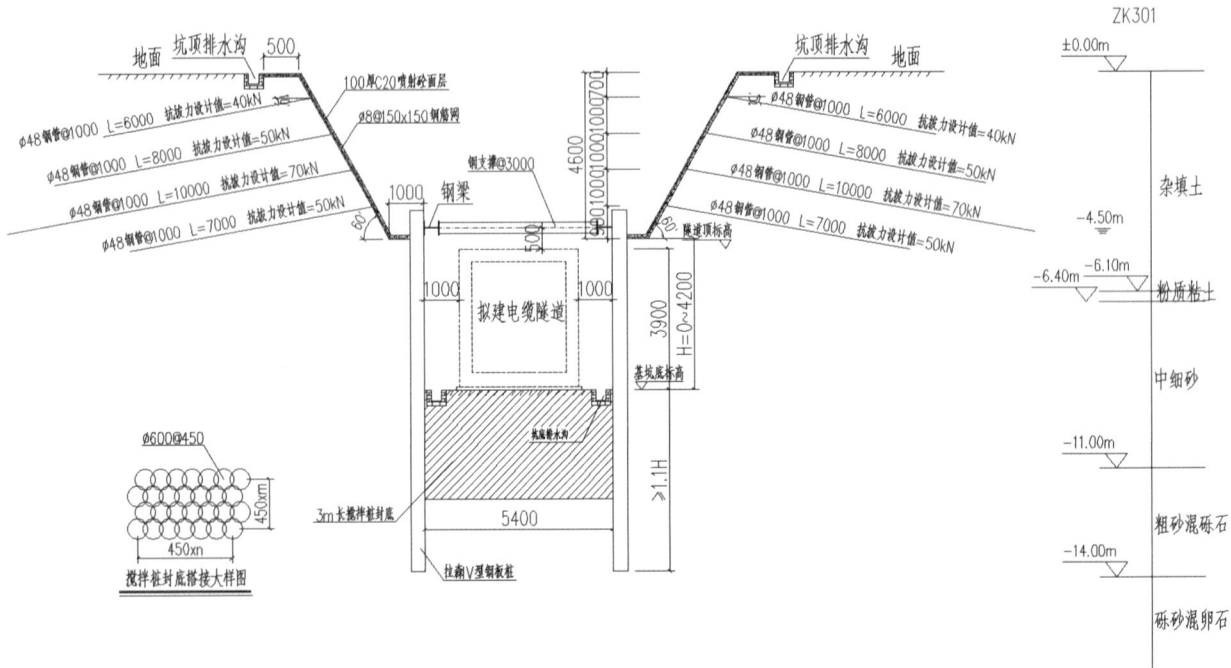

附图 1 基坑支护 1-1 区段立剖面图

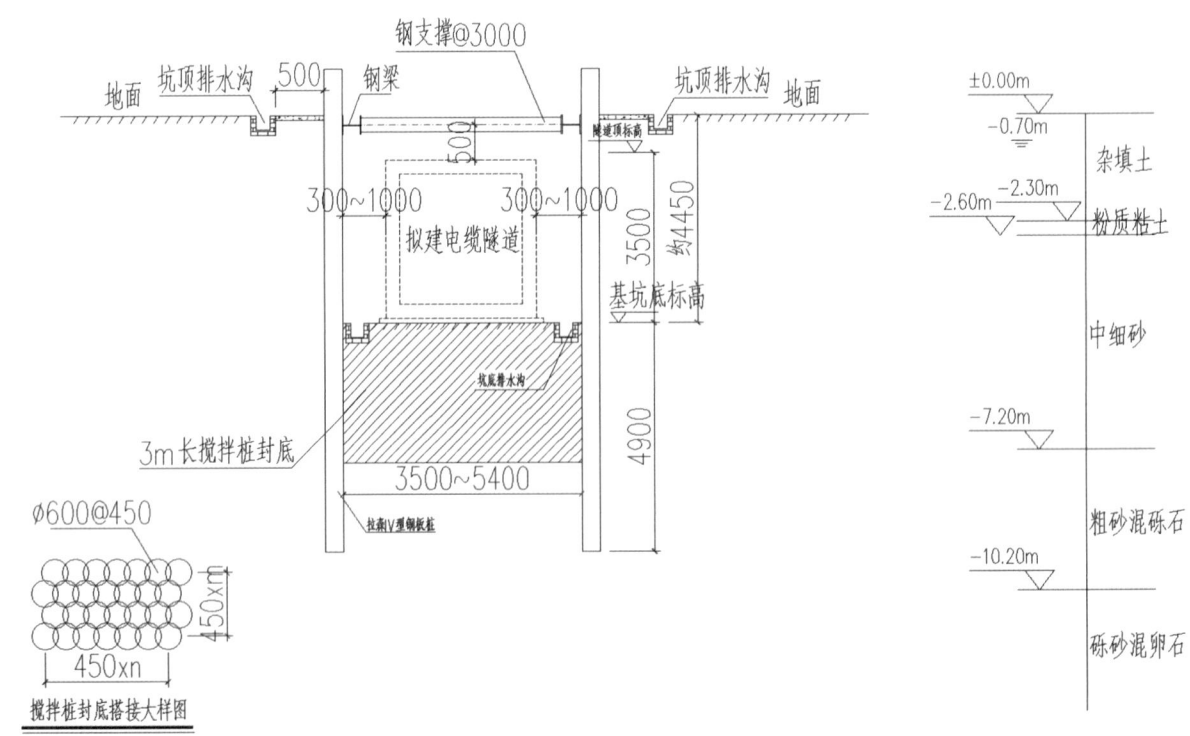

附图 2 基坑支护 3-3 区段立剖面图

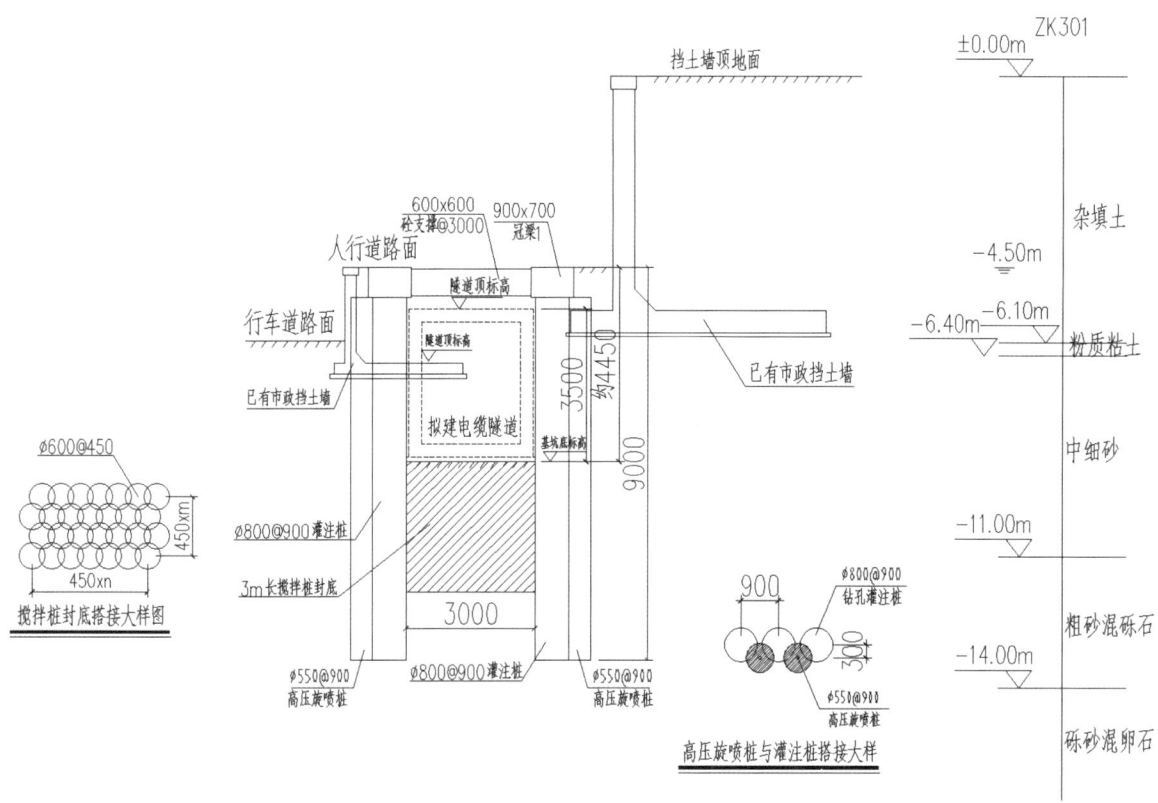

附图 3 基坑支护 4-4 区段立剖面图

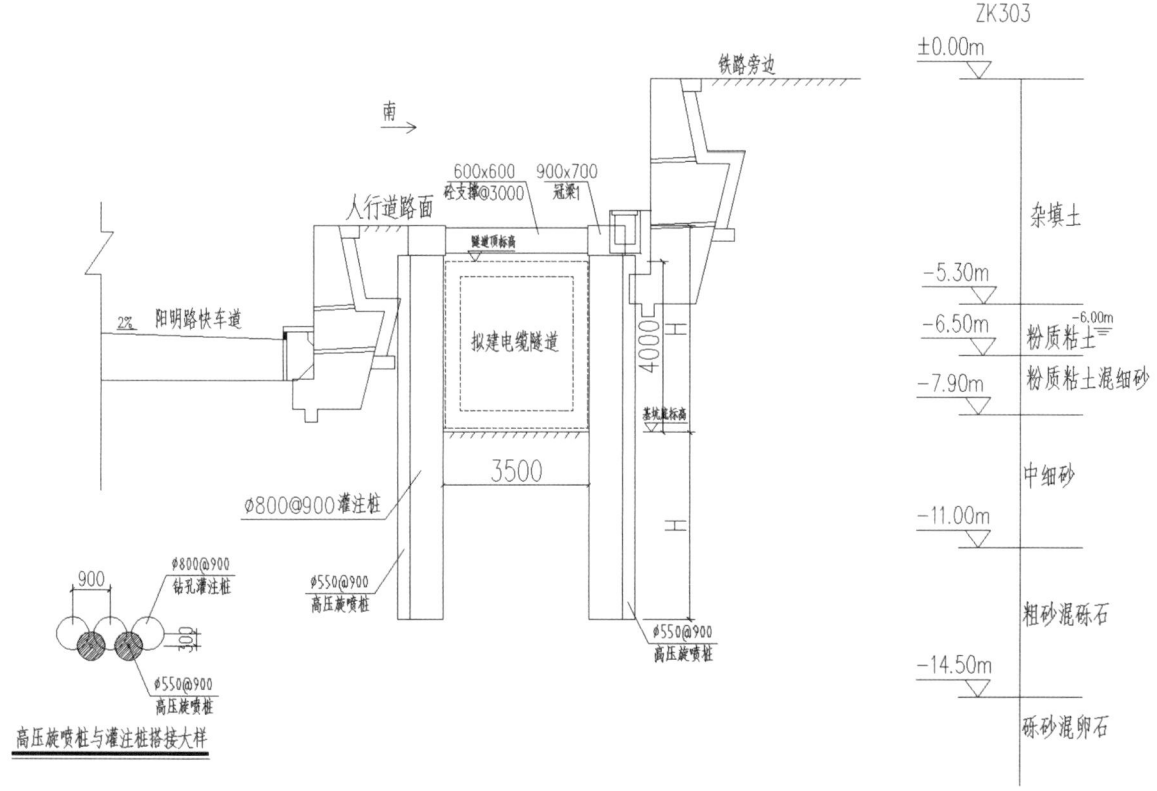

附图 4 基坑支护 5-5 区段立剖面图

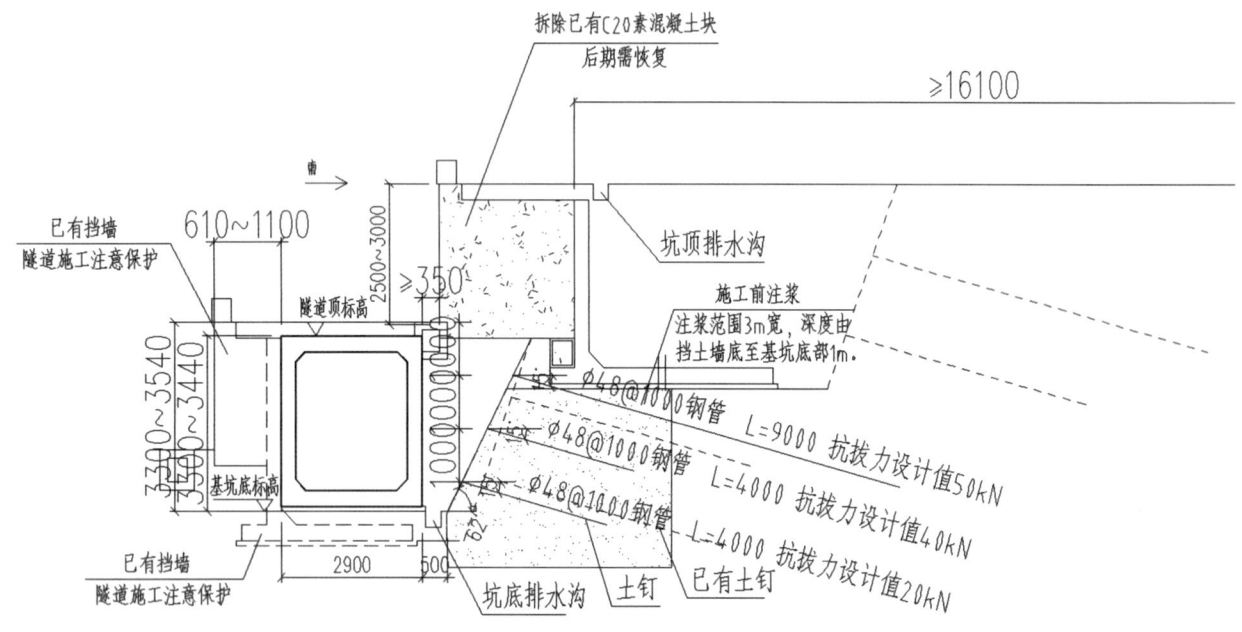

附图 5 基坑支护 7-7 区段立剖面图

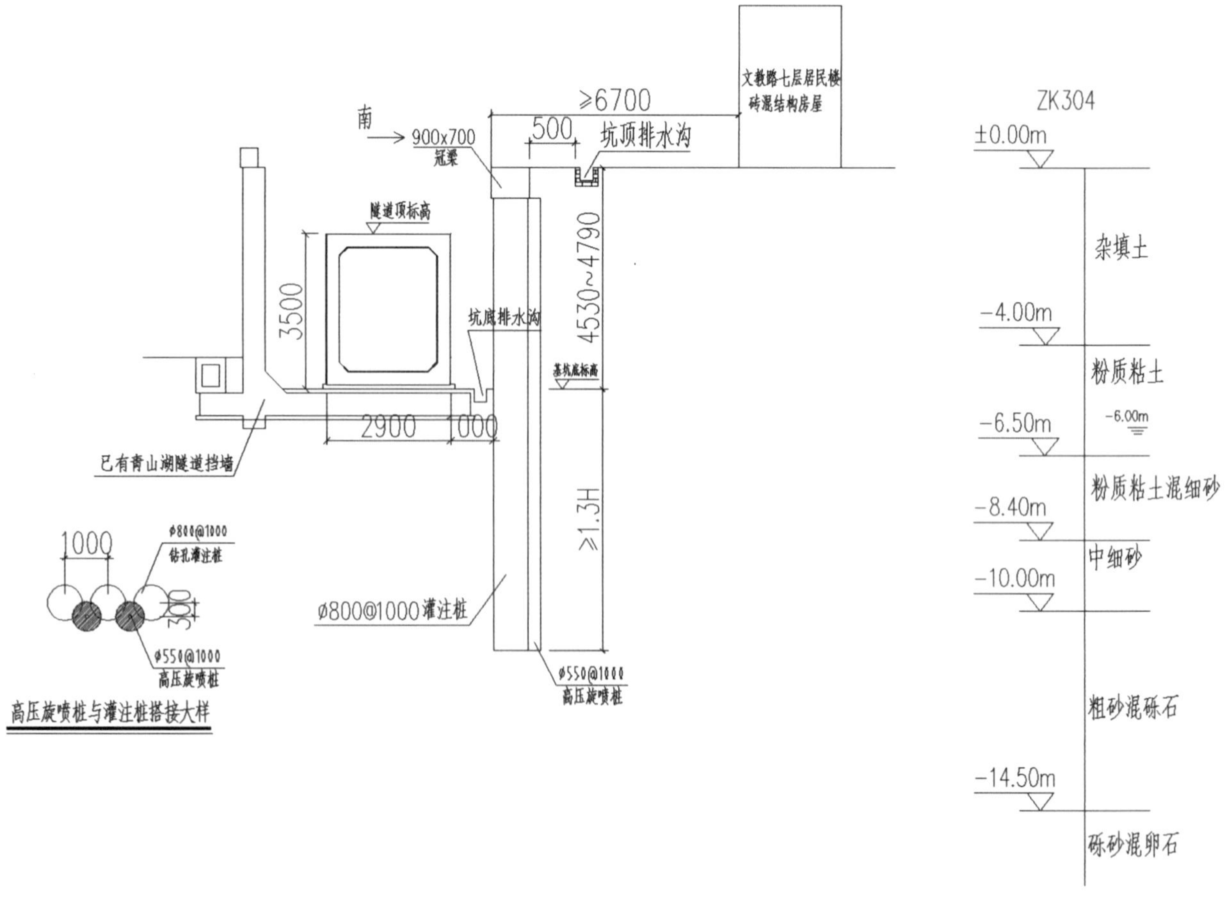

附图 6 基坑支护 10-10 区段立剖面图

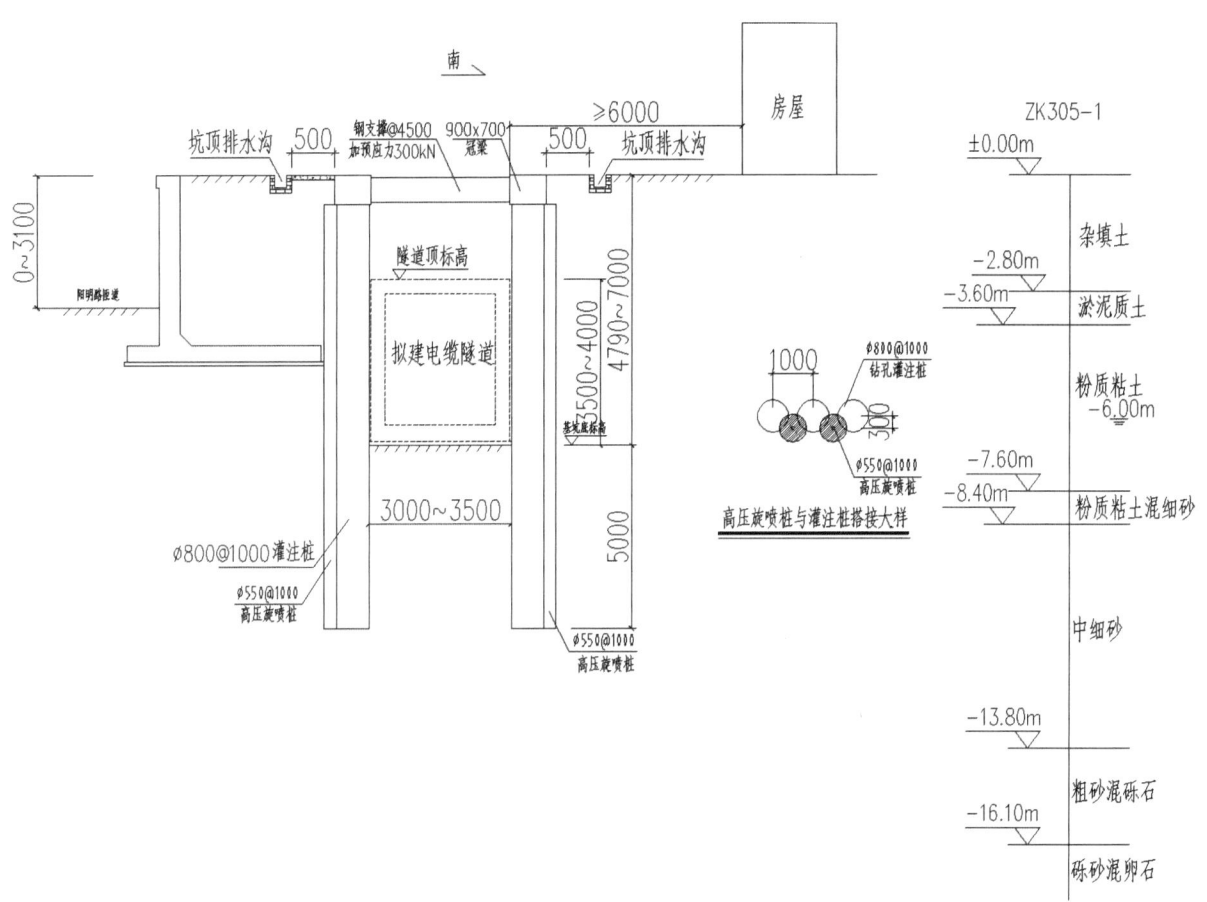

附图 7 基坑支护 11-11 区段立剖面图

3.4.4 南昌市高新区某商业广场深基坑工程

设计单位：上海岩土工程勘察设计研究院有限公司

审图单位：江西省赣建施工图设计审查中心

3.4.4.1 工程简介

该基坑工程位于南昌市高新区东元路以北、京东大道以西。项目总用地面积约10.3万m^2，总建筑面积约56万m^2。项目由住宅地块及商业地块组成：住宅地块设置7栋26F~39F住宅楼（1~8#楼）、2栋商业楼及配套用房；商业地块设置4栋29F~30F办公楼（9~12#楼）、多栋2~5F商业楼及配套用房。除住宅地块的1~3#、8#楼设置一层地下室，其余区域均设置二层地下室。基坑总面积68500m^2，其中住宅地块2.3万m^2，商业地块4.55万m^2，总开挖土方量约60万m^3。基坑支护结构的安全等级为：住宅地块为二级（1~3#楼为三级），商业地块为一级。

本工程8#及S4#楼建筑±0.000相当于绝对标高+20.100m，住宅地块其余区域建筑±0.000相当于绝对标高+21.600m，商业地块建筑±0.000相当于绝对标高+19.800m，场地自然地面绝对标高按+18.500m考虑。本设计方案除特别注明外，标高均为绝对标高。基坑开挖深度：住宅地块3.2~8.0m，商业地块9.7~10.4m。基坑挖深详见表3.4-18。

表3.4-18 住宅及商业地块地下室各处标高和基坑设计参数表

区域	地下室层数	位置	底板顶标高（m）	底板/承台厚度(m)	底板/承台底标高(m)	开挖深度（m）	开挖面积(m^2)	开挖周长(m)
住宅地块	地下一层	1~3#楼	+15.900	0.60	+15.300	3.200	23000	1620
		8#楼	+14.600	0.50	+14.000	4.500		
	地下二层	大地库	+12.600	0.50	+12.000	6.500		
		5~7#楼	+12.600	0.80	+11.700	6.800		
		地库降板区	+11.800	0.50	+11.200	7.300		
		S4#商业楼	+11.100	0.50	+10.500	8.000		
商业地块	地下二层	大地库	+9.700	0.50/0.80	+9.100/+8.800	9.700	45500	1020
		9~12#楼	+9.700	1.50	+8.100	10.400		

注：1.除商业地块地库外，其余基坑挖深均按照天然地面至底板垫层底进行计算，垫层厚度均为0.1m。

2.1~3#楼地块与住宅大地库高差约为3.3m；S4#楼与8#楼高差约为3.5m；住宅地块大地库。

3.4.4.2 周围环境概况

（1）住宅地块：

场地周边现有构筑物及道路分布情况见表3.4-19及附图1。

表 3.4-19 住宅地块周边现有构筑物及道路分布情况

基坑支护段	地下室外墙线距用地红线	其他情况
基坑北侧	9.3m	场地围墙位于红线上。 红线外为南昌东元电机公司办公楼及厂房（2~3F，框架结构，天然地基）等，地下室外墙线距其最近约40.6m。
基坑东侧		邻近本工程商业地块用地，其将晚于或同时与本地块建设，基坑较住宅地块深3.2m；本地块地下室外墙线距商业地块最近为7.756m。
基坑南侧	最近21.9m	红线外为东元路，地下室外墙线距道路边线最近43.151m。 东元路下分布有燃气、供水、光纤、电缆等管线，地下室外墙线距管线最近距离约43.929m。 其他：红线外分布有临设、燃气站等，地下室外墙线距其最近距离约25.321m。
基坑西侧	最近距离为8.893m	场地围墙位于红线上。 红线外为规划高新五路，地下室外墙线与道路边线最近为41.504m，目前为临近东元电机公司内部场地。

（2）商业地块：

场地周边现有构筑物及道路分布情况见表3.4-20。

表 3.4-20 商业地块周边现有构筑物及道路分布情况

基坑支护段	地下室外墙线距用地红线	其他情况
基坑北侧	最近11.718m	场地围墙位于红线上。 南昌东元电机公司厂房2~3F（排架结构，天然地基），地下室外墙线距其最近约35.8m。 雨污水总管：与地下结构外墙最近距8.089m，3.2m高×3.1m宽，埋深约6.0m。
基坑东侧	最近为15.2m	场地围墙位于红线上。 红线外为京东大道，地下室外墙线距道路边线最近为25.7m。 京东大道下分布有市政水管，中国移动、中国电信电缆等管线，地下室外墙线距管线最近约16.193m。 其他：①场地东南角外分布有广告牌，地下室外墙线距其最近距离约3m。②场地东南角外分布有售楼处（2F钢架结构，条形基础+钢柱下桩基础），地下室外墙线距其最近距离约6.382m。
基坑南侧	最近14.665m	红线外为东元路，场地围墙位于道路边线上，地下室外墙线距道路边线31.415m。 东元路下主要分布有燃气、供水、光纤、电缆等管线，地下室外墙线距管线最近约27.864m。
基坑西侧		为本工程住宅地块，开挖深度较本地块浅3.2m，地下室外墙线距住宅地块最近7.756m。 雨污水总管：与地下结构外墙最近距5.74m，3.2m高×3.1m宽，埋深约6.0m。

场地周边管线分布情况明细见表3.4-21。

表 3.4-21 商业地块周边管线分布情况

位置	管线类别	规格	与地下结构外墙最近距离（m）	埋深（m）	备注
基坑东侧 （京东大道）	市政水管	/	16.193	1.0	/
	信息管	YD 200×100 2/1 光纤	18.793	0.8	/
	信息管	DS 200×100 6/2 光纤	20.293	0.8	/
基坑南侧 （东元路）	燃气	D508×8 中压 钢管	27.7	0.7	
	供水	GS DN300	28.7	0.6	
	光纤	YD 200×100 2/1 光纤	29.7	0.8	
	电缆	/	30.7	0.8	超过3倍基坑深度范围
	燃气	D406×8 中压 钢管	41.3	0.7	

3.4.4.3 工程地质水文条件

（1）工程地质与地貌：

场地属赣江Ⅱ级阶地，地形为荒地、水塘、菜地及市政草坪，标高为16.10~20.20m，地形起伏较大。目前场地已整平，围护设计中场地绝对标高取+18.500m。

根据勘察报告，场地表层为近期人工填土层（Q4ml），其下为第四系上更新统冲积层的粉质黏土和砂土（Q3al），下卧基岩为第三系沉积岩的泥质粉砂岩和泥岩（E1-2）。按岩土层的成因类型、岩性结构、工程地质特征等，自上而下可依次划分为：①-1 杂填土、①-2 杂填土、②粉质黏土、②-1 中砂、③中砂、④粗砂、④-1 粉质黏土、⑤砾砂、⑥圆砾、⑦强风化泥质粉砂岩、⑧中风化泥质粉砂岩、⑧-1 中风化泥岩十三个单元层。

场地典型地质剖面详见图3.4-14、图3.4-15。住宅地块基坑底主要位于粉质黏土层，商业地块基坑底主要位于中砂层，围护桩桩底主要位于砾砂层。

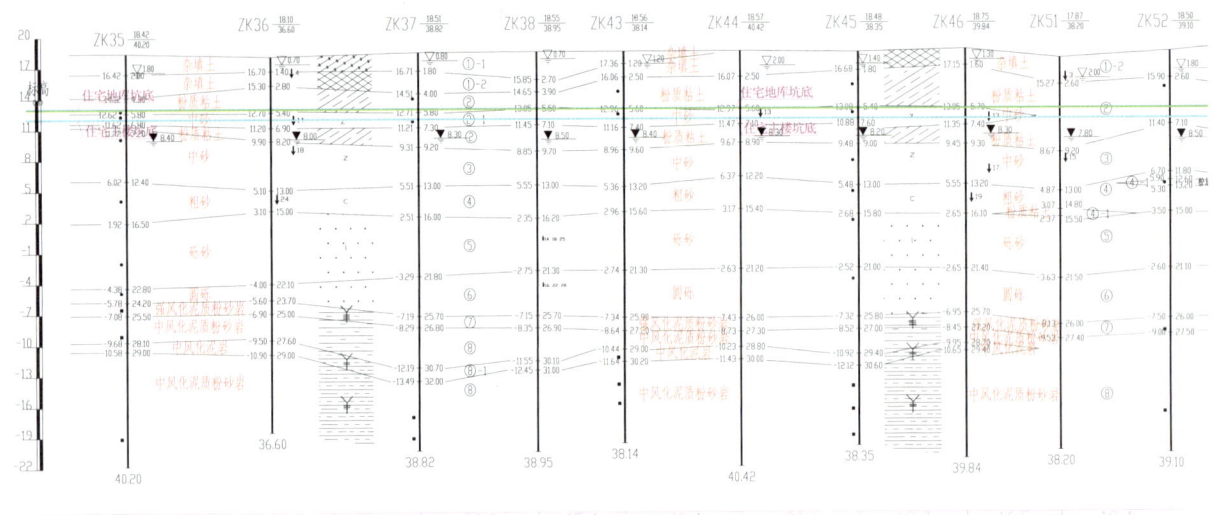

图3.4-14 住宅地块工程典型地质剖面图

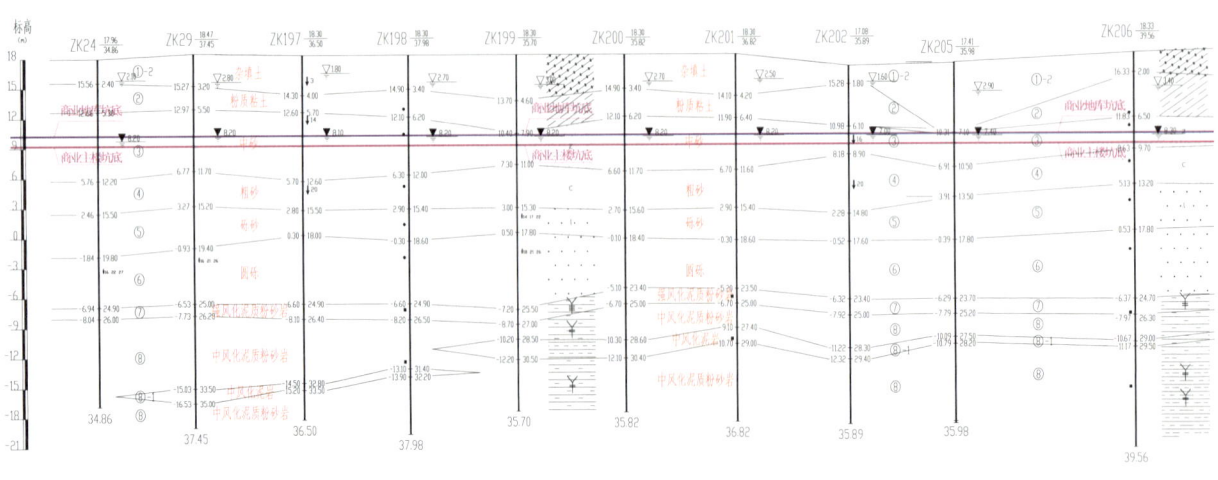

图3.4-15 商业地块工程典型地质剖面图

（2）水文地质条件：

上层滞水：在杂填土中揭露第一层地下水，初见水位埋深0.40~4.00m，标高为14.30~19.20m，属上层滞水，连通性较差，渗透性能在平面上也不均一。该层无连续的水位面，水位及水量受季节性变化影响大，主要受大气降水补给、蒸发排泄。

潜水：在③中砂层揭露见第二层地下水，属潜水，初见水位埋深7.50~13.37m，稳定水位埋深7.00~10.00m，标高为9.58~10.79m，微承压性，水头约0.5m，水量丰富。离赣江约2.4kg，与赣江河水水力联系密切，主要受赣江侧向补给排泄影响，年变化幅度在2.0~4.0m，枯水期最低水位标高为9.2m。

（3）不良地质条件：

①填土：填土较厚，最厚处达7.5m，杂填土成分以煤灰、近期回填的中砂及少量砾砂为主。

②地下障碍物：场地内原有建筑较多，可能有部分旧基础、地下室等未清除。

③雨污水管：据业主介绍，场地内分布有一条雨污水总管（3.2m高×3.1m宽，埋深约6.0m），该管线斜插过住宅2#、3#楼之间，穿住宅地块和商业地块，从商业地块东北角而出。该管线待迁移。

（4）基坑设计参数：

基坑影响深度范围内土层主要设计参数见表3.4-22。

表3.4-22 各岩土层物理力学指标一览表

土层名	天然重度（γ）	快剪		三轴		锚杆极限黏结强度标准值（kPa）	渗透系数 K (m/d)
		黏聚力 C（kPa）	内摩擦角 φ（°）	黏聚力 C_{uu}（kPa）	内摩擦角 φ_{uu}（°）		
①-1 杂填土	17.0	5	15	/	/	18	5
①-2 杂填土	15.0*	4*	4*	/	/	18	8
②粉质黏土	19.3	41.28	15.01	30.74	16.96	60	0.5
②-1 中砂	19.0	0	22	/	/	65（45）	55
③中砂	19.0	0	24	/	/	80（55）	55
④粗砂	19.0	0	32	/	/	140（90）	80
④-1 粉质黏土	18.0	/	/	20.66	11.40	45	0.5
⑤砾砂	19.5	0	37	/	/	200（140）	100
⑥圆砾	19.2	0	40	/	/	200（140）	120
⑦强风化泥质粉砂岩	19.5	25	25	-	-	-	-
⑧中风化泥质粉砂岩	21.0	50	50	-	-	-	-

注：1.①-2杂填土以煤灰为主，虽然室内试验得出的土体强度参数较低，但据现场踏勘及开挖情况显示，土性尚可，降水后土体参数（尤其是 φ 值）可大幅提升；

2.结合规范及相关工程经验，粗砂、砾砂、圆砾的锚杆极限黏结强度标准值按7折折减考虑。

3.4.4.4 围护方案选型分析

（1）基坑工程特点及难点：

①基坑规模大、分块较多，各分块挖深、面积相差较大。

基坑总面积68500m²，开挖深度3.2~10.4m，总开挖土方量约60万m³。

②基坑周边环境条件较简单,但售楼处及道路下管线等区域需注意加强保护。

③基坑周边及场地内有一条雨污水总管,对基坑影响较大。

该管线的搬迁位置及遗留障碍物对围护设计和施工均有一定影响,将搬迁至西侧及北侧红线内,距离基坑最近约 6.05m,对其进行相应保护。

④场地浅层填土较厚,成分较复杂。

本场地第①层填土,局部为河塘等填成,杂填土成分以煤灰、近期回填的中砂及少量砾砂为主。

⑤地下水系资源丰富。

根据本次勘察查明,拟建基坑坑底以砂性土为主,渗透系数大,地下潜水水量丰富。

(2)基坑设计控制标准:

住宅地块:基坑支护结构的安全等级为二级(1~3#楼基坑支护结构的安全等级为三级),侧壁稳定重要性系数为 1.0;

商业地块:基坑支护结构的安全等级为一级,侧壁稳定重要性系数为 1.1。

(3)围护体系选型:

①住宅地块围护体系:

开挖深度 3.2~8.0m,宜采用无内支撑型式,供选择的围护型式有放坡、板式支护体系+预应力锚杆。

a.放坡开挖:

经济性好,施工简单,对周边的影响较大,对施工空间的要求较高。本工程 1~3#楼挖深较浅,且南侧距离红线较远,因而 1~3#楼及住宅地库南侧可采用。

b.板式支护体系+预应力锚杆:

SMW 工法围护体系:SMW 工法是采用专用钻机,用水泥作为固化剂与地基土进行原位的强制性搅拌,并插入型钢,固化后形成水泥土"地下连续墙"墙体,充分利用水泥土挡土墙的高止水性及型钢具有的强度,通过二者的复合作用,用作基坑挡土和侧向防水结构,当其围护功能完成后,型钢可以拔出重复利用,围护示意图如图 3.4-16 所示。特点如下:

施工速度快(平均每台 SMW 工法桩机每天可施工 15~20 延米围护桩);

施工占用场地小,需利用的围护宽度小,所用型钢可以回收;

围护结构刚度相对略小,对基坑变形较敏感,变形超过一定范围后,SMW 工法水泥土搅拌桩易产生开裂从而带来严重影响基坑安全的渗漏水问题。

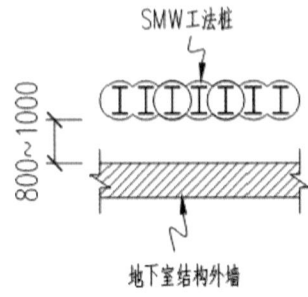

图 3.4-16 SMW 工法围护示意图

本工程住宅地块周边环境条件均简单，距离周边道路均较远，且基坑施工速度较快，采用SMW工法围护体系。

预应力锚杆：目前基坑围护中常用的锚杆型式主要有常规锚杆及水泥土旋喷锚杆。

水泥土旋喷锚杆通过高压旋喷搅拌形成大直径的水泥土锚固体（直径一般在400~1500mm），经高压喷射注浆，对锚筋周边的土体进行加固，使得筋体与水泥土旋喷桩黏合在一起，大大提高锚固力，也解决了流砂层中成孔、喷砂涌水的难题。此外，水泥土锚杆采用预应力钢绞线，可结合土层情况，通过调整所需锚杆的长度及抗拔承载力等参数达到保证基坑安全的效果。

综上所述，针对基坑南侧，建议采用放坡围护型式，对于其余侧，建议采用SMW工法+一道水泥土锚杆（超越用地红线区域采用可回收锚杆）。

②商业地块围护体系选型：

基坑开挖深度9.7~10.4m，挖深较深，面积较大，可采用排桩支护+内支撑围护型式或排桩支护+预应力锚杆的围护型式。

方案一：钻孔灌注桩+一道钢筋混凝土内支撑；

方案二：钻孔灌注桩+多道预应力锚杆。

两个方案的经济性、安全性比选详见表3.4-23。

表3.4-23 基坑支护设计方案对比表

内容	项目	商业地块一般区域基坑围护设计方案	
剖面输入参数	开挖深度	9.7(m)	
	区域	商业地块一般区域	
方案对比		方案一 （三轴搅拌桩+灌注桩+一道钢筋混凝土内支撑）	方案二 （三轴搅拌桩+灌注桩+两道锚杆）
设计方案技术参数		3ϕ850@1200三轴搅拌桩，L=25.5m ϕ900@1100灌注桩，L=14.5m 一道钢筋混凝土内支撑，支撑截面为800mm×800mm； 支撑立柱桩为ϕ800灌注桩，L=12m	3ϕ850@1200三轴搅拌桩，L=22.5m ϕ800@1000灌注桩，L=13.0m 两道ϕ450锚杆，第一道长度为17m@2400，第二道长度为15m@1500
计算结果		灌注桩桩身弯矩-288.4~689.7kN； 支撑反力值221.5kN/m， 整体稳定性系数为2.56， 墙底抗隆起为26.94， 坑底抗隆起为2.61， 抗倾覆为1.29，抗渗流为5.25， 均满足规范要求	灌注桩桩身弯矩-66.9~646.2kN； 锚杆拉力值为100kN/m、185.6kN/m， 整体稳定性系数为2.12， 墙底抗隆起为17.16，坑底为2.4， 锚杆抗拔安全系数为2.52、2.16， 抗倾覆为1.28，抗渗流为4.39， 均满足规范要求
安全性		混凝土支撑施工质量可靠，刚度较好，可有效保证基坑安全，但因灌注桩需承担受力，灌注桩桩径一般要求较大，否则须设置二道支撑	可保证基坑安全，锚杆承担主要的受力，灌注桩桩径可以小一些，砂性土中锚杆承载力较高，但需注意控制施工质量
工期		有支撑体系，须待支撑体系形成并养护后方可挖土，施工操作面受限，挖土、地下结构施工均受影响，此外需增加拆除支撑的工期，一般较方案二工期多20%以上	施工速度较快，施工较便利，由于为无支撑体系，挖土、地下结构施工空间较宽裕，也无须拆除

续表

内容	项目	商业地块一般区域基坑围护设计方案	
经济性（支护延长米为895m）	每延米价格	28756元/延米	23463元/延米
	围护总造价	28756×895=2573.7万元	23463×895=2099.9万元
	经济性总结	较方案二贵20%	较方案一节省约500万元
可行性		工艺成熟，施工质量有保证，且对基坑自身安全及周边建筑物（售楼处、管道等）保护较好，但经济性较差，且影响施工工期	工艺较成熟，施工质量较有保证，南昌当地有多个项目已成功实施，经济性较好，较节约施工工期
建议		可采用	推荐采用

结合上表分析可知：

商业地块西侧：考虑与住宅一期同时开挖，可采用临时放坡等型式；

商业地块东南侧：建议采用三轴搅拌桩止水+钻孔灌注桩+一道钢筋混凝土支撑（上设施工栈桥）围护型式；

商业地块其余侧：建议采用三轴搅拌桩止水+钻孔灌注桩+两道水泥土锚杆（超越用地红线区域采用可回收锚杆）围护型式。

东南角由于贴近售楼处，无法布置施工道路，因而建议东南角局部设置内支撑体系和施工栈桥。

（4）基坑降水形式：

采用集水明排降水，商业地块建议采用管井降水，基坑开挖前即要进行基坑降水，超前降水时间控制在14天以上，降水深度应达到开挖面以下1.0m。

3.4.4.5 围护方案设计说明

支护结构平面布置图详见附图2，以下分各个地块进行说明：

（1）住宅地块：

①围护剖面A-B，C-D，E-F段——二级放坡。

南侧1#、2#、3#楼围护剖面（挖深3.7m）：采用二级放坡，第一级放坡高度3.2m（与1~3#楼坑底保持一致），坡率为1:1；中间留2.0m宽的平台，平台上设置3ϕ850@1200三轴水泥土搅拌桩止水，桩长12m；第二级放坡高度3.4m，放坡系数1:0.7，护坡采用100mm厚喷射混凝土面层，内配ϕ8.0@200×200钢筋网片。

②围护剖面B-C，D-E，F-G段——一级放坡。

南侧1#、2#、3#楼围护剖面（挖深3.2m）：采用一级放坡，放坡高度为3.2m，坡率为1:1。护坡采用100mm厚喷射混凝土面层，内配ϕ8.0@200×200钢筋网片。

③围护剖面G-H、I-J段——浅层放坡+SMW工法+一道可回收水泥土锚杆。

西侧及北侧部分地库围护剖面，挖深6.5m：先采用一级放坡，放坡高度为3m，坡率为1:1。护坡采用100mm厚喷射混凝土面层，内配ϕ8.0@200×200钢筋网片；然后采用SMW工法+一道可回收水泥土锚杆的围护方案。

SMW工法：采用3ϕ850@1200三轴水泥土搅拌桩内插H500×300×11×18型钢，插一隔一，型钢长为11m，搅拌桩长为11.5m。搅拌桩顶设1100×600冠梁，混凝土强度等级C35。

可回收水泥土锚杆：设置一道可回收水泥土锚杆，锚杆直径450mm，长度13m，锚杆水平间距1.8m，倾角为40°，内置4根ϕ15.2钢绞线。

④围护剖面H-I，J-K，L-M，N-O段——浅层放坡+SMW工法+一道水泥土锚杆。

5~7#主楼北侧围护剖面，挖深6.8m：先采用一级放坡，放坡高度为3m，坡率为1:1。护坡采用100mm厚喷射混凝土面层，内配ϕ8.0@200×200钢筋网片；然后采用SMW工法+一道水泥土锚杆的围护方案。

SMW工法：同"围护剖面G-H、I-J段"。

水泥土锚杆：设置一道锚杆，锚杆直径450mm，长度13m，锚杆水平间距1.8m，倾角为45°，内置3根ϕ15.2钢绞线（H-I剖面采用可回收锚杆，设置4根钢绞线）。

⑤围护剖面K-L段——浅层放坡+SMW工法+一道水泥土锚杆。

北侧地库降板区围护剖面，挖深7.3m：先采用一级放坡，放坡高度为3m，坡率为1:1。护坡采用100mm厚喷射混凝土面层，内配ϕ8.0@200×200钢筋网片；然后采用SMW工法+一道水泥土锚杆的围护方案。

SMW工法：采用3ϕ850@1200三轴水泥土搅拌桩内插H500×300×11×18型钢，插一隔一，型钢长为13m，搅拌桩长为12.5m。搅拌桩顶设1100×600冠梁，混凝土强度等级C35。

水泥土锚杆：设置一道锚杆，锚杆直径450mm，长度14m，锚杆水平间距1.8m，倾角为35°，内置3根ϕ15.2钢绞线。

⑥围护剖面M-N段——浅层放坡+SMW工法+一道可回收水泥土锚杆。

S4#商业楼围护剖面，挖深8.0m：先采用一级放坡，放坡高度为3m，坡率为1:1。护坡采用100mm厚喷射混凝土面层，内配ϕ8.0@200×200钢筋网片；然后采用SMW工法+一道水泥土锚杆的围护方案。

SMW工法：同"围护剖面K-L段"。

可回收水泥土锚杆：设置一道锚杆，锚杆直径450mm，长度15m，锚杆水平间距1.8m，倾角为35°，内置4根ϕ15.2钢绞线。

⑦高差区域围护：

1~3#楼与住宅大地库高差区域/住宅大地库与商业大地库高差区域（1-1/2-2剖面），高差约3.3/3.2m：采用3ϕ850@1200三轴水泥土搅拌桩内插25#工字钢，插一隔一，工字钢长为7m，搅拌桩长为12m。

8#楼与商业地块高差区域(3-3剖面)，高差约5.2m：采用三轴搅拌桩重力坝围护，采用3排3ϕ850@1800三轴水泥土搅拌桩，桩长10.6m（为使商业地块止水帷幕封闭，最内排桩长21m）。详见附图3。

（2）商业地块：

①基坑东南角近售楼处区域（灌注桩+支撑围护）：

围护剖面X-X'段/W-W'段/V-W、X'-W'段——三轴搅拌桩+钻孔灌注桩+一道钢筋混凝土支撑。

东南角地库降板区域/近售楼处区域（挖深9.7m）/11#主楼贴边区域（挖深10.4m）。

围护结构：采用ϕ900@1100灌注桩，桩长为16/16.2/17.7m；采用3ϕ850@1200三轴水泥土搅拌桩止水，桩长25.5m，水泥掺入量25%。详见附图4。

支撑体系：基坑内设置一道钢筋混凝土支撑，支撑布置形式采用角撑布置，混凝土设计强度等级为C35。具体支撑中心标高、杆件截面尺寸等详见表3.4-24。

表 3.4-24 具体支撑中心标高、杆件截面尺寸

支撑系统	中心标高（m）	围檩（mm×mm）	主撑（mm×mm）	栈桥梁（mm×mm）
第一道	+16.100	1300×800	800×800	800×1100

另外，结合本工程周边场地条件，为方便土方开挖和运输，在第一道支撑设置施工栈桥，栈桥厚度为300mm，具体分布范围详见第一道支撑平面布置图（图 3.4-17）。

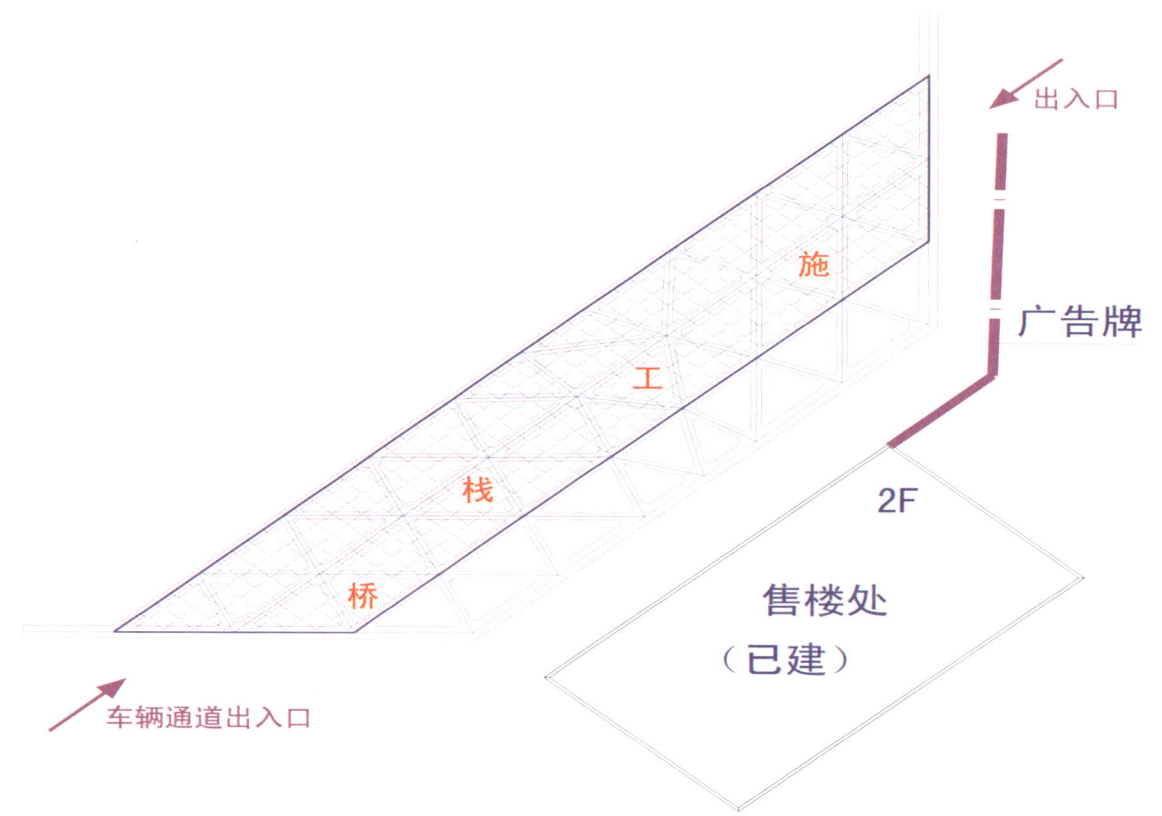

图 3.4-17 近售楼处区域支撑平面示意图

竖向支承系统设计：临时钢立柱采用由等边角钢和缀板焊接而成的 4L140×14 型钢格构柱，截面尺寸为 480mm×480mm，钢立柱插入作为立柱桩的钻孔灌注桩不少于 3.0m。立柱桩采用直径 ϕ800 灌注桩，桩长 12m，钢立柱在穿越底板的范围内需设置止水钢片。详见附图 4。

（3）基坑其余区域（浅层放坡+灌注桩+水泥土锚杆围护）：

①基坑东侧、北侧地库/主楼贴边区域：

围护剖面 O-P，Q-R，S-T，T-U，Z-A 段/P-Q，R-S，U-V 段——浅层放坡+钻孔灌注桩+二道可回收水泥土锚杆。

东侧、北侧地库区域（挖深 9.7m）/主楼贴边区域（挖深 10.4m）：先采用一级放坡，放坡高度为 3m，坡率为 1∶1，护坡采用 100mm 厚喷射混凝土面层，内配 ϕ8.0@200×200 钢筋网片；然后采用钻孔灌注桩+二道可回收水泥土锚杆的围护方案。

围护结构：采用 ϕ800@1000 灌注桩，桩长为 13/14m；采用 3ϕ850@1200 三轴水泥土搅拌桩止水，桩长 22.5m，水泥掺入量 25%。

可回收锚杆体系：设置二道可回收水泥土锚杆，直径 450mm，长度分别为 17m、15m，锚杆水平间距

分别为 2.0m、1.5m，内置 4 根 ϕ15.2 钢绞线。

（2）基坑南侧地库/主楼贴边区域：

围护剖面 Y-Z 段/X-Y 段——浅层放坡+钻孔灌注桩+二道水泥土锚杆。

南侧地库区域（挖深 9.7m）/主楼贴边区域（挖深 10.4m）：先采用一级放坡，放坡高度为 3m，坡率为 1：1，护坡采用 100mm 厚喷射混凝土面层，内配 ϕ8.0@200×200 钢筋网片；然后采用钻孔灌注桩+二道可回收水泥土锚杆的围护方案。

围护结构：采用 ϕ800@1000 灌注桩，桩长为 13m/14m；采用 3ϕ850@1200 三轴水泥土搅拌桩止水，桩长 22.5m，水泥掺入量 25%。

锚杆体系：设置二道水泥土锚杆，直径 450mm，长度分别为 17m、15m，锚杆水平间距分别为 2.0m/2.4m、1.5m，内置 3 根 ϕ15.2 钢绞线。

（4）电梯井、集水井等局部深坑围护（落深 1.5~3.3m）：

结合深坑结构，采用一级放坡土钉墙，坡率不小于 1：0.3，采用一道土钉，长度为 4~6m 的成孔式土钉，土钉倾角为 15°，水平间距为 1.4m，竖向间距为 1.2m。护坡采用 100mm 厚喷射混凝土面层，内配 ϕ8.0@200×200 钢筋网片。

（5）基坑降排水：

住宅地块建议采用集水明排降水，商业地块建议采用管井降水，基坑开挖前即要进行基坑降水，超前降水时间控制在 14 天以上，降水深度应达到开挖面以下 1.0m。

3.4.4.6 监测要求及内容

（1）监测内容：

①周边环境监测：周边地下综合管线垂直、水平位移监测，周边建（构）筑物垂直位移监测、周边地表沉降剖面监测。

②围护结构监测：围护顶部水平及沉降位移、围护结构侧向位移、立柱沉降、支撑轴力及锚杆轴力。

③水工、土工监测：坑外土体侧向位移、坑外水位、坑内水位。

（2）报警值：

基坑监测报警值见表 3.4-25。

表 3.4-25 基坑监测报警值

项目	报 警 指 标	报 警 指 标
周边环境监测	周边地下综合管线变形监测	累计 10/20mm，2（刚性）/5（柔性）mm/d
	坑外潜水水位观测	累计下降 1000mm
	周边建(构)筑物、工程桩水平、垂直位移监测	累计 20mm，2mm/d
住宅地块区域监测	围护顶部垂直、水平位移监测	累计 30mm，4mm/d
	围护结构侧向位移监测	累计 30mm，4mm/d
	坑外土体侧向位移监测	累计 30mm，4mm/d
	坑外地表沉降监测	累计 30mm，4mm/d
	锚杆轴力监测	累计值 250kN

续表

项目	报警指标	报警指标
商业地块区域监测	围护顶部垂直、水平位移监测	累计35mm，4mm/d
	围护结构侧向位移监测	累计35mm，4mm/d
	坑外土体侧向位移监测	累计35mm，4mm/d
	坑外地表沉降监测	累计30mm，4mm/d
	锚杆轴力监测	第一道累计值250kN；第二道累计值300kN
	立柱桩垂直位移监测	累计20mm，3mm/d
	支撑轴力监测	累计值3500kN

3.4.4.7 评述

该项目设置两个区块，间距约7m。除住宅地块的1~3#、8#楼设置一层地下室，其余区域均设置二层地下室。基坑总面积68500m²，非常大。住宅地块基坑开挖深度一般，为3.2~8.0m；商业地块比较深，为9.7~10.4m。基坑底主要位于中砂层，围护桩桩底主要位于砾砂层。除商业地块邻近距离约6.382m有2F售楼处，距离约3m有广告牌外，周边的建筑物、道路、管线距离比较远，环境条件较简单。本场地属赣江Ⅱ级阶地，按岩土层的成因类型、岩性结构、工程地质特征等，自上而下可依次划分为十三个单元层。第①层填土较厚，成分较复杂。局部为河塘等填成，杂填土成分以煤灰、近期回填的中砂及少量砾砂为主，自稳性差。场地遗留地下障碍物对围护设计和施工均有一定影响。在③中砂层揭露地下水潜水，稳定水位埋深7.00~10.00m，标高为9.58~10.79m，微承压性，水头约0.5m，水量丰富，离赣江约2.4km，场地高富水砂砾层与赣江河水水力联系密切，年变化幅度在2.0~4.0m，枯水期最低水位标高为9.2m。场地内有一条雨污水总管，对基坑影响较大。将搬迁至西侧及北侧红线内，距离基坑最近约6.05m，对其进行相应保护。为此，设计过程中，方案论述优化比较深入，根据不同边界条件，推荐采用放坡、SMW工法+一道可回收水泥土锚杆围护体系，以及灌注排桩+一道钢筋混凝土支撑围护结构+三轴水泥土搅拌桩止水。支护方案能够较好地结合工程实际，针对不同支护结构等级、环境条件，并合理利用住宅、商业用地建筑的施工顺序，达到节约基坑支护工程费用的目的。

附图

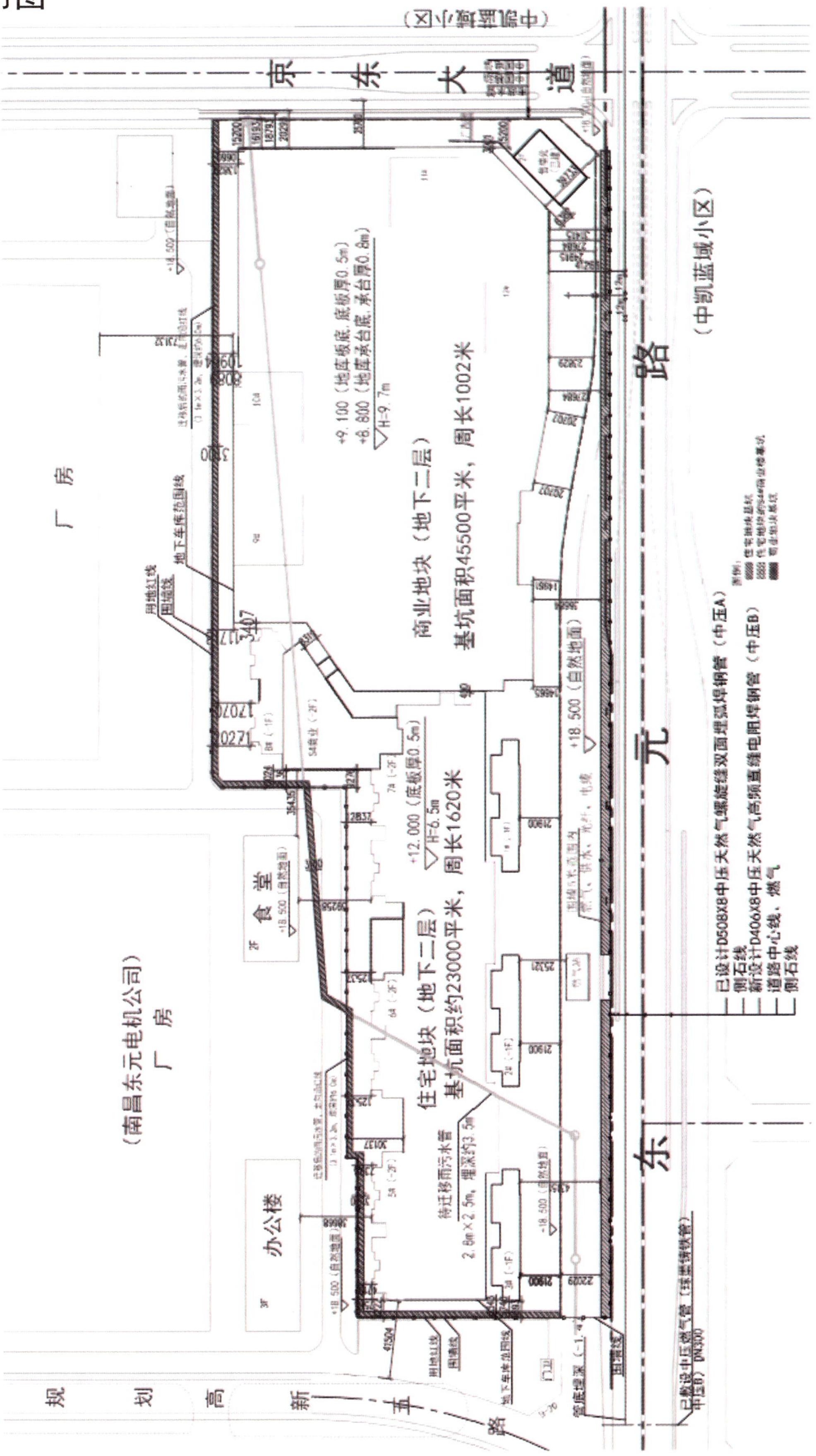

附图 1 基坑周边环境示意图

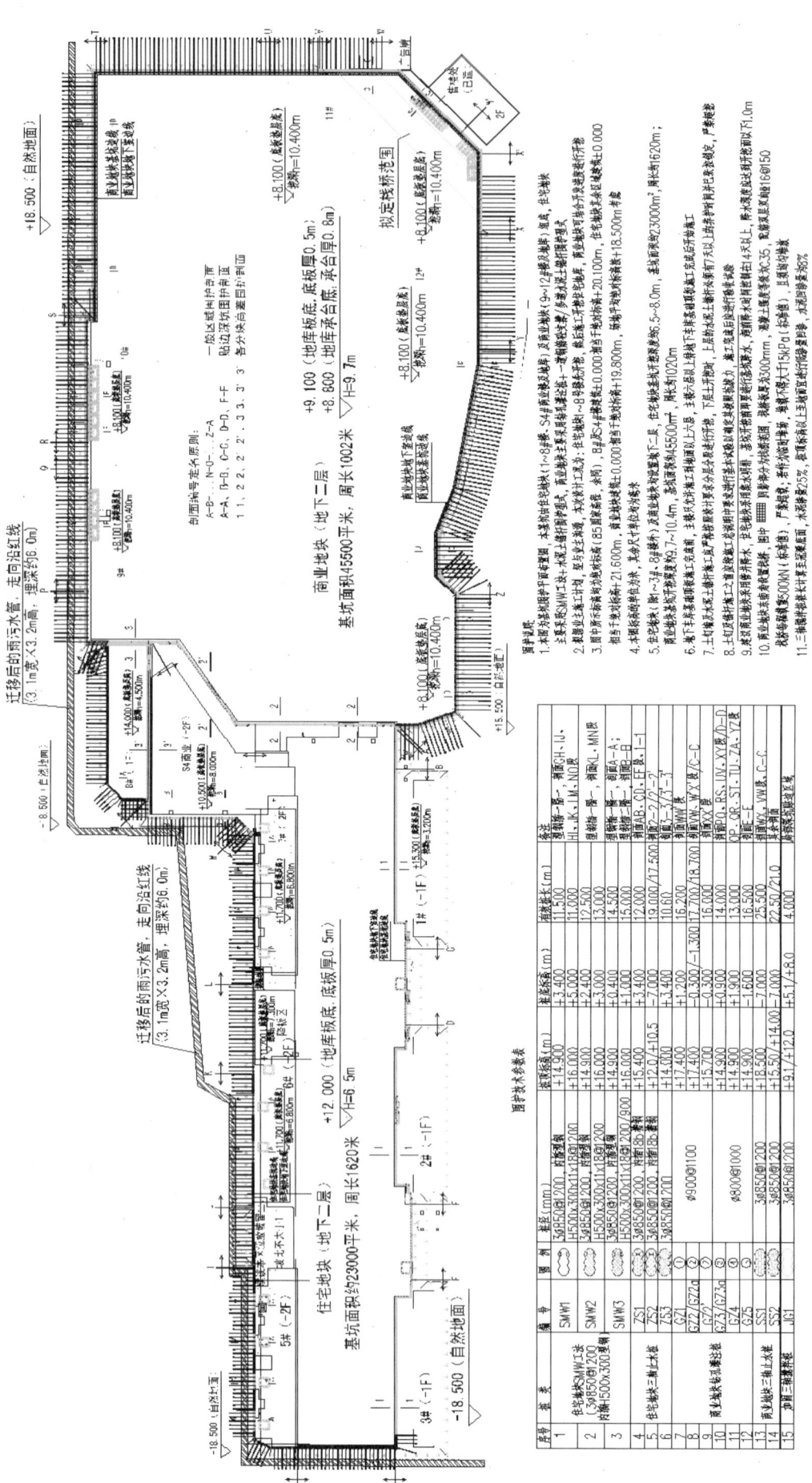

附图2 基坑平面布置图

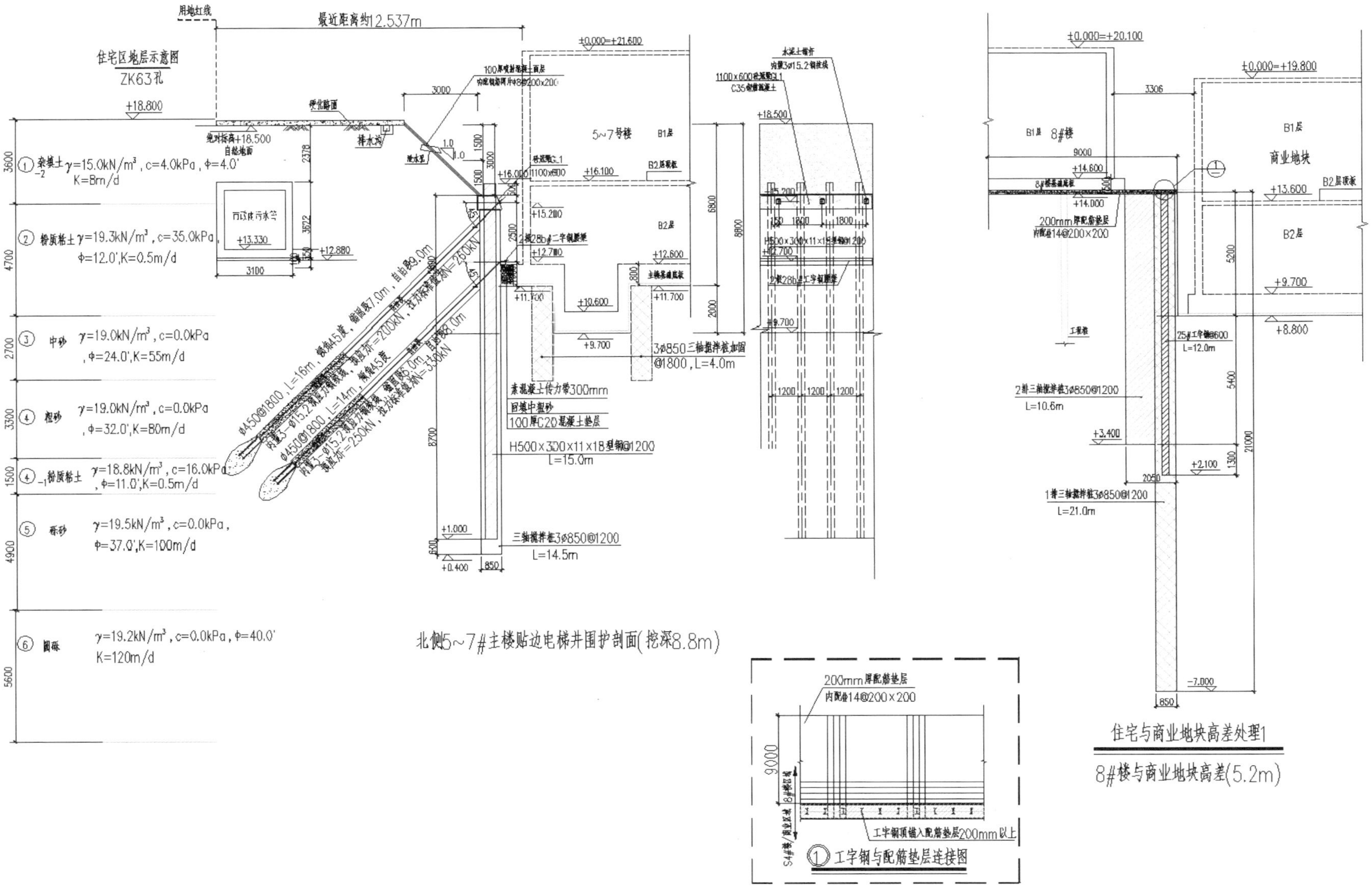

附图 3 住宅地块典型剖面 1

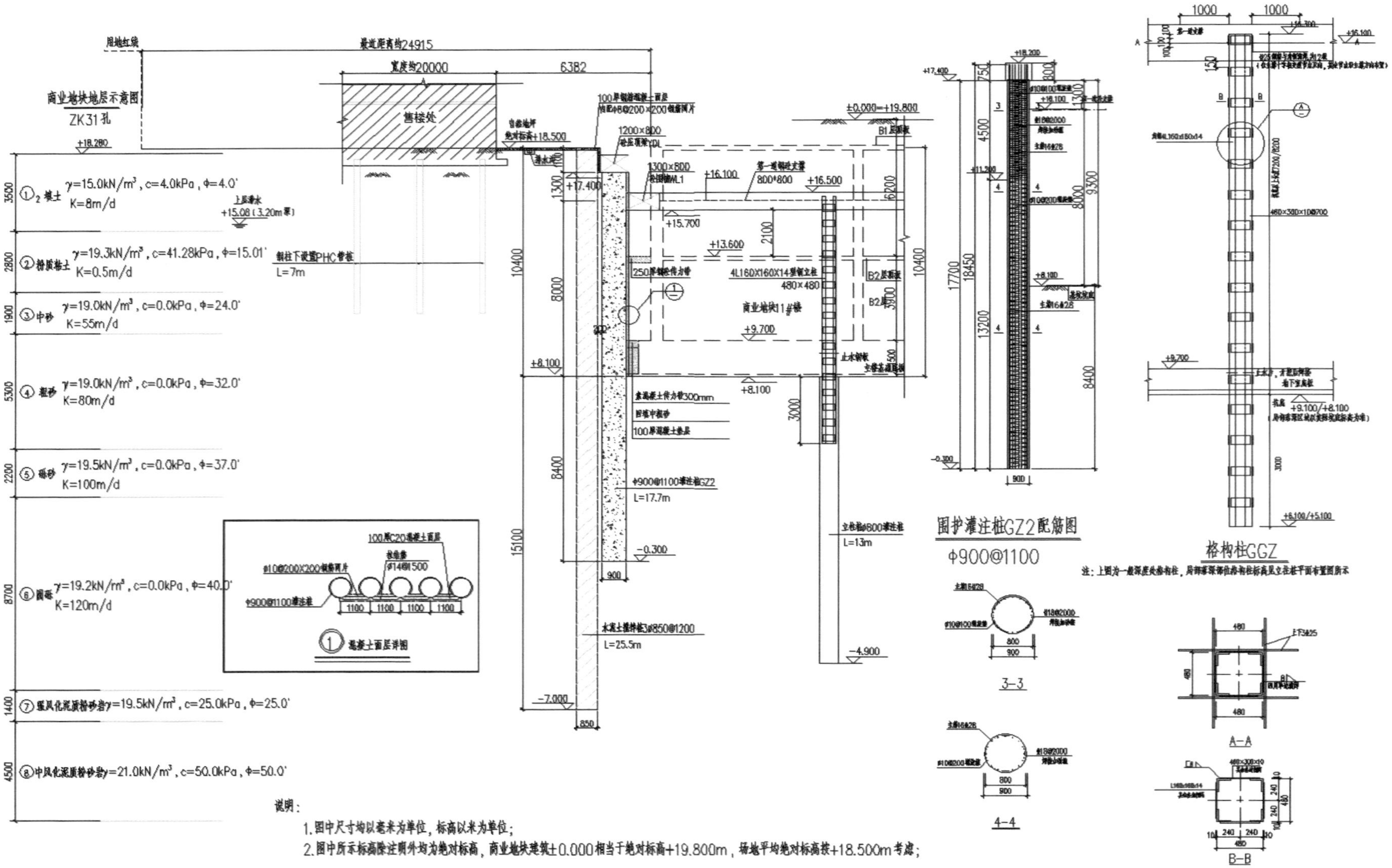

附图 4 商业地块典型剖面 2

说明：

1. 图中尺寸均以毫米为单位，标高以米为单位；
2. 图中所示标高除注明外均为绝对标高，商业地块建筑±0.000相当于绝对标高+19.800m，场地平均绝对标高按+18.500m考虑；

4 南昌市深基坑支护方案勘察设计中存在的主要问题

南昌市为了辖区内的深基坑工程在勘察、设计、施工、监控与检测工作中做到技术先进、经济合理、质量可靠，确保基坑工程顺利施工和周边环境安全，自 2012 年开始对深基坑工程支护方案设计实行评审和施工图审查制度，并组织专家编制了《南昌市深基坑工程支护结构方案设计文件编制与审查要点》（以下简称基坑《设计要点》），从源头上规范和控制了深基坑工程的勘察、设计质量和技术标准，为保证深基坑工程顺利实施和周边环境安全起到积极的作用。

经过五年左右的工程实践，南昌市施工图审查机构与基坑工程评审专家已组织审查了 300 多个深基坑设计项目，发现大部分设计单位能很好地按照规范及设计要点进行基坑工程设计，南昌地区深基坑工程的设计水平和质量有了大幅度的提高，同时促进了勘察、施工、监测等方面的水平和质量的提高。

为进一步提高勘察、设计水平，增强质量意识，使今后深基坑工程设计工作更加顺利，本章通过对历年来审查意见的收集整理，归纳分析了勘察、设计中存在的问题，特别是易发、常发错误，为勘察、设计等技术人员在今后的基坑工程建设中提供借鉴。

4.1 设计文件审查报建及编制的规范性

4.1.1 设计文件审查报建不规范

设计文件未严格按照基坑《设计要点》的流程要求进行审查报建。

（1）建设单位存在先建后报审的问题，有的项目甚至基坑已施工完毕，为完善手续才报审。

（2）审图机构存在把关不严，少数审图机构在审上部结构时没对下部结构是否是深基坑进行判别并告知建设单位。

（3）报送审查程序混乱，有的是建设单位报送，有的是审图机构报送，有的是设计单位报送，且报送的资料不规范。

（4）设计文件的签章不统一，有的单位甚至没有签章。

（5）少数深基坑工程的勘察由乙级的勘察单位编制。

（6）个别工程地上部分与基坑部分施工图审查单位不一致。

4.1.2 设计文件编制不规范

设计文件未严格按照基坑《设计要点》的要求进行编制。

（1）文本格式不规范，封面内容不完整。

（2）扉页中无相关人员签名，无设计注册人员盖章，无单位出图盖章。

（3）无设计文件目录。

(4）设计说明中内容不全，文字说明深度不够。

(5）缺少相关计算书或无计算结果安全分析。

(6）设计图纸深度不够或附图不全等。

4.1.3 设计文件内容不完整或深度不满足要求

设计文件没有严格按基坑《设计要点》的内容和深度要求进行设计。

(1）内容不完整：文字报告中对工程概况、设计依据、计算采用的岩土相关参数、支护结构类型、支护结构技术特征、安全等级、使用期限、地下水控制、满足规范情况、主要技术措施等未交代或交代不详；属一级基坑支护结构工程未提供两个以上（含两个）设计方案，供专家组进行评审；未提供必要的设计技术参数表格；没有结合基坑特点分析论证设计控制关键点及技术要求；对基坑工程监测及变形控制要求交代不具体或过于简单；缺少基坑风险评估；应急管理措施不够详尽和具体；支护结构计算后未进行安全分析或分析不透彻。

具体包括：

①设计说明中工程概况阐述不足，对地下室通常只列出总面积、深度，没有描述基坑形状、长度、宽度，建筑群之间地下室分隔空间情况没有说明，有些没有标注或说明地下室进出口位置。

②设计依据缺少相应的规范，规范版本没有及时更新，将手册作为设计依据，缺少工程用地红线图、地下室图（供审核比较）等。

③工程概况中对本工程采用标高系统不明确且混乱，对场地整平标高和场地自然标高考虑不周；对相对标高与绝对标高的表述混乱、混用，未注明±0.00设计标高对应的绝对高程；基坑底标高不正确，有些没有考虑承台、地梁、垫层高度或厚度在内；开挖深度未考虑电梯井等坑中坑问题。

④对基坑所属主体建筑的基础形式没有明确；对周边建筑的基础形式没有描述。

⑤支护结构选型经济比较不严谨，部分仅以满足提供两个方案进行比较的要求为目的。

⑥部分深基坑设计缺少特殊部位如电梯井、集水井的设计。

⑦监测方案、应急预案没有结合自身基坑的特点，多数是转抄，没有针对性；监测内容通常仅有基坑位移检测，对桩内力监测、锚杆拉力监测、道路监测、邻近高层建筑监测等涉及较少。

(2）设计深度不足：未依据有关文件、资料及相关规范、规程、标准，综合考虑基坑周边环境和地质条件的复杂程度、基坑深度等因素，来合理确定支护结构安全等级，规定其设计使用期限，实现安全适用、技术先进、经济合理、保护环境、保证质量和方便施工的总体目标。

具体包括：

①未根据《建筑基坑支护技术规程》JGJ120—2012 第 3.1.1 条要求，明确支护结构设计使用期限不应小于一年。

②基坑设计等级未按照基坑《设计要点》附录 A 中完整评判内容进行评判，有些只列出了部分评判内容。

③周边环境或者基坑深度差别较大时，对基坑支护结构安全等级没有根据这些条件的特点、变化，分边分段精细地确定，而是笼统地确定为同一个设计等级，导致整个周边设计结构类型相同，增加基坑工程费用。

④有的对基坑支护结构安全等级的确定比较随意，导致偏高或偏低；将三级基坑确定为二级基坑，以提高支护结构强度，但必然会增加工程费用；或将二级基坑确定为三级基坑，或将一级基坑降低为二级基坑，试图规避支护结构设计方案评审，降低造价，带来基坑工程安全风险。

⑤基坑局部坑中坑超挖较深，对其边坡支护如何处理没有说明。

⑥设计依据中规范收集不全，如采用排桩加锚杆支护，没有列出《岩土锚杆（索）技术规程》；有的采用了超出专业范围规范及过期的规范。

⑦没有交代采用的正版软件名称及版本号。

4.2 岩土工程勘察成果

4.2.1 岩土工程勘察报告本身的不足

（1）缺少关于基坑部分的章节；基坑工程的安全等级不予评定或评定错误；不进行基坑支护结构选型的推荐或推荐的支护形式与实际现状不符。

（2）岩土工程勘察期间，往往不按规范要求，在开挖边界外按开挖深度 1~2 倍范围内布置勘探点，或布孔不足，布孔缺乏代表性和针对性，无法了解基坑周围场地有无渠、塘、井等的分布，影响放坡开挖及外锚等支护措施的设计，对基坑设计、施工造成一定影响。勘探点布置间距应根据地层复杂程度和基坑支护结构安全等级而定，可取 15~30m，但每剖面不宜少于 3 点；地层变化较大时，场地存在透镜状、软弱土层或暗沟、塘等特殊地段，应增加勘探点，查明地层分布规律。

（3）基坑周边部分地段未布置勘探线，也未提供基坑周边的工程地质剖面图，给基坑设计、施工带来不便。勘察时对周边环境状况进行调查不充分，往往仅阐述勘察场地内环境状况，对场地外的周边环境状况未做阐述（或调查），并在平面图中无标识，不满足《岩土工程勘察规范 GB50021—2001》（2009 年版）4.8.7 条要求的较多。

（4）勘察报告提供的基坑设计参数不全，如未按规范要求提供 3 倍基坑深度范围内各岩土层的 C、φ 及 γ 值，基坑开挖范围内各岩土层的边坡坡度允许值、基坑抽水设计所需的各含水层的渗透系数和渗透影响半径、土钉与锚固体极限黏结强度的标准值等参数。有的勘察报告提供的参数不准确，参数与规范规定的范围值不符。对支护结构可能采用锚杆时，应查明锚杆施工范围内的岩土条件，必要时应该对岩土进行补充勘察。

（5）地下水的量测和分析评价不规范，对多层地下水未分层分别量测初见水位和稳定水位；多数勘察缺少潜水实测的稳定水位，给出的稳定水位实际上是混合稳定水位，不利支护分析；地下水水位没有说明是平水期、枯水期、丰水期的，描述的变化比较模式化，不管什么季节勘察，大多数是 1~3m，难以理解。

（6）地下水性质描述不明确，上层滞水与潜水，潜水与承压水，水位没有明确划分，潜水水位埋深起伏很大；地下水位描述不清，水位变化大多数是 1~3m 的笼统描述，稳定水位、渗透系数、水位年变幅等交代不清，没有根据勘察档期考虑季节性动态变化，影响计算中的水位选取；没有分析土层渗流特点，没有进行渗透变形可能方式预测。

（7）在勘察报告中给出的各土层渗透系数，有 98% 取于《工程地质手册》的范围值，多数项目未进行抽水试验。部分报告中未提供岩土层的渗透系数、锚杆极限黏结强度标准值等指标。对支护结构可能采用锚杆时，应查明锚杆施工范围内的岩土条件，必要时应补充岩土勘察。

（8）基坑方案设计中，粉质黏土的容重常常采用平均值，未按规范要求计算饱和容重。C、φ 及 γ 值经常出现不按岩土工程勘察报告提供的数据计算的情况，造成计算结果不准确，给基坑支护安全造成潜在安全风险。粉质黏土层下砂性土含水层具有承压性；如果具有承压性，应确认水头大小，什么时间具有承压性，或对于基坑开挖有无影响做出判断。

（9）基本情况中对本工程采用标高系统阐述不明确且混乱，报告中缺场地整平标高，对场地整平标高和场地自然标高考虑不周，影响基坑开挖深度的确定。

（10）勘察报告中定义的基坑安全等级没有按照基坑《设计要点》进行划分。基坑评价比较粗糙，导致基坑定级与基坑设计阶段的评价存在一定的矛盾。

（11）缺少对于基坑开挖深度存在的填土、砂性和粉性土层、淤泥（质）土层及夹层等不良地质特征与分布以及对基坑开挖可能产生影响的评价。土工参数不齐全，没有饱和密度、孔隙比等等，抗剪强度指标没有说明测试方法，没有分层渗透系数。

12、对于超大型工程没有做抽水试验。或没有提出要求，不利于基坑降排水措施的落实。

13、勘察报告中关于基坑支护形式的建议存在不妥或不当，失去了应有的设计参考价值，甚至还会给设计造成一定的困惑。

4.2.2 与岩土工程勘察成果相关的设计问题

（1）对地质情况的说明完全照抄地质勘察报告。没有进行地层分析，例如关于地层的起伏、缺失，特殊地层。没有说明基坑底位于什么地层，支护桩底在什么地层范围。没有预测基坑开挖后对于地层产生的影响、后果，分析归纳欠缺。

没有复核分析勘察报告的相关物理力学参数取值是否正确、合理；渗透系数大多根据经验确定；特殊岩土层如砂土层、软土层、填土层、风化岩层的参数大多数是经验值；勘察报告中将关于地基基础设计的参数直接供作基坑设计施工的参数，没有考虑基坑支护设计、施工的特殊性。

（2）勘察报告及基坑方案设计中，不重视基坑开挖范围及邻近场地地下水含水层和隔水层的层位、埋深和分布情况，通常不关注上层滞水、潜水的补给条件及水力联系。

（3）深基坑工程缺乏对地下水的控制方法、水位变化对支护结构和基坑周边环境的影响的评价。基坑方案设计中，抽水井的数量设置常常不利用水文地质参数进行计算，存在一定的盲目性。

（4）基坑方案设计中，往往忽视基坑的自然地坪标高与黄海高程换算，不注意搜集基坑边缘与地表水体（江、湖、塘、渠）的直线距离，地表水体平水期水位、枯水期及丰水期水位、历史最高水位及地表水的变化对基坑设计、施工的影响。

（5）部分基坑支护方案中，不注意搜集场地邻近已有建筑物的荷载或层数，建筑物的基础型式、埋置深度，桩基础的桩型、桩长，建筑基础与基坑的直线距离，地下水、电、气等管线、道路的状况等内容，不注意评价这些因素对基坑工程的影响，以及基坑工程对已有建筑物、管线、道路的潜在威胁。

（6）施工期间应采取有效的降排水措施，将地下水严格控制在基础施工面以下 0.5m。基坑支护方案中，往往忽略在雨季施工中地下室上浮这类事故发生的可能性，排水预案准备不足。因为当地下水渗透不畅的情况下，施工期间地下室刚做好而上部建筑还未施工时，如遇大雨或暴雨，未加大基坑内积水的排水措施，未做好地表排水工作，将容易发生地下室上浮的惨剧。基坑支护方案中，往往忽略这类事故发生的可能性，排水预案准备不足。

（7）未按照勘察报告提供的抗剪强度等参数进行计算；有时抗剪强度参数取值偏大。

（8）勘察报告在与其基坑有关的剖面图中，未标识基坑底标高线和地面整平标高线。

4.3 基坑周围环境资料的收集

（1）对周围环境的调查不够重视，只是借助地形图进行，而很多地形图都是多年前的老图，现场环境已经发生重大变化，导致设计依据出现严重偏差，为工程埋下重大安全隐患。

（2）现场调查不够仔细，大部分只针对地面可见的建构筑物，而对于周边道路、地下管线、水系等容易忽略，应着重注意。

（3）环境调查内容不够完善，对于邻近基坑的新建建筑物，除了调查其结构类型、基础型式和尺寸、基础埋深等情况外，还应重点调查其基坑支护的形式，以分析对设计方案的影响。未能收集基坑周边建筑物所在场地的标高、建筑层数、荷载、基础类型及埋置深度、地基允许变形值、结构完好情况及使用情况等，以及距离基坑边缘的距离。

（4）周边环境描述不全面，没有环境平面示意图配合，缺现场照片，对于周边建筑物等分布、与基坑边距离描述不清楚；周边环境状况在平面图中不能有效反映，尤其对管道柔性还是刚性未作区分；对基坑周边管线与基坑开挖边线的距离，管线埋置深度、走向、类型、位置、尺寸等描述不到位；基坑周边的建筑物、构筑物、重要地下管线、围墙、临时设施、塔吊位置、出土口、施工道路等都描述不清楚，或阐述不透彻。

（5）没有按《建筑基坑支护技术规程》第3.2.5条的要求查明基坑四周道路的等级、距离及车辆载重情况、道路行驶情况以及周边管线的布置情况，并在文本中描述。图中没有注明周边建筑距离基坑的距离。

（6）设计依据中没有按照基坑《设计要点》的要求提供深基坑周围地下管线图，包括供水、污水、雨水、电缆、煤气、热力、通信、消防等管线或管道的分布和性状，地下人防及地铁资料（若存在）、隧道、防汛墙等。

（7）普遍存在对基坑周边建（构）筑物的名称、用途、层数、结构型式、基础型式和尺寸、基础埋深、基坑支护方案、建设及竣工时间、结构完好等情况描述不清的情况；未附场地现场照片。

（8）未能收集基坑边缘道路的等级、道路的分布、道路行驶情况、最大路面荷载及离基坑边缘的间距；基坑周边荷载中对施工设施，如材料、设备等布置未说明，导致荷载取值具有较大随机性。

（9）没有描述清楚周边有无河流和池塘等水系情况，包括水位标高、深度及其变化情况，未能查清基坑与周边地下或地表水的水力联系。

（10）建议：对于基坑开挖很深（二层地下室及以上）、周围环境条件复杂（地处闹市等）或者地质条件很差的区域内基坑项目，宜在方案评审前，组织专家查看现场，以复核设计单位对周围环境的调查情况，减少安全隐患。

4.4 设计思路及关键点的把握

基坑工程作为地下工程,所处的地质条件复杂,影响因素较多,人们对岩土力学性质的了解还不深入,岩土工程还是一门发展中的学科,许多设计计算理论还不完善。作用在基坑围护结构上的土压力不仅与土压力中的稳定、变形和渗流有关,还与时间有关,目前土压力理论还不能够完美解答,实际设计计算中往往采用经验取值。

同时,由于基坑工程系统具有临时性、动态性与复杂性的特点,因此在基坑工程系统中,概念设计比计算设计(或参数设计)更为重要。基坑支护设计的方案是否适合,需要构思,需要熟悉支护类型的特点,需要熟悉环境条件,需要经验,需要分析判断,需要优化。

4.4.1 设计思路

(1)部分设计没有或缺失正确的设计概念、思路。

进行基坑工程设计时思路要准确,概念要清晰。支护结构类型本身不存在绝对的优劣,各有适用条件,所以方案设计的目的就是如何发挥支护结构类型的优势,实现安全与经济的平衡与统一。

成功的经验是建立在正确的概念之上的。有时候土钉短点、桩的钢筋少配几根问题不大,可怕的是不该用土钉墙的地方用了土钉墙,对变形要求严的地方用了悬臂桩,那么再长的土钉,再多的配筋也没有用。正确概念的确立,来源于大量的工程实践经验的积累和一定的理论功底,二者缺一不可。

(2)部分设计没有详细分析各个基坑段边坡环境条件,导致支护结构设计缺乏针对性。

①部分设计方案比较选择时,提供比选的若干支护结构类型,有的明显不合适,还进行评价,纯属浪费篇幅、时间。

②安全等级为一级深基坑以及因周边环境不明而可能存在重大隐患的深基坑,应优先采用内支撑的支护形式,不得采用土钉墙和复合土钉墙支护。

③基坑离建筑近的,尽量使用可靠度高的基坑支护方案,如排桩或桩加内支撑等。

(3)设计方案的阐述,逻辑性差,采取的结构措施理由说明不明确,或含糊不清。

(4)设计方案如果不采纳岩土勘察报告相关建议,应给出解释或理由或论证。

(5)积极主动采用新技术、新工艺,进一步提高深基坑支护设计水平。

随着南昌城市建设的迅猛发展,基坑的规模越来越大,开挖越来越深,周边环境条件越来越复杂,给基坑支护工程设计提出了许多新的挑战。然而,通过近几年基坑工程的实施,积累了许多宝贵的经验,甚至是教训。基坑工程设计应以技术先进、经济合理、安全可靠为宗旨,积极主动地采用新的技术和工艺,把基坑支护工程的设计提高到新的水平。

4.4.2 设计关键点的分析研究

有些方案设计中缺乏关键点的阐述,或阐述不到位。基坑工程设计关键点就是设计中要解决的主要矛盾,也是涉及基坑工程成败之处。如果关键点失效,是否影响到整个基坑工程安全、是否造成较大的社会影响，亦成为判断是否关键点的因素。每个基坑工程可能关键点不一样，一般包括以下几个方面：

（1）当周边环境条件对于变形控制要求严格时，基坑设计关键点就在于控制基坑开挖变形。例如对煤气管道变形控制也是一个关键点。

（2）当基坑开挖降水要求达到基坑深度，要防止因基坑周边地下水位下降产生不均匀沉降，影响周边环境时，基坑设计关键点就在于控制地下水。

（3）邻近有污水管和雨水管，要求基坑围护结构有较大的刚度，尽可能减少边坡变形，是一个设计关键点。

（4）如果地下存在比较大的承压水，控制水位水头就是一个设计关键点。

（5）基坑深度范围内存在深厚砂土层，水量丰富，设计止水帷幕也成为一个关键点。

（6）对可能出现流沙、管涌的基坑，需要制定应急预案措施，也是关键点。

（7）在深厚软黏土中的挖土方案，因为容易变形、流变、触变，应有详细的措施，确保工程桩不歪斜、不断裂，确保支护结构的安全性等，也是一个关键点。

（8）砂性土中的土钉墙支护，基坑降水的处理就是一个关键点。因降水是否成功，关系到整个工程的成败。

（9）基坑设计是否考虑到不良地质情况将对基坑安全产生影响，也是设计考虑的关键点。

4.5 计算书存在的不足

深基坑工程设计计算涉及软件使用、参数取值、计算模型和计算结果分析评价等问题。

4.5.1 软件使用

（1）部分基坑工程计算软件采用盗版软件，或者计算书采用的版本没有及时更新，有些设计采用理正 6.0 版进行计算，但实际应该采用理正 7.0 版计算。

（2）谁计算、谁校对、谁审核没有签字存档。

4.5.2 参数取值

（1）岩土参数：岩土参数直接影响计算结果，是衡量基坑安全的一项最主要指标。所以选取参数要慎之又慎。参数的选取主要依据为本基坑工程的岩土工程勘察报告所提供的数据，还有规范或手册经验提供的数据。这里存在一个可靠性、准确性的问题，必要时应根据现场的具体情况进行修正。

设计计算时存在的问题是：

①完全照抄勘察报告，没有考虑因素变化和环境重要性；或撇开勘察报告提供的参数擅自进行取值；或设计计算采用的与文字报告描述的不一致。

②没有分析土层参数取值是否合理，是否考虑土层分布的最不利状况。没有分析评价设计参数与实际效果是否达到。

③C、φ 等取值与所属《岩土工程勘查报告》不一致，或调整岩土参数未取得勘察单位的确认。

（2）其他情况：

①结构重要性系数与所采用的安全等级不一致。

②基坑支护计算书中冠梁水平侧向刚度取值缺乏依据，没有考虑加了锚杆的影响；没有考虑桩顶位移以及支护桩的配筋，计算书中没有计算列式，没有按支撑体系与排桩的空间作用协同分析方法来确定。排桩计算中冠梁刚度取值有时偏大。

③支护排桩之间间距取值过大；无腰梁、冠梁的结构计算。

④上下两排锚杆距离较小，未考虑相互影响。

⑤对基坑周边道路的荷载取值考虑不周，取值没有考虑施工期间的车辆运输路线、施工堆载等实际情况。

⑥缺少对基坑周围重要建（构）筑物的有限元分析。模拟计算中，应按实际情况模拟基坑邻近建（构）筑物的荷载、地面堆载等。

⑦计算工况时，易缺失底板、梁板浇筑后形成的刚性铰，以及支撑拆除等工况。

4.5.3 计算模型选择

（1）计算剖面选择比较随性：

①没有说明计算剖面的代表性（如应考虑软弱层厚、水位等）。

②计算剖面数量偏少，没有参考邻近的地质钻孔状况，没有考虑沿基坑边坡的地层变化、厚度变化、深度变化及周边环境条件的变化。

（2）计算剖面假设地层情况。地层标高没有对照勘察钻孔剖面进行核实。计算书中未明确选用的计算对应钻孔。

（3）对地下水的分析中，未能结合设计使用期限考虑；需要进行降水时，未进行降水计算；降水井的布设多数无降水计算；降水计算中未考虑含水层的性质（承压含水层还是潜水含水层）；降水井布置计算中水位标高取值较混乱，部分按勘察报告中的勘察期间稳定水位，部分按最高水位；坑外水位取值未考虑年变幅的影响。

（4）没有按照《建筑基坑支护技术规程》第4.2.4条的规定，仍然对悬臂式支挡结构进行隆起稳定性验算。

（5）基坑开挖或支护结构上部采用放坡时，没有按《建筑基坑支护技术规程》第5.1.1条的规定验算边坡的滑动稳定性。

（6）对水土压力计算采用分算、合算概念不清。水土合算一般适用于黏性土，当土层为砂质土和粉质土时要用水土分算；水位以下的抗剪强度参数未进行一定的折减。

（7）时常出现低级支护类型高安全等级的支护设计。由于支护结构安全等级的划分，是在对《南昌市深基坑工程支护结构方案设计文件编制与审查要点》附录A理解上，主要是"建筑物重要性"和"周边水体水力联系"，在划分的过程中依据不明确或直接给予定级，未能结合场地周边环境状况、地质条件、具体工程特性等综合考虑。

（8）计算模型与实际不符，或选用的计算模型错误。未考虑地面超载或超载偏小，或计算超载与实际不符。

4.5.4 计算结果分析

（1）对于计算结果没有进行合理、可靠性分析。对软件计算出来的结果不加分析就直接使用。例如根据专家的经验发现，对软土层计算结果和实际出入较大，可信度较差，所以在计算此类土层时对计算的参数要做调整，所以软件使用效果需要评价。

（2）锚拉式和支撑式支挡结构没有按《建筑基坑支护技术规程》第4.1.2条的规定，对基坑开挖至各层锚杆或支撑面时的状况进行结构分析，并按其中最不利作用效应进行支护结构设计。

（3）缺少基坑开挖环境影响分析内容；基坑开挖环境影响分析中未给出分析参数、采用的模型；缺少周边荷载如何施加、施加多少等信息。

（4）未能发现计算结果不能满足规范要求的，为了达到规范要求，故意修改计算结果。

4.6 支护结构选型和主要技术问题

深基坑支护方案的选择非常重要，在基坑支护工程失误事故实例中，大部分是由支护方案选择不妥造成。不少深基坑实例证明，深基坑支护方案的选择直接关系到工程造价、施工进度及周围环境的安全。

目前城市深基坑支护方法很多，而且有的方法尚在不断发展之中，每一种基坑支护都有各自的适用条件和一定的局限性。支护结构从钢板桩、地下连续墙、排桩支护到土钉、喷网锚、复合式支护体系、环形支护结构等。从简单到复杂，又从复杂到简单，基坑工程的设计和施工已取得很大进步。但深基坑支护工程涉及复杂的土质和土层条件，许多实际问题单纯依靠理论计算分析往往是难以解决的。所以要总结更多的深基坑工程经验，并采取新的技术手段来综合解决。

4.6.1 支护结构选型

基坑支护方案选型的一般原则是"技术先进、经济合理、确保基坑边坡稳定、基坑周围建筑物、道路及地下设施安全"。所以方案选型时应综合考虑工程地质和水文地质条件、基础类型、基坑开挖深度、排水条件、周边环境对基坑侧壁位移的要求、基坑周边荷载、施工季节、支护结构使用期限等因素，以及经验，做到因地制宜，合理设计。但设计中仍存在：

（1）大部分由于没有做好"设计控制关键点"的工作，没有弄清设计工作的重点，导致方案选型不够合理。

（2）缺少多方案的比选，或者在方案比选时逻辑不清、深度不足。应首先从技术可行和安全可靠出发，进行筛选，然后再从经济合理、便于施工等方面进行比选，逐次推进，择优而定。

（3）有的设计虽有方案比选，但在方案对比中，针对性、适用性差，多数无造价（有造价的也是很笼统的数字），因此，说服力、可信度差。

（4）有的设计虽然提供了比选方案，但支护方案类型基本接近，没有拉开必要的距离，导致比选效果差。

（5）支护结构选型不满足《建筑基坑支护技术规程》3.3.2要求，如对二级基坑常采用放坡方案。

（6）采用土钉或锚杆支护时，钢筋或钢管长度超过用地红线或不考虑锚杆对地下管线的影响，锚杆也没有采用可回收技术；土钉支护设计时，未考虑开挖后的边坡自稳情况。

（7）基坑较深，采用悬臂桩支护导致位移过大。采用钢板桩支护时，不考虑桩顶变形的影响，或没有控制桩顶变形的措施。能采用单排桩的却采用双排桩。

（8）有的一级基坑没有方案比选及相应比选方案的计算过程及附图。

4.6.2 主要技术问题

（1）锚杆设置是南昌地区深基坑支护结构设计常用的技术措施：锚杆支护结构在技术上是借助于锚杆以及喷射混凝土面层，使基坑与支护结构形成一个整体，相互作用，保证基坑支护的安全。但有的工程未按设计进行施工，未严格执行喷射厚度、养护标准，致使混凝土的强度难以支撑基坑支护工作；在进行土钉支护的操作处理中，没有进行二次注浆，锚杆强度的不规范削弱了基坑支护的保护功能。在锚杆施工中，没有进行必要的现场试验等，失去最终保证锚杆的强度达到设计要求的评判机会。

设计施工应注意：

①控制基坑顶部位移要求严格的基坑工程，锚杆应靠近顶部打入，且打入稳定土层一定深度或穿过稳定土层。

②预应力锚杆（锚索）的布置间距除了考虑受力满足需要外，还应考虑锚杆（锚索）的群锚效应（即不能间距太小）。对一、二级基坑首先应进行锚杆（锚索）在该土层中抗拔力进行试验，根据试验数据来设置锚杆长度、间距。

③预应力锚杆应采取二次高压注浆施工工艺，土层锚杆、土钉不应采用清水钻进成孔，设计文件对此应提出明确的要求。

④由于阳角存在两个方向的锚杆作用，地基受力复杂，稳定性变差。建议此段一定范围采用双排桩结构。

⑤靠近高层建筑的支护结构设计应考虑邻近建筑物基坑开挖产生的土体松动，或锚固拉力作用产生的对于邻近高层建筑基础稳定性的影响。

（2）水下灌注桩在施工时要控制桩底沉渣厚度，否则容易造成支护桩受力后沉降前倾。

（3）土钉墙最下道土钉距离基坑底的距离过大时，土钉着力不够。

（4）设计应充分发挥土钉墙的作用特点，土钉墙坡度应适当，可避免大开挖，减少成本。

（5）土钉支护模板墙技术除合理考虑预留位移量，确保面层平整外，关键是控制边壁变形。

（6）悬臂支护结构嵌入长度除满足计算要求外，还要满足构造要求。

（7）当基坑跨度较大，采用钢筋混凝土内支撑时，应考虑混凝土收缩变形对基坑支护的影响；采用钢结构内支撑时，应考虑钢支撑的变形影响。

4.7 图纸的完整性及表达

（1）图纸无图名、无签字、无盖章；图件比例比较随意；字体和大小的选择随意，多种字体和不同大小同时出现；图纸中的大样图尺寸和选型与文本部分不一致，或与施工图总说明不一致，或与计算书不一致，或图纸本身前后不一致。

（2）方案设计总说明内容空泛，重点不突出，无关键点说明；部分内容完全照抄别的方案设计文字内容，没有针对本基坑支护设计方案、降水方案、支护结构设计对施工提出特殊要求。

（3）环境条件平面图未重点标注建筑边坡或基坑影响范围内的各种建筑、管线等与建筑边坡或基坑之间的平面关系及尺寸。条件简单时环境平面图可与地下结构平面图合并，条件复杂时则应单独绘制。

（4）总平面图过于简单，图中没有标注基坑坡底、顶标高及其区域；未标注基坑边缘离既有建筑物、地下管线、道路等的距离；没有说明基坑坡底、坡顶线、地下室结构外边线、支护结构线、规划用地红线的标注线；基坑坡底线定位与最新结构基础施工平面图不一致，无法满足地下室及基础范围的施工要求；支护单元的划分及其长度不明确；平面图中没有支护结构剖面设计编号；平面图中出现多种线条时，未能分别说明它的含义，或者与本基坑支护设计无关的内容较多。

（5）部分总平面图与设计说明描述的环境条件，周边的房屋位置，不完全一致；没有指北针；图中控制点编号比较凌乱，缺坐标系统，一些角点没有编号以及各个控制点坐标没有标注；没有标注周边重要建筑物、管线、道路等的距离。

（6）总平面图没有考虑施工塔吊的布置、基坑土方运输通道、施工作业人员通道、基坑周边钢筋加工场地和周转材料堆场等与施工总平面布置有关的内容。

（7）很多方案因现场条件所限或结构所需，往往开挖时坑壁或者坑底结合部位出现陡坎（凸角），从表面上看这样减少了削去该阳角土方的工程量，但留下这些阳角土方不但增加了支护的复杂程度，也带来了不稳定因素。

（8）对基坑周边道路的荷载取值范围、取值没有考虑施工期间的车辆运输路线、施工堆载等实际情况。

（9）基坑剖面图未注明各分级边坡坡形、坡度、坡底地面整平标高、坡顶各单元地面标高、各级道路标高以及相应位置等；未注明邻近的建（构）筑物位置等；对基坑周边开挖深度有变化、周边条件的变化的区段无剖面图及剖面位置和剖面号。

（10）设计没有将深基坑地质条件的地层剖面按比例画在剖面图上；没有交代出一定范围内各种建（构）筑物基础、道路、管线等的用途、类型、规格、埋设标高，必要时环境剖面图及起伏比较大时应该绘制立面图。

（11）基坑剖面图中缺少坡顶护栏；缺坡顶截排水沟；剖面图未标明地层分层所参照的钻孔编号，未标明地面标高；对冠梁转角连接大样图、监测点、排水沟等大样、双排桩连梁断面图、支护桩与止水帷幕间搭接图经常遗漏；局部承台、电梯井及集水坑等支护剖面图往往遗漏。

（12）设计计算剖面偏少，没有考虑土层的变化；选择的地层剖面是否具有代表性，是否最不利状态，没有说明；施工图剖面与计算剖面有时不一致；采用多种支护（剖面）结构形式时，没有标注各支护（剖面）形式的区段划分。

（13）支护结构安全等级的划分，时常出现低支护类型高安全等级的边坡；对基坑《设计要点》附录A 理解上，主要是"建筑物重要性"和"周边水体水力联系"，在划分的过程中依据不明确或直接给出定级，未能结合场地周边环境状况、地质条件、具体工程特性等综合考虑。

（14）没有按照基坑《设计要点》在设计中明确腰梁与锚杆连接节点设计、面板中锚杆锚固设计大样图等；大样图编排比较混杂；套用其他项目大样图时，未进行相应的修改；不能正确区分钢筋符号。

（15）说明中高压旋喷桩等防渗墙工艺参数、设计要求、渗透性指标很少提供；说明中未给出预应力锚杆锁定值、抗拔标准值等。

（16）采用灌注桩支护时，桩顶标高往往直接为现有地面标高，不合理，改为低于设计地面标高 0.5~1.0 较合理，不至于影响后期场地平整；坡面开挖后，未标明坡率；支护措施未提出验收合格标准。

（17）设计缺少对地下水控制的相关描述内容；对地下水控制方式不当；有的设计不强调做抗拔试验和试开挖等要求。

（18）建议：各种平面图比例尺宜为 1∶100~1∶500，立面图及剖面图的比例尺宜为 1∶50~1∶200，节点构造图比例尺不宜小于 1∶20。

4.8 基坑的监测、安全、应急预案、检测

由于基坑设计只是一种设计思想的表达，另外计算模式、参数取值、环境条件的不完全可预测性，还有无法预料的外界影响（如震动、大雨等）都可能导致方案的失效，所以安全措施的设置很重要。基坑监测、检测是基坑工程的耳目，开挖后产生影响、效应可通过监测反映出来，作为设计效果的反馈信息，施工安全的监控信息，是非常重要的；基坑工程不确定因素多，监测对于实施信息化施工提供了手段；监测单位应科学测试，及时如实报告各项监测数据；项目各方要重视基坑的监测工作，通过监测施工过程中的土体位移、围护结构内力等指标的变化，及时发现隐患，采取相应的补救措施，确保基坑安全。对于重要的基坑工程，监测还应该提出特殊要求。

对于重要的基坑工程，监测还应该提出特殊要求。设计中存在以下问题：

（1）基坑监测方案较简单，未按照《建筑基坑工程监测技术规范》中基坑不同等级要求的监测项目进行监测，存在漏项。部分安全等级为一级的基坑和周边环境变形有限定要求的二级基坑侧壁没有根据周边环境的重要性，对变形的适应能力及土的性质等因素确定支护结构的水平变形限值，而只根据开挖深度和结构形式给出控制值和报警值。

（2）有的项目中，不同侧的基坑开挖深度和支护结构安全等级均不相同，未按分段分类给出基坑监测的不同报警值；监测项目、监测频率和报警值未能依据基坑支护等级进行区分或区分错误；变形报警值不管基坑深度多少，一律取 30mm；计算变形值已经超过报警累计值。

（3）在基坑监测方面报警值取值不规范，监测点的布置不合理，对于基坑周围的重要建构筑物以及市政道路、地下管线等，容易遗漏监测点；提供的报警值未结合计算结果及规范要求综合取值。

（4）监测项目不清晰；部分监测措施在后期监测中未出现或者无须监测的项目也列出；基坑工程监测点的布设很随意，部分监测点不能满足实际的监测需要，布置监测点没有重点。

（5）有的设计不重视巡视和人工量测的重要性、方便性及即时性；有的设计监测预报程序不全，应区分险情级别，分别上报有关单位和部门。

（6）基坑边没有设置安全护栏，有的安全护栏过低或者埋设不符合要求。

（7）基坑开挖应急方案比较简单，没有针对性。有的缺应急预案或应急预案可实施性差，缺少对杂填土及淤泥质黏性土等软土的开挖要求。

（8）缺应急管理，或者虽然有，但并没有根据支护结构类型、工程地质条件、周围环境条件以及施工时间等项目特点去分析可能出现的各种不利情况，而提出针对性的应对措施，只是泛泛而谈，并无指导意义。

（9）没有提出质量检测控制要求，或检测数量不足；对预应力锚杆没有提出抗拔试验要求等；多数设计未能以试开挖，抗拔试验后，进行最终的计算及参数设计。

（10）对于重要工程，应提出每天专人巡回目测要求。

5 深基坑工程施工部分新工艺及其技术特点

5.1 TRD 工法新技术

TRD工法又称为"深层地下水泥土连续墙工法"或"渠式切割深层搅拌地下水泥土连续墙工法",无缝水泥土墙具有极佳的止水效果,兼具挡土功能,取代地连墙、灌注桩、三轴搅拌桩(SMW工法)等围护结构,可广泛适用于地下室开挖、地铁、隧道、水库、围堰、填埋场等。

5.1.1 TRD 工法工艺简介

TRD工法在地面上垂直插入链锯型刀端口,连接刀链锯,在其侧面移动的同时,切割出沟体并注入固化液使之和原位土混合,并进行搅拌,形成等厚的水泥土地下连续墙,起到止水的功能。再插入H型钢等芯材,形成刚性挡土墙,起到挡土的功能。TRD工法示意图见图5.1-1。

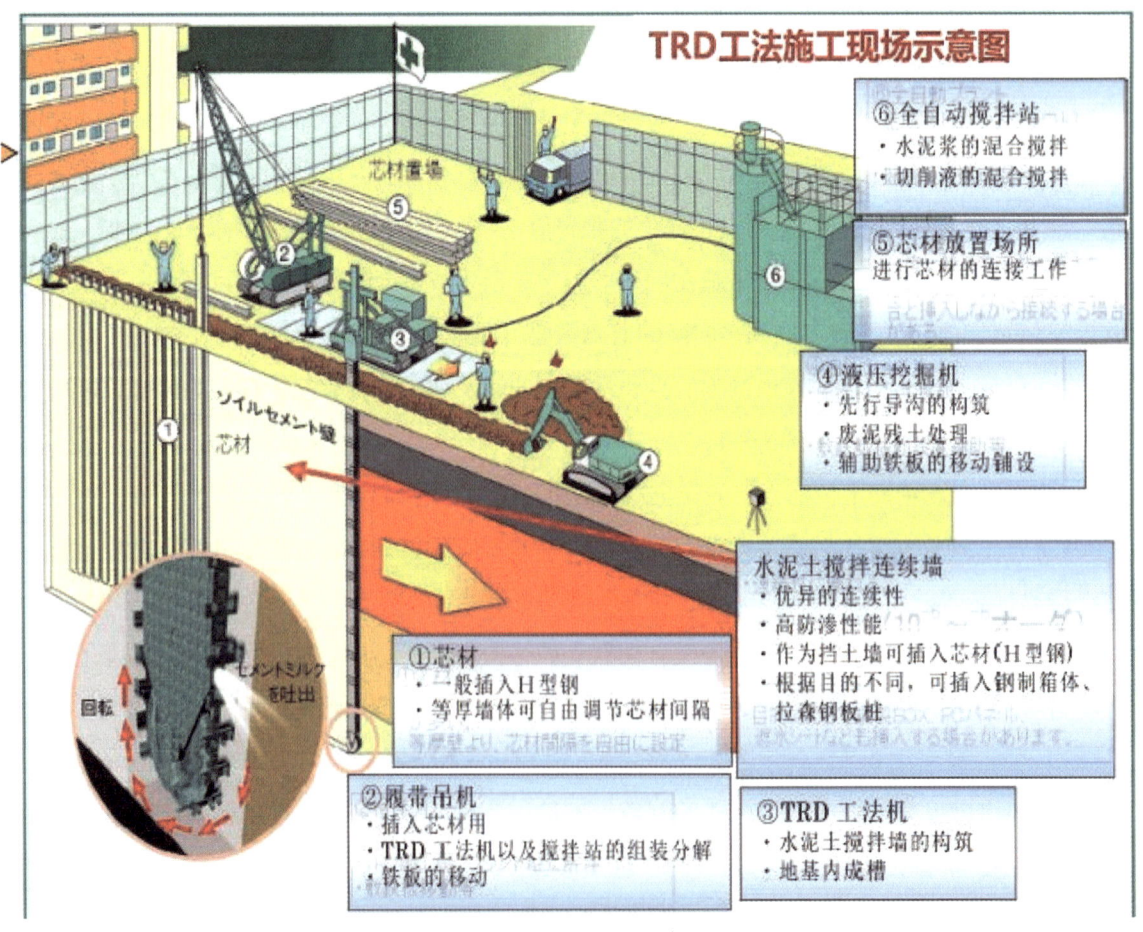

图 5.1-1 TRD 工法示意图

TRD工法施工三步施工法：第一步，横向前行时注入切割液切割，一定距离后切割终止；第二步，主机反向回切，即向相反方向移动，移动过程中链式刀具旋转，使切割土进一步混合搅拌，此工况可根据土层性质选择是否再次注入切割液；第三步，主机正向回位，箱式刀具底端注入固化液，使切割土与固化液混合搅拌。施工主要工艺流程图如下：机械组装 > 放样复核 > 桩机定位 > 打入切割箱 > 先行挖掘（注入切削液）> 回撤挖掘 > 搅拌成墙（注入固化液）> 插入H型钢 > 拔除型钢。

TRD工法施工步序见图5.1-2。

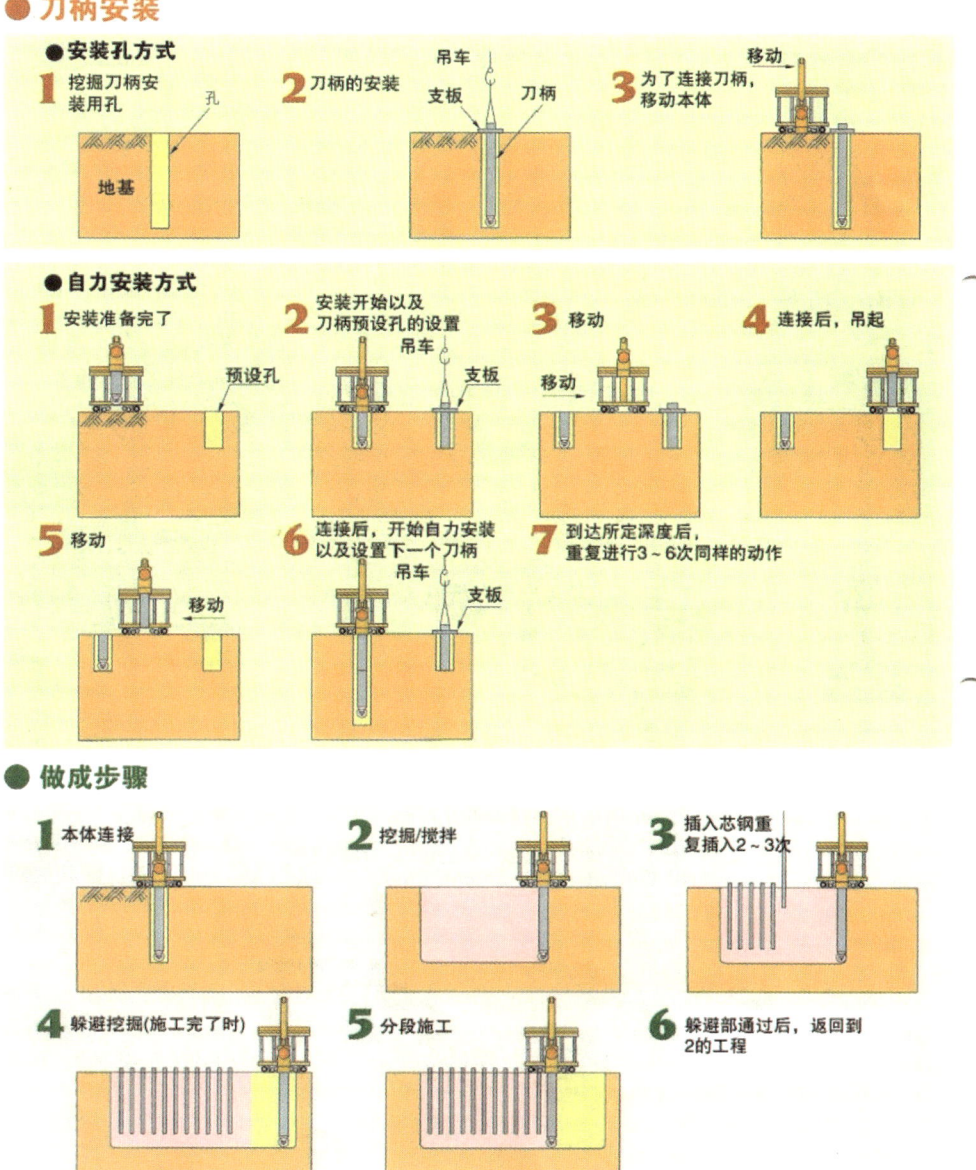

图 5.1-2 TRD 工法施工步序

5.1.2 TRD 工法技术特点

5.1.2.1 TRD工法设备特点

（1）适用范围广，整机高度仅10.1m，特别适宜架空高压线下方等高度受限部位施工；

（2）超群的设备稳定性，通过低重心设计，与其他方法相比，机械设备的高度大大降低，施工安全性提高；

（3）在水平方向和垂直方向可以进行高精度施工；

（4）连续墙深度方向的品质均一，离散性小；

（5）适应地层比较广，对硬质地层（硬土、砂卵砾石、软岩等）具有良好的挖掘能力；

（6）止水性能优异，墙体等厚，无缝连接；

（7）通过角度调节，可施工斜墙；

（8）优良的环保性能，节省材料。

5.1.2.2 与传统工艺比较

（1）TRD工法桩基设备最大高度10m，高度降低，安全增加；施工深度可达60m，能够满足超深基坑需要。

（2）相比于三轴搅拌桩（SMW工法），TRD工法是等厚的连续墙体，止水效果好（无缝、无缺陷）；相比于地连墙和灌注桩，TRD工法泥浆排放少、施工速度快（一昼夜施工10～20延米）、节约成本（造价降低20%～50%）。

三轴工法与TRD工法对比见图5.1-3。

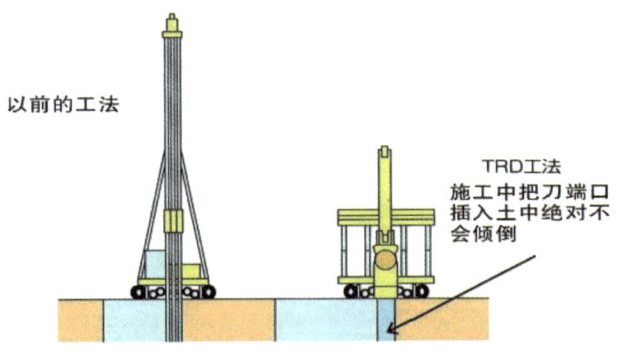
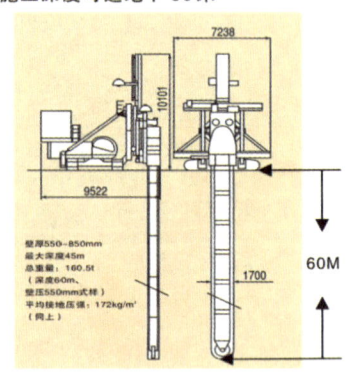
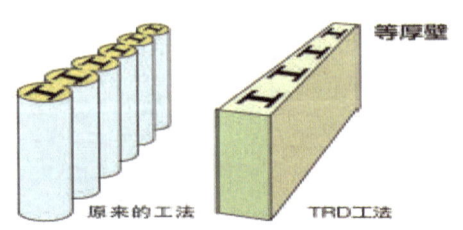

图 5.1-3 三轴工法与 TRD 工法对比

（3）喷浆搅拌方式：

TRD工法将外掺剂（水泥、膨润土等）与地基土原位搅拌（图5.1-4），无须额外设置外掺剂搅拌池，也无须对已搅拌水泥土浆取灌，减少外掺剂溢出污染。对土体充分切割搅拌，确保与外加剂均匀拌和。墙体不含土体团块，提高抗渗性。

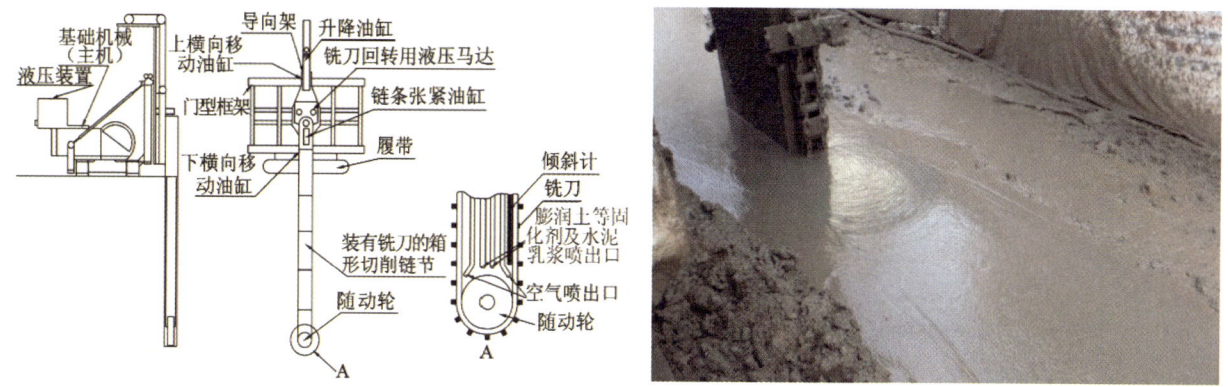

图 5.1-4 原位喷浆原位搅拌

（4）纵向均质成墙：

TRD工法采用链条沿刀具转动，带动水泥土浆上下搅拌，可保证全深度、全断面水泥土浆均匀性，绝无SMW工法的墙体分层现象（图5.1-5）。

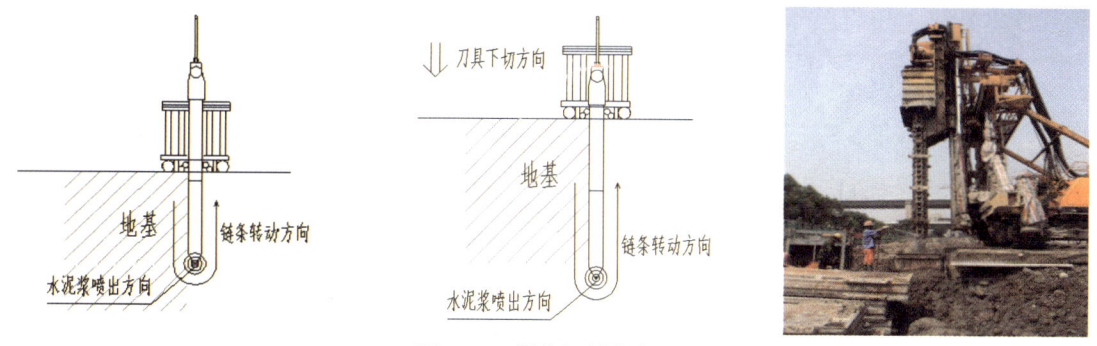

图 5.1-5 竖向切割方式

（5）横向均质成墙：

水平推进切割确保了无缝隙，无SMW工法中桩体开叉的情况，无地下连续墙常出现的接缝处漏水现象（图5.1-6）。

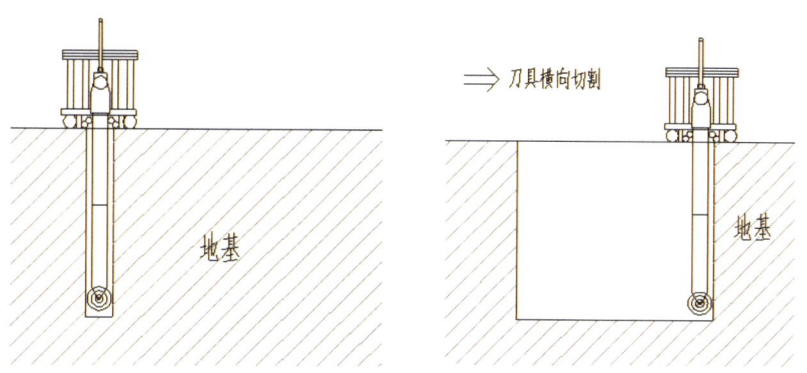

图 5.1-6 水平切割方式

（6）高精度：

实时随钻测量，全过程全自动垂直度控制，采用激光经纬仪控制墙体中心线，误差在±25mm以内（图5.1-7）。

图 5.1-7 精度高

（7）对环境影响小：

TRD施工为全地下搅拌施工，设备噪音小、振动较小，适应狭小施工空间（图5.1-8）。

图 5.1-8 适应复杂环境

（8）适应复杂地层：

TRD工法与旋挖钻机、高压旋喷桩机等设备组合施工，可适应各类复杂地层，可进入基岩，确保止水效果。TRD工法适应的地层有淤泥、黏土、粉土、砂土、砾石、卵石、强风化和中风化岩层（图5.1-9至图5.1-12）。

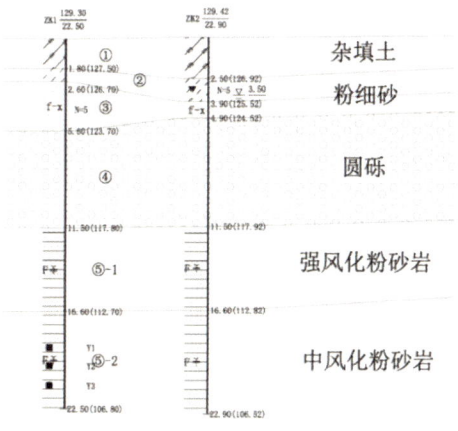

图 5.1-9 复杂地层

图 5.1-10 置换出的卵石

图 5.1-11 TRD 搅拌浆液

图 5.1-12 TRD 墙体

5.1.3 南昌地区典型案例

实例1 南昌某国际广场基坑工程

5.1.3.1 工程概况

该项目为大型购物中心，地上4层，设3层（局部两层）地下室，采用机械钻孔桩基础。基坑开挖深度15.1m（局部11.5m），平面接近长方形，长边约224m，短边约81m，周长约600m，平面面积约20000m²。

本项目场地西侧和南侧为住宅楼（27～33层，一层地下室，采用钻孔桩基础），地下室外墙与住宅楼的距离为12～20m。场地北侧和东侧为城市道路，地下室外墙往东30m外为地铁2号线盾构隧道。地下室于东北角与地铁出入口连接。

5.1.3.2 水位地质条件

地表以下11m为素填土和粉质黏土，其下依次为中砂、粗砂、砾砂、强风化砂砾岩、中风化砂砾岩等。粉质黏土层为灰黄或灰褐色，软塑至可塑，韧性和干强度中等，无摇震反应，全场均有分布。砂层饱和，稍密至中密，成分以石英和云母为主，渗透系数为0.05～0.12cm/s。砂砾岩为紫红色，粗粒结构，厚层状结构。泥质胶结，矿物成分主要有石英、长石、岩屑等，属软质岩，岩石泡水易软化，失水易干裂。对工程影响较大的地下水位赋存于砂土中的孔隙性潜水，勘探期间测得稳定地下水位埋深10.0～13.8m，地下水与赣江水力联系密切，汛期接受赣江补给且具有一定的微承压性质。

5.1.3.3 围护方案

该项目基坑工程支护方案采用850厚水泥搅拌连续墙（TRD）内插H700×300×13×24型钢兼作围护结构和止水挡土帷幕，考虑其主要土层为粗砂，桩底进入强风化粉砂岩，基坑挖深15m，TRD帷幕深22~25m（如图5.1-13、图5.1-14所示）。

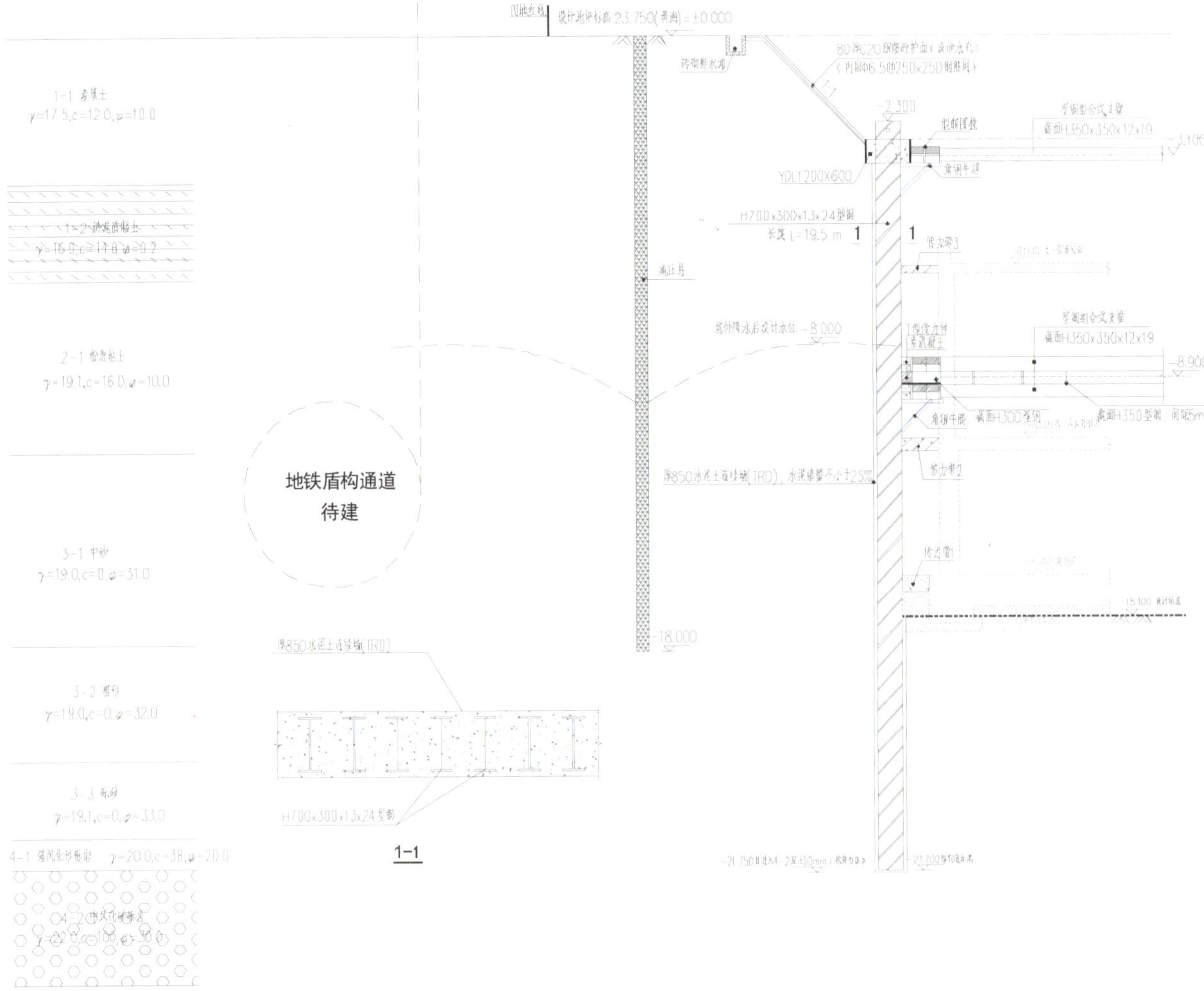

图 5.1-13 围护结构剖面图

图 5.1-14 基坑工程现场

5.1.3.4 工艺优势

（1）本项目中，TRD水泥土墙均匀等厚成墙。作为止水帷幕，渗透系数小于3×10^{-7}cm/s。本工程全周期中未出现墙体破裂漏水情况，有效起到止水作用。

（2）型钢间距600mm，使用复杂地层施工新工艺，可以使型钢围护桩底插入强风化粉砂岩，具有较高安全冗余度，基坑全寿命周期侧向位移在设计标准之内，安全可靠。

（3）全部型钢围护桩可以拔除回收，不会滞留地下形成障碍物，有利于地下空间的二次开发，对比传统钻孔灌注桩施工方法，本项目工节约土地资源达8.6%。

（4）在节能环保要求上，通过对比钢筋混凝土钻孔灌注桩工艺，TRD工法平均节能比可达32.3%、节水比可达19.3%、减排比可达37.3%（碳排放）、泥浆减排比70.6%、粉尘浓度减低比29.5%、垃圾减排比87.8%、噪声减低比52.9%、工业化率可达45.4%。施工现场整洁，符合文明施工各项要求。

案例2 某中央广场基坑工程

该中央广场项目采用TRD止水帷幕，主要土层为粗砂，桩底进入强风化粉砂岩，基坑挖深17.45m，TRD帷幕深28m（图5.1-15）。

图5.1-15 基坑工程现场

具体围护方案基本同案例1，有关内容就不再赘述。

5.2 预应力型钢组合内支撑新技术

预应力型钢组合内支撑新技术采用一种高强度的H型钢，经工厂加工形成模块化的标准件。体系由模块化组合标准件组成，根据设计要求任意组合预应力。根据基坑的不同形状及要求还可以在该体系的基础上增加月牙梁、斜抛撑和钢反拱系统，也可在局部添加混凝土支撑，以满足各类基坑支护要求。可广泛用于地下室开挖、地铁、隧道、水库、围堰、填埋场等。

5.2.1 预应力型钢组合内支撑工艺简介

预应力型钢组合内支撑所用型钢全部由工厂标准化生产的钢构件模块组合而成（如图5.2-1）。

图 5.2-1 标准化预制构件

支撑体系通过高强螺栓，依照设计图纸现场拼接而成。体系主要包括对撑、角撑、围檩和竖向立柱。具有构件重量轻、安装方便、节点可靠、受力明确等特点，可用于平面尺寸较大的基坑。对于平面形状不规则的基坑，通过设计转角非标准件亦可达到可靠的施工质量。

主要包括以下构件：高强螺栓连接件、钢围檩和预埋螺杆连接件、型钢支撑梁、钢盖板、型钢立柱与托梁、加压件等。（如图5.2-2、图5.2-3）

图 5.2-2 高强螺栓连接件、钢围檩和预埋螺杆连接件、型钢支撑梁

图 5.2-3 钢盖板、型钢立柱与托梁、加压件

5.2.1.1 施工流程

（1）施工前技术交底、场地准备；

（2）支撑安装；

（3）土方开挖；

（4）浇筑底板和楼板；

（5）支撑拆除；

（6）土方回填。

5.2.1.2 具体流程

施工准备→土方开挖至压顶梁底→牛腿、一道围檩施工（同时立柱桩施工）→浇筑压顶梁→待压顶梁条件满足后二道围檩安装→安装托座件→安装支撑梁→安装支撑→预应力施加→土方开挖→直至基坑开挖结束→施工浇筑混凝土垫层、底板、侧墙→地下室结构强度达到设计强度后拆除钢支撑及围檩→回收装配式支撑→工程结束。

5.2.2 预应力型钢组合内支撑工艺特点

型钢支撑具有以下工艺特点：

（1）完善的设计计算理论，严格的实验、检验标准，理论指导实践的方法。

（2）高精度的构件加工制作，专业化生产施工，加工、安装精度要求高。

（3）钢支撑安装、拆除方便，施工速度快，且无须养护，缩短了整个基坑的施工工期。

（4）高强度的连接方式，全刚性连接的超静定结构，刚度大，冗余性高。

（5）可通过施加预应力措施，控制围护结构的侧向变位。

（6）可回收再次利用，再利用率高达95%，减少资源浪费。

（7）施工现场整洁，施工过程噪声小，环保效果优良。钢筋砼支撑拆除噪声扰民（85～200dB）、粉尘污染环境（PM2.5为220～250）、振动影响周边建筑。钢支撑的安装与拆除均对环境无影响。（如图5.2-4、图5.2-5）

图 5.2-4 钢筋混凝土支撑拆除　　　　　　　　　图 5.2-5 型钢支撑拆除

（8）节约财务成本。

以一个项目10亿元土地成本测算，每个月的财务成本高达1千万元，每道支撑可节约工期1~2个月。

确保基坑及周边环境安全，避免不必要的纠纷和赔偿，顺利推进工程进度。

5.2.3 典型工程案例——南昌某国际广场深基坑工程

5.2.3.1 工程概况

该项目为大型购物中心，地上4层，设3层（局部两层）地下室，采用机械钻孔桩基础。基坑开挖深度15.1m（局部11.5m），平面接近长方形，长边约224m，短边约81m，周长约600m，平面面积约20000m²。

本项目场地西侧和南侧为住宅楼（27~33层，一层地下室，采用钻孔桩基础）。地下室外墙与住宅楼的距离为12~20m。场地北侧和东侧为城市道路，地下室外墙往东30m外为地铁2号线盾构隧道。地下室于东北角与地铁出入口连接。

5.2.3.2 水位地质条件

地表以下11m为素填土和粉质黏土，其下依次为中砂、粗砂、砾砂、强风化砂砾岩、中风化砂砾岩等。粉质黏土层为灰黄或灰褐色，软塑至可塑，韧性和干强度中等，无摇震反应，全场均有分布。砂层饱和，稍密至中密，成分以石英和云母为主，渗透系数为0.05~0.12cm/s。砂砾岩为紫红色，粗粒结构，厚层状结构。泥质胶结，矿物成分主要有石英、长石、岩屑等，属软质岩，岩石泡水易软化，失水易干裂。对工程影响较大的地下水位赋存于砂土中的孔隙性潜水，勘探期间测得稳定地下水位埋深10.0~13.8m，地下水与赣江水力联系密切，汛期接受赣江补给且具有一定的微承压性质。

5.2.3.3 型钢支撑方案

基坑支撑方案采用两道预应力型钢组合支撑，局部采用部分混凝土对撑。第一道钢支撑采用单拼形式，第二道钢支撑采用双拼形式（图5.2-6）。

第一道支撑中心标高为-3.100（相对标高），第二道支撑中心标高为-8.900（相对标高），支撑杆件和型钢立柱采用H350×350×12×19型钢，型钢围檩采用双拼H400×400×13×21型钢，连接立柱的横梁及支撑间拉梁均为H300×300×10×15型钢。

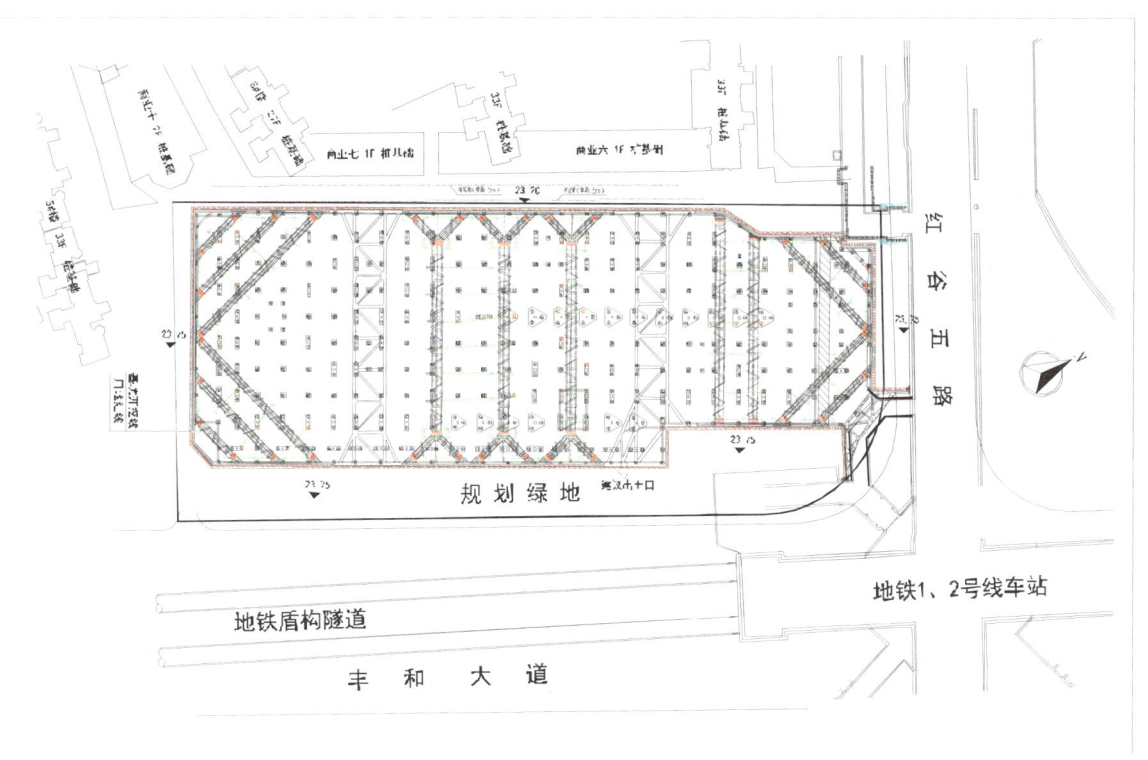

图 5.2-6 南昌某国际广场项目支护设计总平面图

5.2.3.4 施工与监测

现已完成部分底板浇筑,全过程监测指标正常,基坑处于安全状态,未出现险情(图5.2-7、图5.2-8)。

图 5.2-7 现场全貌图(一)

图 5.2-8 现场全貌图（二）

5.2.3.5 工艺优势

（1）本项目中，型钢支撑可充分适应大面积基坑，对撑梁跨度可达80m。各节点均采用高强螺栓连接，实现全支撑体系刚性连接，保证支撑体系具有较高的安全冗余度。

（2）全部支撑安装为现场拼装，无须混凝土支撑的养护时间。对比本工程的混凝土支撑施工组织方案，型钢支撑总共可节省约6个月时间，从而可大量节约财务成本。

（3）全部型钢支撑可以回收拆除，且不会造成粉尘、建筑垃圾、噪声污染，节约大量垃圾处理费用。对比混凝土支撑方案，通过理论计算，平均节能比可达32.3%、节水比可达19.3%、减排比可达37.3%（碳排放）、粉尘浓度减低比29.5%、垃圾减排比87.8%、噪声减低比52.9%、工业化率可达45.4%。施工现场整洁，符合文明施工各项要求。

5.3 一种新型桩体——混凝土综合作用桩

5.3.1 混凝土综合作用桩技术简介

（1）混凝土综合作用桩的出现，有效地解决了现有桩基技术中因钢筋混凝土桩体无法同时具有较高抗压性、抗拔性和抗裂性，当遇到抗拔要求较高的情况时，只能大量增加含钢量及额外增设抗拔桩或抗拔锚杆，且不能解决砼抗裂问题。而综合作用桩则顺利解决了这一系列问题，同时可节省大量投资和钢材。

（2）混凝土综合作用桩是在多年工程施工实践的基础上，不断进行总结与研究，开发出的一种同时具有较高抗压性、抗拔和抗裂性能的砼综合作用桩。于 2014 年通过技术审查，先后获得国家发明和实用新型专利。

（3）将混凝土综合作用桩用作支护结构，不但可达到有效控制挡墙位移或减小桩径的作用，同时可大量节省含钢量，且可达到支护结构与主体结构相结合的综合作用。

（4）混凝土综合作用桩由混凝土桩体、预应力筋、承载结构（冠梁或承台）、混凝土垫层、薄钢管、固定部件、装拉锚固件、构造钢筋笼、径向突出部分组成（详见图 5.3-1）。

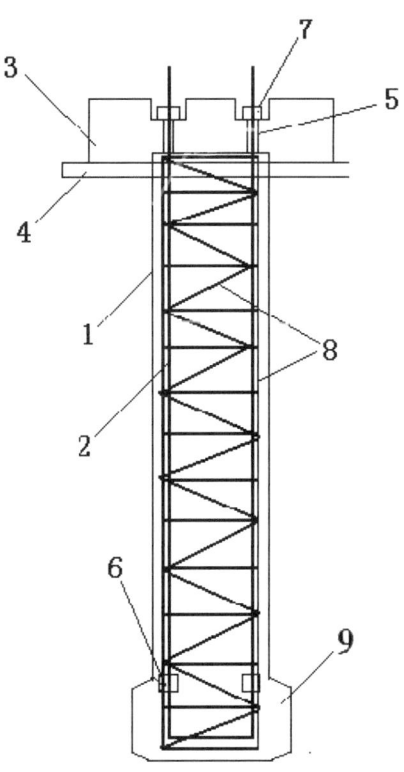

1.混凝土桩体；2.预应力筋；3.承载结构（冠梁或承台）；4.混凝土垫层；5.薄钢管；6.固定部件；7.装拉锚固件；8.构造钢筋笼；9.径向突出部分

图 5.3-1 混凝土混合作用桩构造组成

5.3.2 混凝土综合作用桩工艺特点

5.3.2.1 构造特点

(1)混凝土综合作用桩承载结构设于混凝土桩体顶端,钢筋笼和预应力筋埋设于桩体内,预应力筋均沿混凝土桩体轴向均匀布置在钢筋笼内,靠近桩体底端的一端固定于钢筋笼。

(2)整根预应力筋除锚入混凝土桩体部分外,其余部分均附着有隔离层与混凝土桩体之间隔开,处于无黏结状态。

(3)在桩体混凝土达到设计龄期后,预应力筋的另一端通过拉张设备将其张拉、锁定于承载结构。

5.3.2.2 技术特点

(1)混凝土综合作用桩通过现场灌注的方式进行浇注成桩,在承受正常的抗压作用外,还可以大大增加桩体在土壤内部的抗拔性能。

(2)采用后张法使承载结构端预应力筋处于拉张状态,从而通过承载结构实现对混凝土桩体的压缩,使得桩体具有抗弯、抗拉、抗裂性能。在以水平受力的基坑支护工程中,增加桩体的抗弯强度,能有效地控制基坑位移。

(3)桩体径向突出部可以增大土壤对桩体的摩擦力,从而增大对桩体上浮的阻力,进而增强桩体的抗浮与抗拔作用,且可彻底满足桩体砼的抗裂要求。

5.3.3 典型基坑工程案例

5.3.3.1 工程概述

南昌市某商住型综合楼深基坑支护工程,项目地址位于南昌市红谷滩新区,根据场地勘察报告揭示,地层自上而下为杂填土、粉质黏土、中砂、砾砂、强风化粉砂岩。根据建筑结构设计图及场地整平后标高,确定基坑开挖深度7.6~8.9m。采用"锚拉式支挡构造"支护结构,其中排桩设计采用ϕ800@1200"混凝土综合作用桩",桩底端进入强风化粉砂岩。(具体排桩设计结构样式详见图5.3-2)

5.3.3.2 施工阶段照片

施工阶段照片如图5.3-3至图5.3-6所示。

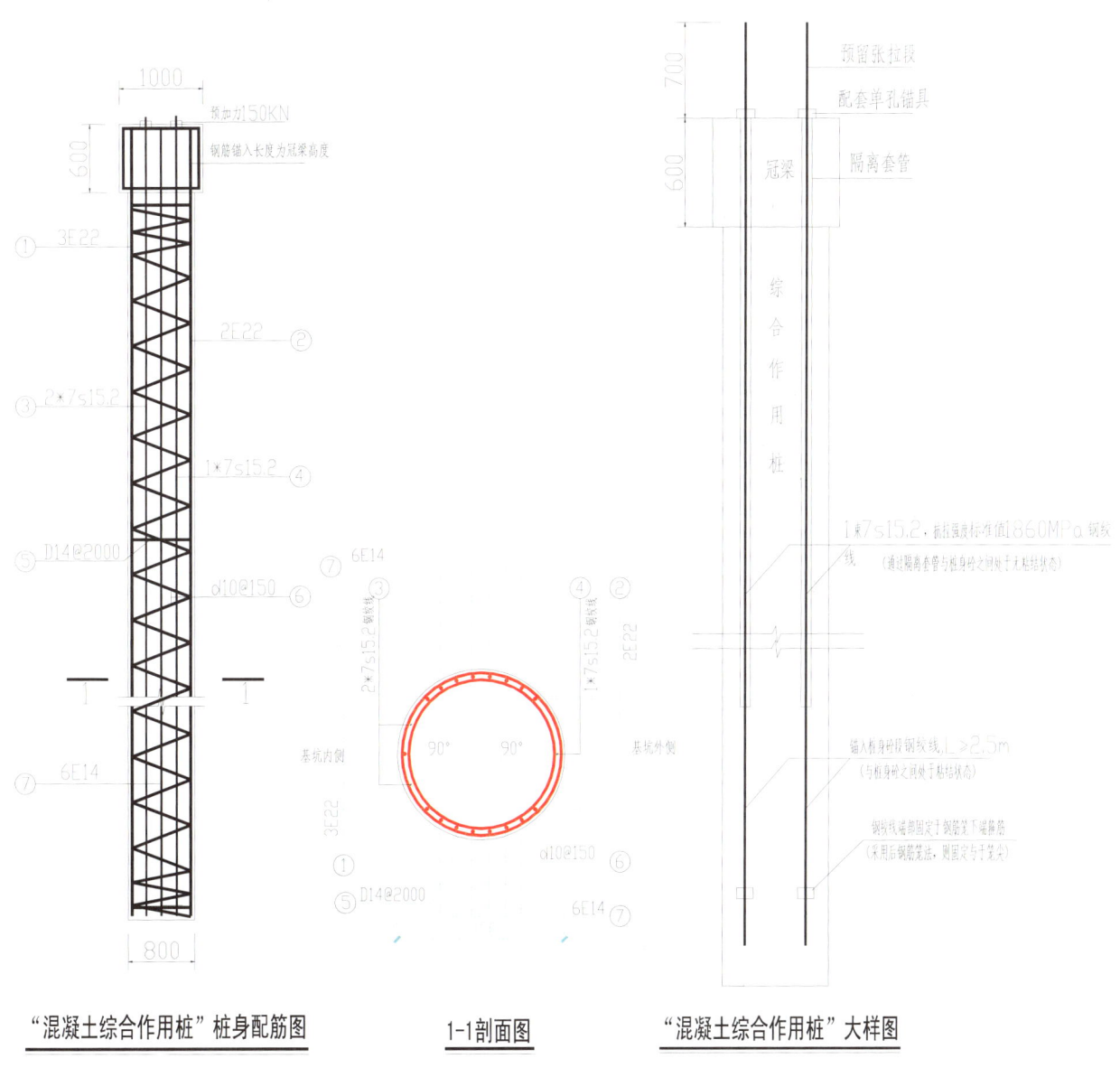

图 5.3-2 排桩设计结构样式

 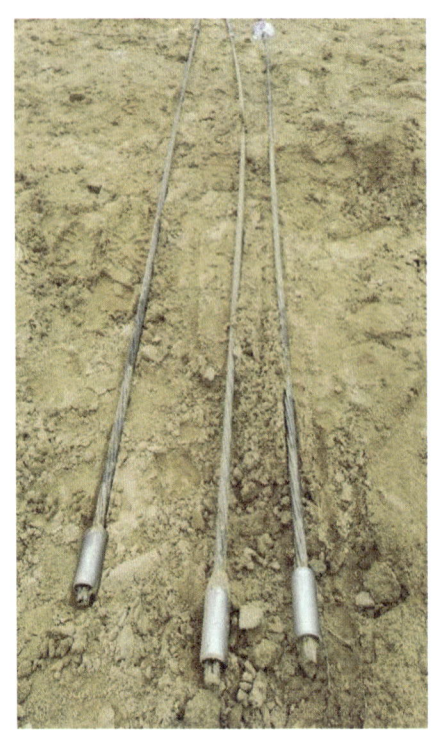

图 5.3-3 "预应力筋"成品　　　　图 5.3-4 "预应力筋"锚入桩底端部分

图 5.3-5 "混凝土综合作用桩"钢筋笼制造安装过程

图 5.3-6 "混凝土综合作用桩"施工过程

5.4 创新的 OQM-d 型可回收锚索技术

5.4.1 OQM-d 型可回收锚索技术简介

OQM-d 型可回收锚索是一种创新型力学式回收锚索技术，具有安全快速、工人劳动强度低、易用性、回收率高达 100%等特点，同时回收的钢绞线能重复使用，起到充分利用资源、高效环保的优点，弥补了早期可回收锚索的不足，居于国内领先技术，被广泛地应用在深基坑支护工程中，尤其是在因基坑周边用地红线约束，造成锚索使用受限制的工程中。

5.4.1.1 应用前景

OQM-d 型可回收预应力锚索技术突破了现有锚索在支护应用中所存在的技术瓶颈（很多城市因锚索埋藏于地下，形成障碍物而影响相邻建（构）筑物的施工，故明令禁止），填补了可回收锚索在实际工程应用的空白。目前在江西已应用于多个大型深基坑工程中。而扩大头可回收预应力锚索技术不仅具备工人劳动强度低、钢绞线回收率达 100%且能多次重复利用、地下遗留物占用空间少等一系列特点，同时还具有地层适应性能强、单锚抗拔承载力高、受荷后位移小、单位承载力造价低的优势，具有广阔的应用前景以及显著的经济效益和社会效益。

5.4.1.2 主要构件组成

主要构件有承载体、连接头、塑料管（隔离套管）、钢绞线（详见图 5.4-1）。

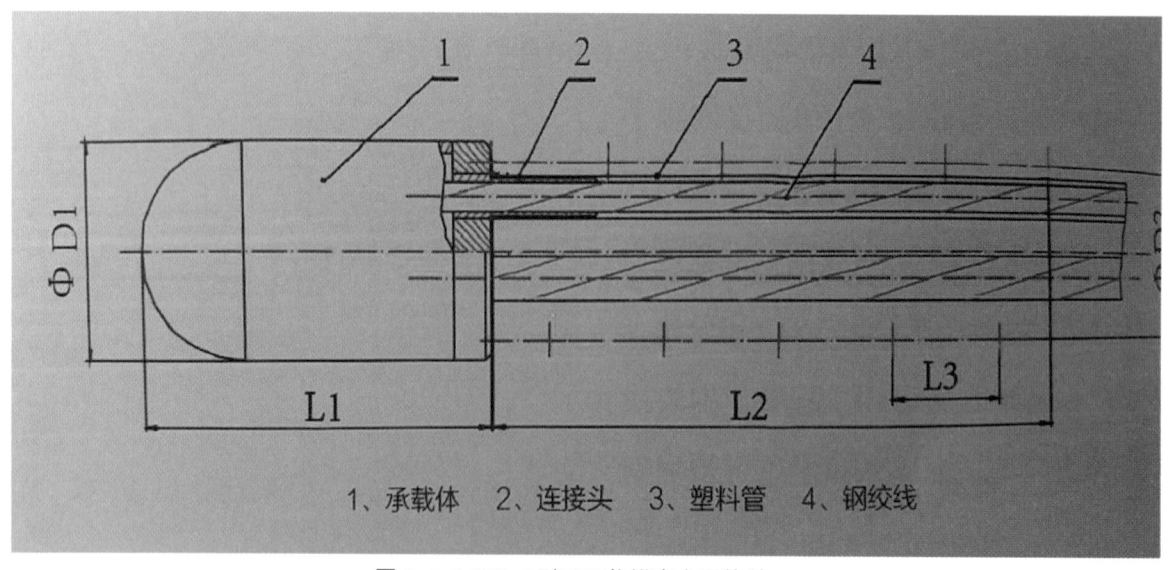

图 5.4-1 QQM-d 型可回收锚索主要构件

5.4.1.3 构造特点

（1）在作为杆体的钢绞线中增设了一根不受力的钢绞线作为活动索（又称拆芯索）。

（2）作为杆体的钢绞线（含活动索）均外套通长隔离管，全长处于无黏结状态。

（3）承载体端部设计为圆锥形，有利于锚索顺利置入孔底。

5.4.1.4 回收原理

OQM-d型可回收预应力锚索是一种新型力学式回收锚索,其回收原理与国内普遍采用挤压套作为锚固体的传统力学式回收锚索不同。传统力学式收锚索回收时通过施加超过挤压套的握裹力使钢绞线逐一被强行拉出,从而达到回收目的。此种力学式收锚索存在回收所需拉应力较大,无形中增加了回收难度、钢绞线的回收利用率低(可重复使用率约25%)等弊端。OQM-d型可回收预应力锚索在作为杆体的钢绞线中增设了一根不受力的活动索(又称拆芯索),回收时先将活动索拆卸抽出,以改变其余受荷载钢绞线与端部承载体之间的受力状态,然后只需提供50kN左右的拉力把钢绞线抽出20cm,就可以人工用手轻松将剩余钢绞线抽出进行逐一拆卸,从而达到100%整体回收的效果。

5.4.2 OQM-d型可回收锚索技术特点

(1)承载力大、施工快捷。OQM-d型可回收锚索杆体采用抗拉强度标准值1860MPa及以下级别的$\phi 12.7$、$\phi 15.2$钢绞线制作,按其受力类型为端承型锚索,可充分发挥材料抗性。

(2)回收作业面要求低。锚索与外墙间净间距不小于80cm即可满足需求。

(3)易回收、回收可靠性强。不需采用专业回收设备,只需用常见OQM240QX千斤顶提供较小的力将钢绞线抽出后,就可以人工用手轻松将钢绞线拉出,从而大大降低了工人劳动强度,回收率可达100%。

(4)资源利用充分,高效环保。回收的钢绞线经过处理还可重复使用2~3次,回收完成后只有107mm(宽)×179mm(长)金属承载体埋于地下,从而减少了对地下的污染。

(5)扩大头可回收预应力锚索。该技术是建立在扩大头锚索和可回收锚索两项技术基础上衍生出的一种新型岩土锚固技术。锚索可根据设计需求,通过相应的工艺局部增大锚固段直径,其承载力由等直径锚固段侧壁与锚固土层的摩擦力、扩大头锚固段侧壁与锚固土层的摩阻力和扩大头变截面处所受土体的正压力三部分组成,故可大量增加锚索的抗拔力(用满索的抗拉强度),属端压为主,摩擦为辅的复合型锚杆,故可最大化利用钢绞线本身的抗拉强度,从而提高锚索单位抗拔力、减小锚索位移,同时又可满足锚索在达到设计使用期后回收的要求。其技术性能参数见表5.4-1。

表5.4-1 OQM-d可回收预应力锚索技术性能参数

型号规格	钢绞线根数	孔径(mm)			承载体(mm)		抗拔承载力(kN)
		成孔直径	扩孔直径	扩孔深度	D1	L1	
QDM-d15-2	1+1	150~200	300~700	2000~8000	107~180	179	200
QDM-d15-3	2+1						400
QDM-d15-4	3+1						600
QDM-d15-5	4+1						800
QDM-d15-6	5+1						1000
QDM-d15-7	6+1	180~200					1200

备注:1.以上规格中的锚索数量中+1为不受力回收索;2.套管成孔,不采用扩大孔。

(6)可回收锚索设计图与实际案例中应用图片如图5.4-2所示。

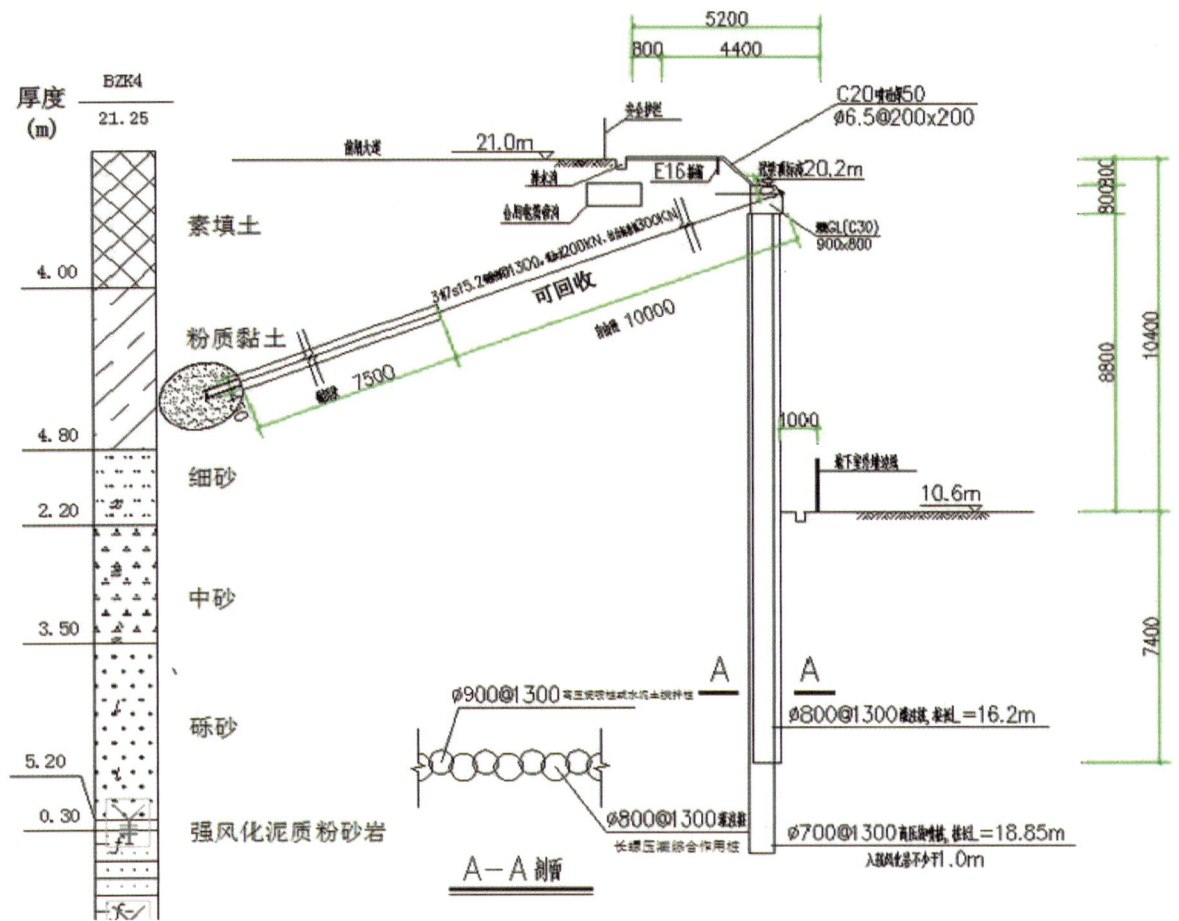

图 5.4-2 可回收锚索设计剖面图

5.4.3 实际案例中的应用

5.4.3.1 工程概述

本项技术已在全国多个城市采用,我市(南昌市)于 2015 年在多个项目的基坑支护设计施工中成功采用,如某生鲜超市综合楼项目、招商银行某招银大厦项目等。

某生鲜超市综合楼项目位于南昌市灌婴路与月池路交叉处东北角,地下室 2 层,基坑最大开挖深度 10.25m,采用"锚拉式支挡构造"支护结构,两道锚索均采用可回收锚索。(支护剖面详见图 5.4-3)

招商银行某招银大厦项目位于南昌市碟子湖大道与会展路交叉处东北角,地下室 2 层,基坑最大开挖深度 11.50m,采用"锚拉式支挡构造"支护结构,两道锚索均采用可回收锚索。(支护剖面详见图 5.4-4)

5.4.3.2 施工阶段照片(安装、成孔与注浆、张拉锁定、工后、回收)

施工阶段照片如图 5.4-5 至图 5.4-8 所示。

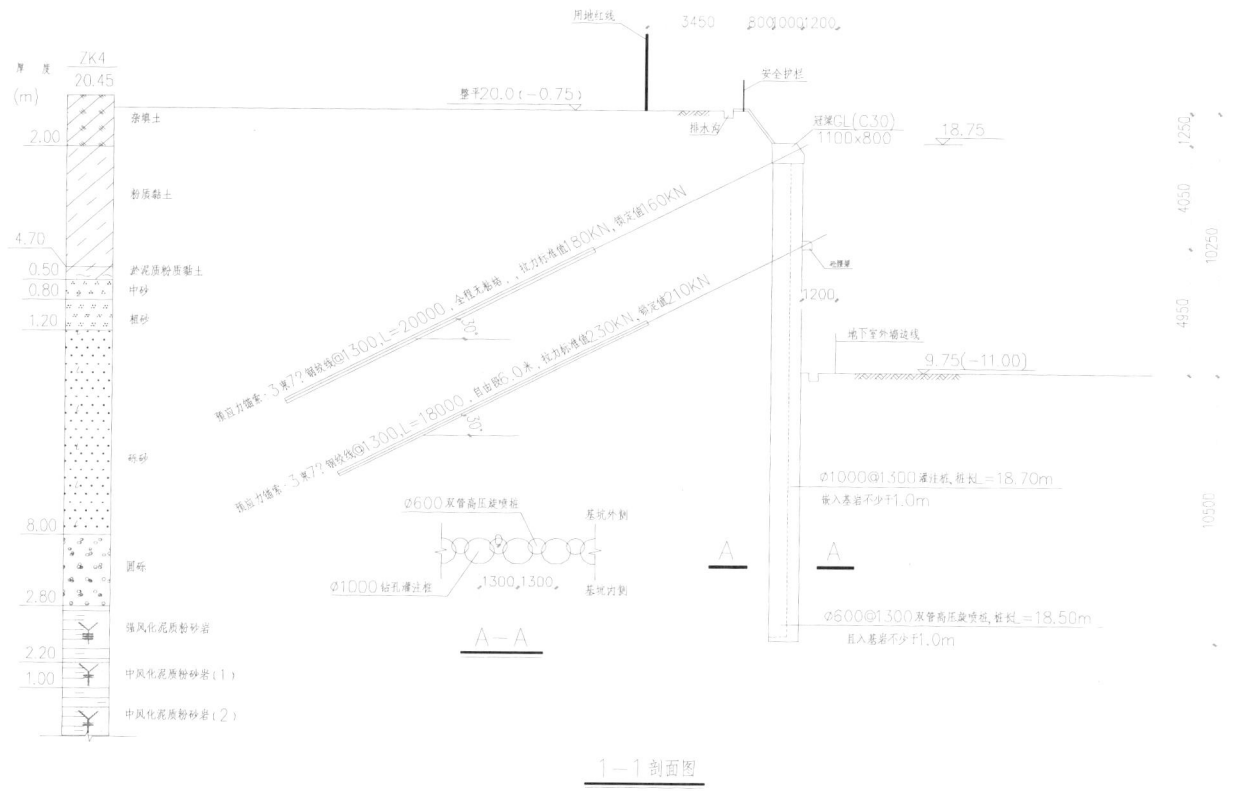

图 5.4-3 某生鲜超市综合楼支护剖面图

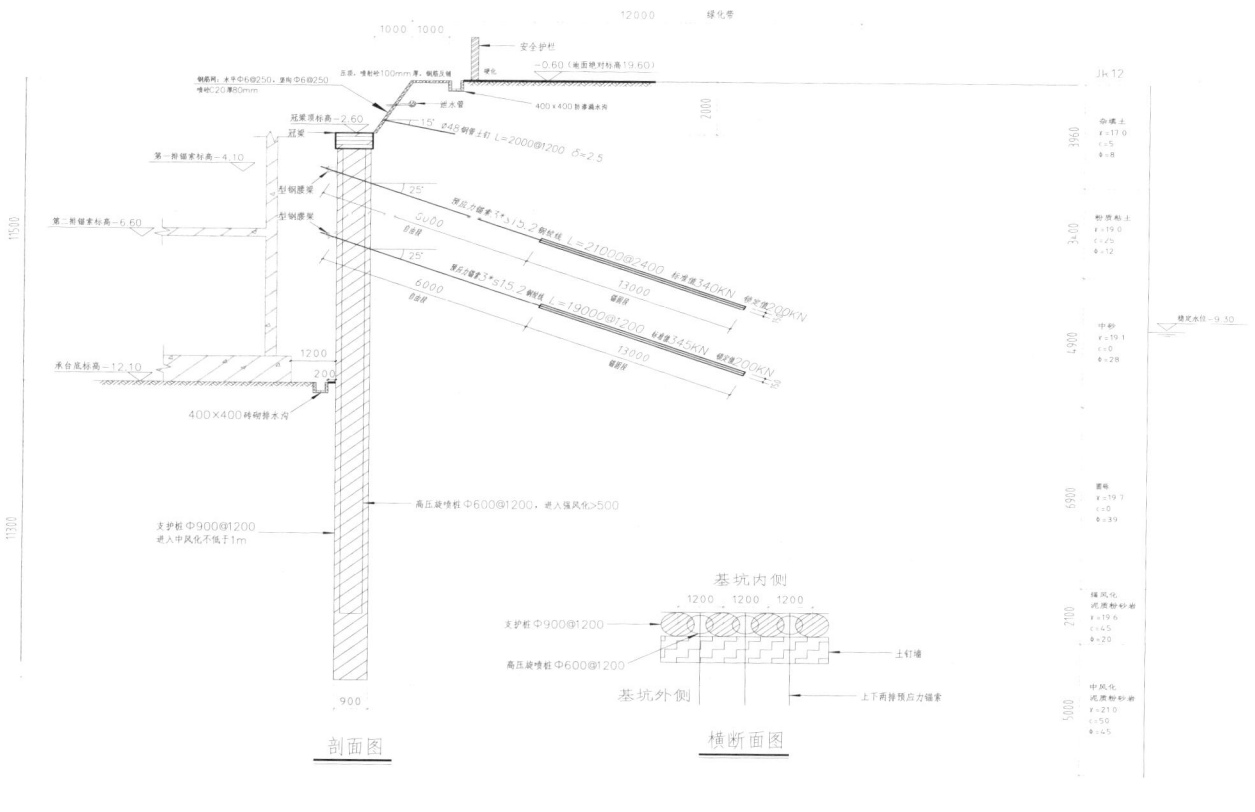

图 5.4-4 招商银行某招银大厦支护剖面图

图 5.4-5 可回收锚索现场安装

图 5.4-6 可回收锚索现场施工及张拉锁定

图 5.4-7 施工后效果图

图 5.4-8 回收现场图

5.5 CSM双轮铣水泥土连续墙工法

5.5.1 工艺简介

CSM工法是一种新型、高效、环保的等厚度水泥土搅拌墙施工技术,又称双轮铣深层搅拌技术,是英文Cutter Soil Mixing的缩写。该技术从地下连续墙液压铣槽机的施工原理发展而来的。其主要原理是通过钻杆下端的一对液压铣轮,对原地层进行铣、销、搅拌,同时掺入水泥浆固化液,与被打碎的原地基土充分搅拌混合后,形成具有一定强度和具有良好止水性能的水泥土连续墙。

CSM工法的原理是靠一对铣轮,对原地基土进行铣削,因而比传统工法更能适用多种复杂地层,尤其是标贯高或强度较高的地层或软岩。本工法源自宝峨双轮铣技术,与其他深搅工法相比,更适用于较坚硬的地层。针对不同地层可更换不同的钻头。CSM工法主要应用于稳定软弱和松散土层,砂性与黏性土均可使用。

因CSM入岩能力强,成桩质量高,且置换率低,对周边环境影响小,适用于在毗邻重要建筑、管线、航道等建构筑物且富含饱和地下水、地质条件差的区域进行深基坑开挖需进行超深隔断承压水的施工工程,更适合江西地层特点。

可无间距限制进行内插型钢施工,故可代替排桩进行作为部分深基坑的基坑支护结构。

可用于地下连续墙槽壁加固工程。可用于污水、废水处理厂等须彻底封闭隔断地下水等类似工程中。

5.5.2 工法工艺特点

超深基坑越来越多,环保要求日益严格,传统的水泥土搅拌墙施工工艺暴露出一些缺陷和矛盾:传统搅拌桩虽然经济性强,但施工深度受限制(一般不超过30m)、入岩钻进困难、垂直度、止水效果与成墙品质等施工质量并非最理想。且传统搅拌桩均存在大量的水泥置换土,给环境造成影响。

为解决上述矛盾,引进CSM工法作为补充和完善,大面积普及后替代传统搅拌桩。

5.5.2.1 CSM工法入岩能力强

CSM入岩能力强、工效高,采用铣削搅三位一体实现一种机型既可穿过复杂地层(如砾石、卵石)施工,也可使墙体入岩,特别是入岩成墙和穿砾、卵石层成墙;做到一机一序(成墙)一步到位。更换不同类型的刀具(图5.5-1、图5.5-2)辅以高压气体的升扬置换作用,减小机具在掘进过程中的摩阻力,便于在淤泥、黏土、砂、砾石、卵石及强风化的岩石中开挖。钻进效率高,在松散地层中钻进效率20~40m^3/h,在强风化岩石中钻进效率为2m^3/h左右,特别适合江西地层特点。

5.5.2.2 CSM工法成墙品质高

与传统搅拌桩相比接头更少,同时由于可对原墙体进行完全的铣削,能够完全避免因施工冷缝带来的漏水风险(图5.5-3至图5.5-5)。

图 5.5-1 不同型号齿轮（一）

图 5.5-2 不同型号齿轮（二）

图 5.5-3 CSM 深度约 58m

图 5.5-4 双轮铣深搅开挖展示　　　　　图 5.5-5 细部展示

5.5.2.3 CSM工法垂直度有保证

CSM（双轮铣深搅）安装了用于采集各类数据的传感器，操作人员可以通过触摸屏，控制挺杆的垂直度，调整铣头的姿态，并调整铣头的下降速度，从而有效地控制了槽孔的垂直度。

工法的施工参数控制主要显示于钻机的操作手监视器：获取和控制施工参数，通过转速、压力等的调整达到自动纠偏（图5.5-6）。

相比传统搅拌桩机械，数控系统及参数化使得施工更精确，操作更简化，垂直度有保证。

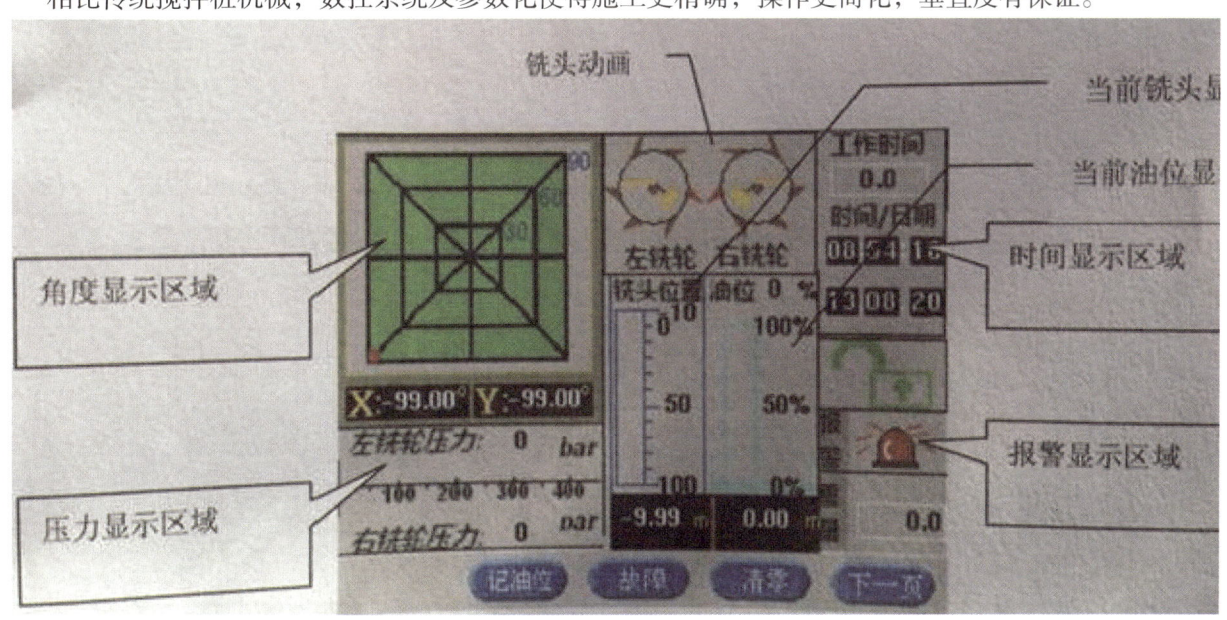

图 5.5-6 显示屏说明

5.5.2.4 施工工效高、施工中无震动、安全性良好

单幅成墙2.8m，施工效率比传统止水帷幕施工提高一倍以上（表5.5-1、见图5.5-7），且CSM设备运转灵活，施工无死角，操作方便。由于铣头及驱动均在钻具底端（施工时进入削掘沟内对周边的噪音及振动非常小），设备整体重心低，安全性高。

表 5.5-1 施工效率对比

对比	CSM工法	三轴搅拌桩	TRD工法
每天施工延长米 （以深度30~40m为例）	30~40m/天	15~20m/天	8~10m/天
转角施工	无影响	无影响	5~7天
砂卵砾石层	可施工	无法施工	可施工
软岩	效率最高	无法施工	效率低，入岩浅

5.5.2.5 绿色环保，置换率低

通过江西多个工地实践施工，其置换土在10%~15%，大大节约了堆放置换土的场地，同时减少了置换外运难的问题（图5.5-8）。

同一工地中双轮铣深搅与三轴搅拌的比较

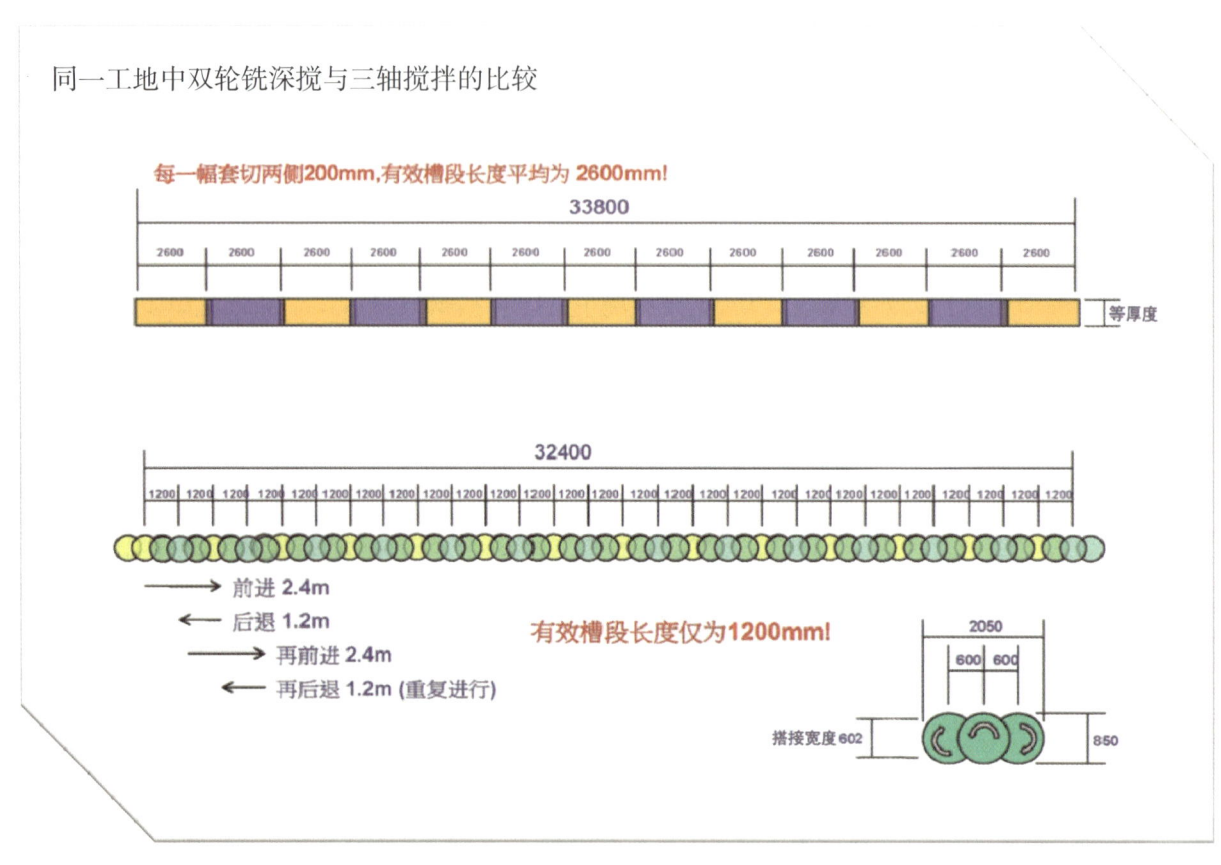

图 5.5-7 CSM 与三轴施工对比

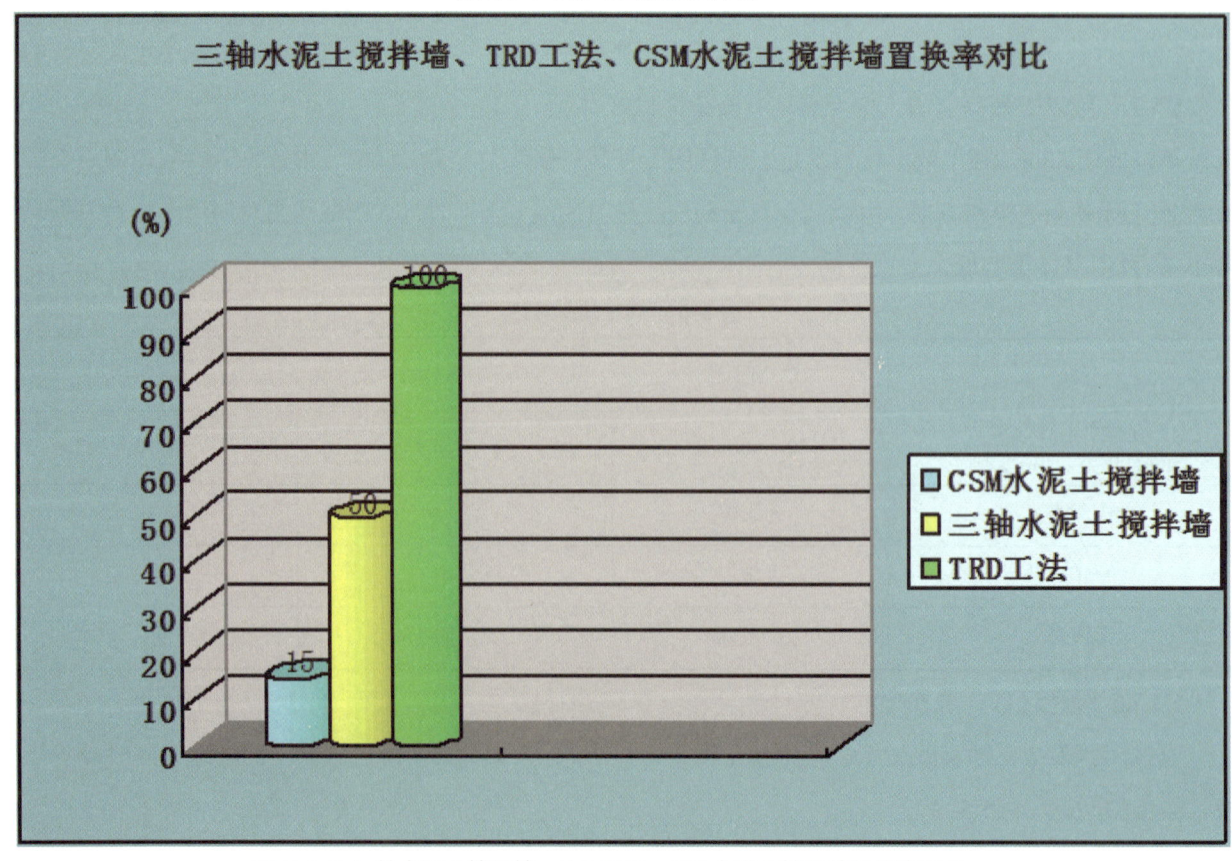

图 5.5-8 三轴水泥土搅拌墙、TRD 工法、CSM 水泥土搅拌墙置换率对比

5.5.3 典型基坑工程案例

案例1 江西上饶某广场深基坑工程

（1）工程概况：

本项目位于上饶市信州新区信江边，南靠滨江西路，距离信江仅50m，北邻规划中龙潭路，西靠广信大道（图5.5-9）。基坑周长约1139m，基坑面积约4.3万m²，基坑挖深10.33~12.53m，一层与二层地库高差部位4.85~5.68m。

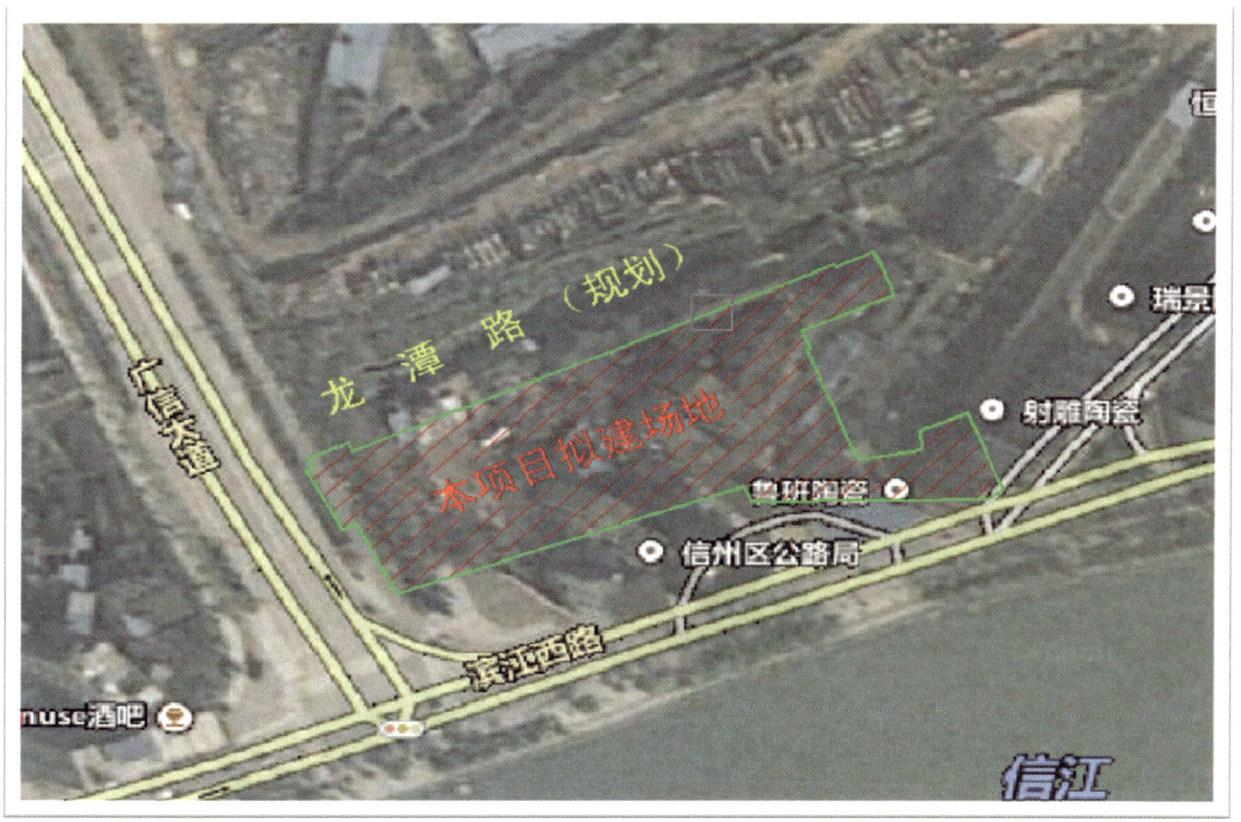

图 5.5-9 基坑工程位置示意图

表 5.5-2 各岩土层物理力学指标一览表

土层编号	土层名称	土层厚度	土层特性	CSM施工深度示意	
				地下二层区域	高低差区域
①	杂填土	1.9米	杂色，松散～稍密，硬质物的含量约为50～70%；主要由建筑垃圾、生活垃圾及少量粘性土等组成，新近回填。		
②₄	卵石	6.5米	浅黄色、浅灰白色，中粗砂充填，局部夹漂石；中密～密实，饱和，粒径大于20mm颗粒含量约为50～75%，最大粒径约20cm，颗粒多呈亚圆形，颗粒母岩成分成分主要为长石、石英，分选性较差。		
③₁	强风化粉砂岩	3.0米	紫红色，局部泥质胶结；岩体极破碎，岩芯呈碎屑状，少量呈碎块状，碎块岩芯用手较易折断，泡水易软化、暴晒易干裂，属极软岩，岩体基本质量等级为V级。强度2Mpa。		
③₂	中风化粉砂岩	9.0米	紫红色，局部泥质胶结；层状结构，泥质胶结；岩体较破碎～较完整，岩芯多呈柱状，各钻探回次RQD=70%～85%，局部呈碎块状、短柱状，岩芯暴晒易干裂；属极软岩，岩体基本质量等级为V级。强度10Mpa	CSM成墙宽度850，成墙深度约16米，需进入中风化不少于30cm。	CSM成墙宽度700，成墙深度约9米，需进入中风化不少于30cm。

（2）围护设计方案：

工程主要有两大难点：

①水位高、水量丰富、止水难度大。

本工程6米厚的卵砾石层（粒径大于20mm颗粒含量为50%～65%，最大粒径约150mm），透水性强与信江联动（渗透系数5.01×10^{-2}），对止水要求较高。

②围护体系需嵌岩，施工难度大

本工程岩层较浅，基坑下3m左右为强风化砂岩岩层（单轴抗压强度2MPa），其次为中风化砂岩岩（单轴抗压强度10MPa），围护体系需进入中风化岩层中。围护结构平面图见图5.5-10，典型剖面图见图5.5-11。

经过各种方案比较后：设计主要的围护形式为CSM工法桩+锚索，高差部位为悬臂CSM工法桩。

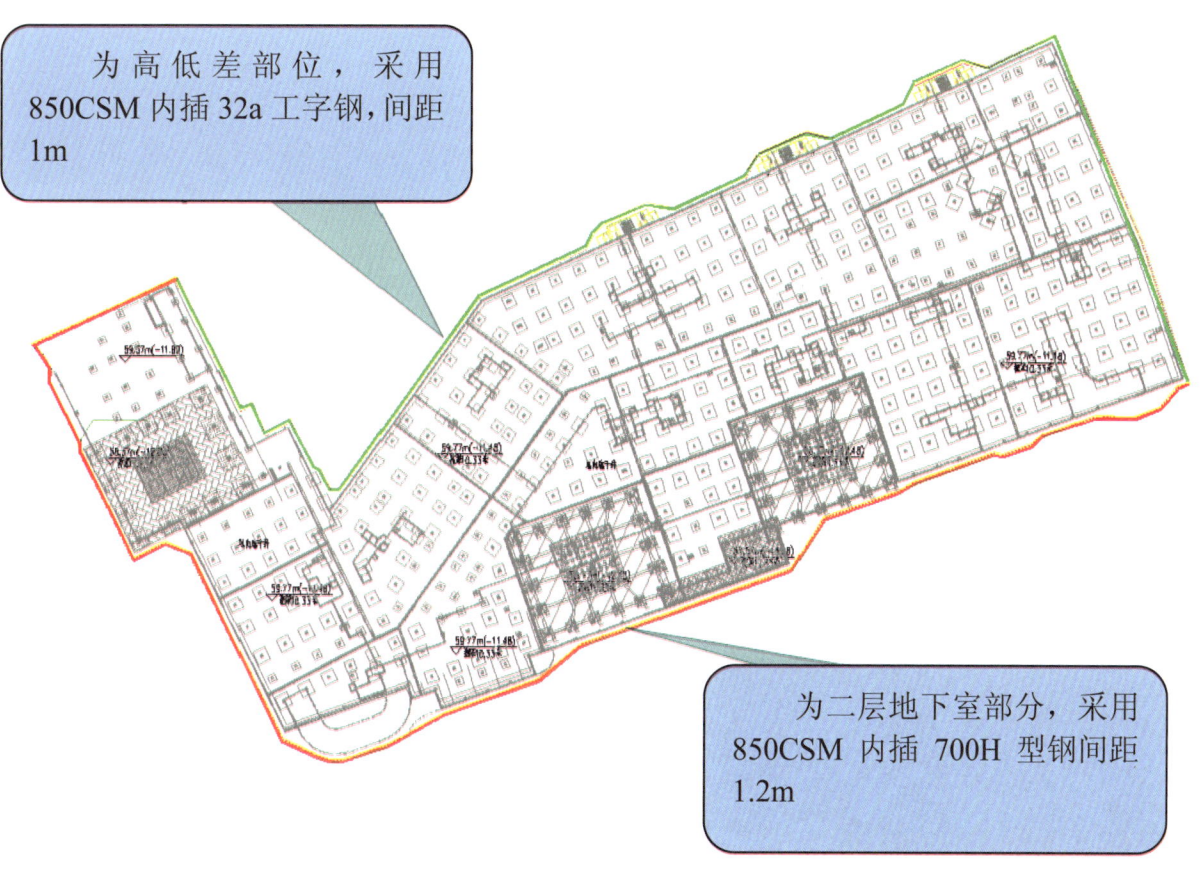

图 5.5-10 围护结构平面图

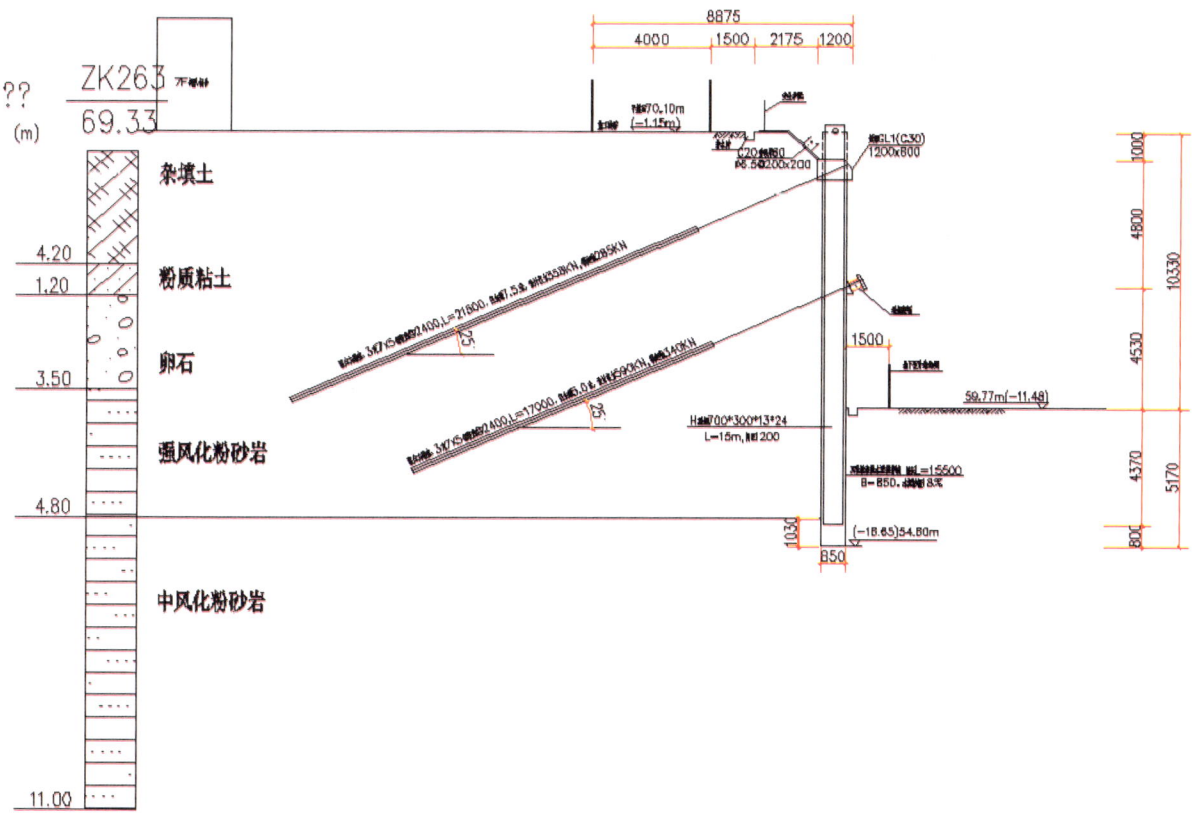

图 5.5-11 典型剖面图

(3)现场施工情况:

①施工主要参数:

a.幅长2800mm,宽850mm,搭接300mm。

b.水泥土搅拌桩的水泥掺入量为不小于17%。

c.水灰比1.5,施工过程中泵送压力大于0.3MPa,供气0.4~0.5MPa,且泵送流量要求恒定。

d.下沉速度80~100cm/min,(上部杂填土、粉质黏土),下沉速度10~20cm/min,(卵砾石及强风化)。提升速度80~100cm/min。

②施工工期:

平均每天完成基坑围护延长米15m,比原咬和桩方案工效提高2倍以上。

(4)现场施工照片:见图5.5-12至图5.5-15。

图5.5-12 局部开挖效果图

图 5.5-13 局部开挖效果图

图 5.5-14 开挖现场

图 5.5-15 开挖后支护结构整体效果图

案例2 南昌九龙湾某深基坑工程

（1）工程概况：

本工程基坑面积为19025m，基坑延长米为655m，最大开挖深度13.3m。采用相对标高，场地自然地坪起伏较大，基坑东侧自然地坪为-1.800/-2.000（相对标高），南侧自然地坪为-1.300（相对标高），西侧自然地坪为-4.300/-2.000（相对标高），北侧自然地坪为-2.000（相对标高）。基坑平面位置鸟瞰图见图5.5-16。各岩土层物理力学指标如表5.5-3所示。

基坑安全等级划分：东侧（临近地铁一侧）为一级；其余范围均为二级。

拟采用CSM工法墙作为主要围护结构，内配两道支撑，第一道支撑为钢筋砼支撑，第二道支撑为钢支撑。

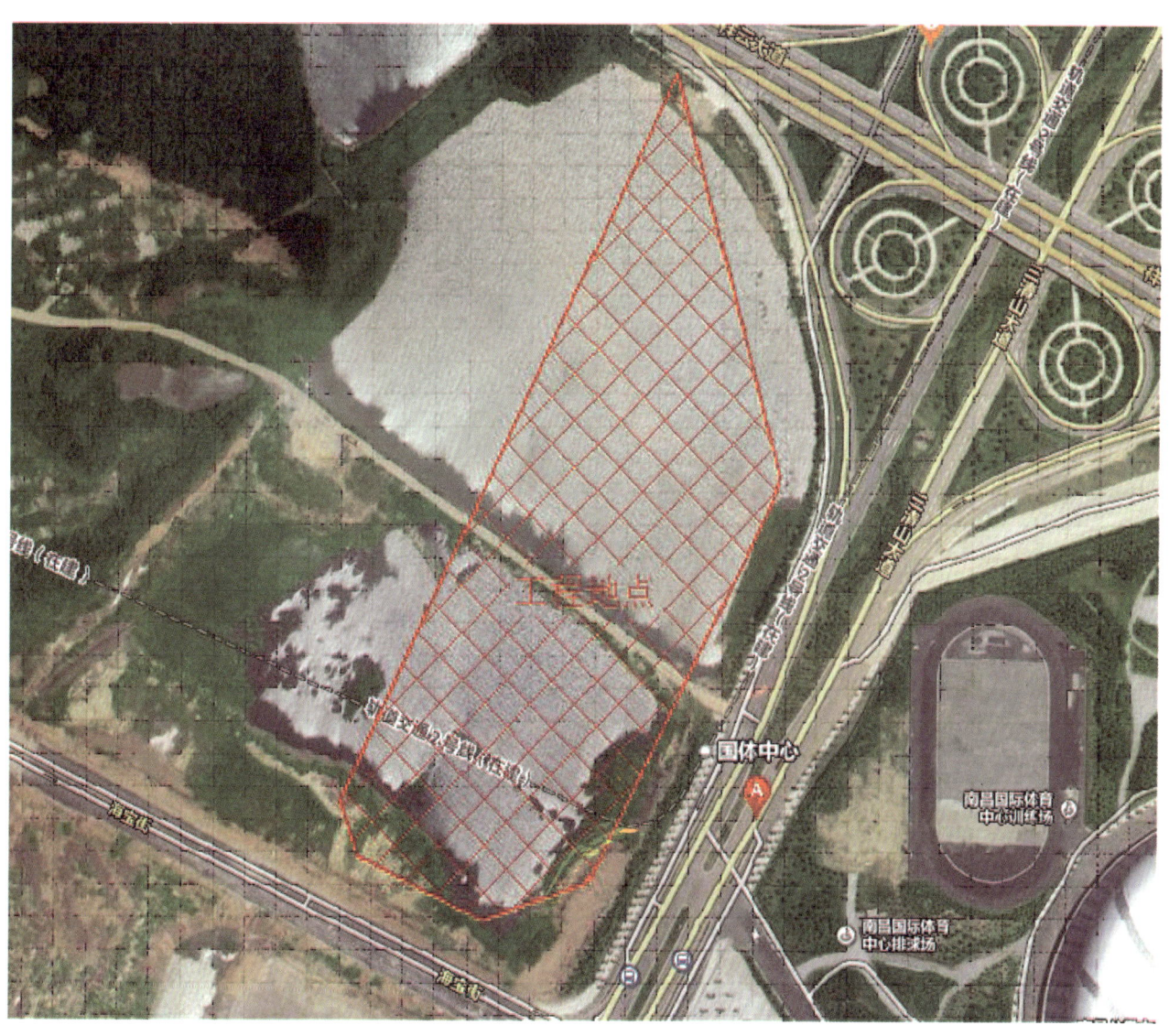

图 5.5-16 基坑平面位置鸟瞰图

表 5.5-3 各岩土层物理力学指标一览表

地质时代	地层编号	层厚(m)最小至最大	重度γ(kN/m³)	黏聚力C(kPa)	内摩擦角φ(°)	渗透系数K(cm/s)	土层描述
	水	0.90~2.00					分布于场地南北两个水塘中
Q_4^{ml}	①素填土	0.80~8.50	17.9	10	15	4.0×10^{-4}	棕红色、紫红色,稍湿,主要以强风化、中风化泥质粉砂岩碎块及黏性土组成,近期堆填,结构较松散。
Q_4^{al}	②-1 粉质黏土	1.20~7.10	19.5	24	12.5	2.0×10^{-5}	黄褐色、灰黄色,可塑至硬塑,成分以粉、黏粒为主,韧性中等,干强度中等,中压缩性,刀切面较光滑,摇震反应无。
	②-1-j 粉质黏土	1.80~4.00	18.7	13.9	8.4		青灰色、灰褐色,湿,可塑状,成分以粉、黏粒为主,韧性、干强度低,高压缩性。
	②-2 中砂	0.50~2.80	19.2	20	10	2.0×10^{-6}	饱和,稍密,成分以石英、云母、长石等为主,粒径大于0.25mm的颗粒质量占总质量55%~70%,分选性良好。
	②-3 砾砂	0.50~2.80	19.0	0	28	5.0×10^{-3}	灰黄色,饱和,稍密至中密,成分以石英、云母、长石等为主,粒径大于2mm的颗粒质量占总质量35%~50%,级配较好,分选性较差。
E_{xn}	③-1 强风化泥质粉砂岩	0.60~1.40	19.1	0	30	6.0×10^{-2}	紫红色,粉砂质结构,泥质胶结,岩石风化强烈,节理裂隙发育,岩体极破碎,岩芯呈碎块状,碎块用手可掰断,岩芯采取率较低。属软岩,岩体基本质量等级为V级。
	③-2 中风化泥质粉砂岩	15.10~19.20	20.0	40	28	1.5×10^{-4}	紫红色,粉砂质结构,泥质胶结,岩体较完整,岩芯多呈柱状或长柱状,少数为短柱状,RQD=75%~80%,属软岩,岩体基本质量等级为IV级。
	③-3 中风化泥岩	0.70~0.70	21.0	150	65		青灰色,薄层状,泥质结构,锤击易断,岩体破碎,岩芯多呈短柱状及圆饼状为主,少数为柱状,为相对软弱夹层,RQD=25%~40%,属极软岩,岩体基本质量等级为V级。

（2）围护设计方案

水泥搅拌桩和高压旋喷桩在工程中应用较多，具有成熟的施工经验。但是本项目场地土质较为坚硬，成桩质量难以保证，而且传统搅拌桩无法进入强风化泥质粉砂岩。

钢筋混凝土地下连续墙在坚硬土层里面也能确保施工质量，并且可兼作挡土结构，刚度大，可有效切断坑内外水力联系和控制位移，但是造价较高。

CSM双轮铣深搅水泥搅拌墙的原理是靠一对铣轮，对原地基土进行铣削，有在类似土层中建造可靠止水帷幕的经验，但是单独作为止水帷幕，其经济性较差，如能结合内插型钢作为支护结构则经济性较好。

根据"安全、经济、方便施工"的原则，考虑到基坑的实际情况，通过分析和计算比较确定采用方案为：

850厚双轮铣深搅水泥搅拌墙（CSM）内插H700×300×13×24型钢兼作止水帷幕和挡土结构，设置两道钢筋砼水平内支撑，局部地面标高较低处采用一道钢筋砼水平内支撑。

双轮铣深搅水泥搅拌墙（CSM）内插型钢的支护形式已经在相似地层的上饶万达广场取得成功。

围护工程平面图和典型剖面图分别见图5.5-17、图5.5-18。

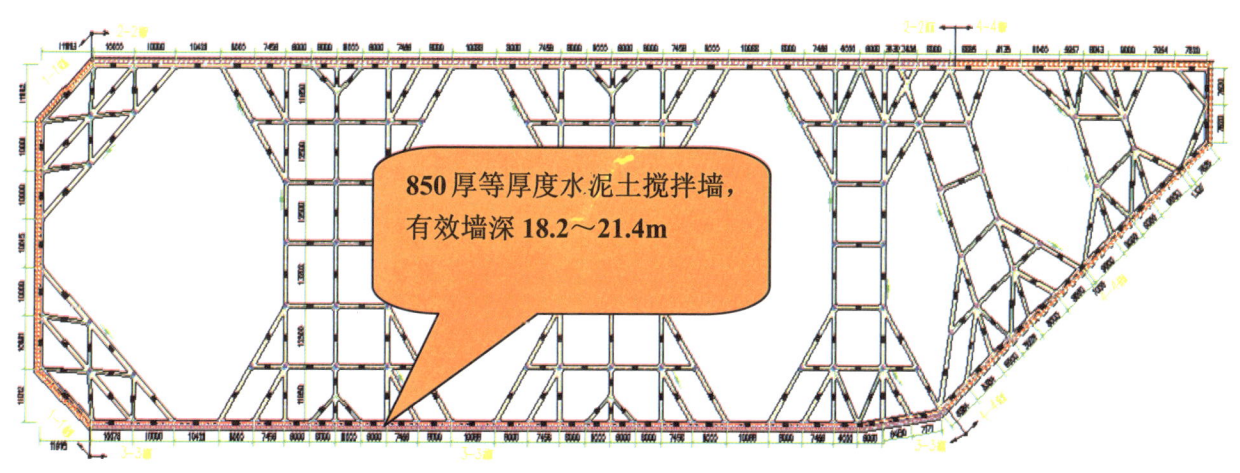

图 5.5-17 围护工程平面图

（3）现场施工情况：

①施工主要参数：850厚等厚度水泥土搅拌墙，有效墙深18.2~21.4m，水泥掺量18%，水灰比1.5，下沉0.5~1m/min，提升1~2m/min。

②施工工期：平均每天完成基坑围护延长米20m，比三轴搅拌桩工效提高一倍以上。

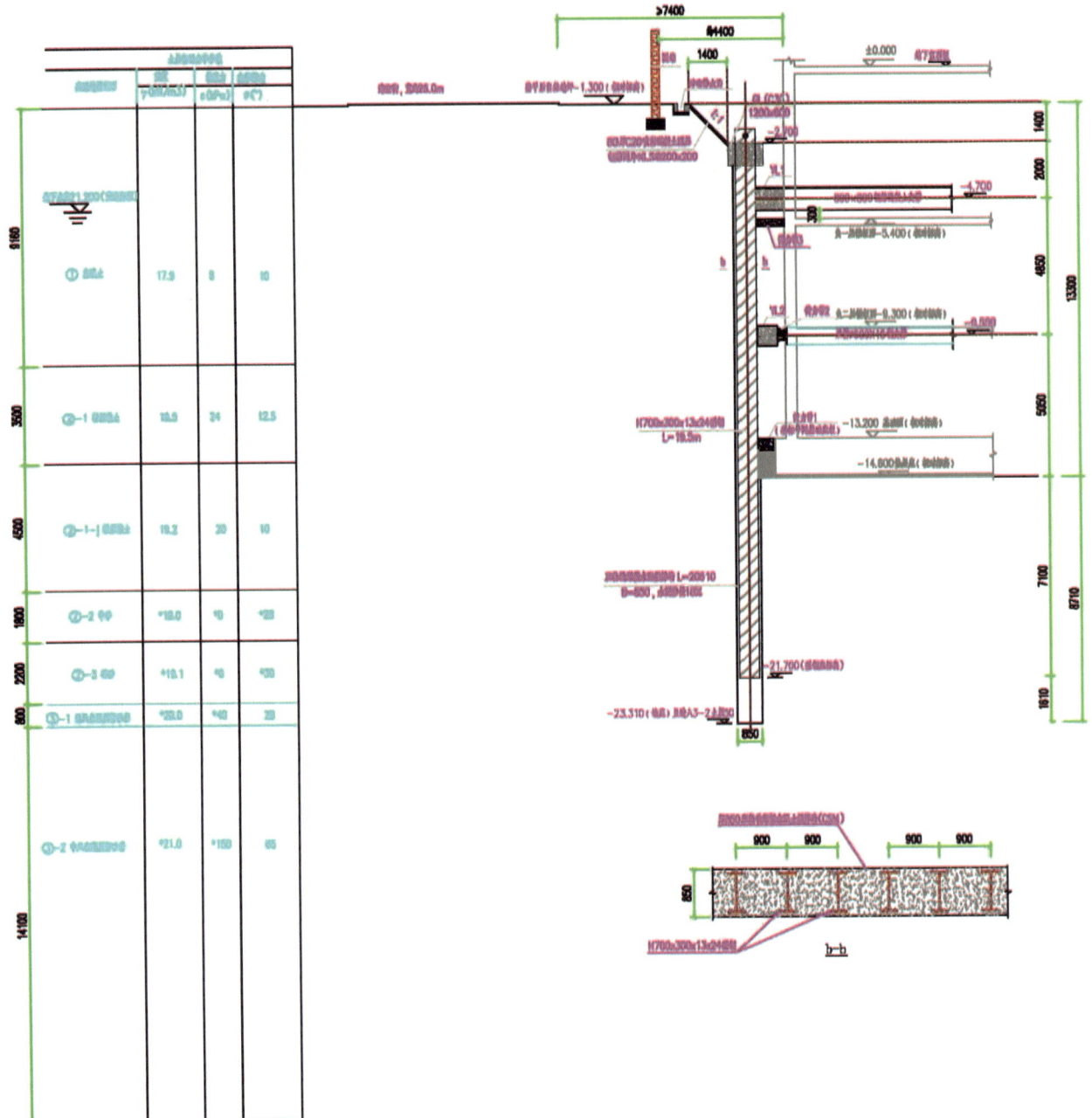

图5.5-18 围护工程典型剖面

（4）现场施工照片：见图5.5-19至图5.5-22。

图5.5-19 现场施工照片（一）

图5.5-20 现场施工照片（二）

图 5.5-21 现场施工照片（三）

图 5.5-22 现场施工照片（四）

案例3 南昌青山南路某国际广场深基坑工程

(1) 工程概况：

本工程位于南昌市青山南路东侧，永外正街北侧，基坑开挖面积18782m^2，基坑周长582m，基坑开挖深度约17m，维护体系需入中风化泥质粉砂岩，基坑东侧存在既有建筑物构筑物，且存在大量地下管线，环境复杂基坑安全等级为一级。

开挖过程中如出现流砂或不封闭情况下降水过量极易出现地表沉降，对青山南路社区、市政道路、市政管线造成不良影响，对成桩质量要求高。

如采用传统搅拌桩作止水帷幕，不仅在接缝处易出现漏水现场，入中风化泥质粉砂岩困难，且本工程地层渗透系数大（与赣江水有联动性），止水要求高。

故本工程采用搅拌均匀、连续性好、垂直度要求高（充分搭接无漏点）、进入中风化泥质粉砂岩止水体系，可将强风化裂隙水完全隔断进入中风化的CSM等厚度水泥土搅拌墙。

图 5.5-23

（2）地层渗透系数大（与赣江水有联动性）、止水要求高。各地层渗透系数见图 5.5-24。

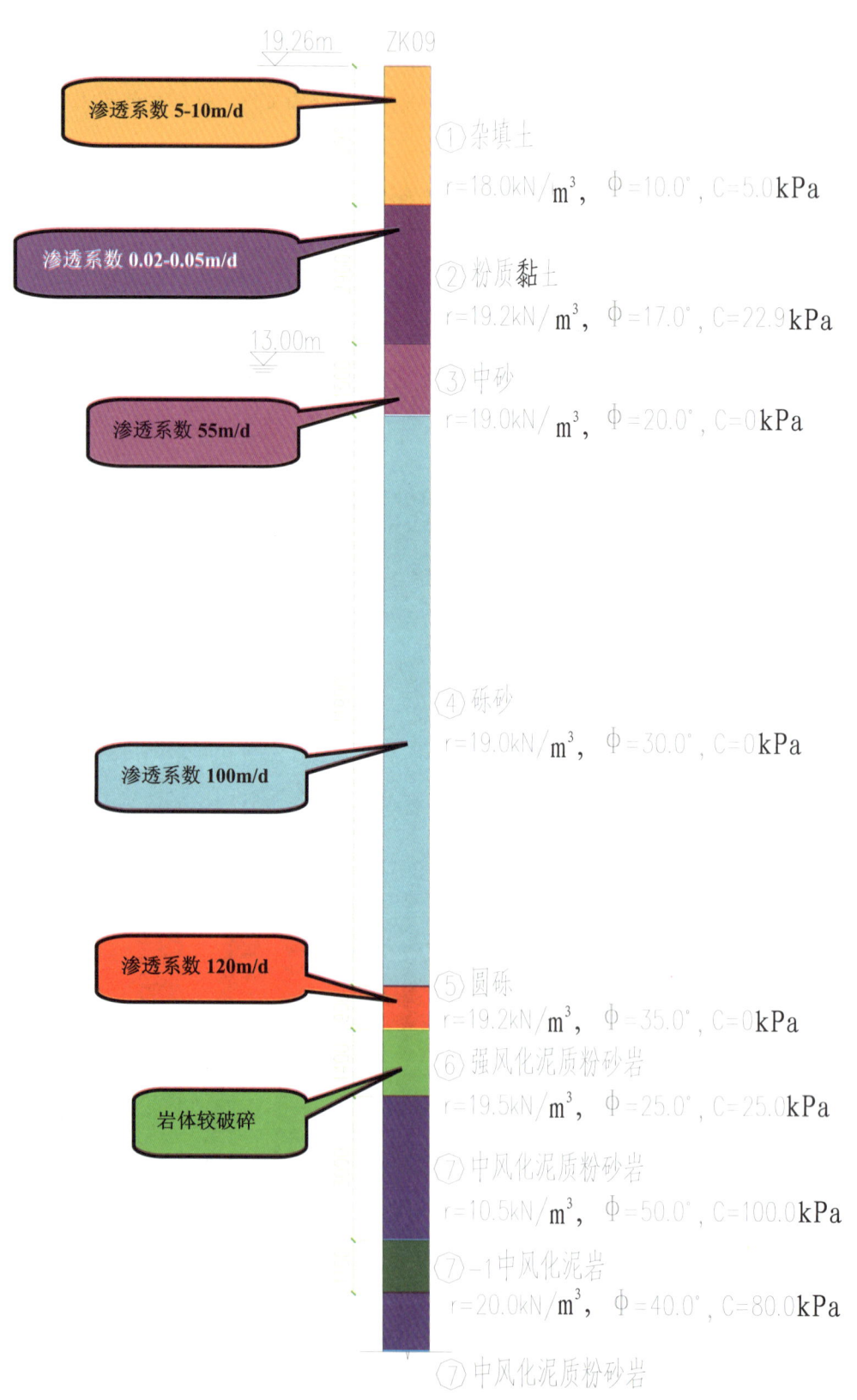

图 5.5-24 各地层渗透系数

对止水体系要求：搅拌均匀、连续性好、垂直度要求高（充分搭接无漏点）、进入中风化泥质粉砂岩（强风化粉砂岩有裂隙水）。

（3）围护设计方案：

止水体系为可将强风化裂隙水完全隔断进入中风化的CSM等厚度水泥土搅拌墙。

围护结构平面图和剖面图分别见图5.5-25、图5.5-26。

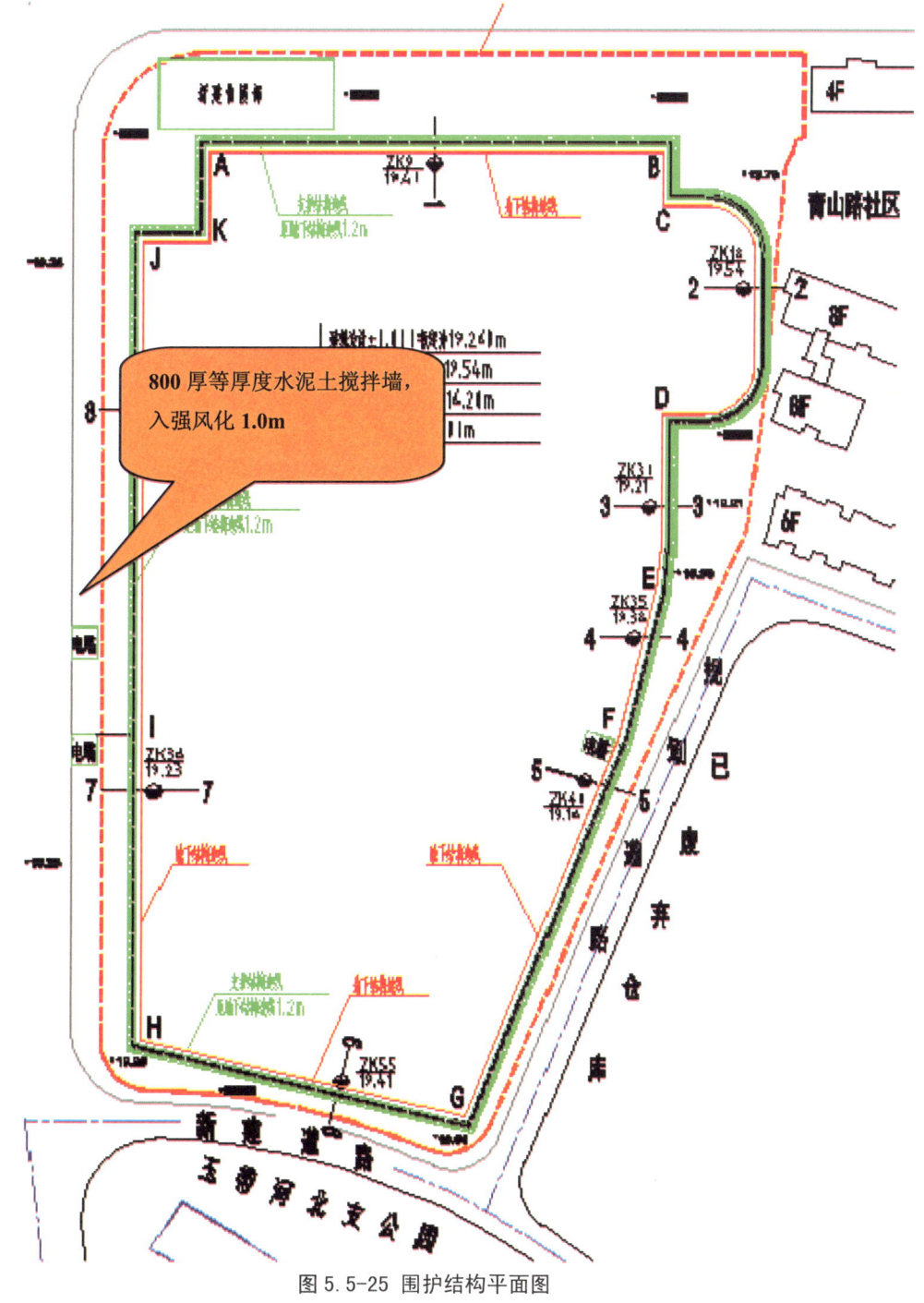

图 5.5-25 围护结构平面图

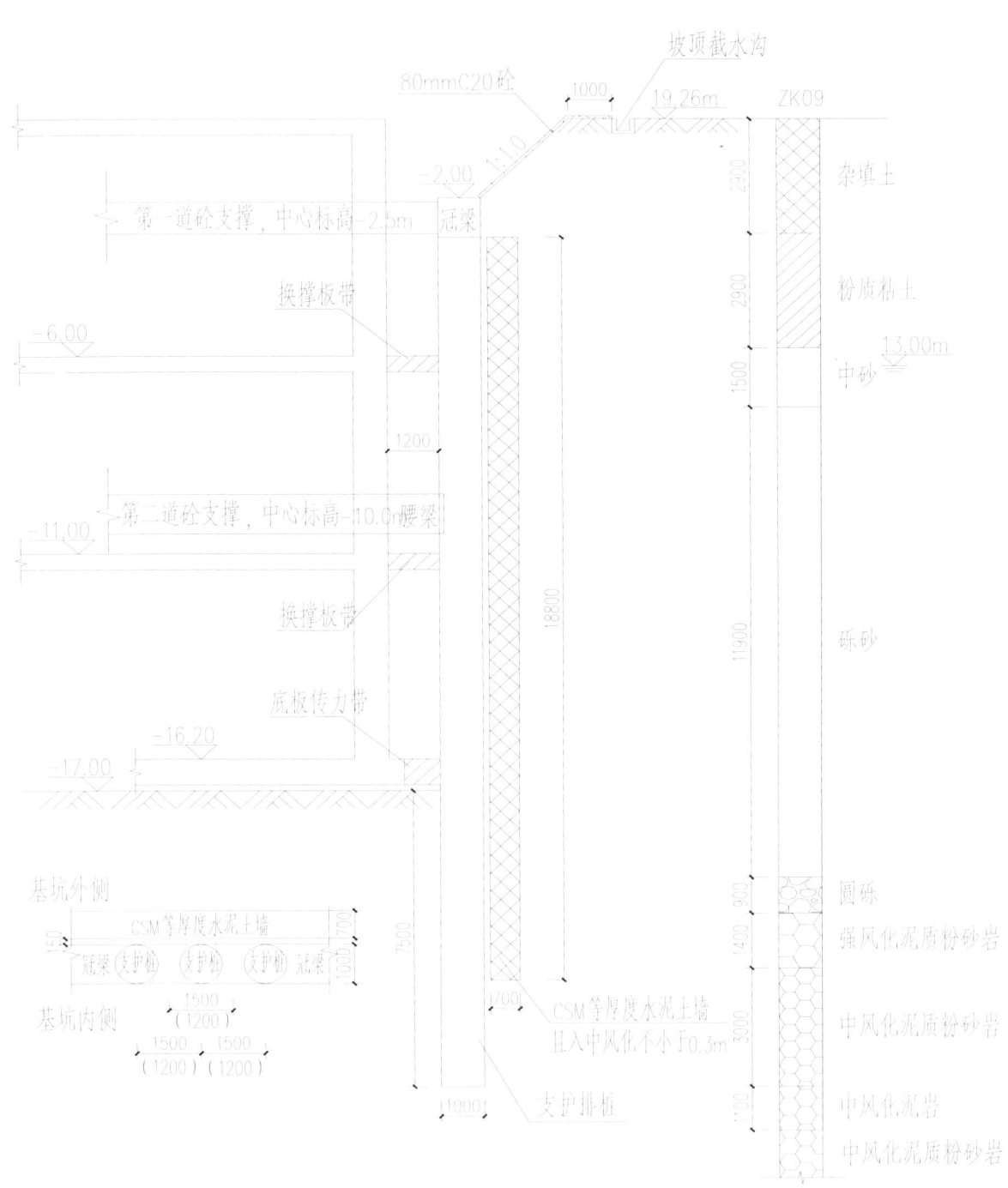

图 5.5-26 围护结构剖面图

（4）现场施工照片：见图 5.5-27。

图 5.5-27 现场施工照片

（5）经济、工期分析对比：

①对比以上方案可以看出，采用CSM止水方案与原三轴搅拌桩对比在不考虑高压旋喷桩的情况下，止水体系方量减少，造价基本持平。

②如采用CSM止水，由于止水效果良好，完全可以取代传统三轴及高喷。

（6）结论：

综上所述，对比传统搅拌桩，CSM工法桩在工程造价节约的基础上，增加了基坑的安全性以及止水效果，同时节约了工期，嵌岩深度深，成桩质量高入岩能力强，更适合江西地层特点。

参考文献

[1]《建筑基坑支护技术规程》JGJ 120—2012[S],北京：中国建筑工业出版社

[2]《岩土工程勘察规范》GB 50021—2001（2009年版）[S],北京：中国建筑工业出版社

[3]《建筑结构荷载规范》GB 50009—2012[S],北京：中国建筑工业出版社

[4]《建筑工程抗震设防分类标准》GB 50223-2008[S],北京：中国建筑工业出版社

[5]《建筑抗震设计规范》GB 50011—2010（2016年版）[S],北京：中国建筑工业出版社

[6]《建筑桩基技术规范》JGJ 94—2008[S],北京：中国建筑工业出版社

[7]《建筑边坡工程技术规范》 GB 50330—2002[S],北京：中国建筑工业出版社

[8]《建筑地基基础设计规范》 GB 50007—2011[S],北京：中国建筑工业出版社

[9]《混凝土结构设计规范》GB 50010—2010（2015年版）[S],北京：中国建筑工业出版社

[10]《钢结构设计规范》 GB 50017—2003[S],北京：中国建筑工业出版社

[11]《锚杆喷射混凝土支护技术规范》 GB 50086—2001[S],北京：中国建筑工业出版社

[12]《复合土钉墙基坑支护技术规范》GB 50739—2011[S],北京：中国建筑工业出版社

[13]《岩土锚杆（索）技术规程》 CECS22：2005[S],北京：中国建筑工业出版社

[14]《地下工程防水技术规范》GB 50108—2008[S],北京：中国建筑工业出版社

[15]《建筑桩基检测技术规范》 JGJ106—2003[S],北京：中国建筑工业出版社

[16]《建筑基坑工程监测技术规范》 GB 50497—2009[S],北京：中国建筑工业出版社

[17]《建筑基坑支护结构构造》 IISG 814，北京：中国计划出版社

[18] 杨光华. 深基坑支护结构的实用计算方法及其应用[M],北京：地质出版社，2004.

[19] 杭州市建筑业管理局. 深基础工程实践与研究[M],北京：中国水利水电出版社，1999.

[20] 许清根. 南昌市深基坑工程支护结构方案设计文件编制与审查要点[M],南昌：江西科学技术出版社，2014.

新年快乐 2018

机场宾馆订房热线：0791-87652886/8（86152886/8 备用）
机场宾馆会务预订：0791-87652886/8（86152886/8 备用）
城际巴士售票热线：0791-87652277（86152777 备用）
机场宾馆订餐热线：0791-87652889（86152889 备用）
机场商贸部送货电话：0791-87652881（86152881 备用）
机场汽车修理厂路救电话：13507082146（87652866/7 备用）